3ds Max 2014室内外
效果图制作案例课堂

段　晖　张建勇　李少勇　编著

清华大学出版社
北　京

内 容 简 介

Autodesk 3ds Max 2014是Autodesk公司开发的基于PC系统的三维动画渲染和制作软件，广泛应用于工业设计、广告、影视、游戏、室内设计、建筑设计等领域。

全书共13章，通过115个具体实例，全面系统地介绍了3ds Max 2014的基本操作方法和室内外效果图的制作技巧。所有例子都是精心挑选和制作的，将3ds Max 2014枯燥的知识点融入实例之中，并进行了简要而深刻的说明。读者通过对这些实例的学习，将起到举一反三的作用，一定能够由此掌握动画设计的精髓。

本书内容丰富、语言通俗、结构清晰，适合于初、中级读者学习使用，也可以供从事室内外设计的人员阅读；同时还可以作为大中专院校相关专业、相关计算机培训班的上机指导教材。

本书封面贴有清华大学出版社防伪标签，无标签者不得销售。

版权所有，侵权必究。举报：010-62782989，beiqinquan@tup.tsinghua.edu.cn。

图书在版编目(CIP)数据

3ds Max 2014室内外效果图制作案例课堂/段晖，张建勇等编著. --北京：清华大学出版社，2015
（2021.7 重印）
（CG设计案例课堂）
ISBN 978-7-302-38558-5

I. ①3… II. ①段… ②张… III. ①建筑设计—计算机辅助设计—三维动画软件 IV. ①TU201.4

中国版本图书馆CIP数据核字(2014)第273685号

责任编辑：张彦青
装帧设计：杨玉兰
责任校对：王 晖
责任印制：丛怀宇

出版发行：清华大学出版社
   网 址：http://www.tup.com.cn, http://www.wqbook.com
   地 址：北京清华大学学研大厦A座 邮 编：100084
   社 总 机：010-62770175 邮 购：010-62786544
   投稿与读者服务：010-62776969, c-service@tup.tsinghua.edu.cn
   质量反馈：010-62772015, zhiliang@tup.tsinghua.edu.cn
   课件下载：http://www.tup.com.cn, 010-62791865
印 装 者：三河市龙大印装有限公司
经 销：全国新华书店
开 本：190mm×260mm 印 张：36.5 字 数：850千字
     附光盘1张
版 次：2015年1月第1版 印 次：2021年7月第5次印刷
定 价：98.00元

产品编号：061798-01

3ds Max 及 Vray 因其强大的三维设计功能而受到广大建筑、装潢设计人员的青睐，已经成为当前效果图制作的主流软件。本书使用 3ds Max 2014 和 VRay 进行建模创建及效果图制作。3ds Max 是众多三维设计软件中最实用也是最强大的设计软件，它集建模技术、材质编辑、动画设计、渲染输出等功能于一体，成为三维模型创建及动画制作的主流软件。

熟练应用三维软件、掌握三维绘图的方法与技巧，一直是众多三维爱好者梦寐以求的。本书图文并茂、通俗易懂、示例典型、学用结合。在效果图或动画制作过程中，基础知识是非常重要的，只有掌握了基础知识和操作技能，才能更好地使用 3ds Max。为实现上述目的，本书通过一个个实例对制作模型的常用命令，以及常用材质的调制方法做了详细讲解，使读者了解 3ds Max 强大的功能。

本书以 115 个室内外效果图方面的实例向读者详细介绍了 Autodesk 3ds Max 2014 强大的三维模型制作和渲染等功能。本书注重理论与实践紧密结合，实用性和可操作性强。相对于同类 Autodesk 3ds Max 2014 实例书籍，本书具有以下特色。

● 信息量大：115个实例为每一位读者架起一座快速掌握3ds Max 2014使用与操作的"桥梁"；115种设计理念令每一个从事室内外效果图制作的专业人士在工作中灵感迸发；115种艺术效果和制作方法使每一位初学者融会贯通、举一反三。

● 实用性强：115 个实例经过精心设计、选择，不仅效果精美，而且非常实用。

● 注重方法的讲解与技巧的总结：本书特别注重对各实例制作方法的讲解与技巧总结，在介绍具体实例制作的详细操作步骤的同时，对于一些重要而常用的实例的制作方法和操作技巧做了较为精辟的总结。

● 操作步骤详细：本书中各实例的操作步骤介绍得非常详细，即使是初级入门的读者，只需一步一步按照本书中介绍的步骤进行操作，一定也能做出相同的效果。

● 适用广泛：本书实用性和可操作性强，适用于从事室内外效果图制作行业的从业人员和广大的家装设计制作爱好者阅读参考，也可供各类计算机培训班作为教材使用。

前言
Preface

本书主要由段晖老师及张建勇编写，同时参与本书编写的还有：刘蒙蒙、任大为、高甲斌、于海宝、吕晓梦、孟智青、徐文秀、赵鹏达、李少勇、王玉、李娜、王海峰、刘峥、陈月娟、陈月霞、刘希林、黄健、刘希望、黄永生、田冰、徐昊、张锋、相世强和弭蓬编写，白文才、刘鹏磊录制多媒体教学视频，其他参与编写的还有北方电脑学校的刘德生、宋明、刘景君老师，谢谢你们在书稿前期材料的组织、版式设计、校对、编排，以及大量图片的处理等方面所做的工作。

　　这本书总结了作者从事多年室内外效果图及规划设计制作经验，目的是帮助想从事效果图制作行业的广大读者迅速入门并提高学习和工作效率，同时对有一定效果图制作经验的朋友也有很好的参考作用。由于时间仓促，书中疏漏之处在所难免，恳请读者和专家指教。如果您对书中的某些技术问题持有不同的意见，欢迎与作者联系，E-mail：Tavili@tom.com。

作　者

目录
Contents

目录
Contents

目录
Contents

第 1 章
3ds Max 2014
的基本操作

本章重点

- ◆ 3ds Max 2014 的安装
- ◆ V-Ray 高级渲染器的安装
- ◆ 自定义快捷键
- ◆ 自定义快速访问栏工具
- ◆ 自定义菜单栏
- ◆ 加载 UI 用户界面
- ◆ 自定义 UI 方案
- ◆ 保存用户界面
- ◆ 自定义菜单图标
- ◆ 禁用小盒控件
- ◆ 创建新的视口布局
- ◆ 搜索 3ds Max 命令
- ◆ 查看当前场景属性信息
- ◆ 查看点面数

本章主要介绍有关 3ds Max 2014 中文版的基础知识，包括安装 3ds Max 2014 系统。3ds Max 属于单屏幕操作软件，它所有的命令和操作都在一个屏幕上完成，不用进行切换，这样可以节省大量工作时间，同时创作也更加直观明了。作为一个 3ds Max 的初级用户，在没有正式使用和掌握这个软件之前，首先学习和适应软件的工作环境及基本的文件操作是非常重要的。

案例精讲 001 3ds Max 2014 的安装

 案例文件：无

 视频文件：视频教学 | Cha01 | 3ds Max 2014 的安装 .avi

制作概述

本例介绍 3ds Max 软件的安装，根据安装提示步骤，进行软件安装。

学习目标

掌握 3ds Max 软件的安装方法。

操作步骤

(1) 首先将安装光盘插入到光驱中，打开【我的电脑】，找到 3ds Max 2014 的安装系统，双击 Setup.exe，弹出【安装初始化】对话框，然后在弹出的对话框中单击【安装】按钮，如图 1-1 所示。

(2) 在弹出的对话框中选中右下角的【我接受】单选按钮，如图 1-2 所示，然后单击【下一步】按钮。

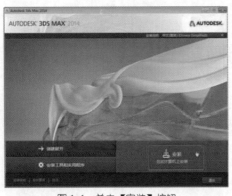

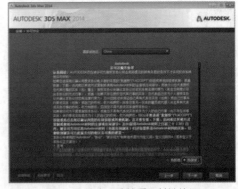

图 1-1 单击【安装】按钮   图 1-2 选中【我接受】单选按钮

(3) 在弹出的对话框中选中【我有我的产品信息】单选按钮，然后输入序列号和产品密钥，如图 1-3 所示，输入完成之后单击【下一步】按钮。

(4) 再在弹出的对话框中指定安装的路径，如图 1-4 所示。

图 1-3　输入序列号和密钥

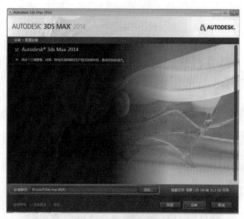

图 1-4　选择安装路径

 提示　上面所介绍的 3ds Max 2014 是在 Win7 系统上安装的，如果在 XP 系统上安装，将不支持中文。

(5) 单击【安装】按钮，即可弹出如图 1-5 所示的安装进度窗口。

(6) 安装完成之后会弹出一个如图 1-6 所示的对话框，单击【完成】按钮即可。

图 1-5　安装进度窗口

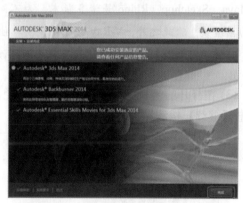

图 1-6　安装完成

案例精讲 002　V-Ray 高级渲染器的安装

 案例文件：无

 视频文件：视频教学 | Cha01 | V-Ray 的安装 .avi

制作概述

本例介绍 V-Ray 高级渲染器插件的安装。根据安装提示步骤，进行软件安装。

学习目标

掌握 V-Ray 高级渲染器插件的安装方法。

操作步骤

(1) 首先双击运行 V-Ray 插件的应用程序，打开如图 1-7 所示的安装界面，单击【继续】按钮。

(2) 在打开的窗口中选中【我同意"许可协议"中的条款】复选框，单击【我同意】按钮，如图 1-8 所示。

图 1-7　单击【继续】按钮

图 1-8　选中复选框并单击【我同意】按钮

知识链接

V-Ray 是由 chaosgroup 和 asgvis 公司出品，中国由曼恒公司负责推广的一款高质量渲染软件。V-Ray 是目前业界最受欢迎的渲染引擎。基于 V-Ray 内核开发的有 V-Ray for 3ds Max、Maya、Sketchup、Rhino 等诸多版本，为不同领域的优秀 3D 建模软件提供了高质量的图片和动画渲染。除此之外，V-Ray 也可以提供单独的渲染程序，方便使用者渲染各种图片。

【恒定增益】：交叉淡化在剪辑之间过渡时以恒定速率更改音频进出。

---

(3) 在打开的窗口中选择插件的安装路径，插件会自动查找 3ds Max 2014 软件的安装路径，单击【继续】按钮即可，如图 1-9 所示。

(4) 在打开的窗口中选择是否创建快捷方式，单击【继续】按钮，如图 1-10 所示。

图 1-9　确认路径单击【继续】按钮

图 1-10　单击【继续】按钮

(5) 在打开的窗口中单击【安装】按钮即可，如图 1-11 所示。

(6) 即可弹出安装进度界面，如图 1-12 所示，等待进度条完成即可。

图 1-11　单击【安装】按钮

图 1-12　安装进度

(7) 安装完成后在弹出的对话框中单击【继续】按钮即可，如图 1-13 所示。

(8) 在打开的窗口中单击【继续】按钮，如图 1-14 所示

图 1-13　单击【继续】按钮

图 1-14　单击【继续】按钮

(9) 在打开的窗口中单击【完成】按钮即可完成安装，如图 1-15 所示。

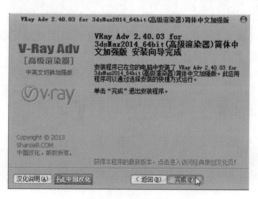
图 1-15　完成安装

案例精讲 003　自定义快捷键

案例文件：无

视频文件：视频教学 | Cha01 | 自定义快捷键 .avi

制作概述

本例介绍自定义快捷键，通过使用软件中的自带功能，来提高工作效率的方法。

学习目标

掌握如何定义快捷键的操作方法。

操作步骤

(1) 启动 3ds Max 2014，在菜单栏中选择【自定义】|【自定义用户界面】命令，如图 1-16 所示。

(2) 在弹出的对话框中选择【键盘】选项卡，在左侧列表框中选择【CV 曲线】选项，在【热键】文本框中输入要设置的快捷键，例如输入"Alt+Ctrl+A"，如图 1-17 所示，再单击【指定】按钮，指定完成后，单击【保存】按钮即可。

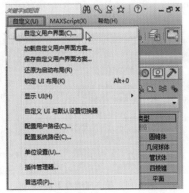

图 1-16 选择【自定义用户界面】命令

图 1-17 【自定义用户界面】对话框

在 3ds Max 2014 中，除了可以为选项设置快捷键外，还可以将设置的快捷键进行删除，在【键盘】选项卡左侧的列表框中选择要删除的快捷键选项，然后单击【移除】按钮即可。

案例精讲 004 自定义快速访问工具栏

案例文件：无

视频文件：视频教学 | Cha01 | 自定义快速访问工具栏 .avi

制作概述

本例介绍自定义快速访问工具栏，通过在软件中使用【自定义用户界面】对话框，设置工具栏中的快速访问工具栏选项，来完成创建任意命令的快速访问。

学习目标

学会添加自定义快速访问工具栏的方法。

操作步骤

(1) 在菜单栏中选择【自定义】|【自定义用户界面】命令，在弹出的对话框中选择【工具栏】

选项卡，在左侧列表框中选择【3ds Max 帮助】选项并按住鼠标将其拖曳到【快速访问工具栏】列表框中，如图 1-18 所示。

（2）添加完成后，将该对话框关闭，即可在快速访问工具栏中找到添加的按钮，如图 1-19 所示。

图 1-18　【自定义用户界面】对话框

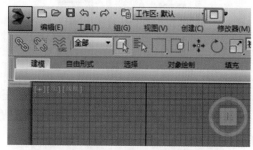

图 1-19　快速访问工具栏中添加的快速访问

 同样，用户也可以将快速访问工具栏中的按钮删除，在要删除的按钮上右击，在弹出的快捷菜单中选择【从快速访问工具栏移除】命令，即可将该按钮删除。

案例精讲 005　自定义菜单

案例文件：无

视频文件：视频教学 | Cha01 | 自定义菜单 .avi

制作概述

本例介绍自定义菜单，通过在软件中使用【自定义用户界面】命令对话框，在菜单栏中添加菜单命令。

学习目标

学会自定义添加菜单命令的方法。

操作步骤

（1）在菜单栏中选择【自定义】|【自定义用户界面】命令，如图 1-20 所示。

（2）执行该操作后，即可打开【自定义用户界面】对话框，在该对话框中选择【菜单】选项卡，如图 1-21 所示。

（3）然后再单击【新建】按钮，在弹出的对话框中将【名称】设置为【几何体】，如图 1-22 所示。

图 1-20　选择【自定义用户界面】命令

图 1-21　选择【菜单】选项卡

(4) 输入完成后单击【确定】按钮，在左侧的【菜单】列表框中选择新添加的菜单，按住鼠标将其拖曳到右侧的列表框中，如图 1-23 所示。

图 1-22　新建菜单

图 1-23　添加菜单命令

(5) 在右侧列表框中单击【几何体】菜单左侧的加号，选择其下方的【菜单尾】选项，在左侧的【操作】列表框中选择【茶壶】选项，将其添加到【几何体】菜单中，如图 1-24 所示。

(6) 使用同样的方法添加其他菜单命令。添加完成后，将该对话框关闭，即可在菜单栏中查看添加的命令，如图 1-25 所示。

图 1-24　选择命令拖至创建的菜单中

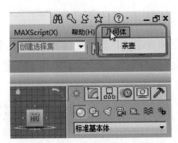

图 1-25　查看自定义的菜单效果

案例精讲 006　加载 UI 用户界面

 案例文件：无

 视频文件：视频教学 | Cha01 | 加载 UI 用户界面 .avi

制作概述

本例介绍加载 UI 用户界面，通过在软件中使用【加载自定义用户界面方案】命令对话框，选择已经存在的 UI 方案进行使用。

学习目标

学会如何对外部的 UI 方案进行选择使用。

操作步骤

(1) 启动 3ds Max 2014，在菜单栏中选择【自定义】|【加载自定义用户界面方案】命令，如图 1-26 所示。

(2) 即可打开【加载自定义用户界面方案】对话框，找到我们的安装路径，在该对话框中选择所需的用户界面方案即可，如图 1-27 所示。

图 1-26　选择【加载自定义用户界面方案】命令

图 1-27　【加载自定义用户界面方案】对话框

(3)DefaultUI.ui 用户界面方案为系统默认的用户界面，如图 1-28 所示。用户可以根据喜好更改其他用户界面方案，其中 ame-light.ui 用户界面方案如图 1-29 所示。

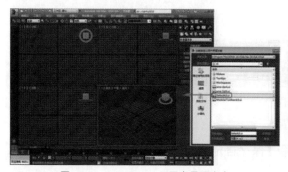

图 1-28　DefaultUI.ui 用户界面方案

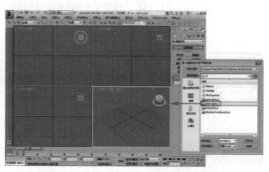

图 1-29　ame-light.ui 用户界面方案

案例精讲 007　自定义 UI 方案

 案例文件：无

 视频文件：视频教学 | Cha01 | 自定义 UI 方案 .avi

制作概述

本例介绍自定义 UI 方案，通过在软件中使用【自定义 UI 与默认设置切换器】命令对话框，自行设计 UI 方案进行使用。

学习目标

学会如何自定义 UI 方案进行使用。

操作步骤

(1) 启动 3ds Max 2014，在菜单栏中选择【自定义】|【自定义 UI 与默认设置切换器】命令，如图 1-30 所示。

(2) 执行该操作后，即可弹出【为工具选项和用户界面布局选择初始设置】对话框，如图 1-31 所示。选择需要的 UI 方案，单击【设置】按钮即可。

图 1-30　选择【自定义 UI 与默认设置切换器】命令　　图 1-31　【为工具选项和用户界面布局选择初始设置】对话框

案例精讲 008　保存用户界面

 案例文件：无

 视频文件：视频教学 | Cha01 | 保存用户界面 .avi

制作概述

本例介绍保存用户界面，通过在软件中使用【保存自定义用户界面方案】命令对话框，保存自行设计的 UI 方案。

学习目标

掌握保存用户界面的操作方法。

操作步骤

(1) 在菜单栏中选择【自定义】|【保存自定义用户界面方案】命令，即可打开【保存自定义用户界面方案】对话框，如图 1-32 所示。

(2) 在该对话框中指定保存路径，并设置文件名及保存类型，设置完成后，单击【保存】按钮，即可弹出如图 1-33 所示的【自定义方案】对话框，在该对话框中使用其默认设置，单击【确定】按钮，即可保存用户界面方案。

图 1-32 【保存自定义用户界面方案】对话框

图 1-33 单击【确定】按钮

案例精讲 009 自定义菜单图标

案例文件：无

视频文件：视频教学 | Cha01 | 自定义菜单图标 .avi

制作概述

本例介绍自定义菜单图标，通过在软件中使用【自定义用户界面】命令对话框，自行设计菜单的图标。

学习目标

学会如何保存自定义菜单图标。

操作步骤

(1) 启动 3ds Max 2014，在菜单栏中选择【自定义】|【自定义用户界面】命令，如图 1-34 所示。

(2) 在弹出的对话框中选择【菜单】选项卡，然后选择【创建】|【创建 - 图形】|【星形图形】选项并右击，在弹出的快捷菜单中选择【编辑菜单项图标】命令，如图 1-35 所示。

图 1-34　选择【自定义用户界面】命令　　　　图 1-35　选择【编辑菜单项图标】命令

(3) 在弹出的对话框中，选择随书附带光盘中的 CDROM | Scenes | Cha01 | 1-5.png 素材文件，如图 1-36 所示。

(4) 选择完成后，单击【打开】按钮，打开完成后，将【自定义用户界面】对话框关闭，将工作区设置为【默认使用增强型菜单】。在菜单栏中选择【对象】|【图形】|【星形】选项，即可发现该选项的图标发生了变化，效果如图 1-37 所示。

图 1-36　选择要替换的图标

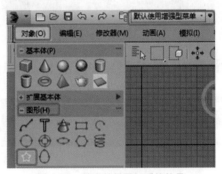

图 1-37　替换菜单图标后的效果

案例精讲 010　禁用小盒控件

案例文件：无

视频文件：视频教学 | Cha01 | 禁用小盒控件 .avi

制作概述

本例介绍如何禁用小盒控件，通过在软件中使用【自定义用户界面】对话框，自行设计菜单的图标。

学习目标

学会如何禁用小盒控件。

操作步骤

(1) 打开一个素材文件，在视图中选择 Box05，切换至【修改】面板中，单击【修改器列表】选择【编辑多边形】选项，将当前选择集设置为【编辑多边形】，在【编辑几何体】卷展栏中单击【细化】右侧的【设置】按钮，即可弹出一个小盒控件，如图 1-38 所示。

(2) 关闭小盒控件，即可取消小盒控件的显示，在菜单栏中选择【自定义】|【首选项】命令，如图 1-39 所示。

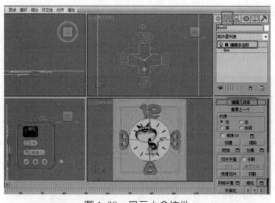

图 1-38　显示小盒控件

图 1-39　选择【首选项】命令

(3) 在弹出的对话框中选择【常规】选项卡，在【用户界面显示】选项组中取消选中【启用小盒控件】复选框，如图 1-40 所示。

(4) 设置完成后单击【确定】按钮，再次在【编辑几何体】卷展栏中单击【细化】右侧的【设置】按钮，即可弹出【细化选择】对话框，如图 1-41 所示。设置完参数后单击【应用】按钮即可。

图 1-40　取消选中【启用小盒控件】复选框

图 1-41　【细化选择】对话框

案例精讲 011　创建新的视口布局

 案例文件：无

 视频文件：视频教学 | Cha01 | 创建新的视口布局 .avi

制作概述

本例介绍如何创建新的视口布局，通过【创建新的视口布局选项卡】按钮更改视口布局。

学习目标

学会如何创建新的视口布局。

操作步骤

(1) 继续上面的操作，在界面左侧单击【创建新的视口布局选项卡】按钮 ▶，在弹出的列表中选择如图 1-42 所示的视口布局。

(2) 选择完成后，即可更改视口布局，更改后的效果如图 1-43 所示。

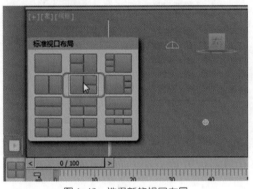
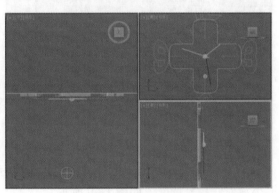

图 1-42 选择新的视口布局　　　　　　　图 1-43 创建新布局后的效果

案例精讲 012　搜索 3ds Max 命令

 案例文件：无

 视频文件：视频教学 | Cha01 | 搜索 3ds max 命令 .avi

制作概述

本例介绍如何使用搜索 3ds Max 命令，用户可以根据需要搜索 3ds max 中的各项命令。

学习目标

学会如何使用搜索 3ds Max 命令。

操作步骤

(1)继续上一实例的操作,在菜单栏中选择【帮助】| Search 3ds Max Commands命令,如图 1-44 所示。

(2) 在弹出的文本框中输入要搜索的命令，将会弹出相应的命令，如图 1-45 所示。

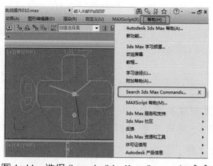

图 1-44　选择 Search 3ds Max Commands 命令

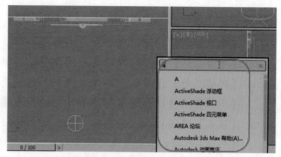

图 1-45　在搜索框中输入命令

案例精讲 013　查看当前场景属性信息

案例文件：无

视频文件：视频教学 | Cha01 | 查看当前场景属性信息 .avi

制作概述

本例将在【摘要信息】对话框中查看当前场景属性信息。

学习目标

学会查看当前场景属性信息。

操作步骤

(1) 打开任意场景文件，在菜单栏中选择 | 【属性】 | 【摘要信息】命令，如图 1-46 所示。

(2) 在弹出的【摘要信息】对话框中将显示场景文件的场景总计、网格总计、内存使用情况、渲染、描述和摘要信息，如图 1-47 所示。

图 1-46　选择【摘要信息】命令

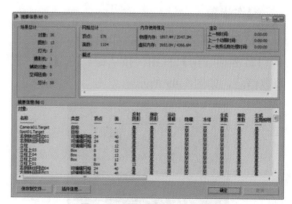

图 1-47　【摘要信息】对话框

知识链接

【摘要信息】对话框包含以下内容。

【场景总计】选项组：场景中按类型列出的对象数。

【网格总计】选项组：场景中顶点和面的总数。

【内存使用情况】选项组：已使用的和可用的物理和虚拟内存。

【渲染】选项组：渲染最后一帧、动画和视频后期处理所花费的时间。

【描述】选项组：使用此选项可以输入关于场景的注释。添加到【文件属性】对话框上的【注释】字段中的信息将显示在【描述】字段中；反之亦然。

【摘要信息】窗口：列出场景中的材质。这些信息按类别分类，包括对象名称、指定的材质名称、材质类型、对象顶点和面数等。材质列在列表的底部。材质使用的位图和材质一起列出。分别列出环境和大气贴图。其他贴图类别列出场景中使用的其他所有贴图，如位移贴图和第三方插件指定的任何贴图，但不包括 Video Post 贴图。

【保存到文件】：将对话框的内容和说明文本保存到 .txt（文本）文件。

【插件信息】：显示带有场景中使用的插件信息的子对话框。默认情况下，该子对话框显示每个插件的名称和简要说明。

案例精讲 014　查看点面数

 案例文件：无

 视频文件：视频教学 | Cha01 | 查看点面数 .avi

制作概述

本例介绍通过快捷键，在视图中查看场景文件中模型对象的点面数。

学习目标

学会在视图中查看点面数。

操作步骤

(1) 打开任意场景文件，如图 1-48 所示。

(2) 激活【前】视图，按 7 键，在【前】视图的左上角处将显示多边形、顶点和 FPS 等点面数信息，如图 1-49 所示。

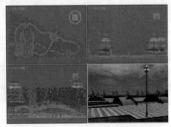

图 1-48　打开的场景文件

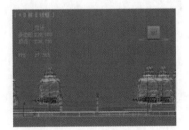

图 1-49　显示点面数信息

(3) 按 Alt+B 组合键, 在弹出的【视口配置】对话框中, 切换至【统计数据】选项卡, 选中【三角形计数】和【边计数】复选框, 然后单击【确定】按钮, 如图 1-50 所示。

(4) 在【前】视图中将增加显示三角形计数和边计数信息, 如图 1-51 所示。

图 1-50 【统计数据】选项卡

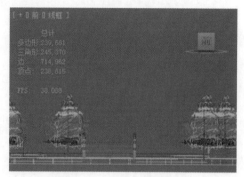

图 1-51 显示点面数信息

知识链接

【设置】选项组包括如下选项。

【多边形计数】: 允许显示多边形数。

【三角形计数】: 允许显示三角形数。

【边计数】: 允许显示边数。

【顶点计数】: 允许显示顶点数。

【每秒帧数】: 允许显示 FPS 计数。

【总计】: 仅显示整个场景的统计信息。

【选择】: 仅显示当前选定场景的统计信息。

【总计＋选择】: 显示整个场景和当前选定场景的统计信息。

【应用程序】选项组包括如下选项。

【在活动视图中显示统计】: 允许显示统计信息。

【默认设置】: 将所有选项还原为其原始设置。

第 2 章
基本模型的制作与表现

本章重点

◆ 使用球体工具制作围棋棋子
◆ 使用车削修改器制作玻璃器皿
◆ 使用挤出修改器制作休闲石凳
◆ 使用车削修改器制作罗马柱
◆ 使用长方体制作庭院木桥
◆ 使用弯曲修改器制作毛巾

◆ 使用线工具制作花瓶
◆ 使用二维对象制作隔离墩
◆ 使用线工具制作餐具
◆ 使用可编辑多边形制作电池
◆ 使用标准基本体制作梳妆镜
◆ 使用长方体制作笔记本

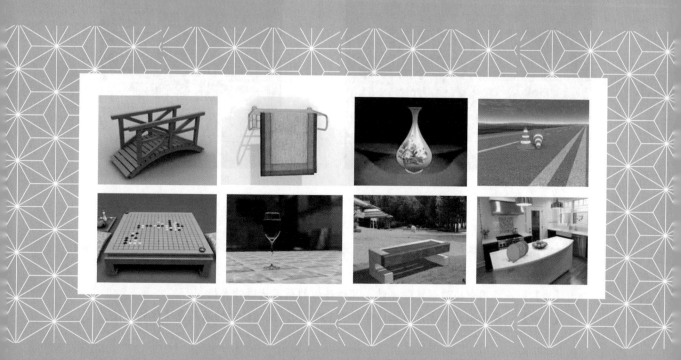

在学习制作室内外效果图之前，需要了解一些常用基本模型的创建方法与技巧。通过学习创建基本模型可以进一步了解 3ds Max 的一些基本操作方法。本章将介绍多个基本模型的创建方法，使读者学习并掌握 3ds Max 中一些基本建模工具与修改器的使用方法。

案例精讲 015　使用球体工具制作围棋棋子

✎ 案例文件：CDROM | Scenes | Cha02 | 使用球体工具制作围棋棋子 OK.max

🖌 视频文件：视频教学 | Cha02 | 使用球体工具制作围棋棋子 .avi

制作概述

本例将讲解如何制作围棋其中，首先利用绘制球体，通过对其参数设置及缩放，制作出棋子形状，并对其添加材质，具体操作方法如下，完成后的效果如图 2-1 所示。

图 2-1　制作围棋棋子

学习目标

学习围棋棋子的制作过程。

掌握围棋棋子的制作流程和其材质的制作。

操作步骤

(1) 启动软件后，打开随书附带光盘中的 CDROM | Scenes | Cha02 | 围棋 .max 文件，如图 2-2 所示。

(2) 选择【创建】|【几何体】|【标准基本体】|【球体】工具，在【顶】视图中创建一个【半径】为 13、【半球】为 0.345 的半球，并将其重新命名为"围棋白"，如图 2-3 所示。

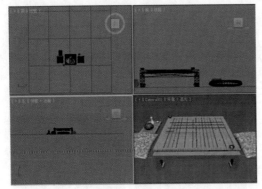

图 2-2　打开文件

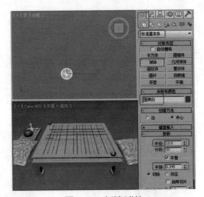

图 2-3　创建球体

知识链接

　　【球体】：【球体】工具可制作面状或光滑的球体，也可以制作局部球体 (包括半球体)。

　　1. 创建方法

　　【边】：在视图中拖动创建球体时，鼠标移动的距离是球的直径。

　　【中心】：以中心放射方式拉出球体模型 (默认)，鼠标移动的距离是球体的半径。

2. 参数

【半径】：设置半径大小。

【分段】：设置表面划分的段数。值越高，表面越光滑，造型也越复杂。

【平滑】：是否对球体表面进行自动光滑处理（默认为开启）。

【半球】：值由 0～1 可调，默认为 0，表示建立完整的球体；增加数值，球体被逐渐减去；值为 0.5 时，制作出半球体，值为 1 时，什么都没有了。

【切除】/【挤压】：在进行半球参数调整时，这两个选项发挥作用，主要用来确定球体被削除后，原来的网格划分数也随之削除或者仍保留部分球体。

【启用切片】：设置是否开启切片设置，打开它可以在下面的设置中调节柱体局部切片的大小。

【轴心在底部】：在建立球体时，球体重心默认设置在球体的正中央，选中此复选框会将重心设置在球体的底部；还可以在制作台球时把它们一个个准确地建立在桌面上。

(3) 在左视图中选中创建的【围棋白】对象，在工具栏中右击【选择并非均匀缩放】工具，在弹出的【缩放变换输入】对话框中的【偏移：屏幕】区域下将 Y 轴参数设置为 30，如图 2-4 所示。

(4) 使用【选择并移动】工具，选择创建好的棋子，按住 Shift 键进行移动，在弹出的【克隆选项】对话框中选中【复制】单选按钮，将【副本数】设为 1，并将其【名称】设为"围棋黑"，单击【确定】按钮，如图 2-5 所示。

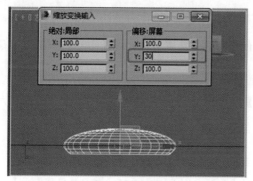

图 2-4　设置缩放

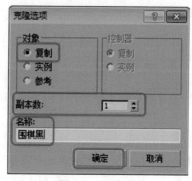

图 2-5　进行复制

知识链接

【围棋】：围棋是一种智力游戏，起源于中国。传说在黄帝时开始流传，到汉朝时规则大体定型。中日韩是现今围棋的三大支柱，但近年来日本围棋逐步衰弱，形成了中韩争霸的局面。

(5) 按 M 键弹出【材质编辑器】窗口，选择一个新的样本球，并将其命名为"白棋"，将【明暗器的类型】设为 (B)Blinn，在【Blinn 基本参数】卷展栏中，将【环境光】和【漫反射】的 RGB 值设为 255、255、255，在【反射高光】选项组中，将【高光级别】和【光泽度】分别设为 88、26，并将创建好的材质指定给"围棋白"对象，如图 2-6 所示。

材质主要用于描述对象如何反射和传播光线,材质中的贴图主要用于模拟对象质地,提供纹理图案、反射、折射等其他效果(贴图还可以用于环境和灯光投影)。依靠各种类型的贴图,可以创作出千变万化的材质,例如,在瓷瓶上贴上花纹就成了名贵的瓷器。高超的贴图技术是制作仿真材质的关键,也是决定最后渲染效果的关键。关于材质的调节和指定,系统提供了【材质编辑器】和【材质/贴图浏览器】。【材质编辑器】用于创建、调节材质,并最终将其指定到场景中;【材质/贴图浏览器】用于检查材质和贴图。

(6)选择一个新的样本球,并将其命名为"黑棋",将【明暗器的类型】设为(B)Blinn,在【Blinn基本参数】卷展栏中,将【环境光】和【漫反射】的RGB值设为0、0、0,在【反射高光】选项组中,将【高光级别】和【光泽度】分别设为88、26,并将创建好的材质指定给"围棋黑"对象,如图2-7所示。

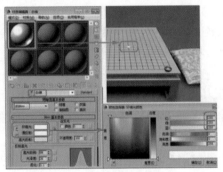 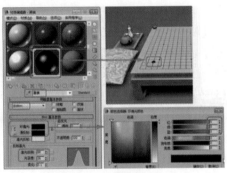

图2-6 设置白棋材质　　　　图2-7 设置黑棋材质

(7)分别选择"围棋黑"和"围棋白"对象,进行多次复制,并在【顶】视图中调整位置,如图2-8所示。

用户在对围棋子进行复制时可以根据自己的需求及审美观,对黑白子的个数进行设置,并调整位置。

(8)激活【摄影机】视图,按F9键打开【渲染帧】窗口对其进行渲染查看效果,如图2-9所示。

知识链接

【渲染帧】窗口中主要参数介绍如下。

【要渲染的区域】:该下拉列表框中提供可用的【要渲染的区域】选项,包括【视图】、【选定】、【区域】、【裁剪】或【放大】。当使用【区域】、【裁剪】或【放大】选项时,使用【编辑区域】控件来设置区域。或者,可以使用【选择的自动区域】选项,自动将区域设置到当前选择中。

【视口】:当单击【渲染】按钮时,将显示渲染的视口。要指定要渲染的不同视口,可从该列表中选择所需视口,或在主用户界面中将其激活。

【保存图像】 :用于保存在【渲染帧】窗口中显示的渲染图像。

【复制图像】 :将渲染图像可见部分的精确副本放置在Windows剪贴板上,以准备粘贴到绘制程序或位图编辑软件中。图像始终按当前显示状态复制,因此,如果启用了单色按钮,则复制的数据由8位灰度位图组成。

【克隆渲染帧窗口】：创建另一个包含所显示图像的窗口。复制这就允许将另一个图像渲染到渲染帧窗口，然后将其与上一个复制的图像进行比较。您可以多次复制渲染帧窗口。复制的窗口会使用与原始窗口相同的初始缩放级别。

【打印图像】：将渲染图像发送至 Windows 中定义的默认打印机。将背景打印为透明。

【清除】：清除渲染帧窗口中的图像。

【启用红色通道】：显示渲染图像的红色通道。禁用该选项后，红色通道将不会显示。

【启用绿色通道】：显示渲染图像的绿色通道。禁用该选项后，绿色通道将不会显示。

【启用蓝色通道】：显示渲染图像的蓝色通道。禁用该选项后，蓝色通道将不会显示。

【显示 Alpha 通道】：显示 Alpha 通道。

【单色】：显示渲染图像的 8 位灰度。

　　(9) 单击【保存图像】按钮，在弹出的【保存图像】对话框中，选择保存位置并设置文件名和保存类型，如将保存类型设置为 Tif，然后单击【保存】按钮。在弹出的对话框中，保持默认选项，然后单击【确定】按钮，如图 2-10 所示，这样即可将效果图像进行保存。

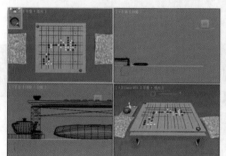

图 2-8　进行多次复制　　　　　图 2-9　查看渲染后的效果　　　　图 2-10　保存图像

知识链接

　　TIFF 格式直译为标签图像文件格式，是由 Aldus 为 Macintosh 机开发的文件格式。TIFF 用于在应用程序之间和计算机平台之间交换文件，被称为标签图像格式，是 Macintosh 和 PC 上使用最广泛的文件格式。它采用无损压缩方式，与图像像素无关。TIFF 常被用于彩色图片色扫描，它以 RGB 的全彩色格式存储。TIFF 格式支持带 Alpha 通道的 CMYK、RGB 和灰度文件，支持不带 Alpha 通道的 Lab、索引色和位图文件，也支持 LZW 压缩。

　　JPEG 是 Macintosh 机上常用的存储类型，但是，无论你是从 Photoshop、Painter、FreeHand、Illustrator 等平面软件还是在 3ds 或 3ds Max 中都能够开启此类格式的文件。JPEG 格式是所有压缩格式中最卓越的。在压缩前，你可以从对话框中选择所需图像的最终质量，这样，就有效地控制了 JPEG 在压缩时的损失数据量。并且可以在保持图像质量不变的前提下，产生惊人的压缩比率，在没有明显质量损失的情况下，它的体积能降到原 BMP 图片的 1/10。这样，可使你不必再为图像文件的质量以及硬盘的大小而苦恼了。

第 2 章　基本模型的制作与表现

23

BMP 全称为 Windows Bitmap。它是微软公司 Paint 的自身格式，可以被多种 Windows 和 OS/2 应用程序所支持。Photoshop 中，最多可以使用 16 兆的色彩渲染 BMP 图像。因此，BMP 格式的图像可以具有极其丰富的色彩。

TGA 格式 (Tagged Graphics) 是由美国 Truevision 公司为其显示卡开发的一种图像文件格式，文件后缀为 .tga，已被国际上的图形、图像工业所接受。TGA 的结构比较简单，属于一种图形、图像数据的通用格式，在多媒体领域有很大影响，是计算机生成图像向电视转换的一种首选格式。TGA 图像格式最大的特点是可以做出不规则形状的图形、图像文件。一般图形、图像文件都为四方形，若需要有圆形、菱形甚至是镂空的图像文件时，TGA 就派上用场了！ TGA 格式支持压缩，使用不失真的压缩算法。

案例精讲 016　使用车削修改器制作玻璃器皿

📝 **案例文件：** CDROM | Scenes | Cha02 | 使用车削修改器制作玻璃器皿 OK.max

🖌 **视频文件：** 视频教学 | Cha02 | 使用车削修改器制作玻璃器皿 .avi

制作概述

本例将介绍如何制作玻璃器皿，玻璃器皿一般表现的是透明及反光效果，首先利用线绘制出酒杯的大体轮廓，然后通过【车削】修改器进行修改，最后对其赋予材质，具体操作方法如下，完成后的效果如图 2-11 所示。

图 2-11　玻璃器皿

学习目标

学习高脚酒杯的制作过程及材质的制作。
掌握酒杯的制作流程及材质的设置。

操作步骤

(1) 启动软件后打开随书附带光盘中的 CDROM | Scenes | Cha02 | 玻璃器皿 .max 文件，激活【摄影机】视图对其进行渲染并查看效果。然后选择【创建】|【图形】|【样条线】|【线】命令，在【左】视图中绘制线，如图 2-12 所示。

　　　　线工具是现在最常用的一种基础建模工具，在制作一些简单的对象时，可以先使用线构建出轮廓，通过对其添加【挤出】或【倒角】修改器而完成建模。

(2) 切换到【修改命令】面板中，将当前选择集定义为【样条线】，单击【轮廓】按钮，将其后数值设为 2，如图 2-13 所示。

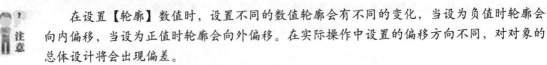　　　　在设置【轮廓】数值时，设置不同的数值轮廓会有不同的变化，当设为负值时轮廓会向内偏移，当设为正值时轮廓会向外偏移。在实际操作中设置的偏移方向不同，对对象的总体设计将会出现偏差。

(3) 将当前选择集定义为【顶点】，选择最上侧的两个顶点，右击，在弹出的快捷菜单中选择【平滑】命令，如图 2-14 所示。

图 2-12　创建线

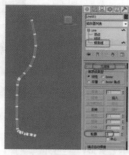
图 2-13　增加轮廓

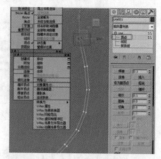
图 2-14　平滑顶点

(4) 使用同样的方法，对最下侧的两个顶点进行平滑，并适当调整顶点位置，如图 2-15 所示。

(5) 关闭当前选择集，对其添加【车削】修改器，在【参数】卷展栏中将【分段】设为 40，单击【方向】选项组中的 Y 按钮，在【对齐】选项组中单击【最小】按钮，如图 2-16 所示。

(6) 按 M 键打开【材质编辑器】窗口，选择一个空的样本球并将其命名为"酒杯"，单击 Standard 按钮，在弹出的对话框中选择【材质】| V-Ray | VRayMtl 选项，单击【确定】按钮。在【反射】选项组中将【反射】的 RGB 值设为 100、100、100，将【细分】设为 50，选中【菲涅耳反射】复选框；在【折射】选项组中将【折射】颜色设为白色，将【细分】设为 50，并选中【影响阴影】复选框；在【双面反射分布函数】卷展栏中将反射类型设为【多面】，在【选项】卷展栏中取消选中【雾系统单位比例】复选框。在【反射插值】选项组中将【最小比率】和【最大比率】分别设为 –3 和 0，在【折射插值】选项组中将【最小比率】和【最大比率】分别设为 –3 和 0，如图 2-17 所示。

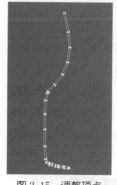
图 2-15　调整顶点

图 2-16　添加【车削】修改器

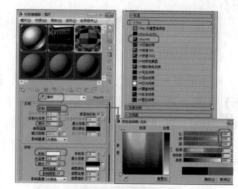
图 2-17　创建酒杯材质

(7) 单击系统图标，在弹出的快捷菜单中选择【导入】|【合并】命令，选择 CDROM | Scenes | Cha02 | 红酒 .max 文件，弹出【合并 - 红酒 .max】对话框，选择【红酒】选项，然后单击【确定】按钮，如图 2-18 所示。

(8) 选择导入的"红酒"对象，并调整位置，如图 2-19 所示。

(9) 激活【摄影机】视图，对其进行渲染，将场景文件进行保存。

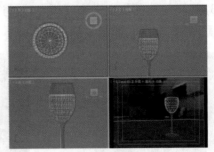

图 2-18　导入素材

图 2-19　调整位置

案例精讲 017　使用挤出修改器制作休闲石凳

案例文件：CDROM | Scenes | Cha02 | 使用挤出修改器制作休闲石凳 OK.max

视频文件：视频教学 | Cha02 | 使用挤出修改器制作休闲石凳 .avi

制作概述

本例将介绍如何制作休闲石凳，首先【矩形】绘制矩形，通过【编辑样条线】、【挤出】修改器制作石架，然后通过长方体工具绘制木条，将设置好的材质指定给对象。最后为场景添加摄影机和灯光，将摄影机视图中进行渲染输出，效果如图 2-20 所示。

图 2-20　休闲石凳

学习目标

学会如何利用【矩形】、【长方体】工具配合【编辑样条线】、【挤出】等修改器制作休闲石凳。

掌握【编辑样条线】、【挤出】等修改器的使用方法。

操作步骤

(1) 重置一下场景，这样可以将所有设置恢复到默认设置。选择【创建】|【图形】|【矩形】工具，在【左】视图中创建矩形，在【参数】卷展栏中将【长度】、【宽度】分别设置为500、600，将【角半径】设置为 0，如图 2-21 所示。

(2) 使用同样的方法绘制一个【长度】、【宽度】分别为 135、475 的矩形，将【角半径】设置为 50，效果如图 2-22 所示。

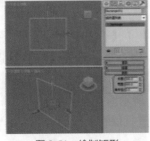

图 2-21　绘制矩形

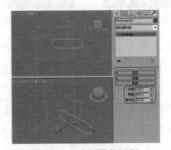

图 2-22　绘制圆角矩形

(3) 将创建的第一个矩形命名为"矩形01"，将刚刚创建的矩形命名为"矩形02"，选择"矩形01"，在【修改器列表】中选择【编辑样条线】修改器，在【几何体】卷展栏中单击【附加】按钮，然后在场景中选择"矩形02"对象，如图2-23所示。

(4) 再次单击【附加】按钮，将其重命名为"石架01"，将当前选择集定义为【样条线】，在视图中选择大矩形样条线，再在【几何体】卷展栏中单击【布尔】按钮，并单击【差集】按钮，最后在视图中拾取小矩形的样条线进行布尔运算，完成后的效果如图2-24所示。

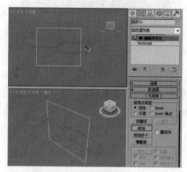

图2-23 将矩形附加在一起

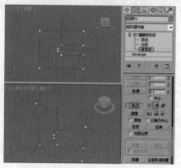

图2-24 将图形进行布尔运算

知识链接

【并集】：将两个造型合并，相交的部分被删除，成为一个新的物体。

【相交】：将两个造型相交的部分保留，不相交的部分删除。

【差集】：将两个造型相减处理，得到一种切割后的造型。

(5) 将当前选择集定义为【顶点】，在【几何体】卷展栏中单击【优化】按钮，在【左】视图中添加两个顶点，如图2-25所示。

(6) 再次单击【优化】按钮，选择左上角的三个顶点，右击，在弹出的快捷菜单中选择【角点】命令，然后使用【选择并移动】工具在场景中调整顶点的位置，如图2-26所示。

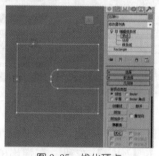

图2-25 优化顶点

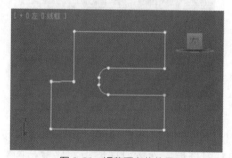

图2-26 调整顶点的位置

(7) 选择图形右上角的两个点，在【左】视图中沿X轴向左进行调整，完成后的效果如图2-27所示。

(8) 在【修改】命令面板的【修改器列表】中选择【挤出】修改器，在【参数】卷展栏中将【数量】设置为170，如图2-28所示。

CG设计案例课堂

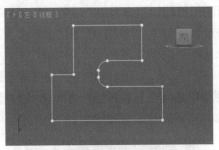

图 2-27　调整顶点

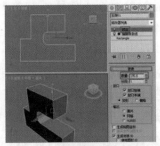

图 2-28　设置【挤出】数量

知识链接

　　【挤出】修改器是将二维的样条线图形增加厚度，挤出成为三维实体。

　　在【修改】命令面板中，设置【挤出】修改器的参数。

　　【数量】：设置挤出的深度。

　　【分段】：设置挤出厚度上的片段划分数。

---

　　(9) 在【修改器列表】中选择【UVW 贴图】修改器，在【参数】卷展栏中将【贴图】设置为【长方体】，将【长度】、【宽度】、【高度】均设置为 170，如图 2-29 所示。

　　(10) 按 M 键打开【材质编辑器】窗口，选择一个空白的材质样本球，将其命名为"石架"，取消【环境光】和【漫反射】颜色之间的锁定，将【环境光】的 RGB 值设置为 46、17、17，将【漫反射】的 RGB 值设置为 137、50、50，将【反射高光】选项组中的【高光级别】、【光泽度】分别设置为 5、25，如图 2-30 所示。

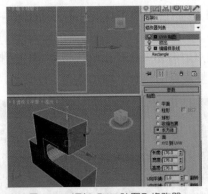

图 2-29　添加【UVW 贴图】修改器

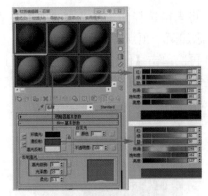

图 2-30　设置材质

　　(11) 展开【贴图】卷展栏，单击【漫反射颜色】右侧的【无】按钮，弹出【材质/贴图浏览器】对话框，在该对话框中选择【位图】选项，然后单击【确定】按钮。在弹出的【选择位图图像文件】对话框中选择随书附带光盘中的 CDROM | Map | 毛面石 .jpg 素材文件，单击【打开】按钮，如图 2-31 所示。

知识链接

　　【材质/贴图浏览器】对话框提供全方位的材质和贴图浏览选择功能，它会根据当前的情况而变化，如果允许选择材质和贴图，会将两者都显示在列表窗中，否则会仅显示材质或贴图。

(12) 单击【转到父对象】按钮，确定"石架 01"对象处于选中状态，然后单击【将材质指定给选定对象】按钮，将对话框关闭，对【透视】视图进行渲染观看一下效果，如图 2-32 所示。

图 2-31　选择位图

图 2-32　赋予材质后的效果

(13) 在【前】视图中选择"石架 01"对象，按住 Shift 键沿 X 轴向右移动，释放鼠标，在弹出的【克隆选项】对话框中选中【复制】单选按钮，将【副本数】设置为 1，将【名称】设置为"石架 02"，如图 2-33 所示。

(14) 单击【确定】按钮，选择【创建】|【几何体】|【长方体】工具，在【顶】视图中创建长方体，在【参数】卷展栏中将【长度】、【宽度】、【高度】分别设置为 118、1726、257，如图 2-34 所示。

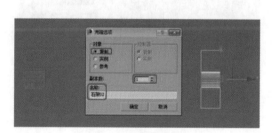

图 2-33　复制石架

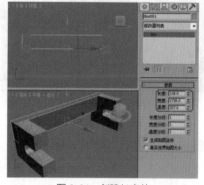

图 2-34　创建长方体

由于两个石架之间的距离可能不相同，可以根据实际情况来设置长方体的参数，下文中创建的长方体也一样。

(15) 确定长方体处于选中状态，在【修改器列表】中选择【UVW 贴图】修改器，在【贴图】选项组中选中【长方体】单选按钮，将【长度】、【宽度】、【高度】均设置为 175，如图 2-35 所示。

(16) 按 M 键打开【材质编辑器】窗口，将【石架】材质指定给长方体，选择长方体，将其重命名为"石条"，激活【透视】视图，对该视图进行渲染观察效果，如图 2-36 所示。

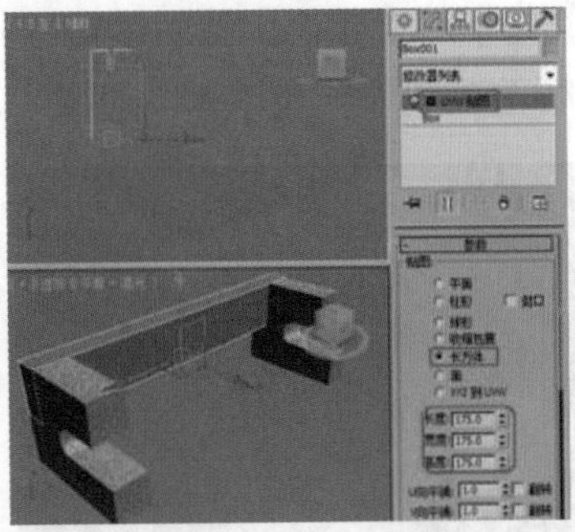

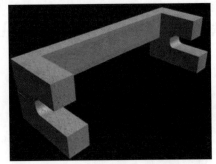

图 2-35　创建长方体

图 2-36　指定材质后的效果

(17) 继续使用【长方体】工具，在【顶】视图中创建长方体，将其命名为"木条"，在【参数】卷展栏中将【长度】、【宽度】、【高度】分别设置为 100、1493、86，如图 2-37 所示。

(18) 按 M 键打开【材质编辑器】窗口，取消【环境光】和【漫反射】颜色之间的锁定，将【环境光】颜色的 RGB 值设置为 17、47、15，将【漫反射】颜色的 RGB 值设置为 51、141、45，将【反射高光】选项组中的【高光级别】、【光泽度】分别设置为 5、25，如图 2-38 所示。

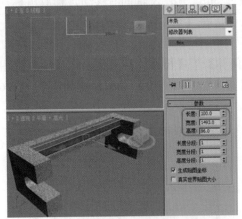

图 2-37　创建长方体

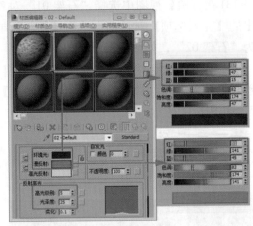

图 2-38　设置参数

知识链接

【环境光】：控制对象表面阴影区的颜色。

【漫反射】：控制对象表面过渡区的颜色。

【高光反射】：控制对象表面高光区的颜色。

(19) 展开【贴图】卷展栏，单击【漫反射颜色】右侧的【无】按钮，在弹出的对话框中双击【位图】选项。在弹出的对话框中选择随书附带光盘中的 CDROM | Map | muwen01.jpg 素材文件，单击【打开】按钮，单击【转到父对象】按钮，确定"木条"对象处于选中状态，单击【将材质指定给选定对象】按钮，然后激活【透视】视图，对该视图进行渲染，效果如图 2-39 所示。

(20) 进入【修改】命令面板，在【修改器列表】中选择【UVW 贴图】修改器，在【参数】卷展栏中选中【长方体】单选按钮，将【长度】、【宽度】、【高度】均设置为 175，然后再激活【透视】视图，对该视图进行渲染，效果如图 2-40 所示。

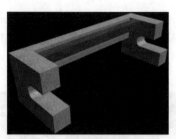
图 2-39 赋予材质后的效果

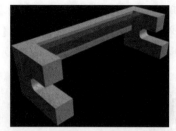
图 2-40 为对象添加【UVW 贴图】修改器后的效果

(21) 使用【选择并移动】工具，在【顶】视图中按住 Shift 键进行拖动，释放鼠标，在弹出的【克隆选项】对话框中选中【实例】单选按钮，将【副本数】设置为 1，如图 2-41 所示。

(22) 选择【创建】|【图形】|【矩形】工具，在【左】视图中创建矩形，将【长度】、【宽度】分别设置为 187、107，将其重命名为"木条 03"，如图 2-42 所示。

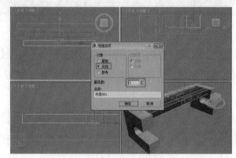
图 2-41 复制木条

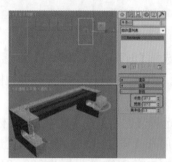
图 2-42 绘制矩形

(23) 进入【修改】命令面板，在【修改器列表】中选择【圆角 / 切角】修改器，将当前选择集定义为【顶点】，然后选择矩形上方的两个顶点，将【圆角】选项组中的【半径】设置为 15，如图 2-43 所示。

(24) 关闭当前选择集，选择【挤出】修改器，在【参数】卷展栏中将【数量】设置为 –1726，然后使用【选择并移动】工具移动木条，效果如图 2-44 所示。

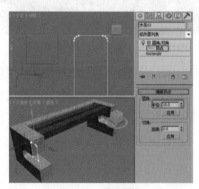
图 2-43 设置圆角

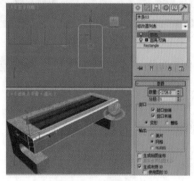
图 2-44 设置挤出

(25) 将木质材质指定给木条，按 8 键打开【环境和效果】对话框，在该对话框中单击【环境贴图】下面的【无】按钮，在弹出的对话框中双击【位图】选项，再在弹出的对话框中选择 14491816.jpg 文件，单击【打开】按钮。按 M 键打开【材质编辑器】窗口，将【环境贴图】拖曳至材质球上，在弹出的【实例（副本）贴图】对话框中选中【实例】单选按钮，如图 2-45 所示。

(26) 单击【确定】按钮，在【坐标】卷展栏中将【贴图】设置为【屏幕】，将对话框关闭。激活【透视】视图，选择【视图】|【视口背景】|【环境贴图】命令，此时【透视】视图将以环境贴图为背景，效果如图 2-46 所示。

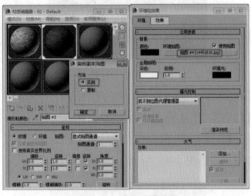

图 2-45　设置环境贴图

图 2-46　添加环境贴图后的效果

(27) 选择【创建】|【摄影机】|【目标】摄影机，在【顶】视图中创建目标摄影机。激活【透视】视图，按 C 键将其转换为摄影机视图，然后在其他视图中调整摄影机的位置，效果如图 2-47 所示。

(28) 选择【创建】|【灯光】|【标准】|【目标聚光灯】工具，在【顶】视图中创建目标聚光灯，展开【强度/颜色/衰减】卷展栏，将【倍增】设置为 1.1，单击其后面的色块，在弹出的对话框中将 RGB 值设置为 200、212、215，然后在视图中调整灯光的位置，如图 2-48 所示。

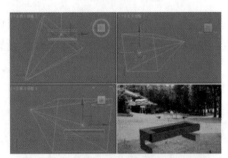

图 2-47　创建摄影机

图 2-48　创建灯光并调整其位置

(29) 再创建一盏目标聚光灯，在【常规参数】卷展栏中选中【阴影】选项组中的【启用】复选框，将阴影类型设置为【光线跟踪阴影】；在【强度/颜色/衰减】卷展栏中将【倍增】设置为 1.7，将【颜色】设置为白色；在【阴影参数】卷展栏中将【密度】设置为 0.7，然后在场景中调整灯光的位置，如图 2-49 所示。

> 知识链接
>
> 　　【密度】：设置较大的数值产生一个粗糙、有明显的锯齿状边缘的阴影；相反，阴影的边缘会变得比较平滑。

(30) 将【摄影机】和【灯光】隐藏，选择【创建】|【几何体】|【标准基本体】|【平面】工具，在【顶】视图中创建平面，在【参数】卷展栏中将【长度】、【宽度】均设置为 4000，如图 2-50 所示。

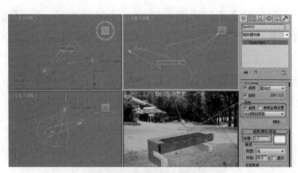

图 2-49 调整灯光的位置

图 2-50 创建平面

(31) 按 M 键打开【材质编辑器】窗口，选择一个空白的材质样本球，然后单击 Standard 按钮，在弹出的【材质 / 贴图浏览器】对话框中选择【无光 / 投影】选项，单击【确定】按钮，如图 2-51 所示。

(32) 确定平面对象处于选中状态，单击【将材质指定给选定对象】按钮，然后对摄影机视图进行渲染，效果如图 2-52 所示。

图 2-51 选择【无光 / 投影】选项

图 2-52 渲染效果

案例精讲 018   使用车削修改器制作罗马柱

✎ 案例文件：CDROM | Scenes | Cha02 | 使用车削修改器制作罗马柱 OK.max

◉ 视频文件：视频教学 | Cha02 | 使用车削修改器制作罗马柱 .avi

制作概述

罗马柱，它的基本单位由柱和檐构成。柱可分为柱础、柱身、柱头（柱帽）三部分。由于各部分尺寸、比例、形状的不同，加上柱身处理和装饰花纹的各异，而形成各不相同的柱子样式。本例将介绍如何制作罗马柱，完成后的效果如图 2-53 所示。

图 2-53 罗马柱

学习目标

学习利用多种工具和修改器来制作罗马柱。

掌握【挤出】修改器、【编辑样条线】修改器、【车削】修改器和【星形】工具的使用。

操作步骤

(1) 选择【创建】|【图形】|【星形】工具，在【顶】视图中创建一个星形图形，在【参数】卷展栏中将【半径1】、【半径2】、【点】、【圆角半径1】、【圆角半径2】分别设置为103、91、30、7、7，将其重命名为"柱体"，如图2-54所示。

(2) 进入【修改】命令面板，在【修改器列表】中选择【挤出】修改器，在【参数】卷展栏中将【数量】设置为1500，如图2-55所示。

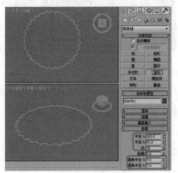

图 2-54　绘制星形

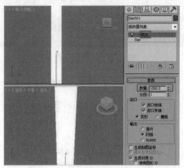

图 2-55　添加【挤出】修改器

> **知识链接**
>
> 　　【挤出】修改器是将二维的样条线图形增加厚度，挤出成为三维实体，是一种常用的建模方法，可以进行面片、网格对象和 NURBS 对象 3 类模型的输出。

(3) 选择【创建】|【图形】|【矩形】工具，在【前】视图中柱子的顶端创建矩形，在【参数】卷展栏中将【长度】、【宽度】分别设置为175、250，如图2-56所示。

(4) 在【修改】命令面板的【修改器列表】中选择【编辑样条线】修改器，将当前选择集定义为【顶点】，在【集合体】卷展栏中单击【优化】按钮，在图形上添加节点，并调整其位置，完成后的效果如图2-57所示。

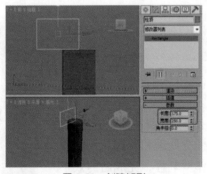

图 2-56　创建矩形

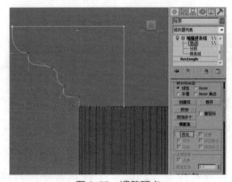

图 2-57　调整顶点

(5) 关闭当前选择集，在【修改器列表】中选择【车削】修改器，在【参数】卷展栏中将【分段】设置为35，单击【方向】选项组中的Y按钮，然后单击【对齐】选项组中的【最大】按钮，如图2-58所示。

(6) 单击工具栏中的【镜像】按钮，弹出【镜像：屏幕坐标】对话框，将【镜像轴】设置为 Y，将【偏移】设置为 –1675，选中【实例】单选按钮，如图 2-59 所示。

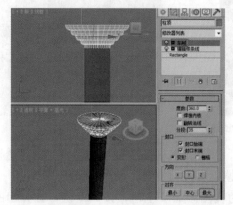

图 2-58　为对象添加【车削】修改器并对其进行设置

图 2-59　【镜像：屏幕坐标】对话框

(7) 单击【确定】按钮，即可对对象进行镜像，将镜像后的对象命名为"柱底"。按 M 键打开【材质编辑器】窗口，在该对话框中选择一个空白的材质样本球，将其命名为"柱"，将【明暗器类型】设置为 Phong，选中【面贴图】复选框，在【Phong 基本参数】卷展栏中将【反射高光】选项组中的【高光级别】和【光泽度】分别设置为 30、20。在【贴图】卷展栏中单击【漫反射颜色】右侧的【无】按钮，在弹出的【材质 / 贴图浏览器】对话框中选择【位图】选项，单击【确定】按钮，如图 2-60 所示。

(8) 在弹出的对话框中选择随书附带光盘中的 CDROM | Map | LMZ01.jpg 素材文件，单击【打开】按钮，如图 2-61 所示。

图 2-60　选择【位图】选项

图 2-61　选择位图

(9)进入漫反射层级通道，在【坐标】卷展栏中取消选中【使用真实世界比例】复选框，将【瓷砖】下的 U、V 都设置为 1，如图 2-62 所示。

(10) 单击【转到父对象】按钮，选择场景中的所有对象，再单击【将材质指定给选定对象】按钮，将对话框关闭，然后激活【透视】视图对其进行渲染观看效果，如图 2-63 所示。

(11) 选择【创建】|【几何体】|【平面】工具，在【顶】视图中创建平面，在【参数】卷展栏将【长度】、【宽度】均设置为 2500，如图 2-64 所示。

图 2-62　设置参数　　　图 2-63　渲染完成后的效果　　　图 2-64　创建平面

(12) 选择【创建】|【摄影机】|【目标】工具，在【顶】视图中创建摄影机，将【透视】视图转换为【摄影机】视图，然后在其他视图中调整摄影机的位置，如图 2-65 所示。

(13) 激活【摄影机】视图，按 Shift+F 组合键为视图添加安全框，按 F10 键，在弹出的对话框中将【输出大小】选项组中的【宽度】、【高度】分别设置为 800、1280，如图 2-66 所示。

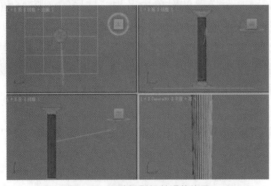

图 2-65　创建摄影机并调整位置　　　图 2-66　设置输出大小

(14) 按 M 键打开【材质编辑器】窗口，选择一个空白的材质样本球，单击 Standard 按钮，在弹出的【材质 / 贴图浏览器】对话框中选择【无光 / 投影】选项，如图 2-67 所示。

(15) 单击【确定】按钮，然后选择刚刚创建的平面，单击【将材质指定给选定对象】按钮。将对话框关闭，选择【创建】|【灯光】|【天光】工具，在【顶】视图中创建天光，在【天光参数】卷展栏中将【倍增】设置为 1.2，选中【投射阴影】复选框，如图 2-68 所示。

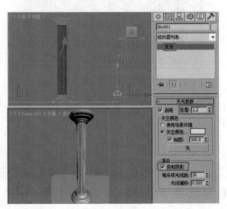

图 2-67　选择【无光 / 投影】选项　　　图 2-68　创建天光

【无光 / 投影】用于创建无光对象，即在用作场景背景的照片中表示真实世界对象的对象。该材质提供了诸多选项，以使照片背景与 3D 场景紧密结合，这些选项包括对凹凸贴图、Ambient Occlusion 以及间接照明的支持。

仅在活动的渲染器支持无光 / 投影 / 反射材质时，才会在浏览器中显示此材质。

(16) 按 8 键打开【环境和效果】对话框，在【环境】选项卡中将【背景】选项组中的【颜色】RGB 值设置为 92、126、236，如图 2-69 所示。

(17) 单击【应用程序】按钮，在弹出的下拉菜单中选择【保存】命令，弹出【文件另存为】对话框，在该对话框中设置保存路径，将【文件名】设置为"罗马柱 OK"，单击【保存】按钮，如图 2-70 所示。

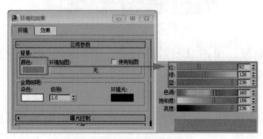

图 2-69　设置环境颜色

图 2-70　【文件另存为】对话框

案例精讲 019　使用长方体制作庭院木桥

案例文件：CDROM | Scenes | Cha02 | 使用长方体制作庭院木桥 OK.max

视频文件：视频教学 | Cha02 | 使用长方体制作庭院木桥 .avi

制作概述

本例主要介绍庭院木桥的制作方法。首先使用【弧】工具绘制桥面路径，使用【长方体】工具制作木板并配合【路径约束】控制器和【快照】命令制作桥面，然后使用【长方体】工具继续创建木桥的支架，最后设置木桥的贴图。完成后的效果如图 2-71 所示。

图 2-71　庭院木桥

学习目标

学习使用【弧】和【长方体】工具。
了解【路径约束】控制器的使用。

操作步骤

(1) 打开 3ds Max 2014，选择【创建】 ⬚ |【图形】 ⬚ |【弧】工具，在【前】视图中创建弧，在【参数】卷展栏中将【半径】设置为 272、【从】设置为 58、【到】设置为 122.2，如图 2-72 所示。

(2) 选择【创建】 ⬚ |【几何体】 ⬚ |【标准基本体】 |【长方体】工具，在【顶】视图中创建一个长方体，将其命名为"木板 01"，在【参数】卷展栏中设置【长度】为 125、【宽度】为 15、【高度】为 6，如图 2-73 所示。

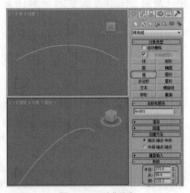

图 2-72　绘制弧

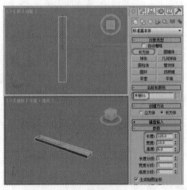

图 2-73　创建长方体

(3) 选中"木板 01"对象，切换至【运动】面板，单击【参数】按钮，在【指定控制器】卷展栏中，选择列表中的【位置：位置 XYZ】选项并单击【指定控制器】按钮 ⬚ ，在弹出的对话框中选择【路径约束】选项，然后单击【确定】按钮，如图 2-74 所示。

(4) 在【路径参数】卷展栏中，单击【添加路径】按钮，在场景中拾取 Arc001，然后选中【路径选项】选项组中的【跟随】复选框，如图 2-75 所示。

图 2-74　选择【路径约束】选项

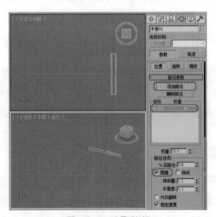

图 2-75　拾取路径

(5) 再次单击关闭【添加路径】按钮中。选中"木板 01"对象，在菜单栏中选择【工具】|【快照】命令，在弹出的【快照】对话框中选中【范围】单选按钮，将【副本】设置为 19，选中【克隆方法】选项组中的【实例】按钮，然后单击【确定】按钮，如图 2-76 所示。

【快照】会随时间复制设置了动画的对象。【快照】按时间均匀地为复制对象设置间隔。在【轨迹】视图中的调整可用于沿路径均匀地为复制设置间隔。

 提示　　要使用【快照】复制对象，则该对象必须设置了动画。可以从路径上的任意帧处使用【快照】。自动关键点对【快照】没有任何影响，因为【快照】创建静态克隆，而非动画。

（6）选中"木板 01"对象，切换至【修改】命令面板中，为其添加【UVW 贴图】修改器，在【参数】卷展栏中，选中【长方体】单选按钮，在【对齐】选项组中选中 Z 单选按钮，然后单击【适配】按钮，如图 2-77 所示。

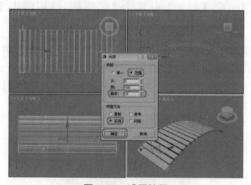
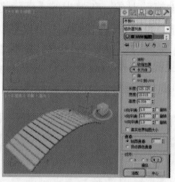

图 2-76　设置快照　　　　　　　　　　图 2-77　设置【UVW 贴图】修改器

（7）选中 Arc001 弧对象，按 Ctrl+V 组合键，在弹出的对话框中选中【复制】单选按钮，在【名称】文本框中输入"下木板 01"，然后单击【确定】按钮，如图 2-78 所示。

（8）选中"下木板 01"对象，切换至【修改】命令面板，为其添加【编辑样条线】修改器，将当前选择集定义为【样条线】，在【几何体】卷展栏中，将【轮廓】设置为 12，按 Enter 键确认，如图 2-79 所示。

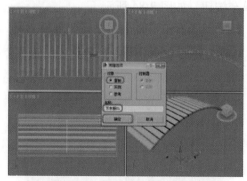
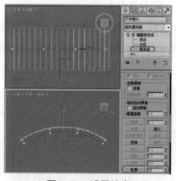

图 2-78　复制 Arc001 弧对象　　　　　　图 2-79　设置轮廓

（9）退出当前选择集，继续添加【挤出】修改器，在【参数】卷展栏中将【数量】设置为10，如图 2-80 所示。

（10）在【顶】视图中，使用【选择并移动】工具 调整"下木板 01"对象的位置，将其

第 2 章　基本模型的制作与表现

移动到木板的一端，如图2-81所示。

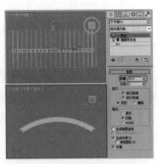
图2-80 设置【挤出】修改器

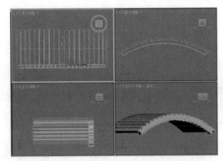
图2-81 移动"下木板01"对象

(11) 在【顶】视图中，选中"下木板01"对象，使用【选择并移动】工具 ✥ 并按住Shift键，沿着Y轴拖动对象。在弹出的【克隆选项】对话框中，将【对象】设置为【实例】，然后单击【确定】按钮，如图2-82所示。

(12) 选择【创建】✳|【几何体】◯|【标准基本体】|【长方体】工具，在【前】视图中创建一个长方体，将其命名为"支架001"，在【参数】卷展栏中设置【长度】为110、【宽度】为12、【高度】为8，如图2-83所示。

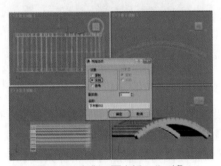
图2-82 复制"下木板01"对象

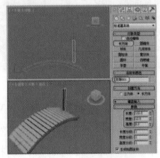
图2-83 创建长方体

(13) 调整"支架001"对象的位置，然后切换至【修改】命令面板，为其添加【UVW贴图】修改器，在【参数】卷展栏中，选中【长方体】单选按钮，如图2-84所示。

(14) 在【前】视图中，选中"支架001"对象，使用【选择并移动】工具 ✥ 并按住Shift键，沿着X轴拖动对象，在弹出的【克隆选项】对话框中，将【对象】设置为【复制】，将【副本数】设置为2，然后单击【确定】按钮，如图2-85所示。

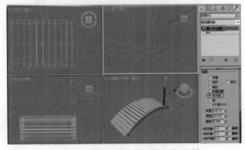
图2-84 添加【UVW贴图】修改器

图2-85 复制对象

(15) 选中复制得到的"支架002"对象，切换至【修改】命令面板，在【修改器列表】中选择 Box，在【参数】卷展栏中，将【长度】更改为 100，然后调整其位置，如图 2-86 所示。

(16) 在【修改器列表】中选中【UVW 贴图】修改器，单击【适配】按钮，对贴图进行调整，如图 2-87 所示。

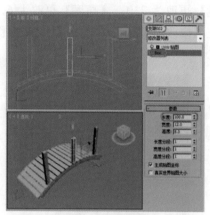
图 2-86　更改长度

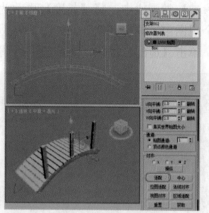
图 2-87　单击【适配】按钮

(17) 在【前】视图中，继续选中"支架 001"对象，使用【选择并移动】工具 ✥ 并按住 Shift 键，沿着 X 轴拖动对象至木桥中央位置，在弹出的【克隆选项】对话框中，将【对象】设置为【复制】，然后单击【确定】按钮。选择新复制的长方体对象，切换至【修改】命令面板，在【修改器列表】中选择 Box，在【参数】卷展栏中，将【长度】更改为 10、【宽度】更改为 270、【高度】更改为 10，然后在【前】视图中，向上调整其位置，如图 2-88 所示。然后在【修改器列表】中选中【UVW 贴图】修改器，单击【适配】按钮，对贴图进行调整。

(18) 在【前】视图中，选中"支架 004"对象，使用【选择并移动】工具 ✥ 并按住 Shift 键，沿着 Y 轴向下拖动对象，在弹出的【克隆选项】对话框中，将【对象】设置为【复制】，然后单击【确定】按钮。选择新复制的长方体对象，切换至【修改】命令面板，在【修改器列表】中选择 Box，在【参数】卷展栏中，将【长度】更改为 7、【宽度】更改为 220、【高度】更改为 7，如图 2-89 所示。然后在【修改器列表】中选中【UVW 贴图】修改器，单击【适配】按钮，对贴图进行调整。

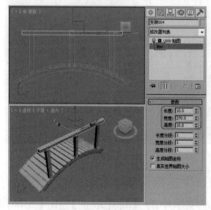
图 2-88　复制对象

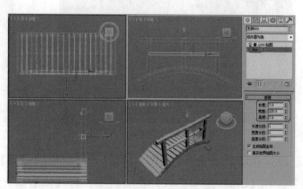
图 2-89　更改长方体参数

(19) 选中"支架 004"对象，使用【选择并旋转】工具 ↻，在【前】视图中按住 Shift 键拖动旋转对象，在弹出的【克隆选项】对话框中选中【复制】单选按钮，然后单击【确定】按钮，如图 2-90 所示。

(20) 选中旋转复制的对象，切换至【修改】命令面板，在【修改器列表】中选择 Box 选项，在【参数】卷展栏中，将【长度】更改为 10、【宽度】更改为 230、【高度】更改为 6，然后在各个视图中，调整其位置，如图 2-91 所示。然后在【修改器列表】中选中【UVW 贴图】修改器，单击【适配】按钮，对贴图进行调整。

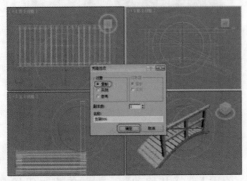
图 2-90　旋转复制对象

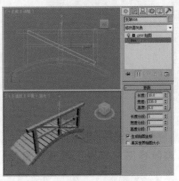
图 2-91　更改长方体参数

在使用【选择并旋转】工具旋转模型对象时，可以将【角度捕捉切换】按钮打开，以一个固定的角度旋转模型对象。

(21) 激活【前】视图，单击【镜像】工具，在弹出的【镜像：屏幕坐标】对话框中，将【镜像轴】设置为 X，将【克隆当前选择】设置为【实例】，然后单击【确定】按钮，如图 2-92 所示。然后适当调整对象的位置。

(22) 选择一侧的支架，激活【顶】视图，单击【镜像】工具，在弹出的【镜像：屏幕坐标】对话框中，将【镜像轴】设置为 Y，将【克隆当前选择】设置为【实例】，将【偏移】设置为适当参数，然后单击【确定】按钮，如图 2-93 所示。

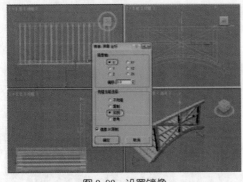
图 2-92　设置镜像

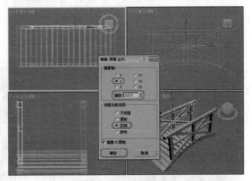
图 2-93　设置镜像

(23) 在场景中选择"木桥"对象。在【材质编辑器】窗口中选择一个样本球，将其命名为"木桥"。在【Blinn 基本参数】卷展栏中，将【反射高光】选项组中的【高光级别】和【光泽度】分别设置为 22、38。打开【贴图】卷展栏，单击【漫反射颜色】右侧的【无】按钮，在【材质/贴图浏览器】对话框中，选择【位图】贴图，单击【确定】按钮，选择随书附带光盘中的

CDROM｜Map｜榉木-26.jpg 文件，单击【打开】按钮，添加位图贴图，如图 2-94 所示。然后单击【将材质指定给选定对象】按钮 8，将该材质指定给场景中的木桥对象。然后激活【透视】视图并按 F9 键快速渲染对象，如图 2-95 所示。

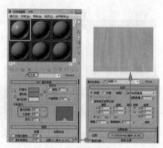

图 2-94　设置木桥材质

图 2-95　渲染对象

(24) 选择【创建】　｜【灯光】　｜【标准】｜【天光】工具，在【顶】视图中创建一盏天光灯，在【天光参数】卷展栏中，选中【投射阴影】复选框，然后在其他视图中调整其位置，如图 2-96 所示。

(25) 选择【创建】　｜【几何体】　｜【平面】工具，在【顶】视图中创建一个【长度】为 6800、【宽度】为 8500 的平面，然后调整其位置，如图 2-97 所示。

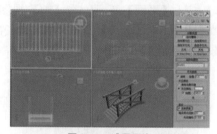

图 2-96　设置天光

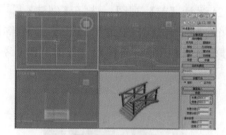

图 2-97　创建平面

(26) 在场景中选择平面对象。在【材质编辑器】窗口中选择一个样本球，将【环境光】和【漫反射】的 RGB 值都设置为 230、230、230，如图 2-98 所示。然后单击【将材质指定给选定对象】按钮 8，将该材质指定给场景中选中的平面对象。

(27) 激活【顶】视图，选择【创建】　｜【摄像机】　｜【目标】工具，在【顶】视图的左下角创建一架摄影机，然后激活【透视】视图，按 C 键，将其转换为【摄影机】视图。最后在其他视图中调整摄影机的位置，如图 2-99 所示。然后对场景进行渲染，最后将场景文件进行保存。

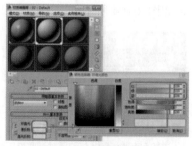

图 2-98　设置平面材质

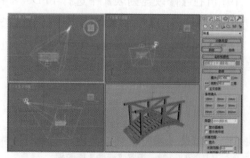

图 2-99　设置摄影机

案例精讲 020 使用弯曲修改器制作毛巾

案例文件：CDROM | Scenes | Cha02 | 使用弯曲修改器制作毛巾 OK.max

视频文件：视频教学 | Cha02 | 使用弯曲修改器制作毛巾 .avi

制作概述

毛巾的制作非常简单，主要由【矩形】工具来制作毛巾的支架，在使用【平面】工具来制作毛巾对象，然后再通过【弯曲】和 FFD 4×4×4 修改器来调整毛巾的形状，最后再为其指定材质，完成后的效果如图 2-100 所示。

图 2-100 毛巾

学习目标

掌握【平面】工具的使用。

学习【挤出】、【弯曲】、FFD 4×4×4 等修改器的应用。

操作步骤

(1) 打开随书附带光盘中的 CDROM | Scenes | Cha02 | 毛巾 .max 素材文件，如图 2-101 所示。

(2) 激活【前】视图，选择【创建】 ✳ |【几何体】 ◎ |【平面】工具，在【前】视图中创建一个平面，在【名称和颜色】卷展栏中将其命名为"毛巾"，在【参数】卷展栏中将【长度】、【宽度】、【长度分段】和【宽度分段】分别设置为 450、200、100、20，如图 2-102 所示。

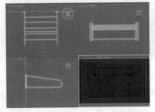

图 2-101 打开的素材文件

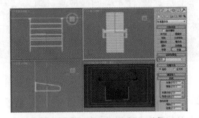

图 2-102 创建"毛巾"对象

(3) 切换到【修改】命令面板，在【修改器列表】中选择【弯曲】修改器，在【参数】卷展栏中将【弯曲】选项组中的【角度】和【方向】分别设置为 180、90，选中【弯曲轴】选项组中的 Y 单选按钮，在【限制】选项组中选中【限制效果】复选框，并将【上限】和【下限】的值分别设置为 23、0，然后在【左】视图中移动其位置，如图 2-103 所示。

(4) 再在【修改器列表】中选择 FFD 4×4×4 修改器，并将当前选择集定义为【控制点】，使用【选择并移动】工具 ✛ 调整点的位置，完成后的效果如图 2-104 所示。

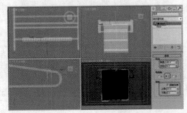

图 2-103 设置【弯曲】修改器

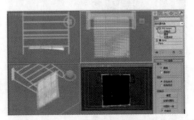

图 2-104 添加 FFD 4×4×4 修改器并调整控制点位置

知识链接

　　FFD4×4×4 修改器是使用晶格框包围选中几何体。通过调整晶格的控制点，可以改变封闭几何体的形状。

　　【弯曲】修改器允许将当前选中对象围绕单独轴弯曲360°，在对象几何体中产生均匀弯曲。可以在任意 3 个轴上控制弯曲的角度和方向。也可以对几何体的一段限制弯曲。

　　(5) 再在【修改器列表】中选择【编辑多边形】修改器，将当前选择集定义为【顶点】，最大化显示【顶】视图，使用【选择并移动】工具 ✛ 调整点的位置，完成后的效果如图 2-105 所示。

　　(6) 退出当前选择集，打开【材质编辑器】窗口，选择第二个材质样本球并命名为"毛巾"。在【明暗器基本参数】卷展栏中选中【双面】复选框。在【Blinn 基本参数】卷展栏中，将锁定的【环境光】和【漫反射】的 RGB 值设置为 227、217、109，将【自发光】设置为 30。打开【贴图】卷展栏，单击【漫反射颜色】右侧的【无】按钮，在打开的【材质 / 贴图浏览器】对话框中选择【位图】贴图，单击【确定】按钮。在打开的对话框中选择随书附带光盘中的 CDROM | Map | arch30-026-diffuse.jpg 文件，最后单击【打开】按钮，进入漫反射颜色通道面板，打开【位图参数】卷展栏，在【裁减 / 放置】选项组中，选中【应用】复选框，将 U 设置为 0.256、W 设置为 0.496，单击【查看图像】按钮查看贴图，如图 2-106 所示。关闭【材质编辑器】窗口，将材质指定给选定的对象，然后对场景进行渲染，最后将场景文件进行保存。

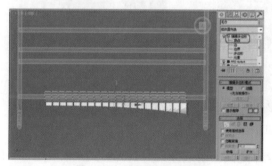

图 2-105　调整顶点的位置

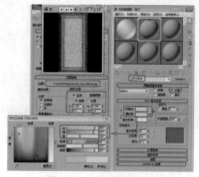

图 2-106　设置毛巾材质

案例精讲 021　使用线工具制作花瓶

制作概述

　　本例将介绍花瓶的具体制作方法。首先利用【线】工具绘制出花瓶的剖面图形，通过使用【修改器列表】中的【车削】修改器旋转出花瓶的最终造型，然后为其添加【UVW 贴图】修改器并设置其材质，其效果如图 2-107 所示。

图 2-107　花瓶

学习目标

掌握【线】工具和【车削】修改器的使用。

操作步骤

(1) 打开 3ds Max 2014，选择【创建】 ❋ |【图形】 ❷ |【线】工具，在【前】视图中绘制如图 2-108 所示的花瓶的截面轮廓线。

(2) 切换至【修改】命令面板，将当前选择集定义为【样条线】，并在【几何体】卷展栏中将【轮廓】设置为 –4，按 Enter 键确认，如图 2-109 所示。

 【线】工具可以绘制任何形状的封闭或开放型曲线 (包括直线)，有些线条的绘制可以通过直接点取画直线，也可以拖动鼠标绘制曲线，对曲线的弯曲方式有【角点】、【平滑】、Bezier (贝塞尔) 3 种。

(3) 退出【样条线】选择集，在【修改器列表】中选择【车削】修改器，在【参数】卷展栏中，将【分段】设置为 100，选择【方向】选项组中的 Y 轴，在【对齐】选项组中单击【最小】按钮，如图 2-110 所示。

 通过为一个二维图形添加【车削】修改器，产生三维造型，这是非常实用的造型工具，大多数中心放射物体都可以用这种方法完成。它还可以将完成后的造型输出成面片造型或 NURBS 造型。

图 2-108　创建花瓶截面轮廓线

图 2-109　设置轮廓

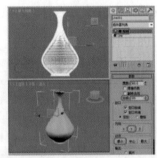

图 2-110　设置车削

(4) 在【修改器列表】中选择【编辑网格】修改器，定义当前选择集为【多边形】，依照图 2-111 所示在视图中选择花瓶的瓶口与瓶底之间的区域，然后在【曲面属性】卷展栏中设置【材质】选项组中的【设置 ID】为 1，如图 2-111 所示。

(5) 在菜单栏中选择【编辑】|【反选】命令，将当前选择范围进行反选，在【曲面属性】卷展栏中将【材质】选项组中的【设置 ID】设置为 2，如图 2-112 所示。

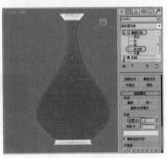

图 2-111　设置材质 ID

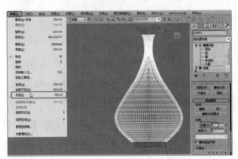

图 2-112　设置材质 ID

(6) 退出当前选择集，在【修改器列表】中选择【UVW 贴图】修改器，然后在【参数】卷展栏中，将贴图设置为【柱形】，然后在【对齐】选项组中选中 X 单选按钮并单击【适配】按钮，进行贴图适配，如图 2-113 所示。

(7) 选中花瓶对象，按 M 键打开【材质编辑器】窗口，选择第一个样本球，单击 Standard 按钮，在弹出的【材质 / 贴图浏览器】对话框中选择【标准】|【多维 / 子对象】选项，然后单击【确定】按钮。在弹出的【替换材质】对话框中，选择【丢弃旧材质】选项，然后单击【确定】按钮。在【多维 / 子对象基本参数】卷展栏中，单击【设置数量】按钮，在弹出的【设置材质数量】对话框中将【材质数量】设置为 2，单击【确定】按钮，然后单击材质 ID1 右侧的【无】按钮，在弹出的【材质 / 贴图浏览器】对话框中选择【标准】|【标准】选项，然后单击【确定】按钮，进入该子级材质面板中。在【明暗器基本参数】卷展栏中，将明暗器设置为 Phong，在【Phong基本参数】卷展栏中，将【环境光】和【漫反射】的 RGB 值都设置为 255，将【自发光】中的【颜色】设置为 30，将【反射高光】选项组中的【高光级别】设置为 50、【光泽度】设置为 42、【柔化】设置为 0.55，如图 2-114 所示。

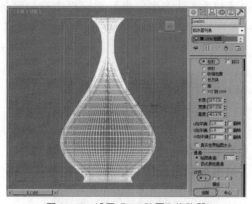
图 2-113　设置【UVW 贴图】修改器

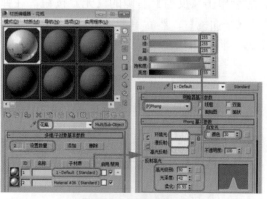
图 2-114　设置材质 ID1

(8) 打开【贴图】卷展栏，将【漫反射颜色】的【数量】设置为 85，单击【漫反射颜色】右侧的【无】按钮，在弹出的【材质 / 贴图浏览器】对话框中选择【标准】|【位图】选项，然后单击【确定】按钮，选择随书附带光盘中的 CDROM | Map | 200710189629479_2.jpg 文件。在【坐标】卷展栏中，将【偏移】的 V 值设置为 –0.1，将【瓷砖】的 U、V 值都设置为 2，并取消选中【瓷砖】复选框，将【角度】的 U 值设置为 180、W 值设置为 180，如图 2-115所示。

(9) 双击【转到父对象】按钮，返回至顶层面板，单击 ID2 右侧的【无】按钮，在弹出的【材质 / 贴图浏览器】对话框中选择【标准】|【标准】选项，然后单击【确定】按钮，进入该子级材质面板中。在【明暗器基本参数】卷展栏中，将明暗器设置为 Phong，在【Phong 基本参数】卷展栏中，将【环境光】和【漫反射】的 RGB 值都设置为 255，将【自发光】选项组中的【颜色】设置为 30，将【反射高光】选项组中的【高光级别】设置为 50、【光泽度】设置为 42、【柔化】设置为 0.55，如图 2-116 所示。双击【转到父对象】按钮，返回至顶层面板，单击【将材质指定给选定对象】按钮，将材质指定给场景中的花瓶对象。

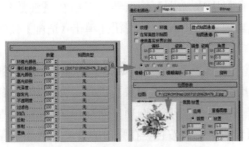

图2-115 设置【漫反射颜色】贴图

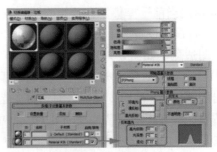

图2-116 设置材质 ID2

(10) 关闭【材质编辑器】窗口，选择【创建】 ▓ |【几何体】 ◯ |【平面】工具，在【顶】视图中创建一个【长度】和【宽度】都为8000的平面，然后在【前】视图中移动其位置，如图2-117所示。

(11) 选中平面对象，按M键打开【材质编辑器】窗口，选择第二个样本球，将【环境光】和【漫反射】的RGB值设置为54、63、237。在【贴图】卷展栏中，将【反射】的【数量】设置为30，然后单击【反射】右侧的【无】按钮，在弹出的【材质/贴图浏览器】对话框中选择【标准】|【平面镜】，然后单击【确定】按钮，如图2-118所示。单击【将材质指定给选定对象】按钮 ▓ ，将材质指定给场景中的平面对象。

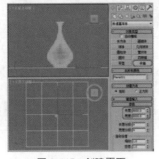

图2-117 创建平面

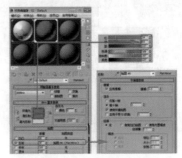

图2-118 设置平面材质

(12) 关闭【材质编辑器】窗口，然后激活【顶】视图，单击【创建】 ▓ |【摄像机】 ▓ |【目标】按钮，在【顶】视图中创建摄像机对象；将【透视】视图激活，然后按C键将当前激活视图转换为【摄像机】视图显示，然后在其他视图中调整其位置，效果如图2-119所示。

(13) 选择【创建】 ▓ |【灯光】 ◥ |【标准】|【目标聚光灯】工具，在【顶】视图中创建灯光，在【强度/颜色/衰减】卷展栏中，将【倍增】设置为0.8，然后在【前】视图和【左】视图中进行调整，之后再依照该方法并参照图2-120所示创建另一盏灯光。然后对场景进行渲染，最后将场景文件进行保存。

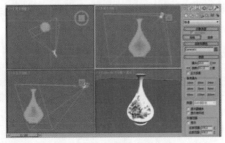

图2-119 创建灯光摄像机

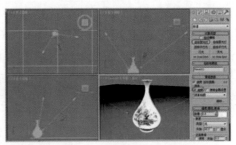

图2-120 创建目标聚光灯

案例精讲 022　使用二维对象制作隔离墩

案例文件：CDROM | Scenes | Cha02 | 使用二维对象制作隔离墩 OK.max

视频文件：视频教学 | Cha02 | 使用二维对象制作隔离墩 .avi

制作概述

本例将介绍隔离墩的制作，先是使用【线】工具绘制隔离墩的截面图形，然后为其施加【车削】修改器，车削出三维模型；底座的制作使用了【圆】和【矩形】工具，并为其施加了【挤出】修改器，然后使用 ProBoolea 和【附加】等功能来完善隔离墩，完成后的效果如图 2-121 所示。

图 2-121　隔离墩效果

学习目标

使用二维图形和修改器制作隔离墩。

使用 ProBoolea 工具制作底座上的孔。

添加环境贴图美化效果。

操作步骤

(1) 选择【创建】 | 【图形】 | 【线】工具，在【前】视图中绘制样条线，如图 2-122 所示。

> 提示　在绘制线条时，当线条的终点与第一个节点重合时，系统会提示是否关闭图形，单击【是】按钮即可创建一个封闭的图形；如果单击【否】按钮，则继续创建线条。在创建线条时，按住鼠标拖动，可以创建曲线。

(2) 切换至【修改】命令面板，将当前选择集定义为【样条线】，选择场景中的样条线，在【几何体】卷展栏中将【轮廓】设置为 8，按 Enter 键确定设置轮廓，如图 2-123 所示。

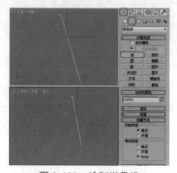

图 2-122　绘制样条线

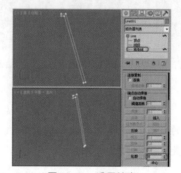

图 2-123　设置轮廓

知识链接

【轮廓】：制作样条线的副本，所有侧边上的距离偏移量由轮廓宽度微调器 (在【轮廓】按钮的右侧) 指定。选择一个或多个样条线，然后使用微调器动态地调整轮廓位置，或单击【轮廓】然后拖动样条线。如果样条线是开口的，生成的样条线及其轮廓将生成一个闭合的样条线。

通常，如果是使用微调器，则必须在使用【轮廓】之前选择样条线。但是，如果样条线对象仅包含一个样条线，则描绘轮廓的过程会自动选择它。

(3) 将当前选择集定义为【顶点】，按 Ctrl+A 组合键选择所有顶点对象并右击，在弹出的快捷菜单中选择【Bezier 角点】命令，更换顶点类型，如图 2-124 所示。

知识链接

在 3ds Max 中，提供了以下 4 种顶点类型。

【平滑】：创建平滑连续曲线的不可调整的顶点。平滑顶点处的曲率是由相邻顶点的间距决定的。

【角点】：创建锐角转角的不可调整的顶点。

Bezier：带有锁定连续切线控制柄的不可调解的顶点，用于创建平滑曲线。顶点处的曲率由切线控制柄的方向和量级确定。

【Bezier 角点】：带有不连续的切线控制柄的不可调整的顶点，用于创建锐角转角。线段离开转角时的曲率是由切线控制柄的方向和量级设置的。

---

(4) 在【插值】卷展栏中将【步数】设置为 20，然后在视图中调整顶点，效果如图 2-125 所示。

图 2-124　更换顶点类型

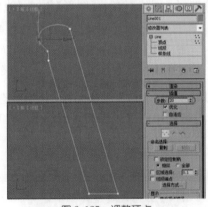

图 2-125　调整顶点

当【自适应】复选框处于禁用状态时，使用【步数】设置可以指定每个顶点之间划分的数目。带有急剧曲线的样条线需要许多步数才能显得平滑，而平缓曲线则需要较少的步数，范围为 0~100。

(5) 关闭当前选择集，在【修改器列表】中选择【车削】修改器，在【参数】卷展栏中设置【分段】参数为 55，单击【方向】选项组中的 Y 按钮，在【对齐】选项组中单击【最小】按钮，如图 2-126 所示。

使用【分段】微调器可以创建多达 10 000 条线段。不要用它创建几何体，因为几何体太复杂。通常可以使用平滑组或平滑修改器来获得满意的结果，而不使用增加分段。

(6)然后在【修改器列表】中选择【UVW 贴图】修改器，在【参数】卷展栏中选中【柱形】

单选按钮，在【对齐】选项组中选中 X 单选按钮，并单击【适配】按钮，如图 2-127 所示。

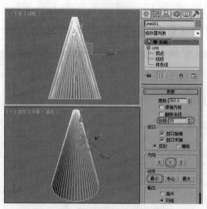
图 2-126 添加【车削】修改器

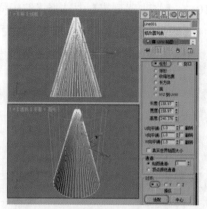
图 2-127 添加【UVW 贴图】修改器

知识链接

【柱形】单选按钮：从圆柱体投影贴图，使用它包裹对象。位图接合处的缝是可见的，除非使用无缝贴图。圆柱形投影用于基本形状为圆柱形的对象。

当【真实世界贴图大小】复选框处于选中状态时，仅可以使用【平面】、【柱形】、【球形】和【长方体】贴图类型。同样，如果其他选项（【收缩包裹】、【面】或【XYZ 到 UVW】）之一处于活动状态，则【真实世界贴图大小】复选框不可用。

(7) 选择【创建】 ![] |【图形】 ![] |【圆】工具，在【顶】视图中创建圆，切换到【修改】命令面板，在【插值】卷展栏中，将【步数】设置为 20，在【参数】卷展栏中，将【半径】设置为 100，如图 2-128 所示。

(8) 然后在【修改器列表】中选择【挤出】修改器，在【参数】卷展栏中，将【数量】设置为 5，将【分段】设置为 20，如图 2-129 所示。

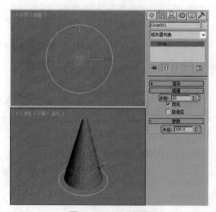
图 2-128 创建圆

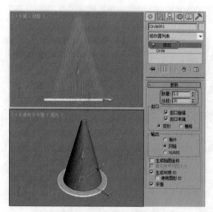
图 2-129 添加【挤出】修改器

(9) 选择【创建】 ![] |【图形】 ![] |【矩形】工具，在【顶】视图中创建矩形，切换到【修改】命令面板，在【参数】卷展栏中将【长度】和【宽度】均设置为 230，将【角半径】设置

为 60，如图 2-130 所示。

(10) 在【修改器列表】中选择【编辑样条线】修改器，将当前选择集定义为【顶点】，在【几何体】卷展栏中单击【优化】按钮，然后在【顶】视图中添加顶点，如图 2-131 所示。

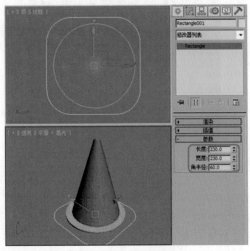

图 2-130　创建矩形

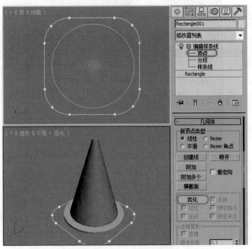

图 2-131　添加顶点

知识链接

　　【优化】按钮：使用该按钮可以添加顶点，而不更改样条线的曲率值。顶点添加完成后，再次单击【优化】按钮，或在视口中右击即可。

(11) 添加完成后，再次单击【优化】按钮，然后在视图中调整添加的顶点，效果如图 2-132 所示。

(12) 关闭当前选择集，在【修改器列表】中选择【挤出】修改器，在【参数】卷展栏中，将【数量】设置为 10，将【分段】设置为 20，如图 2-133 所示。

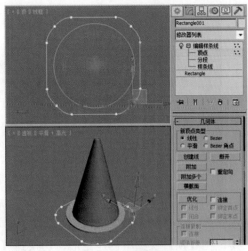

图 2-132　调整顶点

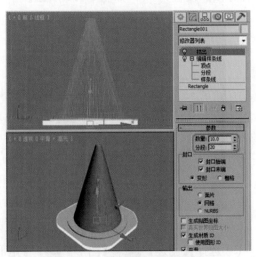

图 2-133　添加【挤出】修改器

(13) 选择 Rectangle001 对象并右击，在弹出的快捷菜单中选择【转换为】|【转换为可编辑多边形】命令，如图 2-134 所示。

(14) 即可将选择的对象转换为可编辑多边形，在【编辑几何体】卷展栏中单击【附加】按钮，然后在视图中单击选择圆形对象，将其附加在一起，如图 2-135 所示。

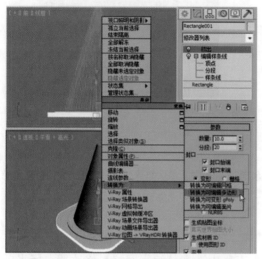

图 2-134　选择【转换为可编辑多边形】命令

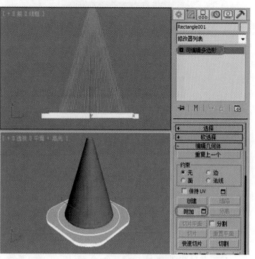

图 2-135　附加对象

知识链接

　　【附加】：用于将场景中的其他对象附加到选定的多边形对象上。单击【附加】按钮后，单击一个对象可将其附加到选定对象上。此时【附加】按钮仍处于活动状态，因此可继续单击对象以附加它们。若要退出该功能，可右击活动视口或再次单击【附加】按钮。可以附加任何类型的对象，包括样条线、面片对象和 NURBS 曲面。附加非网格对象时，可以将其转化成可编辑多边形格式。

　　附加对象时，对象的材质将按以下方式进行组合。

　　如果正在附加的对象没有指定材质，会继承它们要附加到的对象的材质。

　　同样，如果附加到的对象没有材质，也会继承与其连接的对象的材质。

　　如果两个对象都有材质，生成的新材质是包含输入材质的多维/子对象材质。

(15) 附加完成后，再次单击【附加】按钮，将其关闭。在场景中选择 Line001 对象，按 Ctrl+V 组合键，在弹出的对话框中选中【复制】单选按钮，单击【确定】按钮，如图 2-136 所示。

(16) 隐藏 Line001 对象，在场景中选择附加后的对象，然后选择【创建】|【几何体】|【复合对象】| ProBoolean 工具，在【拾取布尔对象】卷展栏中单击【开始拾取】按钮，在场景中拾取 Line002 对象，如图 2-137 所示。

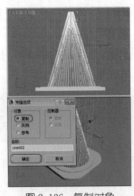

图 2-136　复制对象

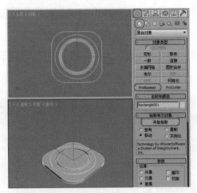

图 2-137　创建 ProBoolean 对象

知识链接

　　ProBoolean：通过将两个或多个对象执行布尔运算将它们组合起来。还可以自动将布尔结果细分为四边形面，ProBoolean 支持并集、交集、差集、合并、附加和插入。前三个运算与标准布尔复合对象中执行的运算很相似。

　　(17) 切换到【修改】命令面板，在【修改器列表】中选择【编辑网格】修改器，将当前选择集定义为【元素】，在【顶】视图中选择如图 2-138 所示的元素，并按 Delete 键将其删除。

　　(18) 关闭当前选择集，取消隐藏 Line001 对象，在【编辑几何体】卷展栏中单击【附加】按钮，在场景中拾取 Line001 对象，如图 2-139 所示。

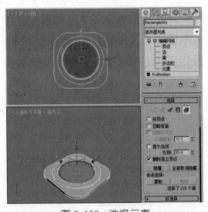

图 2-138　选择元素

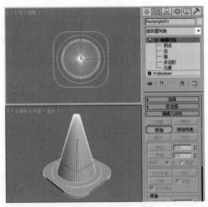

图 2-139　附加对象

　　(19) 附加完成后，再次单击【附加】按钮，将其关闭。然后将 Rectangle001 对象重命名为"隔离墩"，即可完成隔离墩的制作，如图 2-140 所示。

知识链接

　　隔离墩又叫水马，可以分为水泥隔离墩、玻璃钢隔离墩、塑料隔离墩。它是交通设施的主要的一种。能有效消除车辆占用人行道、便道、消防通道，也可以管理车辆的随便出入，结构简单。

(20) 按 M 键打开【材质编辑器】窗口，激活一个新的材质样本球，将其命名为"隔离墩"，然后在【Blinn 基本参数】卷展栏中，将【自发光】设置为 30，在【反射高光】选项组中，将【高光级别】和【光泽度】分别设置为 51、52，如图 2-141 所示。

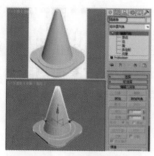

图 2-140　重命名对象

图 2-141　设置 Blinn 参数

(21) 打开【贴图】卷展栏，单击【漫反射颜色】右侧的【无】按钮，在弹出的【材质 / 贴图 / 浏览器】对话框中选择【位图】贴图，单击【确定】按钮，如图 2-142 所示。

(22) 在弹出的对话框中打开随书附带光盘中的"隔离墩 .jpg"文件，然后单击【转到父对象】按钮 和【将材质指定给选定对象】按钮 ，将材质指定给隔离墩对象，指定材质后的效果如图 2-143 所示。

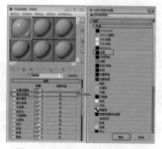

图 2-142　选择【位图】贴图

图 2-143　指定材质后的效果

(23) 然后在场景中复制隔离墩对象，并使用【选择并移动】工具 和【选择并旋转】工具 调整复制后的隔离墩，效果如图 2-144 所示。

(24) 选择【创建】 ｜【几何体】 ｜【标准基本体】｜【平面】工具，在【顶】视图中创建平面，切换到【修改】命令面板，在【参数】卷展栏中，将【长度】和【宽度】均设置为 800，如图 2-145 所示。

图 2-144　复制并调整隔离墩对象

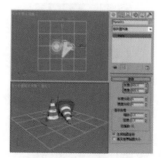

图 2-145　创建平面

(25) 确定创建的平面对象处于选中状态，按 M 键打开【材质编辑器】窗口，激活一个新的材质样本球，并单击 Standard 按钮，在弹出的【材质 / 贴图浏览器】对话框中选择【无光 / 投影】材质，单击【确定】按钮，如图 2-146 所示。

知识链接

　　【无光 / 投影】材质：使用【无光 / 投影】材质可将整个对象（或面的任何子集）转换为显示当前背景色或环境贴图的无光对象。也可以从场景中的非隐藏对象中接收投射在照片上的阴影。使用此技术，通过在背景中建立隐藏代理对象并将它们放置于简单形状对象前面，可以在背景上投射阴影。【无光 / 投影】材质也可以反射。

　　【无光 / 投影】效果仅当渲染场景之后才可见，在视口中不可见。

(26) 在【无光 / 投影基本参数】卷展栏中使用默认设置，单击【将材质指定给选定对象】按钮 ，将材质指定给平面对象，如图 2-147 所示。

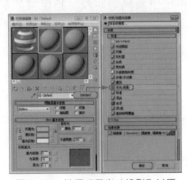
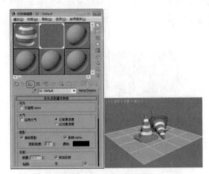

图 2-146　选择【无光 / 投影】材质　　　　　　图 2-147　指定材质

(27) 按 8 键弹出【环境和效果】对话框，在【公用参数】卷展栏中单击【无】按钮，在弹出的【材质 / 贴图浏览器】对话框中双击【位图】贴图，再在弹出的对话框中打开随书附带光盘中的"马路 .jpg"素材文件，如图 2-148 所示。

(28) 然后在【环境和效果】对话框中，将环境贴图按钮拖曳至新的材质样本球上，在弹出的【实例（副本）贴图】对话框中选中【实例】单选按钮，并单击【确定】按钮，如图 2-149 所示。

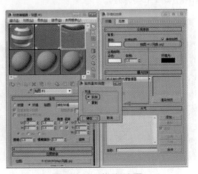

图 2-148　选择环境贴图　　　　　　　　图 2-149　拖曳贴图

(29) 然后在【坐标】卷展栏中，将【贴图】设置为【屏幕】，如图 2-150 所示。

(30) 激活【透视】视图，在菜单栏中选择【视图】|【视口背景】|【环境背景】命令，即可在【透视】视图中显示环境背景，如图 2-151 所示。

图 2-150 设置贴图

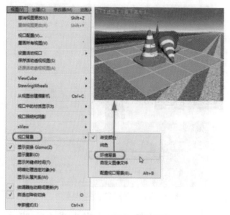

图 2-151 显示环境背景

(31) 在视图中选择平面对象并右击，在弹出的快捷菜单中选择【对象属性】命令，如图 2-152 所示。

(32) 弹出【对象属性】对话框，在【显示属性】选项组中选中【透明】复选框，单击【确定】按钮，效果如图 2-153 所示。

图 2-152 选择【对象属性】命令

图 2-153 设置平面属性

知识链接

　　【透明】复选框：可使视口中的对象呈半透明状态。此设置对于渲染没有影响，它仅是让你可以看到拥挤的场景中隐藏在其他对象后面的对象，特别是便于调整透明对象后面的对象的位置。默认设置为禁用状态。

(33) 选择【创建】 ⁂ |【摄影机】 ⁌ |【目标】工具，在视图中创建摄影机，激活【透视】视图，按 C 键将其转换为【摄影机】视图，切换到【修改】命令面板，在【参数】卷展栏中，将【镜头】设置为 30，并在其他视图中调整摄影机位置，效果如图 2-154 所示。

(34) 选择【创建】 | 【灯光】 | 【标准】 | 【泛光】工具，在【顶】视图中创建泛光灯，并在其他视图中调整灯光的位置，切换至【修改】命令面板，在【强度 / 颜色 / 衰减】卷展栏中将【倍增】设置为 0.35，如图 2-155 所示。

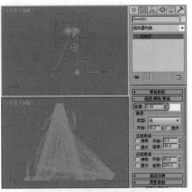

图 2-154　创建并调整摄影机　　　　　　图 2-155　创建并调整泛光灯

泛光灯最多可以生成6个四元树(四元树是一种用于计算光线跟踪阴影的数据结构)，因此它们生成光线跟踪阴影的速度比聚光灯要慢。避免将光线跟踪阴影与泛光灯一起使用，除非场景中有这样的要求。

(35) 选择【创建】 | 【灯光】 | 【标准】 | 【天光】工具，在【顶】视图中创建天光，切换到【修改】命令面板，在【天光参数】卷展栏中选中【投射阴影】复选框，如图 2-156 所示。

天光与其他灯光类型不同，天光的位置不会影响照射效果。【天光】对象是一个简单的辅助对象。

(36) 至此，隔离墩就制作完成了。在【渲染设置】对话框中设置渲染参数，渲染后的效果如图 2-157 所示。

图 2-156　创建天光　　　　　　　　　　图 2-157　渲染后的效果

案例精讲 023　　使用线工具制作餐具

案例文件：CDROM | Scenes | Cha02 | 使用线工具制作餐具 OK.max

视频文件：视频教学 | Cha02 | 使用线工具制作餐具 .avi

制作概述

本例将介绍餐具的制作，该实例主要通过【线】工具绘制盘子的轮廓图形，并为其添加【车削】修改器，制作出盘子效果，然后使用【长方体】工具和【线】工具制作支架，完成后的效果如图 2-158 所示。

图 2-158　餐具

学习目标

使用【线】工具和【车削】修改器制作盘子效果。

使用【长方体】工具和【线】工具制作支架。

添加环境贴图美化效果。

操作步骤

(1) 选择【创建】 |【图形】 |【线】工具，在【左】视图中绘制样条线，切换到【修改】命令面板，在【插值】卷展栏中将【步数】设置为 20，将当前选择集定义为【顶点】，在场景中调整盘子截面的形状，并将其命名为"盘子 001"，如图 2-159 所示。

> **提示**　在创建线形样条线时，可以使用鼠标平移和环绕视口。要平移视口，可按住鼠标中键或鼠标滚轮进行拖动。要环绕视口，可同时按住 Alt 键和鼠标中键（或鼠标滚轮）进行拖动。

(2) 在【修改器列表】中选择【车削】修改器，在【参数】卷展栏中选中【焊接内核】复选框，将【分段】设置为 50，在【方向】选项组中单击 Y 按钮，在【对齐】选项组中单击【最小】按钮，如图 2-160 所示。

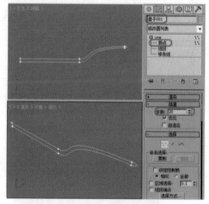

图 2-159　创建盘子的截面图形

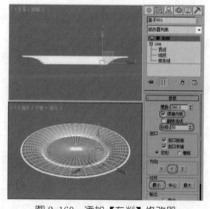

图 2-160　添加【车削】修改器

知识链接

【焊接内核】：通过将旋转轴中的顶点焊接来简化网格。如果要创建一个变形目标，需禁用此选项。

> **提示**　由于盘子的质感比较细腻，所以必须指定【插值】卷展栏中【步数】参数为一个比较高的值。

(3) 选择【创建】 ☀ |【几何体】 ◯ |【长方体】工具，在【顶】视图中创建长方体，将其命名为"支架 001"。切换到【修改】命令面板，在【参数】卷展栏中将【长度】设置为600，将【宽度】设置为 30，将【高度】设置为 15，如图 2-161 所示。

(4) 在【顶】视图中按住 Shift 键沿 X 轴移动复制模型，在弹出的对话框中选中【实例】单选按钮，单击【确定】按钮，如图 2-162 所示。

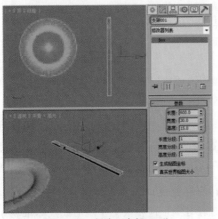

图 2-161 创建"支架 001"

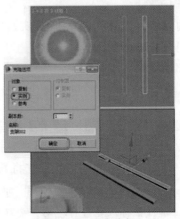

图 2-162 复制支架

(5) 选择【创建】 ☀ |【图形】 ◉ |【线】工具，在【顶】视图中绘制样条线，将其命名为"支架 003"。切换到【修改】命令面板，在【渲染】卷展栏中选中【在渲染中启用】和【在视口中启用】复选框，设置【厚度】为 5，如图 2-163 所示。

(6) 在【顶】视图中按住 Shift 键沿 Y 轴移动复制"支架 003"对象，在弹出的【克隆选项】对话框中选中【复制】单选按钮，将【副本数】设置为 10，单击【确定】按钮，如图 2-164 所示。

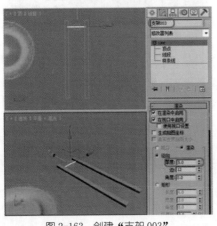

图 2-163 创建"支架 003"

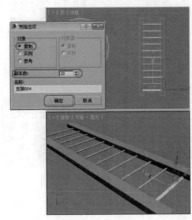

图 2-164 复制模型

(7) 选择【创建】 ☀ |【图形】 ◉ |【线】工具，在【前】视图中绘制样条线，将其命名为"竖支架 001"。切换到【修改】命令面板，在【渲染】卷展栏中选中【在渲染中启用】和【在视口中启用】复选框，设置【厚度】为 5，如图 2-165 所示。

(8) 在【顶】视图中按住 Shift 键沿 Y 轴移动复制"竖支架 001"对象，在弹出的【克隆选项】对话框中选中【复制】单选按钮，将【副本数】设置为 10，单击【确定】按钮，如图 2-166 所示。

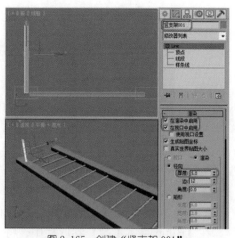
图2-165 创建"竖支架001"

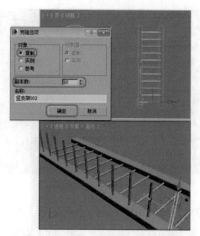
图2-166 复制"竖支架001"对象

(9)在场景中选择所有的竖支架对象,然后在【顶】视图中按住Shift键沿X轴移动复制模型,在弹出的【克隆选项】对话框中选中【复制】单选按钮,单击【确定】按钮,如图2-167所示。

(10)选择所有支架对象,在菜单栏中选择【组】|【组】命令,在弹出的【组】对话框中设置【组名】为"支架",单击【确定】按钮,如图2-168所示。

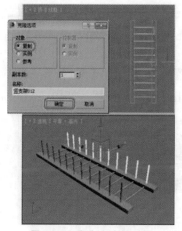
图2-167 复制竖支架对象

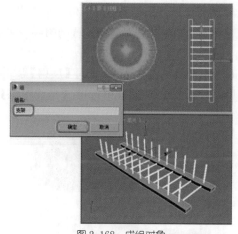
图2-168 成组对象

提示

将对象成组后,可以将其视为场景中的单个对象。可以单击组中任一对象来选择组对象。可将组作为单个对象进行变换,也可为其应用修改器。组可以包含其他组,包含的层次不限。如果已选定某组,则其名称会在【名称和颜色】卷展栏中以黑体文本显示。

(11)选择盘子对象,使用【选择并移动】工具✛和【选择并旋转】工具↻在视图中调整盘子,效果如图2-169所示。

(12)在【左】视图中按住Shift键沿X轴移动复制盘子模型,在弹出的对话框中选中【实例】单选按钮,设置【副本数】为4,单击【确定】按钮,并在视图中调整盘子的位置,效果如图2-170所示。

第2章 基本模型的制作与表现

61

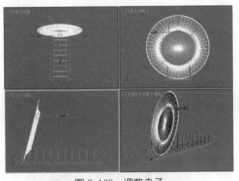

图 2-169　调整盘子

图 2-170　复制盘子

　　(13) 在场景中选择"盘子 001"和"盘子 004"对象，按 M 键打开【材质编辑器】窗口，选择一个新的材质样本球，将其命名为"橙色瓷器"，在【Blinn 基本参数】卷展栏中，将【环境光】和【漫反射】的 RGB 值都设置为 255、102、0，将【自发光】设置为 40，在【反射高光】选项组中，将【高光级别】和【光泽度】分别设置为 48 和 51，如图 2-171 所示。

知识链接

　　【自发光】：有两种方法可以指定自发光。可以启用复选框并设置自发光颜色，或者禁用复选框并使用单色微调器 (这相当于使用灰度自发光颜色)。自发光材质不显示投到它们上面的阴影，它们也不受场景中光线的影响。不管场景中的光线如何，亮度仍然保持不变。

　　(14) 打开【贴图】卷展栏，将【反射】后的【数量】设置为 8，并单击【无】按钮。在弹出的【材质 / 贴图浏览器】对话框中选择【光线跟踪】贴图，单击【确定】按钮，如图 2-172 所示。

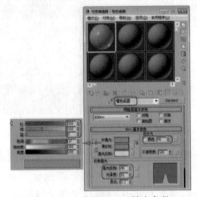

图 2-171　设置 Blinn 基本参数

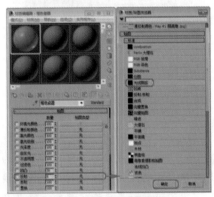

图 2-172　选择【光线跟踪】贴图

知识链接

　　【光线跟踪】贴图：使用【光线跟踪】贴图可以提供全部光线跟踪反射和折射。生成的反射和折射比反射 / 折射贴图的更精确。渲染光线跟踪对象的速度比使用反射 / 折射的速度低。

　　(15) 然后在【光线跟踪器参数】卷展栏中，单击【背景】选项组中的【无】贴图按钮，在弹出的【材质 / 贴图浏览器】对话框中选择【位图】贴图，单击【确定】按钮，如图 2-173 所示。

提示 如果仅选中贴图按钮左侧的单选按钮，则会将场景的环境贴图作为整体进行覆盖，反射和折射也使用场景范围的环境贴图。

(16)在弹出的对话框中打开随书附带光盘中的"室内环境.jpg"素材文件，然后在【位图参数】卷展栏中，选中【裁剪/放置】选项组中的【应用】复选框，并将W和H分别设置为0.461和0.547，如图2-174所示。

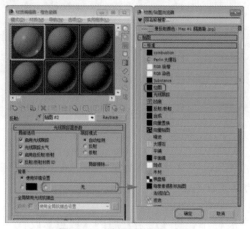

图2-173 选择【位图】贴图

图2-174 设置位图参数

(17)单击两次【转到父对象】按钮，然后单击【将材质指定给选定对象】按钮，效果如图2-175所示。

(18)使用同样的方法，为其他盘子设置材质，设置材质后的效果如图2-176所示。

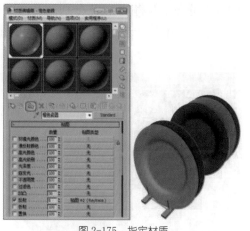

图2-175 指定材质

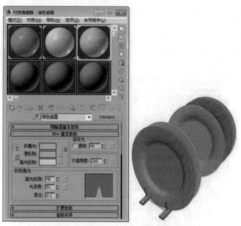

图2-176 为其他盘子设置材质

(19)在场景中选择"支架"对象，在【材质编辑器】窗口中选择一个新的材质样本球，将其命名为"支架材质"，在【Blinn基本参数】卷展栏中将【自发光】设置为20，在【反射高光】选项组中，将【高光级别】和【光泽度】分别设置为42和62，如图2-177所示。

(20)打开【贴图】卷展栏，单击【漫反射颜色】右侧的【无】按钮，在弹出的【材质/贴图浏览器】对话框中双击【位图】贴图，再在弹出的对话框中打开随书附带光盘中的009.jpg素材文件，然后在【坐标】卷展栏中，选中【使用真实世界比例】复选框，将【大小】

下的【宽度】和【高度】都设置为48，如图 2-178 所示。

图 2-177 设置 Blinn 基本参数

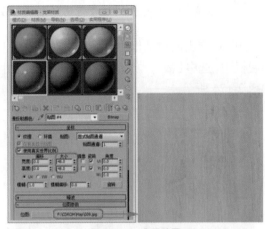

图 2-178 设置贴图

 选中【使用真实世界比例】复选框后，使用真实宽度和高度值，而不是 UV 值将贴图应用于对象。对于 3ds Max，默认设置为禁用状态。

(21) 单击【转到父对象】按钮🔧，在【贴图】卷展栏中，将【反射】后的【数量】设置为5，并单击【无】按钮。在弹出的【材质/贴图浏览器】对话框中双击【光线跟踪】贴图，然后在【光线跟踪器参数】卷展栏中，单击【背景】选项组中的【无】按钮，在弹出的【材质/贴图浏览器】对话框中选择【位图】贴图，单击【确定】按钮，如图 2-179 所示。

(22) 在弹出的对话框中打开随书附带光盘中的"室内环境.jpg"素材文件，然后在【位图参数】卷展栏中，选中【裁剪/放置】选项组中的【应用】复选框，并将 W 和 H 分别设置为0.461和0.547，然后单击两次【转到父对象】按钮🔧，并单击【将材质指定给选定对象】按钮🎱，将材质指定给"支架"对象，效果如图 2-180 所示。

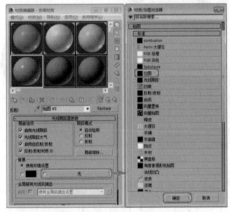

图 2-179 选择【位图】贴图

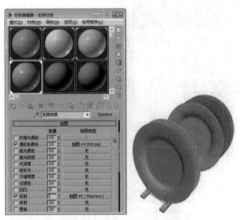

图 2-180 设置并指定材质

(23) 选择【创建】 🔧 |【几何体】 ⭕ |【标准基本体】 |【平面】工具，在【顶】视图中创建平面，切换到【修改】命令面板，在【参数】卷展栏中，将【长度】和【宽度】均设置为1090，如图 2-181 所示。

(24) 右击创建的平面对象，在弹出的快捷菜单中选择【对象属性】命令，弹出【对象属性】对话框，在【显示属性】选项组中选中【透明】复选框，单击【确定】按钮，效果如图 2-182 所示。

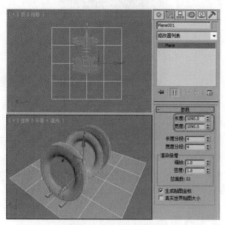

图 2-181　创建平面

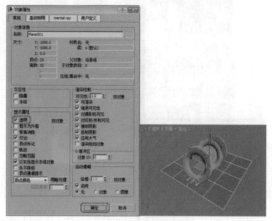

图 2-182　设置对象属性

(25) 确定创建的平面对象处于选中状态，按 M 键打开【材质编辑器】窗口，激活一个新的材质样本球，并单击 Standard 按钮。在弹出的【材质 / 贴图浏览器】对话框中双击【无光 / 投影】材质，然后打开【无光 / 投影基本参数】卷展栏，在【阴影】选项组中，将【颜色】的 RGB 值设置为 176、176、176，如图 2-183 所示。单击【将材质指定给选定对象】按钮，将材质指定给平面对象。

(26) 按 8 键弹出【环境和效果】对话框，在【公用参数】卷展栏中单击【无】按钮，在弹出的【材质 / 贴图浏览器】对话框中双击【位图】贴图，再在弹出的对话框中打开随书附带光盘中的"厨房一角 .jpg"素材文件，如图 2-184 所示。

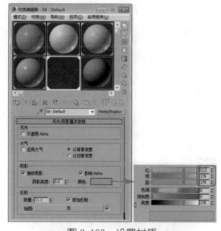

图 2-183　设置材质

图 2-184　选择环境贴图

(27) 然后在【环境和效果】对话框中，将环境贴图按钮拖曳至新的材质样本球上，在弹出的【实例 (副本) 贴图】对话框中选中【实例】单选按钮，并单击【确定】按钮，如图 2-185 所示。

(28) 然后在【坐标】卷展栏中，将【贴图】设置为【屏幕】，如图 2-186 所示。

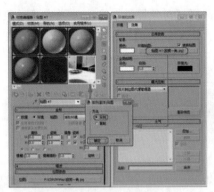

图 2-185　拖曳贴图

图 2-186　设置贴图

(29) 激活【透视】视图，在菜单栏中选择【视图】|【视口背景】|【环境背景】命令，如图 2-187 所示。

(30) 即可在【透视】视图中显示环境背景，如图 2-188 所示。

图 2-187　选择【环境背景】命令

图 2-188　显示环境背景

(31) 选择【创建】 |【摄影机】 |【目标】工具，在视图中创建摄影机，激活【透视】视图，按 C 键将其转换为【摄影机】视图。切换到【修改】命令面板，在【参数】卷展栏中，将【镜头】设置为 29，并在其他视图中调整摄影机位置，效果如图 2-189 所示。

(32) 选择【创建】 |【灯光】 |【标准】|【泛光】工具，在【顶】视图中创建泛光灯，并在其他视图中调整灯光的位置。切换至【修改】命令面板，在【常规参数】卷展栏中，选中【阴影】选项组中的【启用】复选框，将阴影模式定义为【光线跟踪阴影】，在【强度/颜色/衰减】卷展栏中将【倍增】设置为 0.35，如图 2-190 所示。

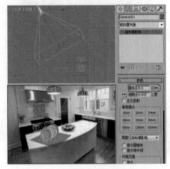

图 2-189　创建并调整摄影机

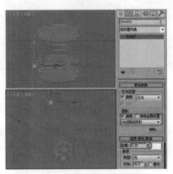

图 2-190　创建并调整泛光灯

(33) 选择【创建】 ｜【灯光】 ｜【标准】｜【天光】工具，在【顶】视图中创建天光，效果如图 2-191 所示。

(34) 在工具栏中单击【渲染设置】按钮，弹出【渲染设置：默认扫描线渲染器】对话框，选择【高级照明】选项卡，在【选择高级照明】卷展栏中选择【光跟踪器】选项，如图 2-192 所示。

图 2-191　创建天光

图 2-192　选择高级照明

知识链接

　　【光跟踪器】为明亮场景（比如室外场景）提供柔和边缘的阴影和映色。它通常与天光结合使用。

(35) 选择【公用】选项卡，在【公用参数】卷展栏中可以设置文件的输出大小和输出位置等，如图 2-193 所示。

(36) 设置完成后单击【渲染】按钮，即可渲染场景，渲染后的效果如图 2-194 所示。

图 2-193　设置输出参数

图 2-194　渲染后的效果

案例精讲 024　使用可编辑多边形制作电池

案例文件：CDROM | Scenes | Cha02 | 使用可编辑多边形制作电池 OK.max

视频文件：视频教学 | Cha02 | 使用可编辑多边形制作电池 .avi

第 2 章　基本模型的制作与表现

制作概述

本案例将介绍如何使用可编辑多边形制作电池，该案例主要通过利用可编辑多边形【插入】、【挤出】等选项制作出电池效果，如图 2-195 所示。

学习目标

图 2-195　电池

学会将模型转换为可编辑多边形。

掌握【插入】、【挤出】等选项的应用。

操作步骤

(1) 打开 3ds Max 2014 软件，选择【创建】　　|【几何体】　　|【标准基本体】|【圆柱体】工具，在【顶】视图中绘制一个圆柱体，在【参数】卷展栏中将【半径】和【高度】分别设置为 7、48，并将其命名为"电池"，如图 2-196 所示。

(2) 继续选中该圆柱体，在视图中右击，在弹出的快捷菜单中选择【转换为】|【转换为可编辑多边形】命令，如图 2-197 所示。

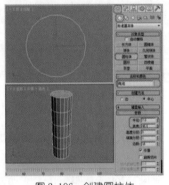

图 2-196　创建圆柱体

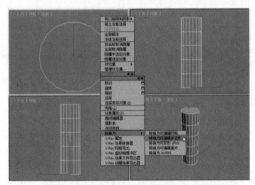

图 2-197　选择【转换为可编辑多边形】命令

(3) 切换至【修改】命令面板，将当前选择集定义为【多边形】，选择圆柱顶端的多边形，在【编辑多边形】卷展栏中单击【插入】按钮右侧的【设置】按钮■，并将【数量】设为 2，单击【确定】按钮，如图 2-198 所示。

(4) 在【编辑多边形】卷展栏中单击【倒角】按钮右侧的【设置】按钮■，将【高度】设为 0.5、【轮廓】设为 –0.5，并单击【确定】按钮，如图 2-199 所示。

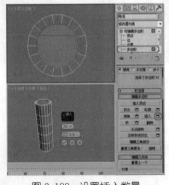

图 2-198　设置插入数量

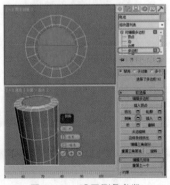

图 2-199　设置倒角参数

(5) 再次单击【倒角】按钮右侧的【设置】按钮▣，将【高度】、【轮廓】分别设为 0.5、–2，并单击【确定】按钮，如图 2-200 所示。

(6) 再次单击【倒角】按钮右侧的【设置】按钮▣，将【高度】、【轮廓】分别设为 1.2、–0.5，并单击【确定】按钮，如图 2-201 所示。

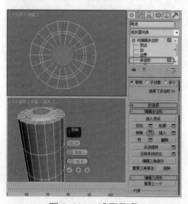
图 2-200　设置倒角

图 2-201　设置倒角

(7) 关闭当前选择集，激活【透视】视图，在视图的"平滑＋高光"名称上右击，在弹出的快捷菜单中选择【边面】选项，如图 2-202 所示。

(8) 将当前选择集定义为【边】，选择如图 2-203 左图所示的边，并单击【选择】卷展栏中的【循环】按钮，效果如图 2-203 右图所示。

图 2-202　选择【边面】选项

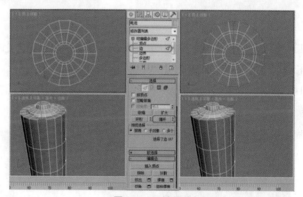
图 2-203　选择边

(9) 在【编辑边】卷展栏中单击【切角】按钮右侧的【设置】按钮▣，将【边切角量】设为 0.2，并单击【确定】按钮，如图 2-204 所示。

(10) 在【顶】视图中选择如图 2-205 左图所示的边，在【选择】卷展栏中单击【循环】按钮，效果如图 2-205 右图所示。

(11) 在【编辑边】卷展栏中单击【切角】按钮右侧的【设置】按钮▣，将【边切角量】设为 0.15，并单击【确定】按钮，如图 2-206 所示。

(12) 在【顶】视图中选择如图 2-207 所示的边，在【选择】卷展栏中单击【循环】按钮，效果如图 2-207 右图所示。

图 2-204　设置切角量

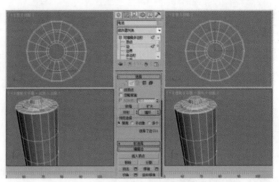

图 2-205　选择边

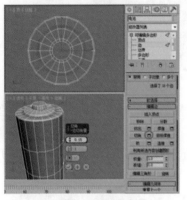

图 2-206　设置边切角量

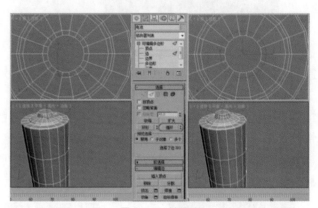

图 2-207　选择边

(13) 在【编辑边】卷展栏中单击【切角】按钮右侧的【设置】按钮█，将【边切角量】设为 0.1，并单击【确定】按钮，如图 2-208 所示。

(14) 使用同样的方法将最内侧的边进行切角，并将其【边切角量】设置为 0.1，效果如图 2-209 所示。

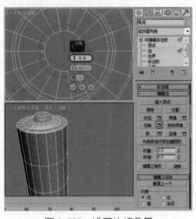

图 2-208　设置边切角量

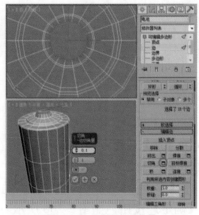

图 2-209　设置边切角量

(15) 将当前选择集定义为【多边形】，将【顶】视图更改为【底】视图，并将其以"平滑+高光"方式显示视图，并选择如图 2-210 所示的多边形，在【编辑多边形】卷展栏中单击【插入】按钮右侧的【设置】按钮█，将【数量】设置为 2，并单击【确定】按钮。

(16) 单击【编辑多边形】卷展栏中【倒角】按钮右侧的【设置】按钮◻，将【高度】、【轮廓】分别设为 0.1、–0.3，并单击【确定】按钮，如图 2-211 所示。

图 2-210　设置插入数量

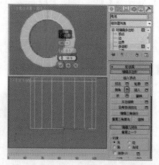
图 2-211　设置倒角参数

(17) 将当前选择集定义为【边】，并分别对两条边进行切角操作，【边切角量】分别为 0.2、0.1，如图 2-212 所示。

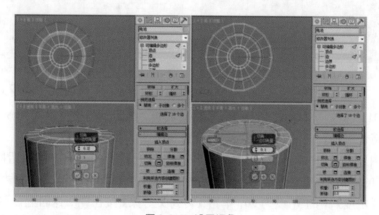
图 2-212　设置切角

(18) 将当前选择集定义为【多边形】，在视图中选择如图 2-213 所示的多边形，并在【多边形：材质 ID】卷展栏中将 ID 设为 1。

(19) 选择【编辑】|【反选】菜单命令，在【多边形：材质 ID】卷展栏中将其 ID 设为 2，如图 2-214 所示。

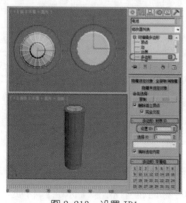
图 2-213　设置 ID1

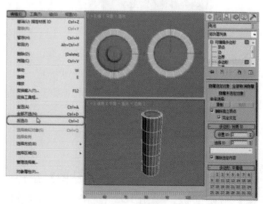
图 2-214　设置 ID2

(20) 关闭当前选择集，在【细分曲面】卷展栏中选中【使用 NURMS 细分】复选框，将【迭代次数】设为 2，如图 2-215 所示。

(21) 按 M 键打开【材质编辑器】窗口，选择一个新的材质样本球，单击 Standard 按钮，在打开的对话框中双击【多维 / 子对象】材质，在弹出的对话框中使用默认设置，单击【确定】按钮。进入【多维 / 子对象】材质面板，单击【设置数量】按钮，在打开的对话框中将【材质数量】设为 2，并单击【确定】按钮，如图 2-216 所示。

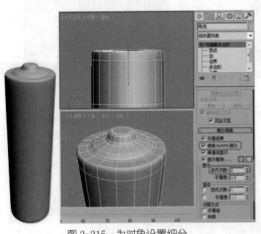

图 2-215 为对象设置细分

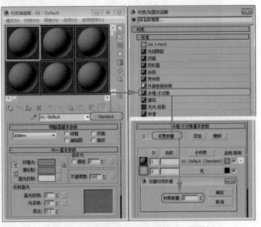

图 2-216 【多维 / 子对象】材质面板

(22) 单击 ID1 右侧的子材质按钮，进入子材质面板，将明暗器类型设为 Phong，将【自发光】设为 20，将【高光级别】、【光泽度】分别设为 80、50，如图 2-217 所示。

(23) 在【贴图】卷展栏中单击【漫反射颜色】右侧的【无】按钮，在打开的对话框中双击【位图】选项，再在打开的对话框中选择随书附带光盘中的 CDROM\Map\ 电池 .jpg 素材文件，单击【打开】按钮，并将【角度】下的 W 设为 90，单击【转到父对象】按钮，返回上一层级面板，将【反射】设为 8，并为其指定随书附带光盘中的 CDROM\Map\Glass.jpg 位图文件，如图 2-218 所示。

图 2-217 设置 Phong 参数

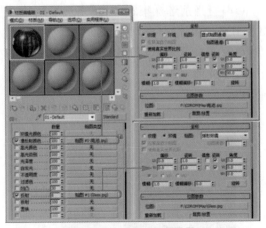

图 2-218 设置 ID1 的贴图

(24) 单击【在视口中显示标准贴图】按钮，单击【转到父对象】按钮，返回至【多维 / 子对象】材质面板，单击 ID2 右侧的子材质按钮，在打开的对话框中双击【标准】材质，进入子材质面板，将明暗器类型设为【金属】，将【自发光】设为15，单击【环境光】左侧的 C 按钮，将【环境光】颜色的RGB值均设为0，将【漫反射】颜色的RGB值均设为255，将【高光级别】、【光泽度】分别设为100、80，如图2-219所示。

(25) 在【贴图】卷展栏中将【反射】设为60，单击其右侧的【无】按钮，在打开的对话框中双击【位图】选项，再在打开的对话框中选择随书附带光盘中的CDROM | Map | Metal01.jpg素材文件，单击【打开】按钮，将【模糊偏移】设为0.06，如图2-220所示。

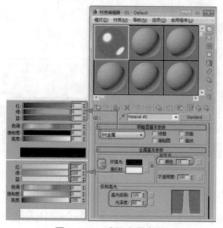

图 2-219 设置金属参数

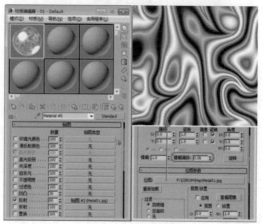

图 2-220 设置反射贴图

(26) 单击【转到父对象】按钮 ，返回至【多维/子对象】材质面板，将材质指定给场景中的对象，在【修改】命令面板中为其添加【UVW贴图】修改器，在【参数】卷展栏中选中【柱形】单选按钮，如图2-221所示。

(27) 在场景中将对象进行复制，并对其进行旋转、移动等操作，效果如图2-222所示。

图 2-221 添加【UVW贴图】修改器

图 2-222 复制并调整对象

(28) 选择【创建】 | 【几何体】 | 【标准基本体】 | 【平面】工具，在【顶】视图中创建一个平面，在【参数】卷展栏中将【长度】、【宽度】、【长度分段】、【宽度分段】分别设为300、330、1、1，并在其他视图中调整平面位置，如图2-223所示。

(29) 确定平面对象选中的情况下，按M键打开【材质编辑器】窗口，选择一个新的材质样本球，将【高光级别】、【光泽度】分别设为60、40，在【贴图】卷展栏中单击【漫反射

颜色】右侧的【无】按钮,在打开的对话框中双击【位图】选项,再在打开的对话框中选择随书附带光盘中的 CDROM | Map | WOOD28.jpg 素材文件,单击【打开】按钮,将【瓷砖】下的 U、V 都设置为 5,如图 2-224 所示。

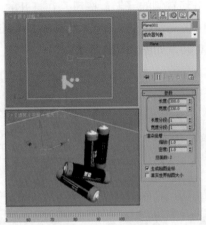

图 2-223　绘制平面

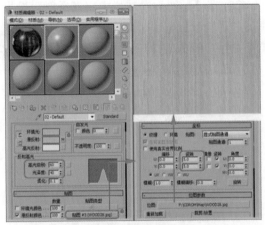

图 2-224　设置漫反射贴图

　　(30) 单击【转到父对象】 按钮,返回上一层级面板,将【反射】设为 10,单击其右侧【无】按钮,在打开的对话框中双击【平面镜】选项,在【平面镜参数】卷展栏中选中【应用于带 ID 的面】复选框,如图 2-225 所示。并将材质指定给场景中的平面对象。

　　(31) 选择【创建】 |【摄影机】|【目标】工具,在【顶】视图中创建一架摄影机,在其他视图中调整摄影机的位置,如图 2-226 所示,并将【透视】视图转换为【摄影机】视图。

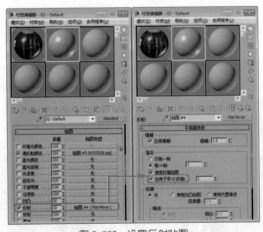

图 2-225　设置反射贴图

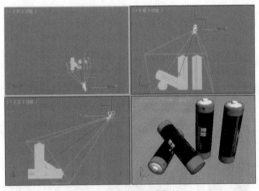

图 2-226　创建摄影机

　　(32) 选择【创建】 |【灯光】 |【标准】 |【目标聚光灯】工具,在【顶】视图中创建一盏目标聚光灯,在【常规参数】卷展栏中选中【阴影】下的【启用】复选框,并将阴影类型设为【光线跟踪阴影】,在【强度 / 颜色 / 衰减】卷展栏中将【倍增】设置为 0.73,在【聚光灯参数】卷展栏中将【聚光区 / 光束】、【衰减区 / 区域】分别设为 83、86,并在其他视图中调整目标聚光灯位置,如图 2-227 所示。

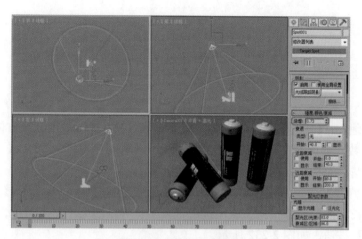

图 2-227　创建目标聚光灯

(33) 选择【创建】 ![icon] |【灯光】 ![icon] |【标准】|【泛光】工具，在【顶】视图中创建一盏泛光灯，在【强度/颜色/衰减】卷展栏中将【倍增】设为 0.5，在其他视图中调整泛光灯的位置，如图 2-228 所示。

(34) 设置完成后，激活【摄影机】视图，并按 F9 键进行渲染，效果如图 2-229 所示。

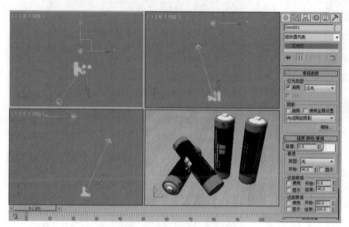

图 2-228　创建泛光灯

图 2-229　完成后的效果

案例精讲 025　使用标准基本体制作梳妆镜

> ![icon] 案例文件：CDROM | Scenes | Cha02 | 使用标准基本体制作梳妆镜 OK.max
>
> ![icon] 视频文件：视频教学 | Cha02 | 使用标准基本体制作梳妆镜 .avi

制作概述

本案例将介绍如何使用使用标准基本体制作梳妆镜，该案例主要利用长方体及图形等制作出梳妆镜的模型，然后再为制作出的模型添加修改器及材质，从而完成梳妆镜的制作，如图 2-230 所示。

图 2-230　梳妆镜

学习目标

创建长方体。

绘制图形并进行编辑。

操作步骤

(1) 选择【创建】|【几何体】|【长方体】工具，在【顶】视图中创建长方体，并命名为"木板 01"，在【参数】卷展栏中将【长度】设置为 8、【宽度】设置为 50、【高度】设置为 1，选中【真实世界贴图大小】复选框，如图 2-231 所示。

(2) 切换至【修改】命令面板，在【修改器列表】中选择【UVW 贴图】修改器，在【参数】卷展栏中选中【长方体】单选按钮，取消选中【真实世界贴图大小】复选框，在【对齐】选项组中单击【适配】按钮，如图 2-232 所示。

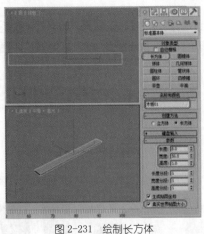

图 2-231　绘制长方体

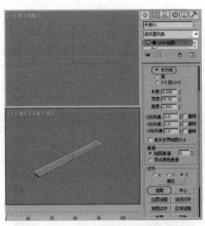

图 2-232　添加【UVW 贴图】修改器

(3) 继续选中该对象，在【顶】视图中按住 Shift 键沿 Y 轴向上移动，在弹出的【克隆选项】对话框中选中【复制】单选按钮，将【副本数】设置为 2，如图 2-233 所示。

(4) 选择【创建】|【图形】|【矩形】工具，在【左】视图中创建矩形，并命名为"木板 04"，在【参数】卷展栏中将【长度】设置为 8、【宽度】设置为 4，如图 2-234 所示。

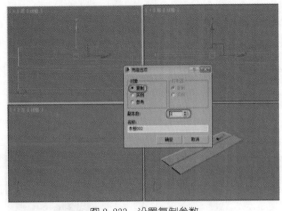

图 2-233　设置复制参数

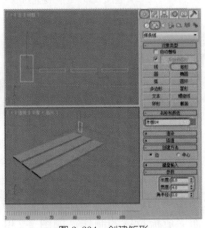

图 2-234　创建矩形

(5) 切换至【修改】命令面板中，在【修改器列表】中选择【编辑样条线】修改器，将当前选择集定义为【顶点】，添加顶点并调整顶点的位置，调整完成后的效果如图 2-235 所示。

(6) 在【修改器列表】中选择【挤出】修改器，在【参数】卷展栏中将【数量】设置为 50，选中【生成贴图坐标】和【真实世界贴图大小】复选框，如图 2-236 所示。

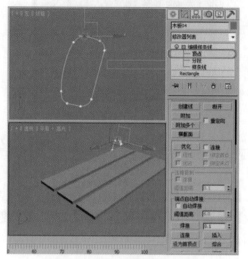
图 2-235　添加并调整顶点的位置

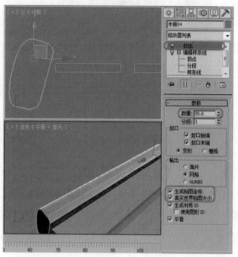
图 2-236　添加【挤出】修改器

(7) 选择【创建】|【图形】|【矩形】工具，在【左】视图中创建矩形，并命名为"木板 05"，在【参数】卷展栏中将【长度】设置为 4、【宽度】设置为 29，如图 2-237 所示。

(8) 切换到【修改】命令面板，在【修改器列表】中选择【编辑样条线】修改器，将选择集定义为【顶点】，然后调整顶点的位置，调整完成后的效果如图 2-238 所示。

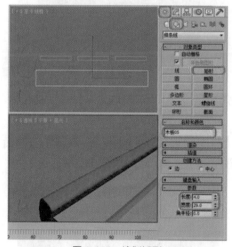
图 2-237　绘制矩形

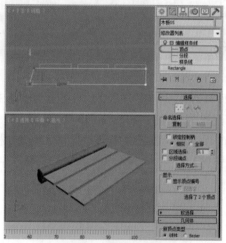
图 2-238　调整顶点的位置

(9) 关闭当前选择集，在视图中调整该对象的位置，在【修改器列表】中选择【挤出】修改器，在【参数】卷展栏中将【数量】设置为 2，选中【真实世界贴图大小】复选框，如图 2-239 所示。

(10) 在【修改器列表】中选择【UVW 贴图】修改器，在【参数】卷展栏中选中【长方体】单选按钮，单击【适配】按钮，如图 2-240 所示。

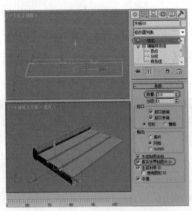

图 2-239 添加【挤出】修改器

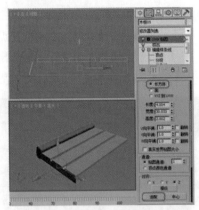

图 2-240 添加【UVW 贴图】修改器

(11) 在【顶】视图中继续选中该对象,按住 Shift 键沿 X 轴向右进行拖动,在弹出的【克隆选项】对话框中选中【复制】单选按钮,如图 2-241 所示。

(12) 设置完成后单击【确定】按钮即可,选择【创建】|【图形】|【矩形】工具,在【左】视图中创建矩形,并命名为"木条 01",在【参数】卷展栏中将【长度】设置为 50、【宽度】设置为 4、【角半径】设置为 1.5,如图 2-242 所示。

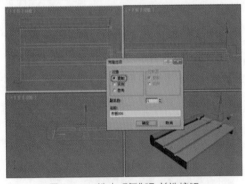

图 2-241 选中【复制】单选按钮

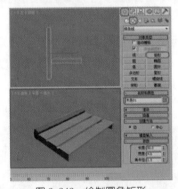

图 2-242 绘制圆角矩形

(13) 在工具栏中右击【角度捕捉切换】按钮,在弹出的【栅格和捕捉设置】对话框中将【角度】设置为 15 度,如图 2-243 所示。

(14) 设置完成后关闭该对话框,在工具栏中单击【角度捕捉切换】按钮,在工具栏中单击【选择并旋转】按钮,选择"木条 01"对象,在【左】视图中进行旋转,如图 2-244 所示。

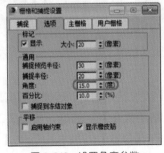

图 2-243 设置角度参数

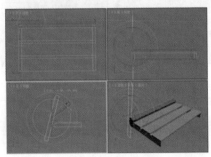

图 2-244 旋转对象角度

（15）旋转完成后，关闭角度捕捉，在视图中调整该对象的位置，切换至【修改】命令面板，在【修改器列表】中选择【挤出】修改器，在【参数】卷展栏中将【数量】设置为2，如图2-245所示。

（16）为其添加【UVW贴图】修改器，在【顶】视图中继续选中该对象，按住Shift键沿X轴向右进行拖动，在弹出的【克隆选项】对话框中选中【复制】单选按钮，如图2-246所示。

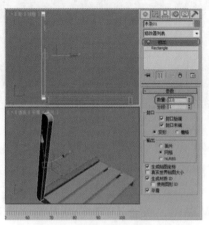
图2-245　添加【挤出】修改器

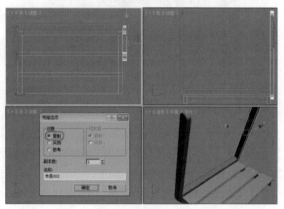
图2-246　克隆对象

（17）单击【确定】按钮，选择【创建】|【图形】|【矩形】工具，在【前】视图中创建矩形，将其命名为"玻璃"，在【参数】卷展栏中将【长度】设置为50、【宽度】设置为52，如图2-247所示。

（18）切换至【修改】命令面板，在【修改器列表】中选择【编辑样条线】修改器，将当前选择集定义为【顶点】，添加顶点并调整顶点的位置，如图2-248所示。

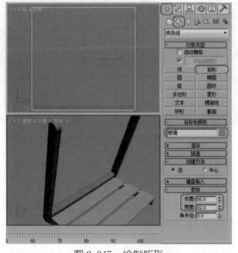
图2-247　绘制矩形

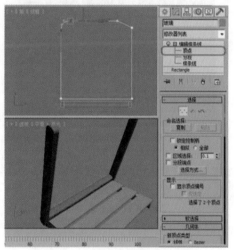
图2-248　添加顶点并调整顶点的位置

（19）关闭当前选择集，在【修改器列表】中选择【挤出】修改器，在【参数】卷展栏中将【数量】设置为0.2，如图2-249所示。

（20）打开角度捕捉，在工具栏中单击【选择并旋转】按钮，在【左】视图中进行旋转，如图2-250所示。

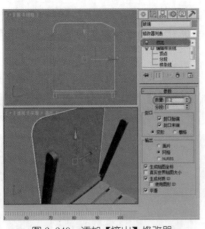

图 2-249　添加【挤出】修改器

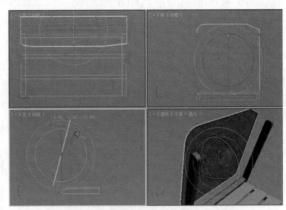

图 2-250　旋转对象

(21) 在视图中调整该对象的位置,并为其添加【UVW 贴图】修改器,选择【创建】|【几何体】|【球体】工具,在【左】视图中创建球体,将该模型命名为"螺钉",将【半径】设置为 1.2、【半球】设置为 0.5,如图 2-251 所示。

(22) 在视图中调整其位置,并为其添加球形 UVW 贴图,激活【前】视图并选中该对象,在工具栏中单击【镜像】按钮,在弹出的对话框中将【偏移】设置为 54,选中【复制】单选按钮,如图 2-252 所示。

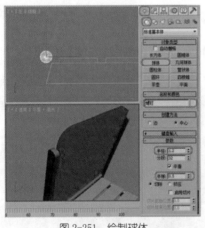

图 2-251　绘制球体

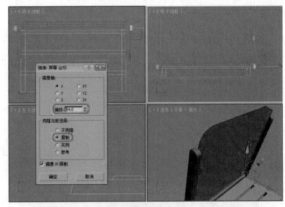

图 2-252　镜像对象

　　　　　　单击【镜像】按钮可以打开【镜像】对话框,使用该对话框可以在镜像选定对象的
方向时,移动这些对象。
　　　　　　【镜像】工具还可以用于围绕当前坐标系中心镜像当前选择。使用【镜像】对话框
可以同时创建复制对象。如果镜像分级链接,则可使用镜像 IK 限制的选项。

(23) 设置完成后,单击【确定】按钮,在视图中选中"玻璃"对象,按 M 键,在弹出的对话框中选择一个材质样本球。将其命名为"玻璃",在【Blinn 基本参数】卷展栏中将【环境光】的 RGB 值设置为 215、236、255,将【自发光】设置为 61,将【不透明度】设置为 40,将【高光级别】和【光泽度】分别设置为 128、47,如图 2-253 所示。

(24) 设置完成后,单击【将材质指定给选定对象】按钮和【在视口中显示标准贴图】按钮。

在视图中选中两个【螺钉】对象，在【材质编辑器】窗口中选择一个材质样本球，将其命名为"螺钉"，在【明暗器基本参数】卷展栏中将明暗器类型设置为【(M) 金属】，将【高光级别】和【光泽度】分别设置为61、80。在【贴图】卷展栏中单击【反射】右侧的子材质按钮，在弹出的对话框中双击【位图】选项，在弹出的对话框中选择随书附带光盘中的 CDROM | Map | Bxgmap1.jpg 贴图文件，单击【打开】按钮，在【参数】卷展栏中将【贴图】设置为【收缩包裹环境】，如图 2-254 所示。

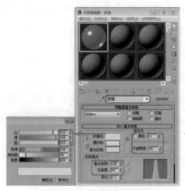

图 2-253　设置玻璃参数

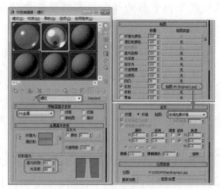

图 2-254　设置螺钉材质

(25) 将材质指定给选定对象，再在视图中选中除指定材质外的其他对象，在【材质编辑器】窗口中选择一个材质样本球，将其命名为"木纹"，在【Blinn 基本参数】卷展栏中将【自发光】设置为 50，在【贴图】卷展栏中单击【漫反射颜色】右侧的子材质按钮，在弹出的对话框中双击【位图】选项，在弹出的对话框中选择随书附带光盘中的 CDROM | Map | 009.jpg 贴图文件，单击【打开】按钮，如图 2-255 所示。

(26) 将材质指定给选定对象，选择【创建】　|【几何体】　|【标准基本体】|【平面】工具，在【顶】视图中创建平面，切换到【修改】命令面板，在【参数】卷展栏中，将【长度】和【宽度】分别设置为 3658、4478，将【长度分段】、【宽度分段】都设置为 1，在视图中调整其位置，如图 2-256 所示。

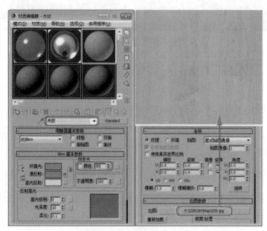

图 2-255　设置木纹材质

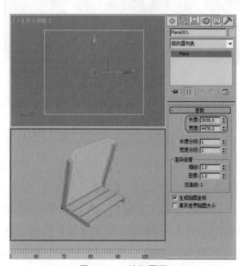

图 2-256　绘制平面

知识链接

【平面】：对象是特殊类型的平面多边形网格，可在渲染时无限放大。

【长度】、【宽度】：设置平面对象的长度和宽度。在拖动长方体的侧面时，这些字段也作为读数。

【长度分段】、【宽度分段】：设置沿着对象每个轴的分段数量。在创建前后设置均可。默认情况下，平面的每个面都拥有4个分段。当重置这些值时，新值将成为会话期间的默认值。

【缩放】：指定长度和宽度在渲染时的倍增因子。将从中心向外执行缩放。

【密度】：指定长度和宽度分段数在渲染时的倍增因子。

【生成贴图坐标】：生成将贴图材质用于平面的坐标。默认设置为启用。

【真实世界贴图大小】：控制应用于该对象的纹理贴图材质所使用的缩放方法。缩放值由位于应用材质的【坐标】卷展栏中的【使用真实世界比例】设置控制。默认设置为禁用状态。

(27) 在【修改器列表】中选择【壳】修改器，使用其默认参数即可，如图2-257所示。

(28) 继续选中该对象并右击，在弹出的快捷菜单中选择【对象属性】命令，如图2-258所示。

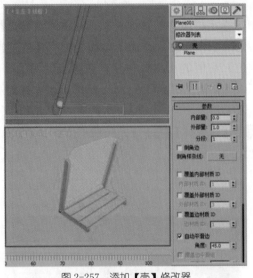

图2-257　添加【壳】修改器

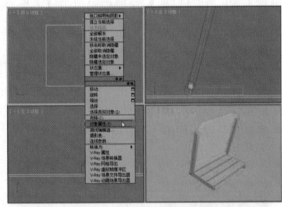

图2-258　选择【对象属性】命令

(29) 执行该操作后，将会打开【对象属性】对话框，在弹出的对话框中选中【透明】复选框，如图2-259所示。

(30) 单击【确定】按钮，继续选中该对象，按M键打开【材质编辑器】窗口，在该对话框中选择一个材质样本球，将其命名为"地面"，单击Standard按钮，在弹出的【材质/贴图浏览器】对话框中选择【无光/投影】选项，如图2-260所示。

(31) 单击【确定】按钮，将该材质指定给选定对象即可。按8键弹出【环境和效果】对话框，在【公用参数】卷展栏中单击【无】按钮，在弹出的【材质/贴图浏览器】对话框中双击【位图】贴图，再在弹出的对话框中打开随书附带光盘中的"茶几.jpg"素材文件，如图2-261所示。

图 2-259 选中【透明】复选框

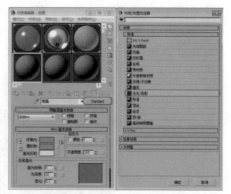

图 2-260 选择【无光／投影】选项

(32) 然后在【环境和效果】对话框中将环境贴图拖曳至新的材质样本球上，在弹出的【实例（副本）贴图】对话框中选中【实例】单选按钮，并单击【确定】按钮，如图 2-262 所示。

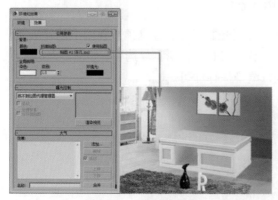

图 2-261 添加环境贴图

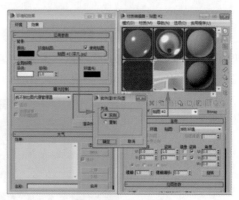

图 2-262 拖曳贴图

(33) 然后在【坐标】卷展栏中，将【贴图】设置为【屏幕】。激活【透视】视图，按 Alt+B 组合键，在弹出的对话框中选中【使用环境背景】单选按钮，如图 2-263 所示。

(34) 设置完成后，单击【确定】按钮，选择【创建】 ✦ |【摄影机】 🎥 |【目标】工具，在视图中创建摄影机，激活【透视】视图，按 C 键将其转换为【摄影机】视图，在其他视图中调整摄影机的位置，效果如图 2-264 所示。

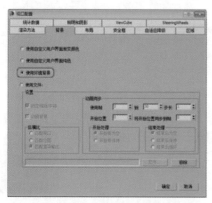

图 2-263 选中【使用环境背景】单选按钮

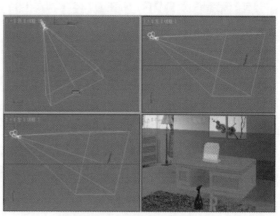

图 2-264 创建摄影机并调整其位置

(35) 选择【创建】 ❋ |【灯光】 ◁ |【标准】 |【泛光】工具，在【顶】视图中创建泛光灯，并在其他视图中调整灯光的位置。切换至【修改】命令面板，在【强度 / 颜色 / 衰减】卷展栏中将【倍增】设置为 0.35，如图 2-265 所示。

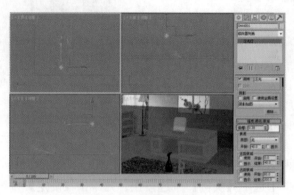

图 2-265　创建泛光灯

(36) 选择【创建】 ❋ |【灯光】 ◁ |【标准】 |【天光】工具，在【顶】视图中创建天光，切换到【修改】命令面板，在【天光参数】卷展栏中选中【投射阴影】复选框，如图 2-266 所示。至此，梳妆镜就制作完成了，对完成后的场景进行渲染保存即可。

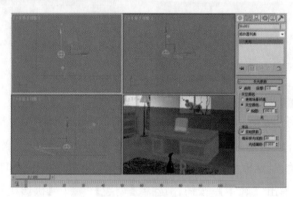

图 2-266　创建天光

案例精讲 026　使用长方体制作笔记本

✎　案例文件：CDROM | Scenes | Cha02 | 使用长方体制作笔记本 OK.max

▶　视频文件：视频教学 | Cha02 | 使用长方体制作笔记本 .avi

制作概述

本案例将介绍如何利用长方体制作笔记本，该案例主要通过为创建的长方体添加修改器及材质来体现笔记本的真实效果如图 2-267 所示。

学习目标

创建长方体。

图 2-267　笔记本

绘制螺旋线。

添加材质。

操作步骤

(1) 选择【创建】|【几何体】|【长方体】工具，在【顶】视图中创建长方体，并命名为"笔记本皮 01"，在【参数】卷展栏中将【长度】设置为 220、【宽度】设置为 155、【高度】设置为 0.1，如图 2-268 所示。

(2) 切换至【修改】命令面板，在【修改器列表】中选择【UVW 贴图】修改器，在【参数】卷展栏中选中【长方体】单选按钮，在【对齐】选项组中单击【适配】按钮，如图 2-269 所示。

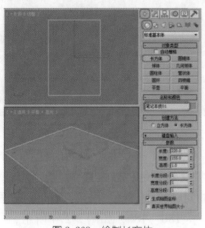

图 2-268　绘制长方体

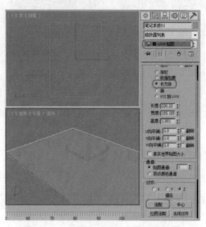

图 2-269　添加【UVW 贴图】修改器

(3) 按 M 键，在弹出的【材质编辑器】窗口中选择一个材质样本球，将其命名为"书皮 01"，在【Blinn 基本参数】卷展栏中将【环境光】的 RGB 值设置为 22、56、94，将【自发光】设置为 50，将【高光级别】和【光泽度】分别设置为 54、25，如图 2-270 所示。

(4) 在【贴图】卷展栏中单击【漫反射颜色】右侧的【无】按钮，在弹出的对话框中双击【位图】选项，再在弹出的对话框中选择"书皮 01.jpg"贴图文件，如图 2-271 所示。

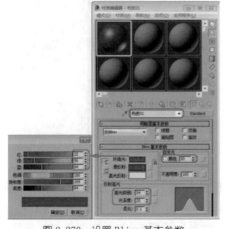

图 2-270　设置 Blinn 基本参数

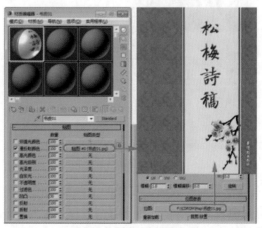

图 2-271　添加贴图文件

(5) 再在【贴图】卷展栏中单击【凹凸】右侧的【无】按钮，在弹出的对话框中双击【噪波】

选项，在【坐标】卷展栏中将【瓷砖】下的 X、Y、Z 分别设置为 1.5、1.5、3，在【噪波】卷展栏中将【大小】设置为 1，如图 2-272 所示。

(6) 将设置完成后的材质指定给选定对象即可。激活【前】视图，在工具栏中单击【镜像】按钮，在弹出的【镜像：屏幕坐标】对话框中选中 Y 单选按钮，将【偏移】设置为 –6，选中【复制】单选按钮，如图 2-273 所示。

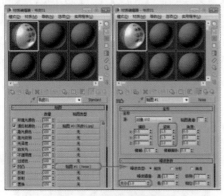

图 2-272　设置凹凸贴图

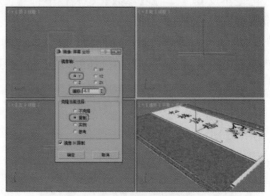

图 2-273　镜像对象

(7) 单击【确定】按钮，在【材质编辑器】窗口中将"书皮 01"拖曳至一个新的材质样本球上，将其命名为"书皮 02"，在【贴图】卷展栏中单击【漫反射颜色】右侧的子材质通道，在【位图参数】卷展栏中单击【位图】右侧的按钮，在弹出的对话框中选择"书皮 02.jpg"贴图文件，在【坐标】卷展栏中将【角度】下的 U、W 分别设置为 –180、180，如图 2-274 所示。

(8) 将材质指定给选定的对象即可。选择【创建】 ✳ |【几何体】 ⬤ |【标准基本体】|【长方体】工具，在【顶】视图中绘制一个【长度】、【宽度】、【高度】分别为 220、155、5 的长方体，将其命名为"本"，如图 2-275 所示。

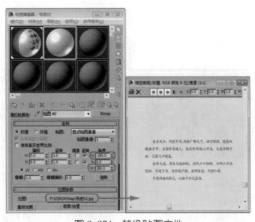

图 2-274　替换贴图文件

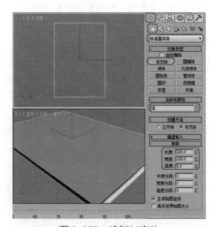

图 2-275　绘制长方体

(9) 绘制完成后，在视图中调整其位置，在【材质编辑器】窗口中选择一个材质样本球，将其命名为"本"。单击【高光反射】左侧的 ⬚ 按钮，在弹出的对话框中单击【是】按钮，将【环境光】的 RGB 值设置为 255、255、255，将【自发光】设置为 30，如图 2-276 所示。

(10) 将设置完成后的材质指定给选定对象即可。选择【创建】 ✳ |【图形】 ⬤ |【圆】工具，在【前】视图中绘制一个半径为 5.6 的圆，并将其命名为"圆环"，如图 2-277 所示。

86

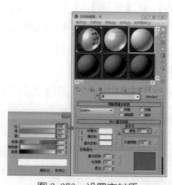

图 2-276　设置本材质

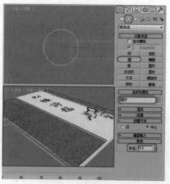

图 2-277　绘制圆

(11) 切换至【修改】命令面板中，在【渲染】卷展栏中选中【在渲染中启用】和【在视口中启用】复选框，如图 2-278 所示。

(12) 在视图中调整圆环的位置，并对圆环进行复制，效果如图 2-279 所示。

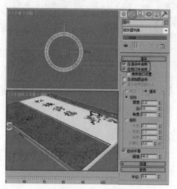

图 2-278　选中复选框

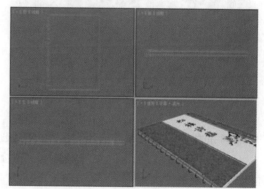

图 2-279　复制圆环

(13) 选中所有的圆环，将其颜色设置为【黑色】，再在视图中选择所有对象，在菜单栏中选择【组】|【组】命令，在弹出的【组】对话框中将【组名】设置为"笔记本"，单击【确定】按钮，如图 2-280 所示。

(14) 使用【选择并旋转】工具和【选择并移动】工具对成组后的笔记本进行复制和调整，效果如图 2-281 所示。

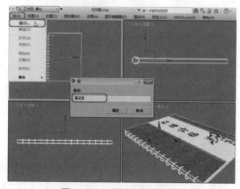

图 2-280　将选中对象成组

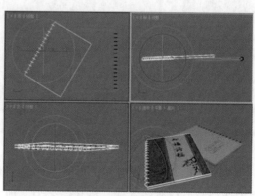

图 2-281　复制并调整对象

（15）选择【创建】 | 【几何体】 | 【标准基本体】 | 【平面】工具，在【顶】视图中创建平面，切换到【修改】命令面板，在【参数】卷展栏中，将【长度】和【宽度】分别设置为1987、2432，将【长度分段】、【宽度分段】都设置为1，在视图中调整其位置，如图2-282所示。

（16）在【修改器列表】中选择【壳】修改器，使用其默认参数即可，如图2-283所示。

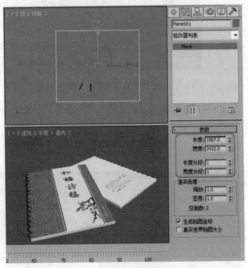

图2-282　绘制平面

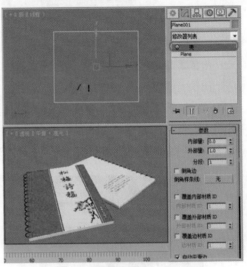

图2-283　添加【壳】修改器

（17）继续选中该对象并右击，在弹出的快捷菜单中选择【对象属性】命令，如图2-284所示。

（18）执行该操作后，将会打开【对象属性】对话框，在弹出的对话框中选中【透明】复选框，如图2-285所示。

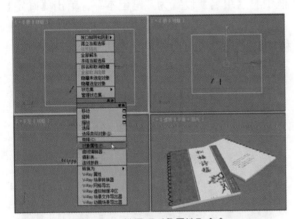

图2-284　选择【对象属性】命令

图2-285　选中【透明】复选框

（19）单击【确定】按钮，继续选中该对象，按M键打开【材质编辑器】窗口，在该对话框中选择一个材质样本球，将其命名为"地面"，单击Standard按钮，在弹出的【材质/贴图浏览器】对话框中选择【无光/投影】选项，如图2-286所示。

(20) 单击【确定】按钮，将该材质指定给选定对象即可。按 8 键弹出【环境和效果】对话框，在【公用参数】卷展栏中单击【无】按钮，在弹出的【材质 / 贴图浏览器】对话框中双击【位图】贴图，再在弹出的对话框中打开随书附带光盘中的"课桌 .jpg"素材文件，如图 2-287 所示。

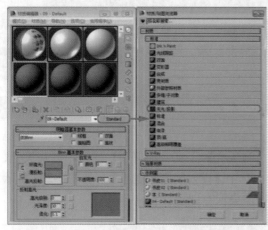

图 2-286　选择【无光 / 投影】选项　　　　　　　　　　图 2-287　添加环境贴图

(21) 然后在【环境和效果】对话框中将环境贴图拖曳至新的材质样本球上，在弹出的【实例 (副本) 贴图】对话框中选中【实例】单选按钮，并单击【确定】按钮，如图 2-288 所示。

(22) 然后在【坐标】卷展栏中，将【贴图】设置为【屏幕】。激活【透视】视图，按 Alt+B 组合键，在弹出的对话框中选中【使用环境背景】单选按钮，设置完成后单击【确定】按钮，显示背景后的效果如图 2-289 所示。

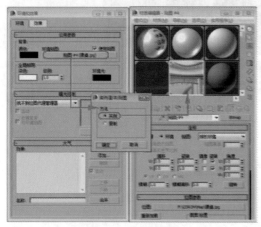

图 2-288　拖曳贴图

图 2-289　显示背景后的效果

(23) 选择【创建】 | 【摄影机】 | 【目标】工具，在视图中创建摄影机，激活【透视】视图，按 C 键将其转换为【摄影机】视图，在其他视图中调整摄影机的位置，效果如图 2-290 所示。

(24) 选择【创建】 | 【灯光】 | 【标准】 | 【泛光】工具，在【顶】视图中创建泛光灯，并在其他视图中调整灯光的位置，切换至【修改】命令面板，在【强度 / 颜色 / 衰减】卷展栏中将【倍增】设置为 0.35，如图 2-291 所示。

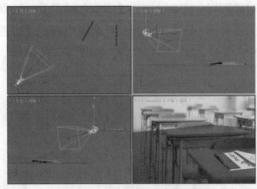

图 2-290　创建摄影机并调整其位置

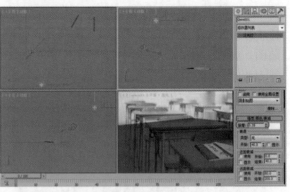

图 2-291　创建泛光灯

(25) 选择【创建】 | 【灯光】 | 【标准】 | 【天光】工具，在【顶】视图中创建天光，切换到【修改】命令面板，在【天光参数】卷展栏中选中【投射阴影】复选框，如图 2-292 所示。至此，笔记本就制作完成了，对完成后的场景进行渲染保存即可。

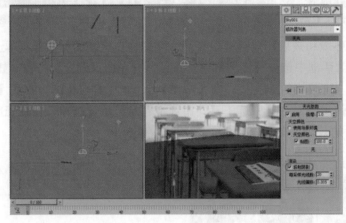

图 2-292　创建天光

第 3 章
效果图中材质纹理的设置与表现

本章重点

- ◆ 不锈钢质感的调试
- ◆ 室内效果图中的玻璃表现
- ◆ 室外效果图中的玻璃表现
- ◆ 为狮子添加青铜材质
- ◆ 为沙发添加皮革材质
- ◆ 为门添加木纹质感
- ◆ 为镜子添加镜面反射材质
- ◆ 室外水面材质

- ◆ 大理石质感
- ◆ 地面反射材质
- ◆ 为桌面添加玻璃材质
- ◆ 为装饰隔断添加装饰玻璃材质
- ◆ 为咖啡杯添加瓷器质感
- ◆ 为躺椅添加布料材质
- ◆ 为礼盒添加多维次物体材质

材质是 3D 最重要的组成部分之一，不同物体是由不同的材质来表现的。本章主要介绍了不锈钢材质、青铜材质、木纹材质、大理石材质等的调试。通过本章的学习，读者可以对材质的调试有一定的了解，为后面章节的学习奠定扎实的基础。

案例精讲 027　不锈钢质感的调试

案例文件：CDROM | Scenes | Cha03 | 不锈钢质感的调试 OK.max

视频文件：视频教学 | Cha03 | 不锈钢质感的调试 .avi

制作概述

本例将介绍不锈钢材质的调试。不锈钢材料是一种极光亮金属，并且该材质使用也非常的广泛，无论是金色材质，还是本节中所要讲述的银色材质，它们都是采用虚拟贴图反射的方法对贴图进行反射。本节内容将讲解如何制作不锈钢贴图，完成后的效果如图 3-1 所示。

图 3-1　不锈钢质感

学习目标

学会如何制作不锈钢材质贴图。

掌握不锈钢材质的制作流程，掌握不同贴图的添加。

操作步骤

（1）启动软件后，打开随书附带光盘中的 CDROM | Scenes | Cha03 | 不锈钢质感的调试 .max 素材文件，如图 3-2 所示。

（2）按 M 键打开【材质编辑器】窗口，选择一个新的样本球，并将其命名为"不锈钢"，将明暗器类型设为【(M) 金属】，取消【环境光】和【漫反射】的锁定，将【环境光】颜色的 RGB 值均设为 0，将【漫反射】颜色的 RGB 值均设为 255，将【高光级别】和【光泽度】分别设为 100、68，如图 3-3 所示。

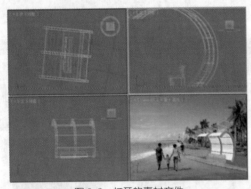

图 3-2　打开的素材文件

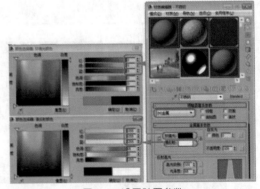

图 3-3　设置贴图参数

提示

对材质进行命名是高级设计者的一种很好的习惯。对贴图进行命名也是很重要的，它可以提高工作效率。

　　明暗器有 8 种不同的类型，包括【各向异性】、Blinn、【金属】、【多层】、Over-Nayer-Blinn、Phong、Strauss 和【半透明明暗器】，在设置不同的材质时，可以根据需要设置不同的明暗器类型。

　　(3) 切换到【贴图】卷展栏中，单击【反射】后面的【无】按钮，在弹出的【材质 / 贴图浏览器】对话框中选择【位图】选项，单击【确定】按钮。在弹出的对话框中选择随书附带光盘中的素材文件 Gold04B.jpg，单击【打开】按钮，在进入的子菜单贴图中保持默认值，单击【转到父对象】按钮，查看贴图效果，如图 3-4 所示。

　　(4) 选择一个新的样本球，并将其命名为"遮网"，将明暗器类型设置为 Blinn，取消【环境光】和【漫反射】的锁定，将【环境光】的 RGB 值均设为 0，将【漫反射】的 RGB 值均设为 227，选中【自发光】选项组中的【颜色】复选框，并将其色块的颜色的 RGB 值均设为 61。将【高光级别】和【光泽度】分别设为 5、25，如图 3-5 所示。

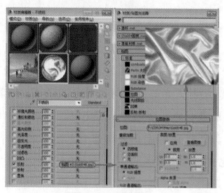

图 3-4　设置反射

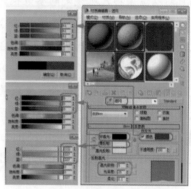

图 3-5　设置贴图参数

　　(5) 切换到【贴图】卷展栏中，单击【不透明】后面的【无】按钮，在弹出的对话框中选择【位图】选项，选择随书附带光盘中的"不透明贴 1.jpg"文件，保持默认值，单击【转到父对象】按钮，查看贴图效果，如图 3-6 所示。

　　(6) 将创建好的对象指定给场景中的"不锈钢"和"遮网"对象，进行渲染查看效果，如图 3-7 所示。

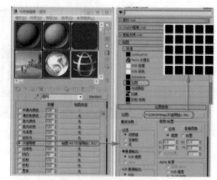

图 3-6　设置不透明度

图 3-7　完成后的效果

知识链接

在工具栏的右侧提供了几个用于渲染的按钮，如图 3-8 所示。下面对经常用到的几个渲染按钮进行介绍。

（渲染设置）按钮：其快捷键是 F10，3ds Max 中最为标准的渲染工具，按下它会弹出【渲染设置】面板，进行各项渲染设置。菜单栏中的【渲染】|【渲染设置】菜单命令与此工具的用途相同。一般对一个新场景进行渲染时，应使用 （渲染设置）工具，以便进行渲染设置，在此以后可以使用 （渲染迭代）按钮，按照已完成的渲染设置再次进行渲染，从而可以跳过渲染设置环节，加快制作速度。

图 3-8　渲染的主要工具

（渲染帧窗口）：单击该按钮可以显示上次渲染的效果。

（渲染产品）按钮：其快捷键是 F9，使用该工具按钮可以按照已完成的渲染设置再次进行渲染从而跳过设置环节，加快制作速度。快速执行渲染只需单击工具栏中的 （渲染产品）按钮则自动以渲染场景所设定的参数执行渲染的工作。

（渲染迭代）按钮：渲染迭代命令，可从主工具栏上的渲染弹出按钮中启用，该命令可在迭代模式下渲染场景，而无须打开【渲染设置】对话框。【迭代渲染】会忽略文件输出、网络渲染、多帧渲染、导出到 MI 文件，以及电子邮件通知。在图像（通常对各部分迭代）上执行快速迭代时使用该选项，例如，处理最终聚集设置、反射或者场景的特定对象或区域。同时，在迭代模式下进行渲染时，渲染选定的区域会使渲染帧窗口的其余部分保留完好。

（ActiveShade）按钮：ActiveShade 提供预览渲染，可帮助你查看场景中更改照明或材质的效果。调整灯光和材质时，ActiveShade 窗口交互地更新渲染效果。

案例精讲 028　室内效果图中的玻璃表现

案例文件： CDROM | Scenes | Cha03 | 室内效果图中的玻璃表现 OK.max

视频文件： 视频教学 | Cha03 | 室内效果图中的玻璃表现 .avi

制作概述

玻璃在日常生活中最为常见了，但你知道如何利用 3ds Max 制作出玻璃材质吗？下面将介绍室内玻璃效果材质的制作，完成后的效果如图 3-9 所示。

学习目标

掌握室内玻璃贴图的制作流程，掌握不同贴图的添加。

图 3-9　室内效果图中的玻璃表现

操作步骤

(1) 启动软件后打开随书附带光盘中的 CDROM | Scenes | Cha03 | 室内效果图中的玻璃表

现 .max 素材文件，如图 3-10 所示。

(2) 按 M 键打开【材质编辑器】窗口，选择一个材质样本球并将其命名为"玻璃"，将明暗器类型设为 Phong，取消【环境光】和【漫反射】的锁定，将【环境光】的颜色设为黑色，将【漫反射】颜色的 RGB 值设为 234、241、255，将【自发光】选项组中的【不透明度】设为 20，将【高光级别】和【光泽度】分别设为 0、73，将【柔化】设为 0.6，如图 3-11 所示。

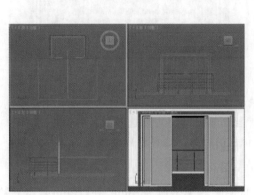

图 3-10　打开的素材文件

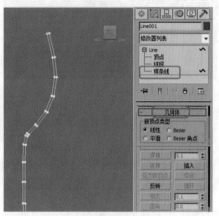

图 3-11　设置贴图参数

知识链接

　　一般室内设计应用里，设计师多半仍以玻璃的透光功能来区分其在室内空间里的用途。于是玻璃又分为透光效果可达 90% 以上的清玻璃、透光性在 50% ～ 80% 之间的毛玻璃（俗称雾面玻璃）、目前最流行且具有书卷气息的棉布玻璃、透光性尚可但又保有隐秘性的玻璃砖、能反射的玻璃镜子，以及着重艺术的雕花玻璃等几类。

　　①清玻璃、透明玻璃

　　清玻璃有百分之百的透视性，让人的视觉可以毫不受阻地穿透，间接产生舒服顺畅的心情感受。若要做成隔间墙，建议使用强化玻璃以增加使用的安全性，且玻璃厚度最好超过 5 公分以上。

　　②毛玻璃、雾面玻璃

　　雾面玻璃虽不似透明玻璃具有视觉的穿透性，把它运用在隔间或是柜子的立面上，对空间仍有很好的放大效果。一来玻璃本身对光的折射性极佳，能够为空间创造出多层次的视觉观感；二来雾面玻璃对需要阻隔、避免干扰视觉有很好的遮蔽性。雾面玻璃的种类有许多种，但若决定要使用某一种雾面玻璃作为建材时，最好统一，以免造成空间看起来大过紊乱。

(3) 切换到【贴图】卷展栏中选择【反射】贴图后面的【无】按钮，在弹出的【材质 / 贴图浏览器】对话框中选择【位图】选项，单击【确定】按钮。在打开的对话框中选择随书附带光盘中的 CDROM | Map | Ref_21.jpg 素材文件，保持默认值，单击【转到父对象】按钮，将【反射】值设为 10，如图 3-12 所示。

(4) 按 H 键，弹出【从场景中选择】对话框，选择所有的玻璃对象，并将创建的材质指定给玻璃对象，对【摄影机】视图进行渲染，效果如图 3-13 所示。

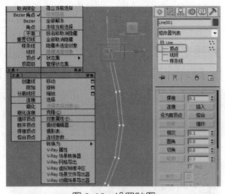

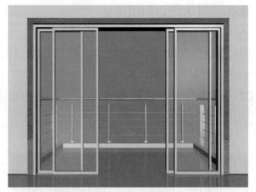

图3-12　设置贴图　　　　　　　　　　　　　　　　图3-13　渲染效果

当场景中有很多对象时，如果单纯地使用鼠标进行选择，会很容易选择错误，此时可以按H键，也可以在工具选项栏中单击【按名称选择】按钮，在弹出的对话框根据对场景对象的命名选择相应的对象，这样可以大大提高工作效率和进度。

(5)选择一个新的样本球并将其命名为"背景"，将明暗器类型设为Blinn，在【Blinn基本参数】卷展栏中将【自发光】选项组中的【颜色】值设为100，在【贴图】卷展栏中，单击【漫反射颜色】后面的【无】按钮，在弹出的【材质/贴图浏览器】对话框中选择【位图】选项，单击【确定】按钮，在弹出的对话框中选择"别墅024.jpg"文件，返回到【材质编辑器】窗口中，保持默认值，如图3-14所示。

(6)单击【转到父对象】按钮，单击【将材质指定给选定对象】按钮，将创建好的贴图指定给"墙体03"对象，激活【摄影机】视图进行渲染查看效果，如图3-15所示。

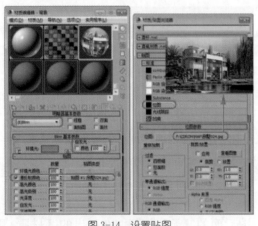

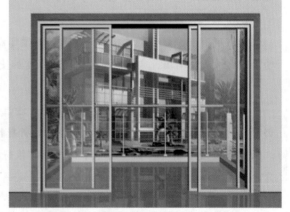

图3-14　设置贴图　　　　　　　　　　　　　　　　图3-15　渲染效果

案例精讲029　室外效果图中的玻璃表现

 案例文件：CDROM | Scenes | Cha03 | 室外效果图中的玻璃表现 OK.max

 视频文件：视频教学 | Cha03 | 室外效果图中的玻璃表现 .avi

制作概述

本节将讲解如何制作室外玻璃效果，其中关键是在【材质编辑器】窗口中对【漫反射颜色】和【高光级别】贴图的设置，完成后的效果如图 3-16 所示。

图 3-16　室外效果图中的
玻璃表现

学习目标

掌握室外效果图中玻璃贴图的制作流程，掌握不同贴图的添加。

操作步骤

(1) 启动软件后，打开随书附带光盘中的 CDROM | Scenes | Cha03 | 室外效果图中的玻璃表现 .max 素材文件，如图 3-17 所示。

(2) 按 M 键，打开【材质编辑器】窗口，选择一个新的样本球，并将其命名为"玻璃"，在【明暗器基本参数】卷展栏中，选中【双面】复选框。在【Blinn 基本参数】卷展栏中，将【环境光】的 RGB 值设置为 0、47、0，将【漫反射】的 RGB 值设置为 185、214、185。将【反射高光】选项组中的【高光级别】和【光泽度】分别设置为 77、12，在【自发光】选项组中选中【颜色】复选框，并将【颜色】的 RGB 值设置为 0、71、3，将【不透明度】设置为 20，如图 3-18 所示。

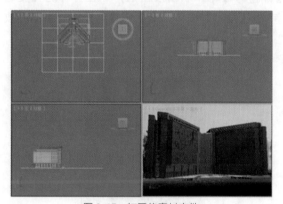

图 3-17　打开的素材文件

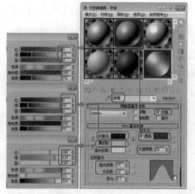

图 3-18　设置贴图

提示　　使用双面材质会使渲染变慢，最好的方法是对必须使用双面材质的物体使用双面材质，在最后渲染时不要打开渲染设置框中的【强制双面】渲染属性，这样既可以达到效果，又使渲染很快；也可以在材质中不管这项设置，仅在渲染设置中打开【强制双面】设置，它会对场景中所有物体都进行双面渲染，当然速度会很慢，不过对于由 Auto CAD 等其他软件中引入的造型，这种方法可以简单地解决不正确的法线表面问题。

知识链接

　　【双面】：在通常情况下系统只渲染物体表面法线的正方向，如果打开这个选项，渲染器将忽略物体表面的法线方向，对所有的面都进行双面渲染。

　　【环境光】：用来控制材质阴影区的颜色。

　　【漫反射】：用来控制材质漫射区的颜色。

【自发光】：可以使材质具有自身发光的效果。如果打开【颜色】选项，通过右侧的颜色块可以调出颜色选择器，进行发光颜色的指定；如果关闭【颜色】选项，通过右侧的数值输入域，可以调节发光的强度。右侧是贴图快捷按钮。

【不透明度】：通过输入数值来设置材质的透明度，值为 100 时为不透明材质，值为 0 时为完全透明材质。

【高光级别】：用来调节材质表面反光区的强度，值越大反光的强度越高。

【光泽度】：确定材质表面反光面积的大小，值越高反光面积越小。

【柔化】：对高光区的反光作柔化处理，使其变得模糊、柔和。

(3) 打开【贴图】卷展栏，单击【漫反射颜色】贴图通道右侧的【无】贴图按钮，在打开的【材质 / 贴图浏览器】对话框中选择【位图】贴图，单击【确定】按钮。再在打开的对话框中选择随书附带光盘中的 CDROM | Map | 玻璃 098 COPY.JPG 文件，单击【打开】按钮，打开位图文件，进入位图通道，在【坐标】卷展栏中将【模糊偏移】设置为 0.2，如图 3-19 所示。

(4) 单击【转到父对象】按钮，返回到父材质层级。选择【漫反射颜色】通道右侧的贴图类型按钮并将其拖曳至【高光级别】贴图通道右侧的【无】贴图按钮上，并在打开的【复制（实例）贴图】对话框中选中【实例】单选按钮，单击【确定】按钮，最后将【高光级别】的【数量】值设置为 20，如图 3-20 所示。

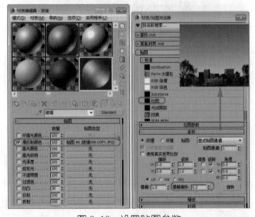

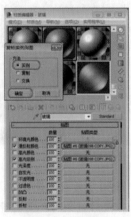

图 3-19 设置贴图参数 　　　　图 3-20 复制贴图

用【贴图】卷展栏下的【无】按钮打开的【材质 / 贴图浏览器】与用【获取材质】按钮打开的【材质 / 贴图浏览器】都可以用来选择材质或贴图，但它们也有不同之处。如果当前处于材质层级，前者就只允许选择材质类型；如果处于贴图层级，前者就只允许选择贴图类型。后者没有这种限制。而且用按钮打开的浏览器是一个浮动性质的对话框，不影响场景中的其他操作。

(5) 按 H 键，打开【从场景中选择】对话框，在该对话框中选择【玻璃】选项，单击【确定】按钮，如图 3-21 所示。

(6) 选择创建好的【玻璃】材质，单击【将材质指定给选定对象】按钮，指定给上一步选择的"玻璃"对象，激活【摄影机】视图，进行渲染查看效果，如图 3-22 所示。

图 3-21　选择对象

图 3-22　渲染后的效果

案例精讲 030　为狮子添加青铜材质

> 案例文件：CDROM | Scenes | Cha03 | 为狮子添加青铜材质 OK.max
>
> 视频文件：视频教学 | Cha03 | 为狮子添加青铜材质 .avi

制作概述

本例将介绍如何制作青铜材质。首先设置好【环境光】、【漫反射】和【高光反射】，然后进行贴图设置，完成后的效果如图 3-23 所示。

图 3-23　青铜材质

学习目标

掌握青铜材质的制作过程，熟练利用【贴图】卷展栏中的【漫反射颜色】和【凹凸】。

操作步骤

(1) 启动软件后打开随书附带光盘中的 CDROM | Scenes | 为狮子添加青铜材质 .max 文件，如图 3-24 所示。

(2) 在视图中选中【狮子】对象，按 M 键打开【材质编辑器】窗口，选择一个新的材质样本球，并将其命名为"青铜"。在【Blinn 基本参数】卷展栏中取消【环境光】和【漫反射】的锁定，将【环境光】的 RGB 值设为 166、47、15，将【漫反射】的 RGB 值设为 51、141、45，将【高光反射】的 RGB 值设为 255、242、188，将【自发光】设置为 14，在【反射高光】选项组中将【高光级别】设为 65，将【光泽度】设为 25，如图 3-25 所示。

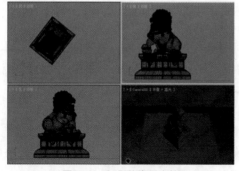

图 3-24　打开的素材文件

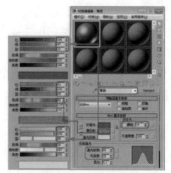

图 3-25　调整材质参数

(3) 切换到【贴图】卷展栏中，将【漫反射颜色】的值设为75，单击其右侧的【无】按钮，弹出【材质/贴图浏览器】对话框，双击【位图】选项。弹出【选择位图图像文件】对话框，选择随书附带光盘中的 CDROM | Map | MAP03.JPG 文件，单击【打开】按钮，进入【位图】材质编辑器中，保持默认值，单击【转到父对象】按钮，如图 3-26 所示。

(4) 在【贴图】卷展栏中选择【漫反射颜色】右侧的材质按钮，按住鼠标将其拖曳至【凹凸】右侧的材质按钮上，在弹出的对话框中选中【复制】单选按钮，单击【确定】按钮，如图 3-27 所示，对完成后的场景进行渲染和保存即可。

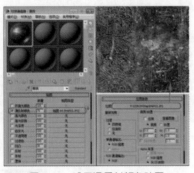

图 3-26　设置漫反射颜色贴图

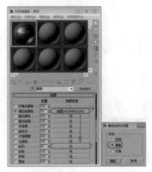

图 3-27　复制贴图

案例精讲 031　为沙发添加皮革材质

✎ 案例文件：CDROM | Scenes | Cha03 | 为沙发添加皮革材质 OK.max

◉ 视频文件：视频教学 | Cha03 | 为沙发添加皮革材质 .avi

制作概述

本例将介绍为沙发添加皮革材质，该效果主要是通过设置材质 VRayMtl 参数来实现的，效果如图 3-28 所示。

学习目标

学会设置材质 VRayMtl。
学会设置 VRay 渲染参数。

图 3-28　皮革材质

操作步骤

(1) 按 Ctrl+O 组合键，打开"为沙发添加皮革材质 .max"素材文件，如图 3-29 所示。

(2) 在视图中选择"沙发"对象，按 M 键打开【材质编辑器】窗口，选择一个材质样本球，将其命名为"沙发"，并单击其右侧的 Standard 按钮，在打开的【材质/贴图浏览器】对话框中选择 VRayMtl 材质，单击【确定】按钮，如图 3-30 所示。

> **知识链接**
>
> VRayMtl：在 VRay 中使用它可以得到较好的物理上的正确照明（能源分布），以及较快的渲染速度，并且可以非常方便地设置反射、折射和置换等参数，还可以使用纹理贴图。

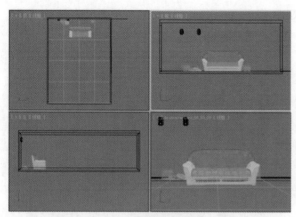

图 3-29　打开的素材文件

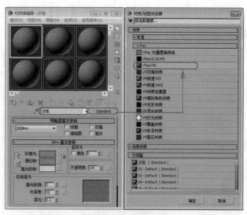

图 3-30　选择材质

知识链接

VRayHDRI：该贴图主要用于导入高动态范围图像 (HDRI) 来作为环境贴图，支持大多数标准环境的贴图类型。

(3) 在【基本参数】卷展栏中将【漫反射】的 RGB 值设置为 198、195、201，将【反射】的 RGB 值设置为 24、19、10，将【反射光泽度】设置为 0.65，将【细分】设置为 6，如图 3-31 所示。

(4) 在【双向反射分布函数】卷展栏中将双向反射类型设置为【沃德】，将【各向异性】设置为 0.2，单击 X 按钮，如图 3-32 所示。

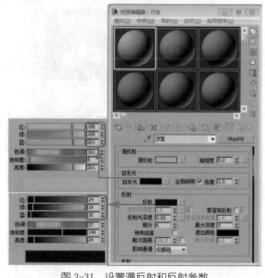

图 3-31　设置漫反射和反射参数

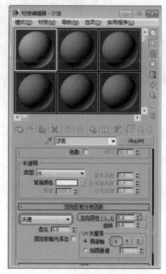

图 3-32　设置双向反射参数

(5) 在【选项】卷展栏中取消选中【雾系统单位比例】复选框，在【贴图】卷展栏中单击【漫反射】右侧的【无】按钮，在弹出的【材质 / 贴图浏览器】对话框中选择【衰减】选项，如图 3-33 所示。

(6) 单击【确定】按钮，将【前】色块的 RGB 值设置为 151、68、35，单击其右侧的【无】按钮，在弹出的【材质/贴图浏览器】对话框中选择【RGB 倍增】选项，如图 3-34 所示。

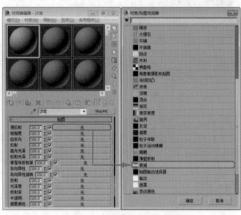 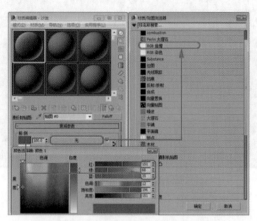

图 3-33　选择【衰减】贴图　　　　　　　　　　图 3-34　选择【RGB 倍增】选项

(7) 单击【确定】按钮，在【RGB 倍增参数】卷展栏中单击【颜色 #1】右侧的【无】按钮，在弹出的对话框中双击【位图】选项，在弹出的对话框中选择 Archinteriors_08_03_suede.jpg 贴图文件，单击【打开】按钮，在【坐标】卷展栏中将【瓷砖】下的 U、V 都设置为 2，如图 3-35 所示。

(8) 单击【转到父对象】按钮 ，返回到父级材质面板，在【RGB 倍增】卷展栏中将【颜色 #2】的 RGB 值设置为 201、100、50，如图 3-36 所示。设置完成后，单击【将材质指定给选定对象】按钮 。

 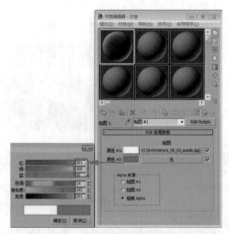

图 3-35　添加贴图文件　　　　　　　　　　图 3-36　设置【颜色 #2】的 RGB 值

(9) 单击【转到父对象】按钮 ，返回到父级材质面板，在【衰减参数】卷展栏中将【侧】色块的 RGB 值设置为 181、89、53，然后选中【前】右侧的材质按钮，按住鼠标将其拖曳至【侧】右侧的材质按钮上，在弹出的【复制(实例)贴图】对话框中选中【复制】单选按钮，单击【确定】按钮，如图 3-37 所示。

(10) 在【衰减参数】卷展栏中单击【侧】右侧的材质按钮，在【RGB 倍增参数】卷展栏中将【颜色 #2】的 RGB 值设置为 223、76、37，如图 3-38 所示。

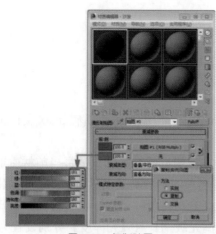

图 3-37　复制贴图

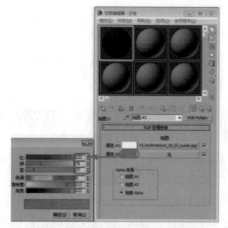

图 3-38　设置【颜色 #2】的 RGB 值

(11) 单击两次【转到父对象】按钮 🔲，在【贴图】卷展栏中单击【凹凸】右侧的【无】按钮，在弹出的对话框中双击【位图】选项，在弹出的对话框中选择 Archinteriors_08_03_suede_B.jpg 贴图文件，在【坐标】卷展栏中将【瓷砖】下的 U、V 都设置为 2，如图 3-39 所示。

(12) 在【反射插值】卷展栏中将【最小比率】和【最大比率】分别设置为 –3、0，在【折射插值】卷展栏中将【最小比率】和【最大比率】分别设置为 –3、0，如图 3-40 所示。

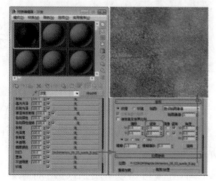

图 3-39　设置【凹凸】贴图

图 3-40　设置反射和折射参数

(13) 设置完成后，为选中的对象指定材质即可，然后对完成后的场景进行渲染并保存。

案例精讲 032　为门添加木纹质感

> 案例文件：CDROM | Scenes | Cha03 | 为门添加木纹质感 OK.max
>
> 视频文件：视频教学 | Cha03 | 为门添加木纹质感 .avi

制作概述

本例将介绍如何表现木纹质感。主要是利用【材质编辑器】窗口中的【贴图】卷展栏中的【漫反射颜色】通道，通过为该通道添加【位图】贴图来表现木纹质感，效果如图 3-41 所示。

图 3-41　木纹质感

学习目标

学会如何表现木纹质感。

掌握【漫反射颜色】通道的使用。

操作步骤

(1) 打开随书附带光盘中的 CDROM | Scenes | Cha03 | 为门添加木纹质感 .max 文件，然后选择"门"对象，如图 3-42 所示。

(2) 按 M 键打开【材质编辑器】窗口，选择一个空白的材质样本球，并将当前材质重新命名为"木制纹理"，在【明暗器基本参数】卷展栏中将当前明暗器类型设置为 Phong。在【Phong 基本参数】卷展栏中将【环境光】的 RGB 值设置为 69、69、69，将【漫反射】的 RGB 值设置为 253、217、176，将【反射高光】选项组中的【高光级别】与【光泽度】分别设置为 40、21，如图 3-43 所示。

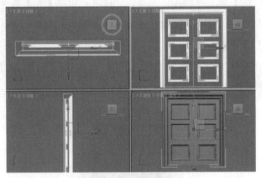

图 3-42　选择对象

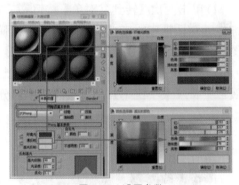

图 3-43　设置参数

(3) 在【贴图】卷展栏中单击【漫反射颜色】通道后面的【无】按钮，打开【材质 / 贴图浏览器】对话框，选择【位图】贴图，单击【确定】按钮，在打开的对话框中选择随书附带光盘中的 CDROM | Map | Wood2.jpg 文件，如图 3-44 所示。

(4) 单击【转到父对象】按钮，返回到父材质层级，单击【将材质指定给选定对象】按钮。选择【创建】|【摄影机】|【标准】|【目标】工具，在【顶】视图中创建一架摄影机，然后将【透视】视图转换为【摄影机】视图，在其他视图中调整摄影机的位置，如图 3-45 所示。

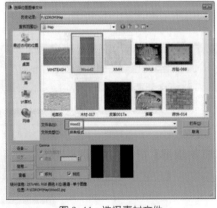

图 3-44　选择素材文件

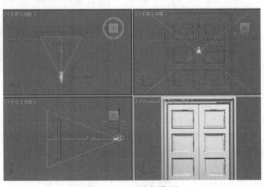

图 3-45　创建摄影机

虽然即时贴图显示对制作带来了很大的方便，但也为系统增添了很大的负担，如果场景中有很多物体存在，最好不要将太多的即时贴图显示打开，这样会使显示速度变得很慢。通过【视图】菜单中的【取消激活所有贴图】命令可以将场景中所有即时贴图显示开启的材质关闭其贴图显示。执行【去色】命令可以删除彩色图像的颜色，但不会改变图像的颜色模式。

案例精讲 033　为镜子添加镜面反射材质

✎ 案例文件：CDROM | Scenes | Cha03 | 为镜子添加镜面反射材质 OK.max

🔘 视频文件：视频教学 | Cha03 | 为镜子添加镜面反射材质 .avi

制作概述

本例将介绍如何制作镜面反射材质，主要是利用【反射】通道，为该通道添加【平面镜】材质，将【反射】的数量设置为 100，然后将材质指定给选定对象，效果如图 3-46 所示。

图 3-46　镜面反射

学习目标

学会如何制作镜面反射材质。

掌握【反射】通道及【平面镜】材质的使用。

操作步骤

(1) 打开随书附带光盘中的 CDROM | Scenes | Cha03 | 为镜子添加镜子反射 .max 素材文件，按 H 键，在打开的【从场景选择】对话框中选择【镜子】对象，然后单击【确定】按钮，如图 3-47 所示。

(2) 按 M 键打开【材质编辑器】窗口，选择一个新的材质样本球，将其命名为"镜子"，在【明暗器基本参数】卷展栏中将明暗模式定义为 Blinn。在【Blinn 基本参数】卷展栏中首先将锁定的【环境光】和【漫反射】的 RGB 值均设置为 202、195、255，然后将【反射高光】选项组中的【高光级别】和【光泽度】均设置为 0，如图 3-48 所示。

图 3-47　选择【镜子】对象

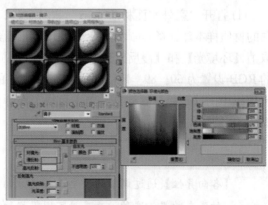

图 3-48　设置参数

第 3 章　效果图中材质纹理的设置与表现

105

(3) 打开【贴图】卷展栏，选择【反射】后面的【无】按钮，并在打开的【材质／贴图浏览器】中将贴图方式定义为【平面镜】，单击【确定】按钮。进入【平面镜】材质层级，在【平面镜参数】卷展栏中将【应用于带 ID 的面】复选框选中，如图 3-49 所示。

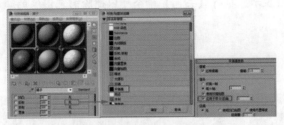

图 3-49　设置【反射】通道参数

(4) 单击【转到父对象】按钮，然后单击【将材质指定给选定对象】按钮，将材质指定给选定对象。

案例精讲 034　室外水面材质

案例文件：CDROM | Scenes | Cha03 | 室外水面材质 .OK.max

视频文件：视频教学 | Cha03 | 室外水面材质 .avi

制作概述

本例将介绍如何制作室外水面材质，在本例中主要用到【凹凸】贴图通道和【反射】贴图通道。使用【凹凸】通道可以来制作水波荡漾的效果，使用【反射】通道可以制作水面倒影的效果，最终效果如图 3-50 所示。

图 3-50　室外水面材质

学习目标

学会如何制作室外水面材质。

掌握【凹凸】通道和【反射】通道的使用。

操作步骤

(1) 打开"室外水面材质 .max"素材文件，按 M 键打开【材质编辑器】窗口，选择一个空白的材质样本球，将其命名为"水"，将明暗器类型设置为【各向异性】，选中【双面】复选框，取消【环境光】和【漫反射】之间的锁定，将【环境光】的 RGB 值均设置为 43，将【漫反射】的 RGB 设置为 60、89、111，将【高光反射】的 RGB 值设置为 139、154、165，选中【自发光】选项组中的【颜色】复选框，单击色块，在弹出的对话框中将 RGB 值设置为 139、154、165，如图 3-51 所示。

> **知识链接**
>
> 　　【各向异性】通过调节两个垂直正交方向上可见高光尺寸之间的差额，从而实现一种【重折光】的高光效果。这种渲染属性可以很好地表现毛发、玻璃和被擦拭过的金属等模型效果。它的基本参数大体上与 Blinn 相同，只在高光和漫反射部分有所不同。

(2) 将【反射高光】选项组中的【高光级别】、【光泽度】、【各向异性】分别设置为160、50、50，展开【贴图】卷展栏，将【凹凸】的【数量】设置为5，单击其右侧的【无】按钮，在弹出的【材质/贴图浏览器】对话框中选择【噪波】选项，单击【确定】按钮，如图3-52所示。

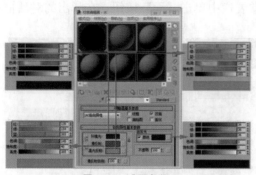

图3-51　设置参数

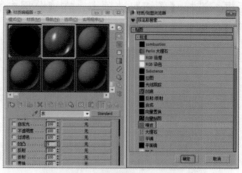

图3-52　选择【噪波】选项

知识链接

　　【各向异性】：控制高光部分的各向异性和形状。值为0时，高光形状呈椭圆形；值为100时，高光变形为极窄条状。反光曲线示意图中的一条曲线用来表示各向异性的变化。

　　(3) 进入到【噪波】层级，在【噪波参数】卷展栏中将【大小】设置为8，单击转到父对象按钮。单击【反射】右侧的【无】按钮，在弹出的对话框中选择【遮罩】选项，单击【确定】按钮。在【遮罩参数】卷展栏中单击【贴图】右侧的【无】按钮，在弹出的对话框中选择【光线跟踪】选项，单击【确定】按钮，在弹出的对话框中保持默认设置，单击【转到父对象】按钮，再次单击【转到父对象】按钮，如图3-53所示。

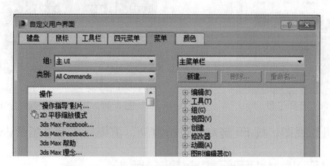

图3-53　设置【凹凸】通道和【反射】通道

知识链接

　　【噪波类型】选项组中各参数的介绍如下。

　　【规则】：生成普通噪波。基本上类似于【级别】设置为1的【分形】噪波。当噪波类型设为【规则】时，【级别】微调器处于非活动状态(因为【规则】不是分形功能)。

　　【分形】：使用分形算法生成噪波。【层级】选项设置分形噪波的迭代数。

　　【湍流】：生成应用绝对值函数来制作故障线条的分形噪波。

(4) 按 H 键打开【从场景选择】对话框，在该对话框中选择"水"、"水 02"对象，单击【确定】按钮，如图 3-54 所示。

(5) 单击【将材质指定给选定对象】按钮，将材质指定给所选对象。按 8 键打开【环境和效果】对话框，选择【环境】选项卡，在【公用参数】卷展栏中单击【无】按钮，在弹出的对话框中选择【位图】选项，如图 3-55 所示。

图 3-54 【从场景选择】对话框

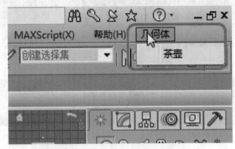

图 3-55 选择【位图】选项

(6) 单击【确定】按钮，在弹出的对话框中选择随书附带光盘中的 CDROM | Map | 1906624.jpg 素材文件，单击【打开】按钮，如图 3-56 所示。

(7) 然后将贴图拖曳至【材质编辑器】一个空白的材质样本球上，在弹出的【实例 (副本) 贴图】对话框中选中【实例】单选按钮，在【坐标】卷展栏中将【贴图】设置为【屏幕】，如图 3-57 所示。

图 3-56 选择位图

图 3-57 将环境贴图拖曳至【材质编辑器】上

(8) 激活【摄影机】视图，按 F9 键对其进行渲染，渲染完成后将场景进行保存即可。

案例精讲 035　为地面添加大理石质感

> ✎ 案例文件：CDROM | Scenes | Cha03 | 为地面添加大理石质感 .OK.max
>
> 🎬 视频文件：视频教学 | Cha03 | 为地面添加大理石质感 .avi

制作概述

　　大理石主要用于加工成各种型材、板材，作建筑物的墙面、地面、台、柱，还常用于纪念性建筑物如碑、塔、雕像等的材料。大理石还可以雕刻成工艺美术品、文具、灯具、器皿等实用艺术品。纹理清晰弯曲的大理石，光滑细腻，亮丽清新，像是带给大家一次又一次的视觉盛

宴，装在居室中，可以把居室衬托得更加典雅大方。本例将介绍如何表现
大理石质感，完成后的效果如图 3-58 所示。

学习目标

学会如何表现大理石质感。

掌握【漫反射颜色】通道和【反射】通道的使用。

图 3-58　大理石质感

操作步骤

(1) 打开"为地面添加大理石质感 .max"素材文件，按 M 键打开【材质编辑器】窗口，
选择一个空白的材质样本球，将其重命名为"地面"，将明暗器类型设置为 Phong，将【环境
光】的 RGB 值均设置为 0，将【反射高光】选项组中的【高光级别】、【光泽度】分别设置
为 45、25，如图 3-59 所示。

(2) 展开【贴图】卷展栏，单击【漫反射颜色】右侧的【无】按钮，弹出【材质/贴图浏览器】
对话框，在该对话框选择【RGB 染色】选项，如图 3-60 所示。

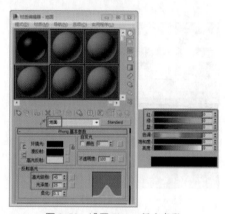

图 3-59　设置 Phong 基本参数

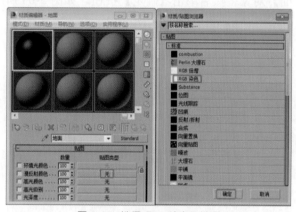

图 3-60　选择【RGB 染色】选项

(3) 单击【确定】按钮。单击【贴图】下的【无】按钮，弹出【材质/贴图浏览器】对话框，
在该对话框中选择【位图】选项，单击【确定】按钮。弹出【选择位图图像文件】对话框，在
该对话框中选择随书附带光盘中的 CDROM | Map | Bms2.jpg 素材文件，如图 3-61 所示。

(4) 进入【位图】层级，在【坐标】卷展栏中将【瓷砖】下的 U、V 分别设置为 15、15，将【模
糊】设置为 1.07，如图 3-62 所示。

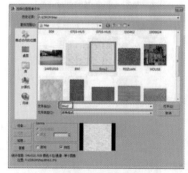

图 3-61　选择位图

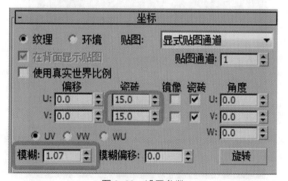

图 3-62　设置参数

(5) 单击两次【转到父对象】按钮，将【反射】设置为 15，单击其右侧的【无】按钮，弹出【材质 / 贴图浏览器】对话框，在该对话框中选择【平面镜】选项，单击【确定】按钮，在【平面镜参数】卷展栏中选中【应用于带 ID 的面】复选框，如图 3-63 所示。

知识链接

反射 / 折射贴图不适合平面曲面，因为每个面基于其面法线所指的地方反射部分环境。使用此技术，一个大平面只能反射环境的一小部分。【平面镜】自动生成包含大部分环境的反射，以更好地模拟类似镜子的曲面。

 平面镜贴图无法与 mental ray、iray 或 Quicksilver 渲染器一起使用。要在使用这些渲染器时生成镜子效果的反射，请使用 Autodesk 镜像材质。

(6) 单击【转到父对象】按钮，按 H 键打开【从场景选择】对话框，在该对话框中选择【地面】对象，然后单击【确定】按钮，如图 3-64 所示。

图 3-63　设置参数

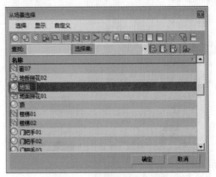

图 3-64　选择【地面】对象

(7) 在【材质编辑器】窗口中单击【将材质指定给选定对象】按钮，然后激活【摄影机】视图对其进行渲染一次，观看效果如图 3-65 所示。

(8) 再选择一个空白的材质样本球，将其命名为"地板拼花"，将明暗器类型设置为 Phong，在【Phong 基本参数】卷展栏中将【环境光】设置为黑色，将【反射高光】选项组中的【高光级别】、【光泽度】分别设置为 43、24，如图 3-66 所示。

图 3-65　渲染完成后的效果

图 3-66　设置参数

(9) 展开【贴图】卷展栏，单击【漫反射颜色】右侧的【无】按钮，在弹出的对话框中选择【位图】选项，单击【确定】按钮。弹出【选择位图图像文件】对话框，在该对话框中选择随书附带光盘中的 CDROM | Map | FEIZUAN.jpg 素材文件，如图 3-67 所示。

(10) 单击【打开】按钮，进入【位图】层级，将【瓷砖】下的 U、V 分别设置为 20、20，将【模糊】设置为 1.07，如图 3-68 所示。

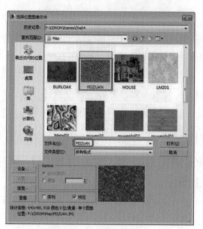

图 3-67　选择位图

图 3-68　设置参数

(11) 单击【转到父对象】按钮，将【反射】设置为 20，然后单击该通道的【无】按钮，在弹出的对话框中选择【平面镜】选项，单击【确定】按钮。在【平面镜参数】卷展栏中选中【应用于带 ID 的面】复选框，如图 3-69 所示。

(12) 单击【转到父对象】按钮，按 H 键打开【从场景选择】对话框，在该对话框中选择 Box01、B0x02、Donut01、"地面拼花 01"、"地板拼花 02"、"踢脚线 01" ～ "踢脚线 09"，如图 3-70 所示。

图 3-69　选中【应用于带 ID 的面】复选框

图 3-70　选择对象

(13) 单击【确定】按钮，在【材质编辑器】窗口中单击【将材质指定给选定对象】按钮，然后激活【摄影机】视图，对该视图渲染一次，效果如图 3-71 所示。

(14) 再选择一个空白的材质样本球，将其重命名为"地板拼花 02"，将明暗器类型设置为 Phong，在【Phong 基本参数】卷展栏中将【环境光】的 RGB 值设置为 255、209、175，将【反射高光】选项组中的【高光级别】和【光泽度】分别设置为 24、53，如图 3-72 所示。

图 3-71　渲染一次效果

图 3-72　设置参数

(15) 展开【贴图】卷展栏，将【漫反射颜色】的【数量】设置为 70，单击其后面的【无】按钮，在弹出的对话框中选择【RGB 染色】选项，单击【确定】按钮，单击【贴图】下的【无】按钮，在弹出的对话框中选择【位图】选项，如图 3-73 所示。

知识链接

　　【RGB 染色】可调整图像中 3 种颜色通道的值。3 种色样代表 3 种通道。更改色样可以调整其相关颜色通道的值。通道的默认颜色是红、绿和蓝，但是可以为它们指定任何颜色。你不必限制于红色、绿色和蓝色的变体。

(16) 单击【确定】按钮，打开【选择位图图形文件】对话框，在该对话框中选择随书附带光盘中的 CDROM | Map | BM.jpg 素材文件，如图 3-74 所示。

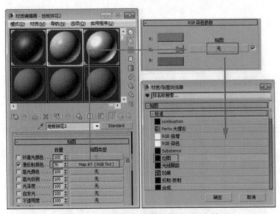

图 3-73　设置【漫反射颜色】通道

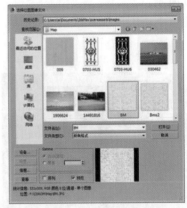

图 3-74　选择位图

(17) 单击【打开】按钮，然后将【模糊】设置为 1.07，然后单击两次【转到父对象】按钮，将【反射】设置为 19，单击【无】按钮，在弹出的对话框中选择【平面镜】选项，然后单击【确定】按钮，如图 3-75 所示。

(18) 在【平面镜参数】卷展栏中选中【应用于带 ID 的面】复选框，然后单击【转到父对象】按钮，在场景中选择 Star01 对象，单击【将材质指定给选定对象】按钮，然后对【摄影机】

视图渲染一次观看效果，如图 3-76 所示。

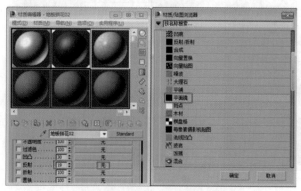

图 3-75　选择【平面镜】选项

图 3-76　渲染效果

案例精讲 036　地面反射材质

案例文件：CDROM | Scenes | Cha03 | 地面反射材质 OK.max

视频文件：视频教学 | Cha03 | 地面反射材质 .avi

制作概述

地面反射是室内很有特色的一个效果，所以，很多时候都需要对光滑的木地板和瓷砖地做反射效果。本例将介绍如何制作地面反射材质，效果如图 3-77 所示。

图 3-77　地面反射材质

学习目标

学会如何制作地面反射材质。

掌握【反射】通道的使用及【平面镜】贴图的应用。

操作步骤

(1) 打开"地面反射材质 .max"素材文件，按 M 键打开【材质编辑器】窗口，在该对话框中选择一个空白的材质样本球，将其重命名为"地板"，在【Blinn 基本参数】卷展栏中将【自发光】设置为 10，展开【贴图】卷展栏，单击【漫反射颜色】右侧的【无】按钮，在弹出的【材质 / 贴图浏览器】对话框中选择【位图】选项，如图 3-78 所示。

(2) 打开【选择位图图像文件】对话框，在该对话框中选择随书附带光盘中的 CDROM | Map | B0000570.jpg 素材文件，单击【打开】按钮，如图 3-79 所示。

(3) 在【坐标】卷展栏中将【瓷砖】下的 U、V 分别设置为 5、10，在【位图参数】卷展栏的【裁剪 / 放置】选项组中选中【应用】复选框，将 U、V、W、H 分别设置为 0、0、1、0.884，如图 3-80 所示。

(4) 单击【转到父对象】按钮，将【反射】通道的【数量】设置为 20，单击【无】按钮。在弹出的对话框中选择【平面镜】选项，单击【确定】按钮，在【平面镜参数】卷展栏中选中【应用于带 ID 的面】复选框，如图 3-81 所示。

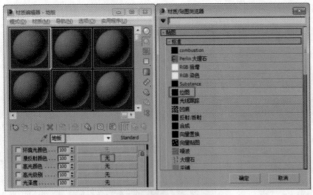

图 3-78　选择【位图】选项　　　　　　　　图 3-79　【选择位图图像文件】对话框

图 3-80　裁剪位图　　　　　　　　　　　图 3-81　【平面镜参数】卷展栏

知识链接

在需要指定平面镜的位置指定材质的 ID 号。可以将平面镜材质指定给对象，无须使其成为多维 / 子对象材质的组件。限制该对象上的其他面必须能够使用同一材质的非镜像属性 (它的漫反射颜色等)。如果其他的面需要完全不同的材质特性，则需要使用多维 / 子对象材质。

（5）单击【转到父对象】按钮，然后在场景中选择【地板】对象，单击【将材质指定给选定对象】按钮，然后激活【摄影机】视图对其进行渲染，效果如图 3-82 所示。

（6）再选择一个空白的材质样本球，将其命名为"地板线"，在【明暗器基本参数】卷展栏中选中【线框】复选框，将【环境光】的 RGB 值均设置为 0，将【反射高光】选项组中的【光泽度】设置为 0，展开【扩展参数】卷展栏，将【线框】选项组中的【大小】设置为 0.3，如图 3-83 所示。

知识链接

【线框】：以网格线框的方式来渲染对象，它只能表现出对象的线架结构，对于线框的粗细，可以通过【扩展参数】中的【线框】项目来调节，【尺寸】值确定它的粗细。可以选择【像素】和【单位】两种单位，如果选择【像素】为单位，对象无论远近，线框的粗细都将保持一致；如果选择【单位】为单位，将以 3ds Max 内部的基本单元作为单位，会根据对象离镜头的远近而发生粗细变化。

图 3-82 渲染效果

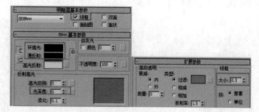

图 3-83 设置参数

(7) 将材质指定给地板线，激活【摄影机】视图，按 F9 键对该视图进行渲染，效果如图 3-84 所示。发现在效果图下方不是很完美，可以在 Photoshop 中使用【裁剪工具】对效果图的下方进行裁剪，然后在菜单栏中选择【图像】|【调整】|【亮度/对比度】命令，弹出【亮度/对比度】对话框，在该对话框中将【亮度】、【对比度】分别设置为 36、20，如图 3-85 所示。

图 3-84 渲染后的效果

图 3-85 调整亮度/对比度

案例精讲 037 为桌面添加玻璃材质

📁 案例文件：CDROM | Scenes | Cha03 | 为桌面添加玻璃材质 OK.max

💿 视频文件：视频教学 | Cha03 | 为桌面添加玻璃材质 .avi

制作概述

本例将介绍如何为桌面添加玻璃材质。首先为桌面多边形设置材质 ID，然后在材质编辑器中设置【多维/子对象】材质，效果如图 3-86 所示。

学习目标

学会如何设置玻璃材质。

掌握【多维/子对象】材质的设置。

图 3-86 为桌面添加玻璃材质

操作步骤

(1) 按 Ctrl+O 组合键，打开 "为桌面添加玻璃材质 .max" 素材文件，如图 3-87 所示。

(2) 在场景文件中选择桌面长方体对象，切换至【修改】命令面板，在【修改器列表】中，将【编辑多边形】的选择集定义为【多边形】，在【顶】视图和【底】视图中，选择桌面的顶面和底面，然后在【多边形：材质 ID】卷展栏中，将【设置 ID】设置为 1，如图 3-88 所示。

图 3-87　打开的素材文件

图 3-88　将【设置 ID】设置为 1

(3) 在菜单栏中选择【编辑】|【反选】命令，反选桌面边缘处的多边形，然后在【多边形：材质 ID】卷展栏中，将【设置 ID】设置为 2，如图 3-89 所示。

(4) 退出当前选择集，选中桌面对象，按 M 键打开【材质编辑器】窗口。选择第一个样本球，单击 Standard 按钮，在弹出的【材质 / 贴图浏览器】对话框中选择【标准】|【多维 / 子对象】选项，然后单击【确定】按钮。在弹出的【替换材质】对话框中，选中【丢弃旧材质】单选按钮，然后单击【确定】按钮。在【多维 / 子对象基本参数】卷展栏中，单击【设置数量】按钮，在弹出的【设置材质数量】对话框中将【材质数量】设置为 2，单击【确定】按钮，如图 3-90 所示。

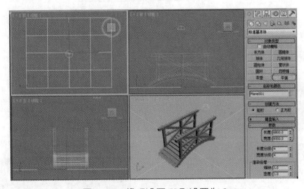

图 3-89　将【设置 ID】设置为 2

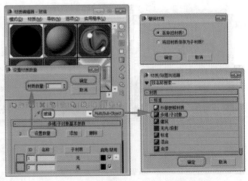

图 3-90　设置【多维 / 子对象】选项

(5) 单击材质 ID1 右侧的【无】按钮，在弹出的【材质 / 贴图浏览器】对话框中选择【标准】|【标准】选项，然后单击【确定】按钮，进入该子级材质面板中。在【明暗器基本参数】卷展栏中选中【双面】复选框，在【Blinn 基本参数】卷展栏中，将【环境光】和【漫反射】的 RGB 值设置为 149、181、175，将【自发光】设置为 80、【不透明度】设置为 20，如图 3-91 所示。

(6) 单击【转到父对象】按钮，然后单击材质 ID2 右侧的【无】按钮，在弹出的【材质 / 贴图浏览器】对话框中选择【标准】|【标准】选项，然后单击【确定】按钮，进入该子级材质面板中。在【明暗器基本参数】卷展栏中选中【双面】复选框，在【Blinn 基本参数】卷展栏中，

将【环境光】和【漫反射】的 RGB 值设置为 133、170、155，将【自发光】设置为 80、【不透明度】设置为 60，如图 3-92 所示。单击【将材质指定给选定对象】按钮，将材质指定给场景中的桌面对象，按 F9 键对【摄像机】视图进行渲染，最后将场景文件进行保存。

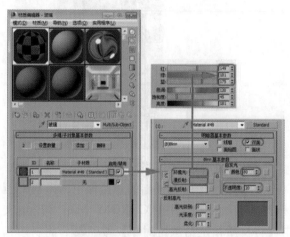

图 3-91　选择贴图文件

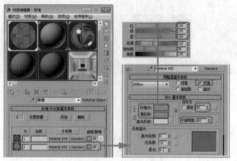

图 3-92　添加材质

知识链接

　　【双面】：将对象法线相反的一面也进行渲染。通常计算机为了简化计算，只渲染对象法线为正方向的表面（即可视的外表面），这对大多数对象都适用。但有些敞开面的对象，其内壁会看不到任何材质效果，这时就必须打开双面设置。

案例精讲 038　为装饰隔断添加装饰玻璃材质

　案例文件：CDROM | Scenes | Cha03 | 为装饰隔断添加装饰玻璃材质 OK.max

　视频文件：视频教学 | Cha03 | 为装饰隔断添加装饰玻璃材质 .avi

制作概述

　　本例将介绍为装饰隔断添加装饰玻璃材质。该效果主要通过设置明暗器参数、添加【漫反射颜色】贴图等来实现，效果如图 3-93 所示。

学习目标

　　学会如何设置装饰玻璃材质。

图 3-93　为装饰隔断添加装饰玻璃材质

操作步骤

　　(1) 按 Ctrl+O 组合键，打开"为装饰隔断添加装饰玻璃材质 .max"素材文件，如图 3-94 所示。

　　(2) 在场景文件中选择 Box001 长方体对象，按 M 键打开【材质编辑器】窗口，在该对话框中选择一个材质样本球，将其命名为"玻璃"。在【Blinn 基本参数】卷展栏中，将【环境光】和【漫反射】的 RGB 值设置为 180、219、255，将【不透明度】设置为 70，将【高光级别】

设置为 125、【光泽度】设置为 50，如图 3-95 所示。

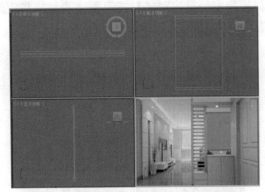

图 3-94　打开的素材文件

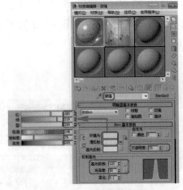

图 3-95　设置玻璃材质

(3) 在【贴图】卷展栏中单击【漫反射颜色】右侧的【无】按钮，在弹出的对话框中选择【位图】选项，单击【确定】按钮，在弹出的对话框中选择随书附带光盘中的 CDROM | Map | 41.jpg 文件，单击【打开】按钮，如图 3-96 所示。单击【将材质指定给选定对象】按钮，将材质指定给场景中的长方体对象，按 F9 键对【摄像机】视图进行渲染，如图 3-97 所示。最后将场景文件进行保存。

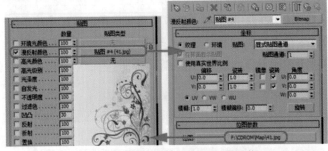

图 3-96　设置【漫反射颜色】贴图通道

图 3-97　查看渲染效果

案例精讲 039　为咖啡杯添加瓷器质感

 案例文件：CDROM | Scenes | Cha03 | 为咖啡杯添加瓷器质感 OK.max

　 视频文件：视频教学 | Cha03 | 为咖啡杯添加瓷器质感 .avi

制作概述

本例将介绍瓷器质感的制作。在日常生活中瓷制用品比比皆是，瓷器质感在效果图中也被广泛应用。完成后的效果如图 3-98 所示。

图 3-98　瓷器质感

学习目标

设置 Blinn 基本参数。

设置折射数量与贴图。

添加【光线跟踪】贴图。

操作步骤

(1) 按 Ctrl+O 组合键，打开"为咖啡杯添加瓷器质感 .max"素材文件，如图 3-99 所示。

(2) 在场景中选择【茶杯贴图】对象，按 M 键打开【材质编辑器】窗口，选择一个新的材质样本球，将其命名为"茶杯贴图"。在【Blinn 基本参数】卷展栏中，将【环境光】和【漫反射】的 RGB 值设置为 255、255、255，将【自发光】设置为 30，在【反射高光】选项组中，将【高光级别】和【光泽度】分别设置为 100、83，如图 3-100 所示。

图 3-99　打开的素材文件

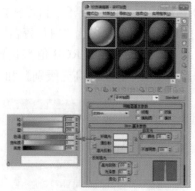

图 3-100　设置 Blinn 基本参数

(3) 打开【贴图】卷展栏，单击【漫反射颜色】后面的【无】按钮，在弹出的【材质 / 贴图浏览器】对话框中选择【位图】贴图，单击【确定】按钮，如图 3-101 所示。

(4) 在弹出的对话框中打开随书附带光盘中的"杯子 .jpg"素材文件，在【坐标】卷展栏中使用默认参数设置，然后单击【转到父对象】按钮，如图 3-102 所示。

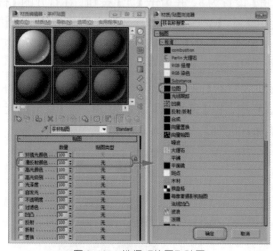

图 3-101　选择【位图】贴图

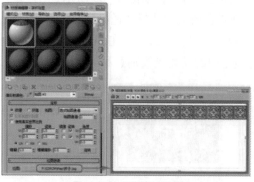

图 3-102　打开素材贴图

(5) 然后在【贴图】卷展栏中，将【反射】后的【数量】设置为 8，并单击【无】按钮，在打开的【材质 / 贴图浏览器】对话框中选择【光线跟踪】贴图，单击【确定】按钮，如图 3-103 所示。在【光线跟踪器参数】卷展栏中使用默认设置，单击【转到父对象】按钮和【将材质指定给选定对象】按钮，将材质指定给"茶杯贴图"对象。

知识链接

使用【光线跟踪】贴图可以提供全部光线跟踪反射和折射。生成的反射和折射比反射 / 折射贴图的更精确。渲染光线跟踪对象的速度比使用反射 / 折射的速度低。另一方面，光线跟踪对渲染 3ds Max 场景进行优化，并且通过将特定对象或效果排除于光线跟踪之外可以进一步优化场景。

（6）在场景中选择"茶杯"和"杯把"对象，然后在【材质编辑器】窗口中选择一个新的材质样本球，并将其命名为"白色瓷器"。在【Blinn 基本参数】卷展栏中，将【环境光】、【漫反射】和【高光反射】的 RGB 值都设置为 255、255、255，将【自发光】设置为 35，在【反射高光】选项组中，将【高光级别】和【光泽度】分别设置为 100、83，如图 3-104 所示。

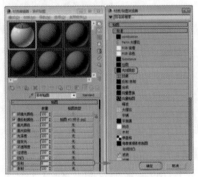
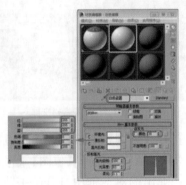

图 3-103　选择【光线跟踪】贴图　　　　　　图 3-104　设置 Blinn 基本参数

（7）在【贴图】卷展栏中，将【反射】后的【数量】设置为 8，并单击【无】按钮，在打开的【材质 / 贴图浏览器】对话框中双击【光线跟踪】贴图，在【光线跟踪器参数】卷展栏中使用默认设置，单击【转到父对象】按钮 ，和【将材质指定给选定对象】按钮 ，将材质指定给"茶杯"和"杯把"对象，如图 3-105 所示。

（8）在场景中选择"托盘"对象，然后在【材质编辑器】窗口中选择一个新的材质样本球，并将其命名为"托盘"，在【Blinn 基本参数】卷展栏中，将【自发光】设置为 30，将【反射高光】选项组中的【高光级别】和【光泽度】分别设置为 100、83，如图 3-106 所示。

图 3-105　指定材质　　　　　　　　　图 3-106　设置 Blinn 基本参数

(9) 在【贴图】卷展栏中，单击【漫反射颜色】右侧的【无】按钮，在打开的【材质/贴图浏览器】对话框中双击【位图】贴图，再在弹出的对话框中打开随书附带光盘中的"盘子1.jpg"素材文件，在【坐标】卷展栏中使用默认参数，并单击【转到父对象】按钮，如图3-107所示。

(10) 在【贴图】卷展栏中，将【反射】后的【数量】设置为8，并单击【无】按钮，在打开的【材质/贴图浏览器】对话框中双击【光线跟踪】贴图，在【光线跟踪器参数】卷展栏中使用默认设置，单击【转到父对象】按钮和【将材质指定给选定对象】按钮，将材质指定给"托盘"对象，如图3-108所示。

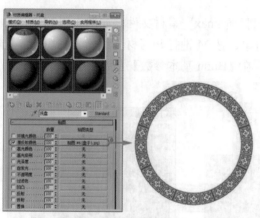

图3-107　打开素材贴图　　　　　　　　　　　　　　　图3-108　指定材质

(11) 使用同样的方法，为"杯盖"对象设置材质，如图3-109所示。

(12) 设置完成后，按F9键渲染场景，渲染后的效果如图3-110所示。

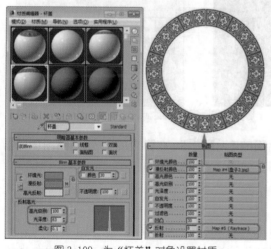

图3-109　为"杯盖"对象设置材质　　　　　　　　　　图3-110　渲染后的效果

案例精讲 040　为躺椅添加布料材质

案例文件：CDROM | Scenes | Cha03 | 为躺椅添加布料材质 OK.max

视频文件：视频教学 | Cha03 | 为躺椅添加布料材质 .avi

制作概述

本例将介绍布料材质的制作，完成后的效果如图 3-111 所示。

学习目标

设置 Blinn 基本参数。

添加与设置【衰减】贴图。

图 3-111　布料材质

操作步骤

(1) 按 Ctrl+O 组合键，打开"为躺椅添加布料材质 .max"素材文件，如图 3-112 所示。

(2) 在场景中选择"躺椅垫"和"躺椅枕"对象，按 M 键打开【材质编辑器】窗口，选择一个新的材质样本球，将其命名为"布料材质"，在【Blinn 基本参数】卷展栏中，将【自发光】设置为 50，如图 3-113 所示。

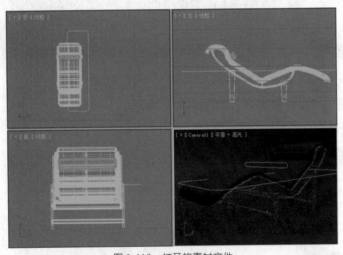

图 3-112　打开的素材文件

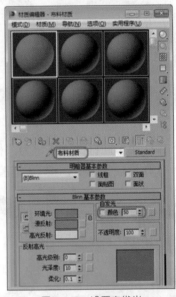

图 3-113　设置自发光

(3) 在【贴图】卷展栏中单击【漫反射颜色】后面的【无】按钮，在弹出的【材质/贴图浏览器】对话框中选择【衰减】贴图，单击【确定】按钮，如图 3-114 所示。

> **知识链接**
>
> 　　【衰减】贴图基于几何体曲面上面法线的角度衰减来生成从白到黑的值，用于指定角度衰减的方向会随着所选的方法而改变。然而，根据默认设置，贴图会在法线从当前视图指向外部的面上生成白色，而在法线与当前视图相平行的面上生成黑色。

(4) 在【衰减参数】卷展栏中设置【前】色块的 RGB 值为 255、90、0，在【混合曲线】卷展栏中单击【添加点】按钮，在曲线上添加点，并使用【移动】工具调整曲线，如图 3-115 所示。设置完成后，单击【转到父对象】按钮和【将材质指定给选定对象】按钮，将材质指定给选定对象，然后按 F9 键渲染效果即可。

图 3-114 选择【衰减】贴图

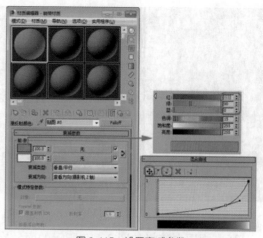

图 3-115 设置衰减参数

案例精讲 041 为礼盒添加多维次物体材质

📝 案例文件：CDROM | Scenes | Cha03 | 为礼盒添加多维次物体材质 OK.max

🎬 视频文件：视频教学 | Cha03 | 为礼盒添加多维次物体材质 .avi

制作概述

本例将介绍多维次物体材质的制作。首先设置模型的 ID 面，然后再通过【多维 / 子对象】材质来表现其效果。完成后的效果如图 3-116 所示。

学习目标

为礼盒设置 ID 面。

选择并设置【多维 / 子对象】材质。

图 3-116 多维次物体材质

操作步骤

(1) 按 Ctrl+O 组合键，打开"为礼盒添加多维次物体材质 .max"素材文件，如图 3-117 所示。

(2) 在场景中选择"礼盒"对象，切换到【修改】命令面板，在【修改器列表】中选择【编辑多边形】修改器，将当前选择集定义为【多边形】，在视图中选择正面和背面，在【多边形：材质 ID】卷展栏的【设置 ID】文本框中输入 1，按 Enter 键确认，如图 3-118 所示。

知识链接

【设置 ID】：用于向选定的多边形分配特殊的材质 ID 编号，以供与多维 / 子对象材质和其他应用一同使用。使用微调器或用键盘输入数字。可用的 ID 总数是 65 535。

【选择 ID】：选择与相邻 ID 字段中指定的【材质 ID】对应的多边形。输入或使用该微调器指定 ID，然后单击【选择 ID】按钮。

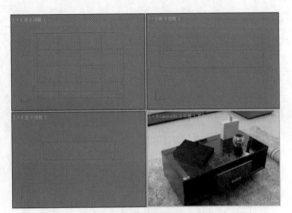

图 3-117 打开的素材文件

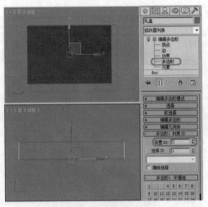

图 3-118 设置 ID1

(3) 在视图中选择如图 3-119 所示的面,在【多边形:材质 ID】卷展栏的【设置 ID】文本框中输入 2,按 Enter 键确认。

(4) 在视图中选择如图 3-120 所示的面,在【多边形:材质 ID】卷展栏的【设置 ID】文本框中输入 3,按 Enter 键确认。

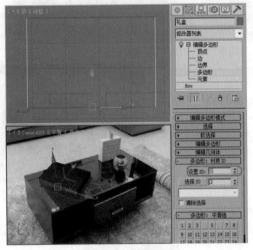

图 3-119 设置 ID2

图 3-120 设置 ID3

(5) 关闭当前选择集,按 M 键打开【材质编辑器】窗口,选择一个新的材质样本球,并单击 Standard 按钮,在弹出的【材质/贴图浏览器】对话框中选择【多维/子对象】材质,如图 3-121 所示。

知识链接

【多维/子对象】材质用于将多种材质赋予物体的各个次对象,在物体表面的不同位置显示不同的材质。该材质是根据次对象的 ID 号进行设置的,使用该材质前,首先要给物体的各个次对象分配 ID 号。

(6) 单击【确定】按钮,在弹出的【替换材质】对话框中选中【将旧材质保存为子材质】单选按钮,单击【确定】按钮,如图 3-122 所示。

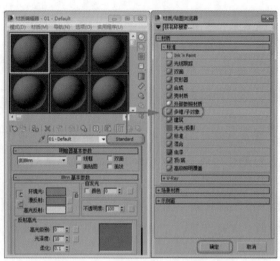
图 3-121　选择【多维 / 子对象】材质

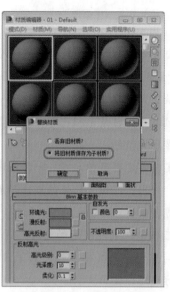
图 3-122　替换材质

（7）在【多维 / 子对象基本参数】卷展栏中单击【设置数量】按钮，在弹出的【设置材质数量】对话框中将【材质数量】设置为 3，单击【确定】按钮，如图 3-123 所示。

（8）在【多维 / 子对象基本参数】卷展栏中单击 ID1 右侧的子材质按钮，在【Blinn 基本参数】卷展栏中将【环境光】和【漫反射】的 RGB 值设置为 255、187、80，将【自发光】设置为 80，在【反射高光】选项组中将【高光级别】和【光泽度】分别设置为 20、10，如图 3-124 所示。

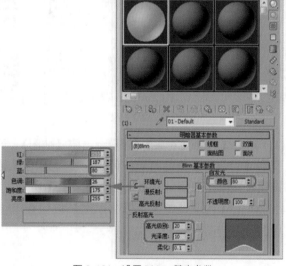

图 3-123　设置材质数量

图 3-124　设置 Blinn 基本参数

知识链接

【自发光】参数的设置可以使材质具备自身发光效果，常用于制作灯泡、太阳等光源对象，100％的发光度使阴影色失效，对象在场景中不受到来自其他对象的投影影响，自身也不受灯光的影响，只表现出漫反射的纯色和一些反光，亮度值 (HSV 颜色值) 保持与场景灯光一致。在 3ds Max 中，自发光颜色可以直接显示在视图中。以前的版本可以在视图中显示自发光值，但不能显示其颜色。

指定自发光有两种方式：一种是选中复选框，使用带有颜色的自发光；另一种是取消选中复选框，使用可以调节数值的单一颜色的自发光，对数值的调节可以看作是对自发光颜色的灰度比例进行调节。

要在场景中表现可见的光源，通常是创建好一个几何对象，将它和光源放在一起，然后给这个对象指定自发光属性。如果希望创建透明的自发光效果，可以将自发光同 Translucent Shader 方式结合使用。

(9) 在【贴图】卷展栏中，单击【漫反射颜色】右侧的【无】按钮，在弹出的【材质 / 贴图浏览器】对话框中选择【位图】贴图，单击【确定】按钮，如图 3-125 所示。

(10) 在弹出的对话框中打开随书附带光盘中的"1 副本 .tif"文件，在【坐标】卷展栏中使用默认参数，如图 3-126 所示。

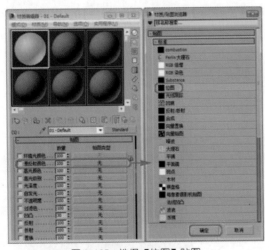

图 3-125　选择【位图】贴图

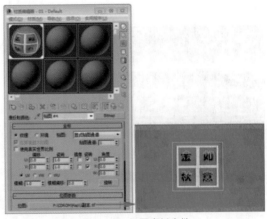

图 3-126　打开素材文件

(11) 单击【转到父对象】按钮，在【贴图】卷展栏中，将【漫反射颜色】右侧的材质按钮拖曳到【凹凸】右侧的材质按钮上，在弹出的【复制 (实例) 贴图】对话框中选中【复制】单选按钮，并单击【确定】按钮，如图 3-127 所示。

(12) 单击【在视口中显示标准贴图】按钮和【将材质指定给选定对象】按钮，指定材质后的效果如图 3-128 所示。

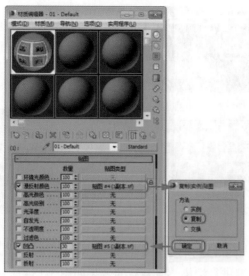

图 3-127　复制材质

图 3-128　指定材质后的效果

(13) 单击【转到父对象】按钮，在【多维 / 子对象基本参数】卷展栏中单击 ID2 右侧的子材质按钮，在弹出的【材质 / 贴图浏览器】对话框中选择【标准】材质，单击【确定】按钮，如图 3-129 所示。

(14) 在【Blinn 基本参数】卷展栏中将【环境光】和【漫反射】的 RGB 值设置为 255、186、0，将【自发光】设置为 80，在【反射高光】选项组中，将【高光级别】和【光泽度】分别设置为 20、10，如图 3-130 所示。

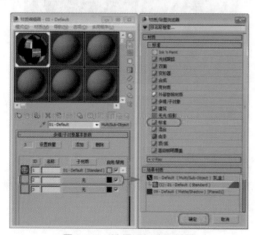

图 3-129　选择【标准】材质

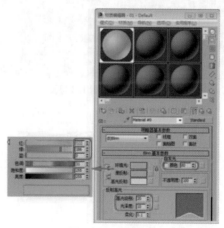

图 3-130　设置参数

(15) 在【贴图】卷展栏中单击【漫反射颜色】右侧的【无】按钮，在弹出的对话框中双击【位图】贴图，再在弹出的对话框中打开随书附带光盘中的 "2 副本 .tif" 文件，在【坐标】卷展栏中，将【角度】下的 W 设置为 180，如图 3-131 所示。

(16) 单击【转到父对象】按钮，在【贴图】卷展栏中，将【漫反射颜色】右侧的材质按钮拖曳到【凹凸】右侧的材质按钮上，在弹出的对话框中选中【复制】单选按钮，并单击【确定】按钮，指定材质后的效果如图 3-132 所示。

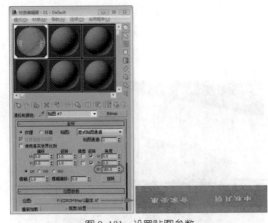

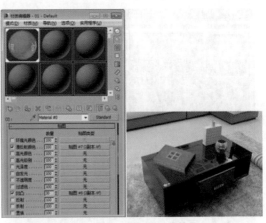

图 3-131　设置贴图参数　　　　　　　　图 3-132　设置材质后的效果

(17) 使用前面介绍的方法设置 ID3 的材质，如图 3-133 所示。

(18) 设置材质后，激活【摄影机】视图，按 F9 键进行渲染，渲染后的效果如图 3-134 所示。

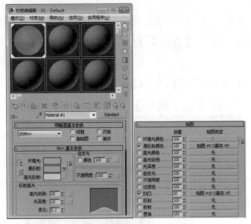

图 3-133　设置 ID3 材质　　　　　　　　图 3-134　完成后的效果

128

第 4 章
公共空间家具的制作与表现

本章重点

◆ 使用长方体工具制作引导提示板
◆ 使用放样制作休闲躺椅
◆ 使用阵列制作支架式展板
◆ 使用扩展基本体制作办公桌
◆ 使用长方体和圆柱体制作会议桌
◆ 使用几何体制作吧椅
◆ 使用长方体制作文件柜
◆ 使用布尔制作前台桌
◆ 使用几何体工具创建老板桌
◆ 使用管状体制作资料架
◆ 使用切角长方体制作垃圾箱

本章将介绍公共空间家具的制作，在制作过程中读者可以掌握一般家具模型的制作思路。通过【编辑多边形】等修改器的应用，使模型更具真实性。

案例精讲 042　使用长方体工具制作引导提示板

✎ 案例文件：CDROM | Scenes | Cha04 | 使用长方体工具制作引导提示板 OK.max

▶ 视频文件：视频教学 | Cha04 | 使用长方体工具制作引导提示板 .avi

制作概述

本例将介绍引导提示板的制作，首先使用【长方体】工具和【编辑多边形】修改器来制作提示板，然后使用【圆柱体】、【星形】、【线】和【长方体】等工具来制作提示板支架，最后添加背景贴图即可，完成后的效果如图 4-1 所示。

学习目标

制作提示板。

制作提示板支架。

添加环境贴图。

图 4-1　引导提示板

操作步骤

(1) 选择【创建】 ▓ |【几何体】 ◎ |【长方体】工具，在【前】视图中创建长方体，将其命名为"提示板"，切换到【修改】命令面板，在【参数】卷展栏中，设置【长度】为 100、【宽度】为 150、【高度】为 8，设置【长度分段】为 3、【宽度分段】为 3、【高度分段】为 1，如图 4-2 所示。

(2) 在【修改器列表】中选择【编辑多边形】修改器，将当前选择集定义为【顶点】，在【前】视图中调整顶点的位置，如图 4-3 所示。

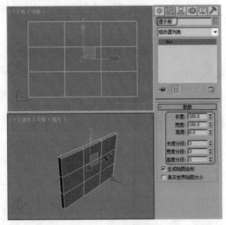

图 4-2　创建提示板

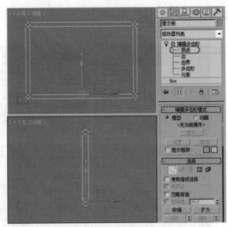

图 4-3　调整顶点

　　顶点是位于相应位置的点，它们定义构成多边形对象的其他子对象的结构。当移动或编辑顶点时，它们形成的几何体也会受影响。顶点也可以独立存在，这些孤立顶点可以用来构建其他几何体，但在渲染时，它们是不可见的。

　　(3) 将当前选择集定义为【多边形】，在【前】视图中选择多边形，在【编辑多边形】卷展栏中单击【挤出】后面的【设置】按钮，在弹出的【挤出多边形】对话框中，将【挤出高度】设置为 −5.25，单击【确定】按钮，如图 4-4 所示。

　　【挤出】：直接在视口中操纵时，可以执行手动挤出操作。单击此按钮，然后垂直拖动任何多边形，以便将其挤出。挤出多边形时，这些多边形将会沿着法线方向移动，然后创建形成挤出边的新多边形，从而将选择与对象相连。

　　下面是多边形挤出的重要方面。

　　如果鼠标光标位于选定多边形上，将会更改为【挤出】光标。

　　垂直拖动时，可以指定挤出的范围；水平拖动时，可以设置基本多边形的大小。

　　选定多个多边形时，如果拖动任何一个多边形，将会均匀地挤出所有选定的多边形。

　　激活【挤出】按钮时，可以依次拖动其他多边形，使其挤出。再次单击【挤出】按钮或在活动视口中右击，可结束操作。

　　(4) 确定多边形处于选中状态，在【多边形：材质 ID】卷展栏中将【设置 ID】设置为 1，如图 4-5 所示。

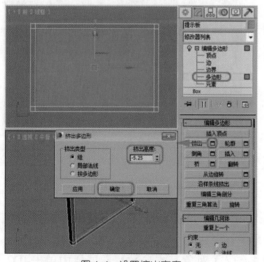

图 4-4　设置挤出高度

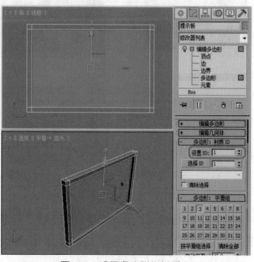

图 4-5　设置多边形的材质 ID

　　(5) 在菜单栏中选择【编辑】|【反选】命令，反选多边形，在【多边形：材质 ID】卷展栏中将【设置 ID】设置为 2，如图 4-6 所示。

(6) 关闭当前选择集，按 M 键打开【材质编辑器】窗口，选择一个新的材质样本球，将其命名为"提示板"，然后单击 Standard 按钮，在弹出的【材质 / 贴图浏览器】对话框中选择【多维 / 子对象】材质，单击【确定】按钮，如图 4-7 所示。

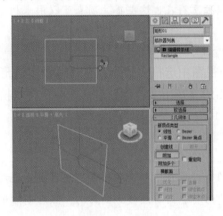
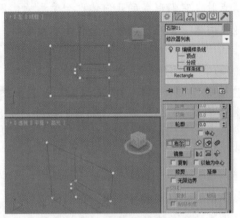

图 4-6　设置多边形的材质 ID　　　　　　　图 4-7　选择【多维 / 子对象】材质

(7) 弹出【替换材质】对话框，在该对话框中选中【将旧材质保存为子材质】单选按钮，单击【确定】按钮，如图 4-8 所示。

(8) 在【多维 / 子对象基本参数】卷展栏中单击【设置数量】按钮，在弹出的【设置材质数量】对话框中设置【材质数量】为 2，单击【确定】按钮，如图 4-9 所示。

(9) 在【多维 / 子对象基本参数】卷展栏中单击 ID1 右侧的子材质按钮，进入 ID1 材质的设置面板，在【贴图】卷展栏中单击【漫反射颜色】右侧的【无】按钮，在弹出的【材质 / 贴图浏览器】对话框中选择【位图】贴图，单击【确定】按钮，如图 4-10 所示。

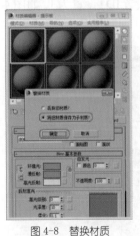
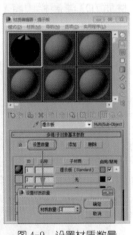
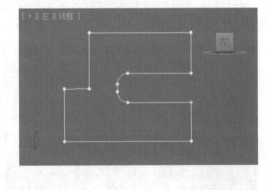

图 4-8　替换材质　　　　图 4-9　设置材质数量　　　　　图 4-10　选择【位图】贴图

(10) 在弹出的对话框中打开随书附带光盘中的"引导图 .jpg"素材文件，在【坐标】卷展栏中，将【瓷砖】下的 U、V 均设置为 3，如图 4-11 所示。

(11) 单击两次【转到父对象】按钮，在【多维 / 子对象基本参数】卷展栏中单击 ID2 右侧的子材质按钮，在弹出的【材质 / 贴图浏览器】对话框中选择【标准】材质，单击【确定】按钮，如图 4-12 所示。

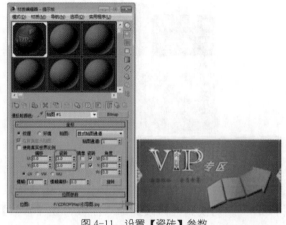

图 4-11　设置【瓷砖】参数

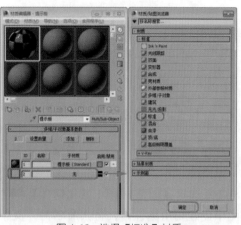

图 4-12　选择【标准】材质

(12) 进入 ID2 材质的设置面板，在【Blinn 基本参数】卷展栏中，将【环境光】和【漫反射】的 RGB 值均设置为 240、255、255，将【自发光】设置为 20，在【反射高光】选项组中，将【高光级别】和【光泽度】均设置为 0，如图 4-13 所示。单击【转到父对象】按钮 返回到主材质面板，并单击【将材质指定给选定对象】按钮 ，将材质指定给场景中的"提示板"对象。

(13) 在工具栏中选择【选择并旋转】按钮 ，在【左】视图中调整模型的角度，如图 4-14 所示。

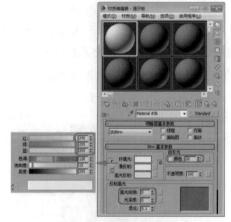

图 4-13　设置 ID2 材质

图 4-14　调整旋转角度

(14) 选择【创建】 ｜【几何体】 ｜【圆柱体】工具，在【顶】视图中创建圆柱体，将其命名为"支架 001"，切换到【修改】命令面板，在【参数】卷展栏中，将【半径】设置为 3，将【高度】设置为 200，将【高度分段】设置为 1，将【端面分段】设置为 1，将【边数】设置为 18，如图 4-15 所示。

(15) 按 M 键打开【材质编辑器】窗口，选择一个新的材质样本球，将其命名为"塑料"，在【Blinn 基本参数】卷展栏中，将【环境光】和【漫反射】的 RGB 值均设置为 240、255、255，将【自发光】设置为 20，在【反射高光】选项组中，将【高光级别】和【光泽度】均设置为 0，并单击【将材质指定给选定对象】按钮 ，将材质指定给"支架 001"对象，如图 4-16 所示。

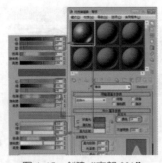

图 4-15　创建"支架 001"

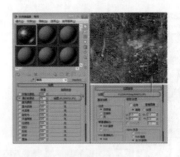

图 4-16　设置【塑料】材质

(16) 选择【创建】 ❋ |【几何体】 ■ |【扩展基本体】|【切角圆柱体】工具，在【顶】视图中创建切角圆柱体，将其命名为"支架塑料 001"。切换到【修改】命令面板，在【参数】卷展栏中设置【半径】为 3.5、【高度】为 10、【圆角】为 0.5，设置【高度分段】为 1、【圆角分段】为 2、【边数】为 18、【端面分段】为 1，如图 4-17 所示。

知识链接

　　【半径】：设置切角圆柱体的半径。

　　【高度】：设置沿着中心轴的维度。负数值将在构造平面下面创建切角圆柱体。

　　【圆角】：斜切切角圆柱体的顶部和底部封口边。数量越多将使沿着封口边的圆角更加精细。

　　【高度分段】：设置沿着相应轴的分段数量。

　　【圆角分段】：设置圆柱体圆角边时的分段数。添加圆角分段曲线边缘从而生成圆角圆柱体。

　　【边数】：设置切角圆柱体周围的边数。选中【平滑】复选框时，较大的数值将着色和渲染为真正的圆。取消选中【平滑】复选框时，较小的数值将创建规则的多边形对象。

　　【端面分段】：设置沿着切角圆柱体顶部和底部的中心，同心分段的数量。

---

(17) 在【修改器列表】中选择 FFD 2×2×2 修改器，将当前选择集定义为【控制点】，在【左】视图中调整模型的形状，如图 4-18 所示。

图 4-17　创建"支架塑料 001"

图 4-18　调整模型

(18) 关闭当前选择集，按 M 键打开【材质编辑器】窗口，选择一个新的材质样本球，将其命名为"黑色塑料"，在【Blinn 基本参数】卷展栏中将【环境光】和【漫反射】的 RGB 值均设置为 37，在【反射高光】选项组中，将【高光级别】设置为 57、【光泽度】设置为 23。单击【将材质指定给选定对象】按钮 ■，将设置的材质指定给"支架塑料 001"对象，如图 4-19 所示。

(19) 确定"支架塑料001"对象处于选中状态，在【前】视图中按住 Shift 键沿 Y 轴向下移动对象，在弹出的【克隆对象】对话框中选中【复制】单选按钮，并单击【确定】按钮，如图 4-20 所示。

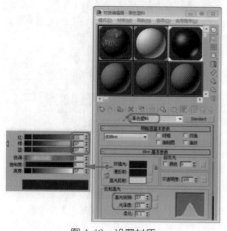

图 4-19　设置材质

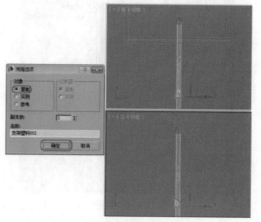

图 4-20　复制对象

(20) 确定"支架塑料002"对象处于选中状态，然后在【修改】命令面板中删除 FFD 2×2×2 修改器，如图 4-21 所示。

(21) 选择【创建】 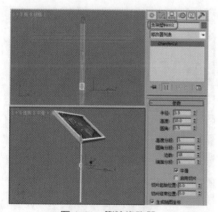 |【几何体】 |【标准基本体】 |【圆柱体】工具，在【前】视图中创建圆柱体，将其命名为"支架塑料003"。切换到【修改】命令面板，在【参数】卷展栏中设置【半径】为 2.8、【高度】为 5、【高度分段】为 1、【端面分段】为 1、【边数】为 18，如图 4-22 所示。

图 4-21　删除修改器

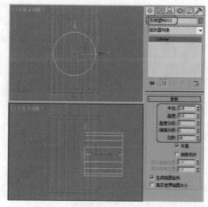

图 4-22　创建"支架塑料003"

(22) 选择【创建】 |【图形】 |【星形】工具，在【前】视图中创建星形，切换到【修改】命令面板，在【参数】卷展栏中设置【半径 1】为 4.2、【半径 2】为 3.8、【点】为 15、【圆角半径 1】为 0.3，如图 4-23 所示。

提示　　在创建星形样条线时，可以使用鼠标在步长之间平移和环绕视口。要平移视口，请按住鼠标中键或鼠标滚轮进行拖动。要环绕视口，请同时按住 Alt 键和鼠标中键（或鼠标滚轮）进行拖动。

(23) 在【修改器列表】中选择【挤出】修改器，在【参数】卷展栏中设置【数量】为2，如图4-24所示。然后为"支架塑料003"对象和星形对象指定【黑色塑料】材质。

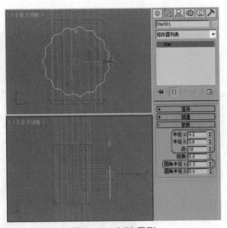

图 4-23　创建星形

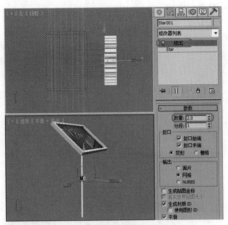

图 4-24　为星形施加【挤出】修改器

(24) 选择【创建】　|【几何体】　|【长方体】工具，在【顶】视图中创建长方体，将其命名为"底座001"。切换到【修改】命令面板，在【参数】卷展栏中设置【长度】为20、【宽度】为120、【高度】为6、【长度分段】为1、【宽度分段】为1、【高度分段】为1，如图4-25所示。

(25) 在【顶】视图中复制"底座001"对象，然后在【参数】卷展栏中，设置【长度】为65、【宽度】为6、【高度】为6，并在场景中调整对象的位置，如图4-26所示。然后为"底座001"和"底座002"对象指定【塑料】材质。

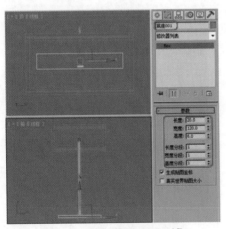

图 4-25　创建"底座001"对象

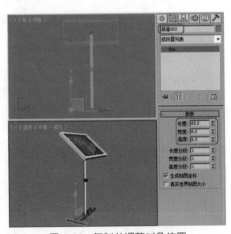

图 4-26　复制并调整对象位置

(26) 在场景中复制"底座002"对象，并将其命名为"底座塑料001"，在【参数】卷展栏中修改【长度】为8、【宽度】为7、【高度】为7，并在场景中调整模型的位置，如图4-27所示。

(27) 在场景中复制"底座塑料001"，并在【顶】视图中将其调整至"底座002"的另一端，如图4-28所示。然后为"底座塑料001"和"底座塑料002"对象指定【黑色塑料】材质。

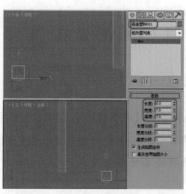

图 4-27　复制并调整模型的参数　　　　　　　　图 4-28　复制并调整模型

(28) 同时选择"底座 002"、"底座塑料 001"和"底座塑料 002"对象，并对其进行复制，然后在场景中调整其位置，效果如图 4-29 所示。

(29) 选择【创建】▇｜【图形】▇｜【线】工具，在【左】视图中创建截面图形，将其命名为"轮子 001"。切换到【修改】命令面板，将当前选择集定义为【顶点】，在场景中调整截面的形状，如图 4-30 所示。

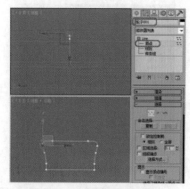

图 4-29　复制并调整位置　　　　　　　　　图 4-30　创建并调整截面形状

(30) 关闭当前选择集，在【修改器列表】中选择【车削】修改器，在【参数】卷展栏中单击【方向】选项组中的 X 按钮，并将当前选择集定义为【轴】，在场景中调整轴，如图 4-31 所示。

(31) 关闭当前选择集，选择【创建】▇｜【图形】▇｜【弧】工具，在【前】视图中创建弧，如图 4-32 所示。

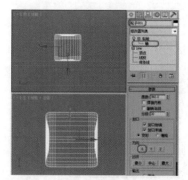

图 4-31　为截面图形施加【车削】修改器　　　　图 4-32　创建弧

(32) 切换到【修改】命令面板，在【修改器列表】中选择【编辑样条线】修改器，将当前选择集定义为【样条线】，在场景中选择弧，在【几何体】卷展栏中设置【轮廓】为 -0.5，按 Enter 键设置出轮廓，如图 4-33 所示。

知识链接

【轮廓】：制作样条线的副本，所有侧边上的距离偏移量由【轮廓宽度】微调器（在【轮廓】按钮的右侧）指定。选择一个或多个样条线，然后使用微调器动态地调整轮廓位置，或单击【轮廓】按钮，然后拖动样条线。如果样条线是开口的，生成的样条线及其轮廓将生成一个闭合的样条线。

通常，如果是使用微调器，则必须在使用【轮廓】按钮之前选择样条线。但是，如果样条线对象仅包含一个样条线，则描绘轮廓的过程中会自动选择它。

(33) 关闭当前选择集，在【修改器列表】中选择【倒角】修改器，在【倒角值】卷展栏中设置【级别 1】选项组中的【高度】为 0.1、【轮廓】为 0.1，选中【级别 2】复选框，设置【高度】为 5；选中【级别 3】复选框，设置【高度】为 0.1、【轮廓】为 -0.1，如图 4-34 所示。

图 4-33　设置样条线的轮廓

图 4-34　施加【倒角】修改器

(34) 选择【创建】 | 【几何体】 | 【圆柱体】工具，在【顶】视图中创建圆柱体，将其命名为"轱辘支架 001"。切换到【修改】命令面板，在【参数】卷展栏中设置【半径】为 1.4、【高度】为 3、【边数】为 12，如图 4-35 所示。然后为"轮子 001"、"轱辘支架 001"和圆弧对象指定【黑色塑料】材质。

(35) 在场景中同时选择"轮子 001"、"轱辘支架 001"和圆弧对象，并对其进行复制，然后调整其位置，效果如图 4-36 所示。

图 4-35　创建"轱辘支架 001"对象

图 4-36　复制并调整对象位置

(36) 选择【创建】|【几何体】〇|【平面】工具，在【顶】视图中创建平面，切换到【修改】命令面板，在【参数】卷展栏中，将【长度】设置为122，将【宽度】设置为179，如图4-37所示。

(37) 右击平面对象，在弹出的快捷菜单中选择【对象属性】命令，弹出【对象属性】对话框，在【显示属性】选项组中选中【透明】复选框，单击【确定】按钮，如图4-38所示。

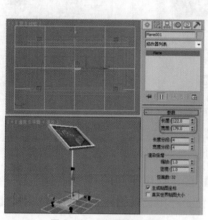

图4-37 创建平面对象

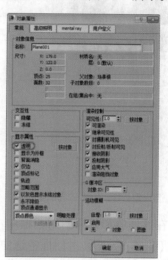

图4-38 设置对象属性

(38) 按 M 键打开【材质编辑器】窗口，选择一个新的材质样本球，并单击 Standard 按钮，在弹出的【材质/贴图浏览器】对话框中选择【无光/投影】材质，单击【确定】按钮，如图4-39所示。

(39) 然后在【无光/投影基本参数】卷展栏中，单击【反射】选项组中【贴图】右侧的【无】按钮，在弹出的【材质/贴图浏览器】对话框中选择【平面镜】材质，单击【确定】按钮，如图4-40所示。

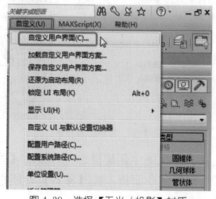

图4-39 选择【无光/投影】材质

图4-40 选择【平面镜】材质

(40) 在【平面镜参数】卷展栏中选中【应用于带 ID 的面】复选框，如图4-41所示。

(41) 单击【转到父对象】按钮，在【无光/投影基本参数】卷展栏中，将【反射】选项组中的【数量】设置为10，然后单击【将材质指定给选定对象】按钮，将材质指定给平面对象，如图4-42所示。

(42) 按 8 键弹出【环境和效果】对话框，在【公用参数】卷展栏中单击【无】按钮，在弹出的【材质 / 贴图浏览器】对话框中双击【位图】贴图，再在弹出的对话框中打开随书附带光盘中的"引导提示板背景 .jpg"素材文件，如图 4-43 所示。

图 4-41　选中【应用于带 ID 的面】复选框　　图 4-42　设置反射数量　　图 4-43　选择环境贴图

(43) 在【环境和效果】对话框中，将【环境贴图】按钮拖曳至新的材质样本球上，在弹出的【实例 (副本) 贴图】对话框中选中【实例】单选按钮，并单击【确定】按钮，然后在【坐标】卷展栏中，将【贴图】设置为【屏幕】，如图 4-44 所示。

(44) 激活【透视】视图，在菜单栏中选择【视图】|【视口背景】|【环境背景】命令，即可在【透视】视图中显示环境背景，如图 4-45 所示。

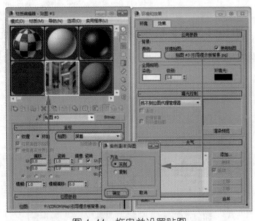
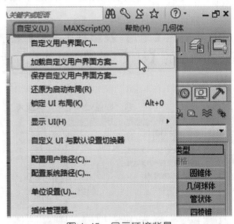

图 4-44　拖曳并设置贴图　　　　　　　　　　图 4-45　显示环境背景

(45) 选择【创建】|【摄影机】|【目标】工具，在视图中创建摄影机，激活【透视】视图，按 C 键将其转换为【摄影机】视图。切换到【修改】命令面板，在【参数】卷展栏中，将【镜头】设置为 25，并在其他视图中调整摄影机的位置，效果如图 4-46 所示。

(46) 选择【创建】|【灯光】|【标准】|【泛光】工具，在【顶】视图中创建泛光灯，并在其他视图中调整灯光的位置。切换至【修改】命令面板，在【常规参数】卷展栏中，选中【阴影】选项组中的【启用】复选框，将阴影模式定义为【阴影贴图】，在【强度 / 颜色 / 衰减】卷展栏中将【倍增】设置为 0.2，如图 4-47 所示。

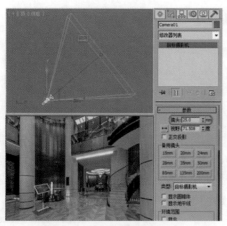

图 4-46 创建并调整摄影机

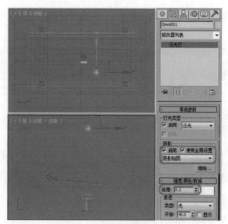

图 4-47 创建并调整泛光灯

知识链接

　　阴影贴图是一种渲染器在预渲染场景通道时生成的位图。阴影贴图不会显示透明或半透明对象投射的颜色。另一方面，阴影贴图可以拥有边缘模糊的阴影，但光线跟踪阴影无法做到这一点。阴影贴图从灯光的方向进行投影。采用这种方法时，可以生成边缘较为模糊的阴影。但是，与光线跟踪阴影相比，其所需的计算时间较少，但精确性较低。

　　(47) 选择【创建】 |【灯光】 |【标准】|【天光】工具，在【顶】视图中创建天光，切换到【修改】命令面板，在【天光参数】卷展栏中选中【投射阴影】复选框，如图 4-48 所示。

　　　　　　当使用光能传递或光线跟踪时，该选项无效果。

　　(48) 至此，引导提示板就制作完成了，在【渲染设置】对话框中设置渲染参数，渲染后的效果如图 4-49 所示。

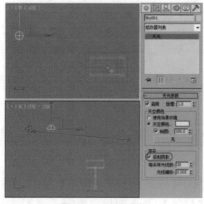

图 4-48 创建天光

图 4-49 渲染后的效果

案例精讲 043　使用放样制作休闲躺椅

✎ **案例文件：** CDROM | Scenes | Cha04 | 使用放样制作休闲躺椅 OK.max

🎬 **视频文件：** 视频教学 | Cha04 | 使用放样制作休闲躺椅 .avi

制作概述

本例将介绍休闲躺椅的制作。首先使用【矩形】、【线】、【放样】和【切角圆柱体】等工具来制作躺椅垫和躺椅枕，然后使用【线】和【切角长方体】等工具来制作躺椅支架，最后添加背景贴图即可，完成后的效果如图 4-50 所示。

图 4-50　休闲躺椅

学习目标

制作躺椅垫和躺椅枕。

制作躺椅支架。

添加环境贴图。

操作步骤

(1) 选择【创建】 ◈ |【图形】 🔾 |【样条线】|【矩形】工具，在【前】视图中创建矩形，将其命名为"放样图形"，切换到【修改】命令面板，在【参数】卷展栏中设置【长度】为13、【宽度】为 160、【角半径】为 5.5，如图 4-51 所示。

(2) 选择【创建】 ◈ |【图形】 🔾 |【样条线】|【线】工具，在【左】视图中创建样条线，并切换到【修改】命令面板，将当前选择集定义为【顶点】，在场景中调整样条线的形状，并将其命名为"放样路径"，如图 4-52 所示。

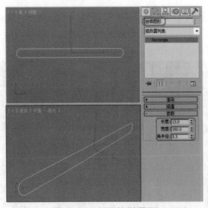

图 4-51　创建放样图形

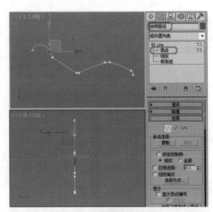

图 4-52　调整放样路径

(3) 关闭当前选择集，选择【创建】 ◈ |【图形】 🔾 |【样条线】|【矩形】工具，在【顶】视图中创建矩形并将其命名为"拟合图形"，切换到【修改】命令面板，在【参数】卷展栏中设置【长度】为 550、【宽度】为 150、【角半径】为 20，如图 4-53 所示。

(4) 在场景中选择【放样路径】，然后选择【创建】 ◈ |【几何体】 ▬ |【复合对象】|【放

样】工具，在【创建方法】卷展栏中单击【获取图形】按钮，在场景中拾取【放样图形】，如图 4-54 所示。

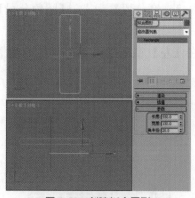

图 4-53　创建拟合图形

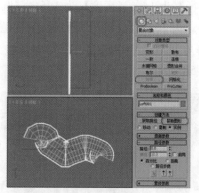

图 4-54　放样模型

　　　　放样对象是沿着第三个轴挤出的二维图形。从两个或多个现有样条线对象中创建放样对象。这些样条线之一会作为路径，其余的样条线会作为放样对象的横截面或图形。沿着路径排列图形时，3ds Max 会在图形之间生成曲面。

　　(5) 切换到【修改】命令面板，将放样出来的模型命名为"躺椅垫"，然后将当前选择集定义为【图形】，在场景中框选图形，单击工具栏中的【选择并旋转】按钮 ，单击【角度捕捉切换】按钮 ，在【前】视图中沿 Z 轴旋转 90°，效果如图 4-55 所示。

　　(6) 关闭当前选择集，在【变形】卷展栏中单击【拟合】按钮，在弹出的对话框中单击【均衡】按钮 ，然后单击【显示 Y 轴】按钮 ，再单击【获取图形】按钮 ，在场景中拾取【拟合图形】对象，单击【逆时针旋转 90 度】按钮 旋转图形，如图 4-56 所示。

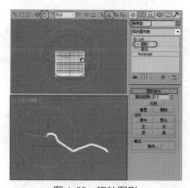

图 4-55　旋转图形

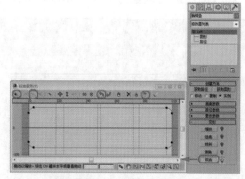

图 4-56　设置拟合图形

　　　　拟合图形实际上是缩放边界。当横截面图形沿着路径移动时，缩放 X 轴可以拟合 X 轴拟合图形的边界，而缩放 Y 轴可以拟合 Y 轴拟合图形的边界。

　　　　当放样输出设置为【面片】时，拟合功能不可用。

(7) 选择【创建】 ❋ |【几何体】 ◯ |【扩展基本体】|【切角圆柱体】工具，在【左】视图中创建切角圆柱体并命名为"躺椅枕"，切换到【修改】命令面板，在【参数】卷展栏中设置【半径】为14、【高度】为145、【圆角】为5，设置【高度分段】为1、【圆角分段】为5、【边数】为30、【端面分段】为2，如图 4-57 所示。

(8) 在工具栏中单击【选择并均匀缩放】工具 🔲，在【左】视图中沿 X 轴缩放"躺椅枕"，如图 4-58 所示。

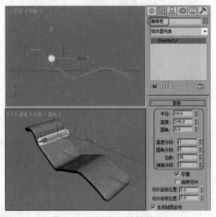

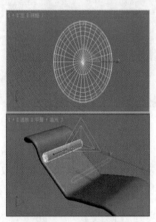

图 4-57　创建"躺椅枕"　　　　　　　　图 4-58　缩放躺椅枕

(9) 使用【选择并旋转】工具 ◯ 和【选择并移动】工具 ✛ 在视图中调整模型的角度和位置，效果如图 4-59 所示。

(10) 在场景中选择"躺椅垫"和"躺椅枕"对象，切换到【修改】命令面板，在【修改器列表】中选择【UVW 贴图】修改器，在【参数】卷展栏中选中【长方体】单选按钮，将【长度】、【宽度】和【高度】均设置为100，如图 4-60 所示。

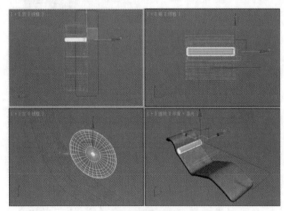

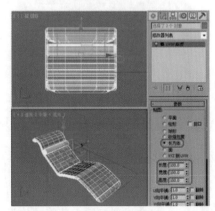

图 4-59　调整"躺椅枕"　　　　　　　　图 4-60　添加【UVW 贴图】修改器

(11) 按 M 键打开【材质编辑器】窗口，选择一个新的材质样本球，将其命名为"皮革材质"。在【Blinn 基本参数】卷展栏中将【自发光】设置为50，在【反射高光】选项组中，将【高光级别】和【光泽度】分别设置为85和36，如图 4-61 所示。

(12) 在【贴图】卷展栏中单击【漫反射颜色】右侧的【无】按钮，在弹出的【材质/贴图浏览器】对话框中双击【位图】贴图，再在弹出的对话框中打开随书附带光盘中的"红色皮革.jpg"文件，进入漫反射层级通道，在【坐标】卷展栏中使用默认参数，如图 4-62 所示。然后单击【转到父对象】按钮 和【将材质指定给选定对象】按钮 ，将材质指定给"躺椅垫"和"躺椅枕"对象。

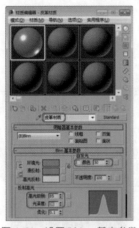

图 4-61 设置 Blinn 基本参数

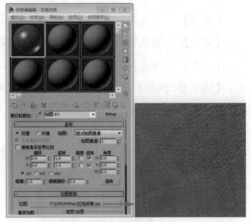

图 4-62 设置位图贴图

(13) 选择【创建】 |【图形】 |【样条线】|【线】工具，在【左】视图中创建样条线，将其命名为"支架 001"，切换到【修改】命令面板，将当前选择集定义为【顶点】，在场景中调整样条线的形状，如图 4-63 所示。

(14) 关闭当前选择集，然后在【渲染】卷展栏中选中【在渲染中启用】和【在视口中启用】复选框，将【厚度】设置为 6，如图 4-64 所示。

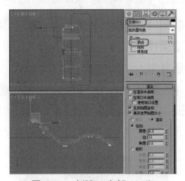

图 4-63 创建"支架 001"

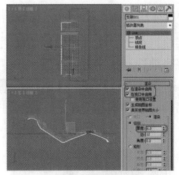

图 4-64 设置渲染参数

(15) 在【前】视图中选择"支架 001"对象，在工具栏中单击【镜像】按钮 ，在弹出的对话框中将【镜像轴】定义为 X，在【克隆当前选择】选项组中选中【实例】单选按钮，并单击【确定】按钮，如图 4-65 所示。

知识链接

　　【镜像】工具使用一个对话框来创建选定对象的镜像克隆或在不创建克隆的情况下镜像对象的方向。在提交到操作之前，可以预览设置的效果。

　　在【镜像轴】选项组中可以指定镜像的方向。

【偏移】：指定镜像对象轴点距原始对象轴点之间的距离。

在【克隆当前选择】选项组中可以选择创建的副本的类型。

【不克隆】：在不制作副本的情况下，镜像选定对象。

【复制】：将选定对象的副本镜像到指定位置。

【实例】：将选定对象的实例镜像到指定位置。

【参考】：将选定对象的参考镜像到指定位置。

【镜像 IK 限制】：当围绕一个轴镜像几何体时，会导致镜像 IK 约束（与几何体一起镜像）。如果不希望 IK 约束受【镜像】命令的影响，请禁用此选项。

(16) 然后在场景中调整"支架 001"和"支架 002"的位置，效果如图 4-66 所示。

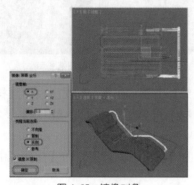

图 4-65　镜像对象

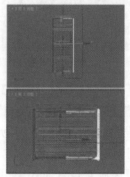

图 4-66　调整对象位置

(17) 继续使用【线】工具在场景中创建样条线，切换到【修改】命令面板，命名该样条线为"支架横路径"，在【渲染】卷展栏中取消选中【在渲染中启用】和【在视口中启用】复选框，并将当前选择集定义为【顶点】，在场景中调整样条线的形状，如图 4-67 所示。

(18) 选择【创建】 | 【图形】 | 【样条线】 | 【线】工具，在【前】视图中创建样条线并命名为"躺椅横撑 001"，切换到【修改】命令面板，在【渲染】卷展栏中选中【在渲染中启用】和【在视口中启用】复选框，设置【厚度】为 3，如图 4-68 所示。

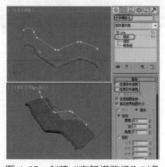

图 4-67　创建"支架横路径"对象

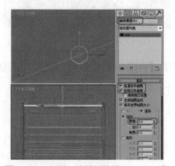

图 4-68　创建"躺椅横撑 001"对象

(19) 选择"躺椅横撑 001"对象，切换到【运动】命令面板，在【指定控制器】卷展栏中选择【位置：位置 XYZ】选项，并单击【指定控制器】按钮 ，在弹出的【指定位置控制器】对话框中选择【路径约束】选项，单击【确定】按钮，如图 4-69 所示。

(20) 在【路径参数】卷展栏中单击【添加路径】按钮，在场景中拾取"支架横路径"对象，如图 4-70 所示。

图 4-69　设置路径约束

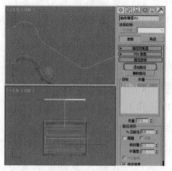

图 4-70　添加路径

(21) 单击【自动关键点】按钮，将时间滑块拖曳至第 100 帧，然后在【路径参数】卷展栏中，将【路径选项】选项组中的【% 沿路径】设置为 100，如图 4-71 所示。

知识链接

　　【% 沿路径】：设置对象沿路径的位置百分比。如果想要设置关键点来将对象放置于沿路径特定百分比的位置，要单击【自动关键点】按钮，移动到想要设置关键点的帧，并调整【% 沿路径】微调器来移动对象。

注意

　　　　　　【% 沿路径】的值基于样条线路径的 U 值参数。一个 NURBS 曲线可能没有均匀的空间 U 值，因此如果【% 沿路径】的值为 50，可能不会直观地转换为 NURBS 曲线长度的 50%。

(22) 再次单击【自动关键点】按钮将其关闭。然后在菜单栏中选择【工具】|【快照】命令，弹出【快照】对话框，在【快照】选项组中选中【范围】单选按钮，设置【副本】为 80，选中【克隆方法】选项组中的【实例】单选按钮，单击【确定】按钮，如图 4-72 所示。

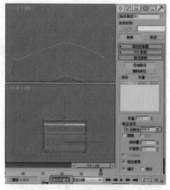

图 4-71　设置关键帧

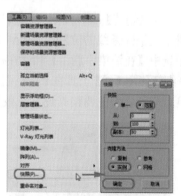

图 4-72　快照对象

知识链接

【单一】：在当前帧复制对象的几何体。

【范围】：沿着帧的范围上的轨迹复制对象的几何体。使用【从】/【到】设置指定范围，并使用【副本】设置指定复制数。

【从】/【到】：指定帧的范围以沿该轨迹放置复制对象。

【副本】：指定要沿轨迹放置的复制数。这些复制对象将均匀地分布在该时间段内，但不一定沿路径跨越空间距离。

【副本】：复制选定对象的副本。

【实例】：克隆选定对象的实例。不适用于粒子系统。

【参考】：克隆选定对象的参考。不适用于粒子系统。

【网格】：在粒子系统之外创建网格几何体。适用于所有类型的粒子。

(23) 快照对象后的效果如图 4-73 所示。

(24) 在场景中选择快照后的所有对象，在菜单栏中选择【组】|【组】命令，在弹出的【组】对话框中设置【组名】为"躺椅横撑"，单击【确定】按钮，然后在场景中调整其位置，效果如图 4-74 所示。

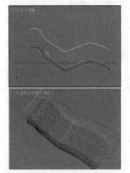

图 4-73　快照对象后的效果

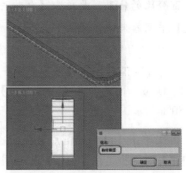

图 4-74　成组对象并调整位置

(25) 选择【创建】 ※ |【图形】 ◎ |【样条线】|【线】工具，在【左】视图中创建样条线，并在场景中调整样条线的位置。切换到【修改】命令面板，命名样条线为"支架003"，在【渲染】卷展栏中选中【在渲染中启用】和【在视口中启用】复选框，设置【厚度】为6，如图 4-75 所示。

(26) 继续使用【线】工具在【左】视图中创建"支架004"，切换到【修改】命令面板，设置【厚度】为3，并在场景中调整其位置，效果如图 4-76 所示。

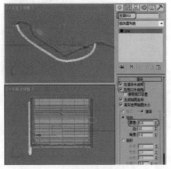

图 4-75　创建"支架003"

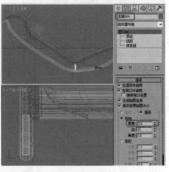

图 4-76　创建"支架004"

(27) 在场景中选择"支架003"和"支架004"对象，在【前】视图中使用【选择并移动】工具，按住 Shift 键沿 X 轴移动复制对象，在弹出的对话框中选中【实例】单选按钮，单击【确定】按钮，如图 4-77 所示。

(28) 选择【创建】|【图形】|【样条线】|【线】工具，在【前】视图中创建"支架006"，切换到【修改】命令面板，将【厚度】设置为4，效果如图 4-78 所示。

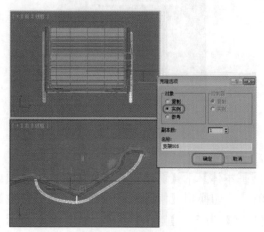

图 4-77 复制对象

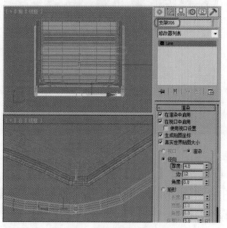

图 4-78 创建"支架006"

(29) 确认"支架006"对象处于选中状态，在【左】视图中使用【选择并移动】工具，按住 Shift 键沿 X 轴移动复制对象，在弹出的对话框中选中【实例】单选按钮，将【副本数】设置为3，单击【确定】按钮，并在场景中调整其位置，效果如图 4-79 所示。

(30) 选择【创建】|【图形】|【样条线】|【线】工具，在【左】视图中创建样条线，并将其命名为"椅子腿001"，切换到【修改】命令面板，在【渲染】卷展栏中取消选中【在渲染中启用】和【在视口中启用】复选框。然后将当前选择集定义为【顶点】，在场景中调整样条线的形状，如图 4-80 所示。

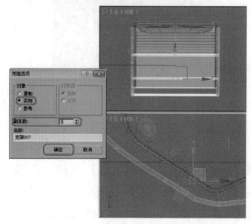

图 4-79 复制并调整对象位置

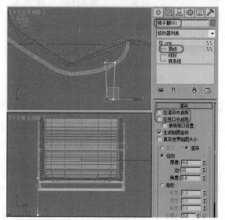

图 4-80 创建"椅子腿001"对象

(31) 关闭当前选择集，在【修改器列表】中选择【倒角】修改器，在【倒角值】卷展栏中设置【级别1】下的【高度】为1、【轮廓】为1；选中【级别2】复选框，设置【高度】为3；选中【级别3】复选框，设置【高度】为1、【轮廓】为–1，如图 4-81 所示。

(32) 在场景中复制出其他 3 条椅子腿，并调整复制的椅子腿对象，如图 4-82 所示。

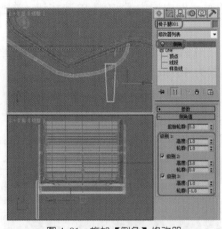

图 4-81　施加【倒角】修改器

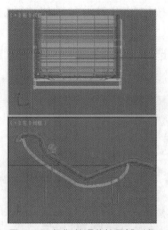

图 4-82　复制并调整椅子腿对象

(33) 选择【创建】 　 |【几何体】 　 |【扩展基本体】 |【切角长方体】工具，在【顶】视图中创建切角长方体并将其命名为"腿横撑 001"，切换到【修改】命令面板，在【参数】卷展栏中设置【长度】为 8、【宽度】为 180、【高度】为 5、【圆角】为 1，如图 4-83 所示。

(34) 使用前面介绍的方法复制腿横撑对象，并在场景中调整其位置，如图 4-84 所示。

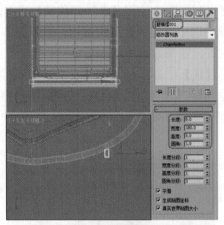

图 4-83　创建"腿横撑 001"对象

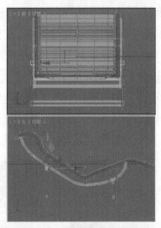

图 4-84　复制腿横撑对象

(35) 在场景中选择除"躺椅垫"和"躺椅枕"以外的所有对象，在菜单栏中选择【组】|【组】命令，在弹出的【组】对话框中设置【组名】为"躺椅支架"，单击【确定】按钮，如图 4-85 所示。

(36) 确定"躺椅支架"对象处于选中状态，按 M 键打开【材质编辑器】窗口，选择一个新的材质样本球，并将其命名为"金属材质"。在【明暗器基本参数】卷展栏中选择【金属】选项，在【贴图】卷展栏中，单击【反射】右侧的【无】按钮，在弹出的【材质 / 贴图浏览器】对话框中选择【位图】贴图，单击【确定】按钮，如图 4-86 所示。

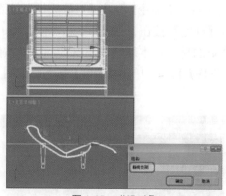

图 4-85　成组对象

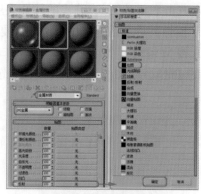

图 4-86　设置金属材质

(37) 在弹出的对话框中打开随书附带光盘中的 Bxgmap1.jpg 文件，进入反射层级通道，在【坐标】卷展栏的【贴图】下拉列表中选择【收缩包裹环境】选项，然后单击【转到父对象】按钮和【将材质指定给选定对象】按钮，将材质指定给【躺椅支架】对象，效果如图 4-87 所示。

知识链接

【贴图】下拉列表框中的各选项介绍如下。

【显式贴图通道】：使用任意贴图通道。如选中该字段，【贴图通道】字段将处于活动状态，可选择从 1 到 99 的任意通道。

【顶点颜色通道】：使用指定的顶点颜色作为通道。

【对象 XYZ 平面】：使用基于对象的本地坐标的平面贴图（不考虑轴点位置）。用于渲染时，除非选中【在背面显示贴图】复选框，否则平面贴图不会投影到对象背面。

【世界 XYZ 平面】：使用基于场景的世界坐标的平面贴图（不考虑对象边界框）。用于渲染时，除非选中【在背面显示贴图】复选框，否则平面贴图不会投影到对象背面。

【球形环境】/【圆柱形环境】/【收缩包裹环境】：将贴图投影到场景中，就像将其贴到背景中的不可见对象上一样。

【屏幕】：投影为场景中的平面背景。

(38) 选择【创建】| 【几何体】| 【平面】工具，在【顶】视图中创建平面，切换到【修改】命令面板，在【参数】卷展栏中，将【长度】和【宽度】均设置为 500，如图 4-88 所示。

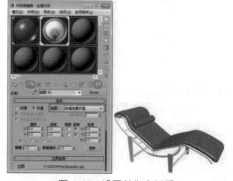

图 4-87　设置并指定材质

图 4-88　创建平面

(39) 右击平面对象，在弹出的快捷菜单中选择【对象属性】命令，弹出【对象属性】对话框，在【显示属性】选项组中选中【透明】复选框，单击【确定】按钮，如图 4-89 所示。

(40) 按 M 键打开【材质编辑器】窗口，选择一个新的材质样本球，并单击 Standard 按钮，在弹出的【材质 / 贴图浏览器】对话框中选择【无光 / 投影】材质，单击【确定】按钮，如图 4-90 所示。

图 4-89 设置对象属性

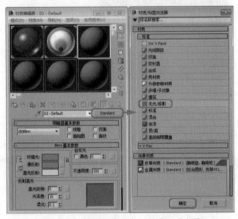

图 4-90 选择【无光 / 投影】材质

(41) 然后在【无光 / 投影基本参数】卷展栏中，将【阴影】选项组中【颜色】的 RGB 值均设置为 70，如图 4-91 所示。单击【将材质指定给选定对象】按钮 ，将材质指定给平面对象。

(42) 按 8 键弹出【环境和效果】对话框，在【公用参数】卷展栏中单击【无】按钮，在弹出的【材质 / 贴图浏览器】对话框中双击【位图】贴图，再在弹出的对话框中打开随书附带光盘中的"休闲躺椅背景 .jpg"素材文件，如图 4-92 所示。

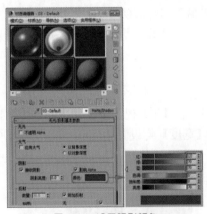

图 4-91 设置阴影颜色

图 4-92 选择环境贴图

(43) 在【环境和效果】对话框中，将【环境贴图】按钮拖曳至新的材质样本球上，在弹出的【实例 (副本) 贴图】对话框中选中【实例】单选按钮，并单击【确定】按钮，然后在【坐标】卷展栏中，将【贴图】设置为【屏幕】，如图 4-93 所示。

(44) 激活【透视】视图，在菜单栏中选择【视图】|【视口背景】|【环境背景】命令，即可在【透视】视图中显示环境背景，如图 4-94 所示。

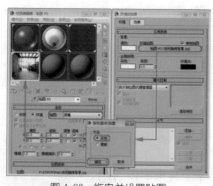

图 4-93　拖曳并设置贴图

图 4-94　显示环境背景

(45) 选择【创建】 ![] |【摄影机】 ![] |【目标】工具，在视图中创建摄影机，激活【透视】视图，按 C 键将其转换为【摄影机】视图。切换到【修改】命令面板，在【参数】卷展栏中，将【镜头】设置为 35，并在其他视图中调整摄影机的位置，效果如图 4-95 所示。

(46) 选择【创建】 ![] |【灯光】 ![] |【标准】|【泛光】工具，在【顶】视图中创建泛光灯，并在其他视图中调整灯光的位置。切换至【修改】命令面板，在【强度/颜色/衰减】卷展栏中将【倍增】设置为 0.3，如图 4-96 所示。

图 4-95　创建并调整摄影机

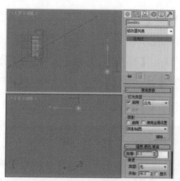

图 4-96　创建并调整泛光灯

(47) 选择【创建】 ![] |【灯光】 ![] |【标准】|【天光】工具，在【顶】视图中创建天光，切换到【修改】命令面板，在【天光参数】卷展栏中选中【投射阴影】复选框，如图 4-97 所示。

(48) 至此，休闲躺椅就制作完成了，在【渲染设置】对话框中设置渲染参数，渲染后的效果如图 4-98 所示。

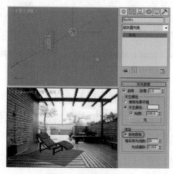

图 4-97　创建天光

图 4-98　渲染后的效果

案例精讲 044　使用阵列制作支架式展板

案例文件：CDROM | Scenes | Cha04 | 使用阵列制作支架式展板 OK.max

视频文件：视频教学 | Cha04 | 使用阵列制作支架式展板 .avi

制作概述

本例将介绍支架式展板的制作。首先使用【长方体】工具来制作展示板，然后使用【弧】、【球体】和【圆柱体】等工具来制作展板支架，最后添加背景贴图即可，完成后的效果如图 4-99 所示。

图 4-99　支架式展板

学习目标

制作展示板。

制作展板支架。

添加环境贴图。

操作步骤

(1) 选择【创建】 ● |【几何体】 ○ |【长方体】工具，在【前】视图中创建长方体，并将其命名为"展示板"，切换到【修改】命令面板，在【参数】卷展栏中设置【长度】为230、【宽度】为170、【高度】为0.3、【高度分段】为18，如图 4-100 所示。

(2) 在【修改器列表】中选择【UVW 贴图】修改器，在【参数】卷展栏中，选中【贴图】选项组中的【平面】单选按钮，然后在【对齐】选项组中单击【适配】按钮，如图 4-101 所示。

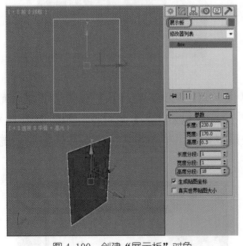

图 4-100　创建"展示板"对象

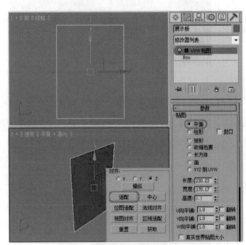

图 4-101　施加【UVW 贴图】修改器

(3) 确认"展示板"对象处于选中状态，按 M 键打开【材质编辑器】窗口，选择一个新的材质样本球，并将其命名为"展示板"，在【Blinn 基本参数】卷展栏中，将【高光反射】的 RGB 值均设置为 255，将【自发光】设置为 30，如图 4-102 所示。

(4) 在【贴图】卷展栏中单击【漫反射颜色】右侧的【无】按钮，在弹出的【材质 / 贴图浏览器】对话框中选择【位图】贴图，单击【确定】按钮，如图 4-103 所示。

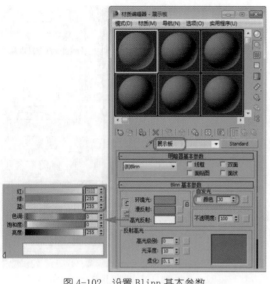

图 4-102 设置 Blinn 基本参数

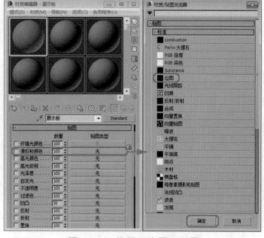

图 4-103 选择【位图】贴图

(5) 在弹出的对话框中打开随书附带光盘中的"背景图 1.jpg"素材文件，在【坐标】卷展栏中使用默认参数，然后单击【转到父对象】按钮和【将材质指定给选定对象】按钮，将材质指定给【展示板】对象，指定材质后的效果如图 4-104 所示。

(6) 选择【创建】| 【图形】 | 【样条线】|【弧】工具，在【左】视图中创建弧，切换到【修改】命令面板，在【参数】卷展栏中，设置【半径】为 1、【从】为 278、【到】为 260，并在场景中调整其位置，如图 4-105 所示。

图 4-104 指定材质后的效果

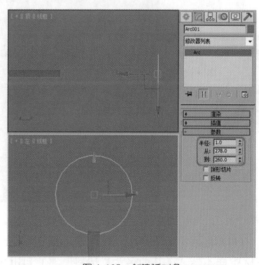

图 4-105 创建弧对象

(7) 在【修改器列表】中选择【挤出】修改器，在【参数】卷展栏中设置【数量】为 180，如图 4-106 所示。

(8) 选择【创建】| 【几何体】 | 【球体】工具，在【左】视图中创建球体。切换到【修改】命令面板，在【参数】卷展栏中，设置【半径】为 1.3、【分段】为 16，并在场景中调整其位置，如图 4-107 所示。

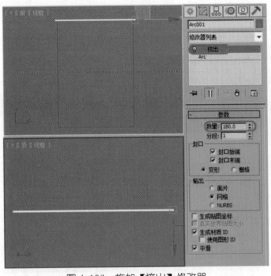

图 4-106 施加【挤出】修改器

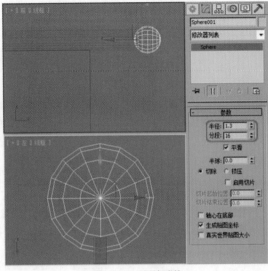

图 4-107 创建球体

(9) 在【前】视图中按住 Shift 键沿 X 轴移动复制球体，在弹出的【克隆选项】对话框中选中【复制】单选按钮，单击【确定】按钮，如图 4-108 所示。

(10) 在场景中选择创建的弧和两个球体对象，在菜单栏中选择【组】|【组】命令，在弹出的【组】对话框中设置【组名】为"支架 001"，单击【确定】按钮，如图 4-109 所示。

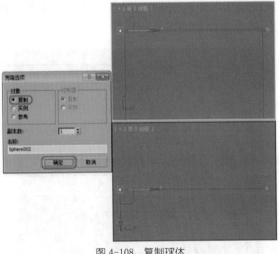

图 4-108 复制球体

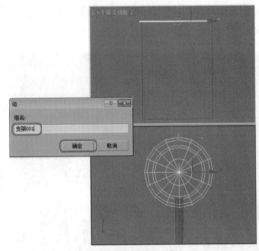

图 4-109 成组对象

(11) 确定"支架 001"对象处于选中状态，按 M 键打开【材质编辑器】窗口，选择一个新的材质样本球，将其命名为"塑料"。在【Blinn 基本参数】卷展栏中，将【环境光】和【漫反射】的 RGB 值均设置为 50、50、50，在【反射高光】选项组中，将【高光级别】和【光泽度】分别设置为 51 和 53，然后单击【将材质指定给选定对象】按钮，将材质指定给"支架 001"对象，指定材质后的效果如图 4-110 所示。

(12) 在【前】视图中按住 Shift 键沿 Y 轴移动复制模型"支架 001"，在弹出的【克隆选项】对话框中选中【实例】单选按钮，单击【确定】按钮，如图 4-111 所示。

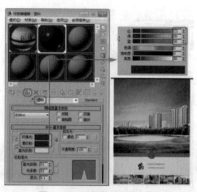

图 4-110　设置并指定材质

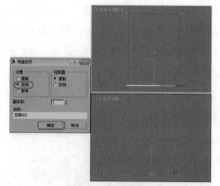

图 4-111　复制模型

(13) 选择【创建】 |【几何体】 |【圆柱体】工具，在【顶】视图中创建圆柱体，将其命名为"支架 003"，切换到【修改】命令面板，在【参数】卷展栏中设置【半径】为 2、【高度】为 320、【高度分段】为 1，如图 4-112 所示。

(14) 在【前】视图中按住 Shift 键沿 Y 轴移动复制模型"支架 003"，然后选择复制出的"支架 004"对象，切换到【修改】命令面板，在【参数】卷展栏中，修改【半径】为 3、【高度】为 5，并在视图中调整其位置，效果如图 4-113 所示。并为"支架 004"对象指定【塑料】材质。

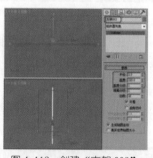

图 4-112　创建"支架 003"

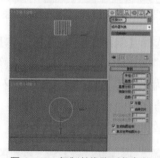

图 4-113　复制并修改对象参数

(15) 选择【创建】 |【图形】 |【样条线】|【线】工具，在【前】视图中创建样条线，将其命名为"线"，切换到【修改】命令面板，将当前选择集定义为【顶点】，在视图中调整样条线，如图 4-114 所示。

(16) 关闭当前选择集，在【渲染】卷展栏中选中【在渲染中启用】和【在视图中启用】复选框，将【厚度】设置为 0.3，并将其颜色更改为【黑色】，如图 4-115 所示。

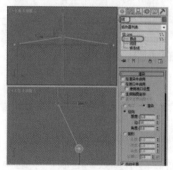

图 4-114　创建并调整样条线

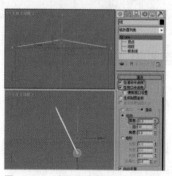

图 4-115　设置渲染参数并更改颜色

(17) 选择【创建】 ✴ |【图形】 ⊙ |【样条线】 |【线】工具，在【前】视图中创建样条线，将其命名为"支架座001"，如图4-116所示。

(18) 切换到【修改】命令面板，在【修改器列表】中选择【倒角】修改器，在【倒角值】卷展栏中，将【级别1】下的【高度】和【轮廓】均设置为0.5；选中【级别2】复选框，将【高度】设置为1；选中【级别3】复选框，将【高度】设置为0.5，将【轮廓】设置为–0.5，如图4-117所示。

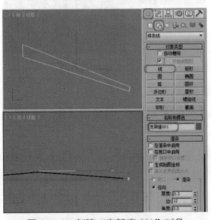
图 4-116　创建"支架座001"对象

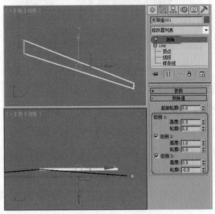
图 4-117　施加【倒角】修改器

(19) 选择【创建】 ✴ |【几何体】 ⊙ |【圆柱体】工具，在【顶】视图中创建圆柱体，将其命名为"支架座002"，切换到【修改】命令面板，在【参数】卷展栏中设置【半径】为2、【高度】为1、【边数】为15，如图4-118所示。

(20) 结合前面介绍的方法，使用【线】工具创建"支架座003"对象，并为其施加【倒角】修改器，效果如图4-119所示。

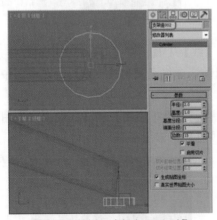
图 4-118　创建"支架座002"对象

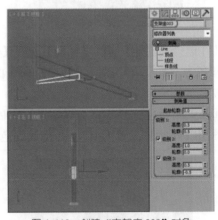
图 4-119　创建"支架座003"对象

(21) 在场景中选择所有的支架座对象，在菜单栏中选择【组】|【组】命令，在弹出的【组】对话框中设置【组名】为"支架座"，单击【确定】按钮，如图4-120所示。

(22) 在场景中选择"支架003"和"支架座"对象，按M键打开【材质编辑器】窗口，选择一个新的材质样本球，将其命名为"金属"，在【明暗器基本参数】卷展栏中选择【金属】选项，在【金属基本参数】卷展栏中将【环境光】的RGB值设置为0、0、0，将【漫反射】

的 RGB 值均设置为 255，在【反射高光】选项组中，将【高光级别】和【光泽度】分别设置为 100 和 86，如图 4-121 所示。

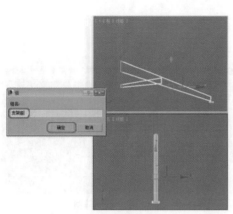

图 4-120　成组对象

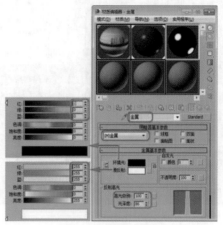

图 4-121　设置金属基本参数

(23) 在【贴图】卷展栏中，单击【反射】右侧的【无】按钮，在弹出的【材质/贴图浏览器】对话框中选择【位图】贴图，单击【确定】按钮，如图 4-122 所示。

(24) 在弹出的对话框中打开随书附带光盘中的 Metal01.tif 素材文件，在【坐标】卷展栏中，将【瓷砖】下的 U、V 均设置为 0.5，将【模糊偏移】设置为 0.09，如图 4-123 所示。然后单击【转到父对象】按钮 和【将材质指定给选定对象】按钮 ，将材质指定给选定对象。

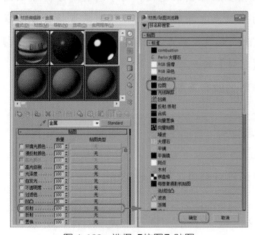

图 4-122　选择【位图】贴图

图 4-123　设置位图参数

(25) 在场景中选择"支架座"对象，切换到【层次】命令面板，在【调整轴】卷展栏中单击【仅影响轴】按钮，然后在视图中调整轴位置，效果如图 4-124 所示。

(26) 调整完成后再次单击【仅影响轴】按钮将其关闭。激活【顶】视图，在菜单栏中选择【工具】|【阵列】命令，弹出【阵列】对话框，将 Z 轴下的【旋转】设置为 120，在【对象类型】选项组中选中【复制】单选按钮，在【阵列维度】选项组中将 1D 数量设置为 3，单击【确定】按钮，如图 4-125 所示。

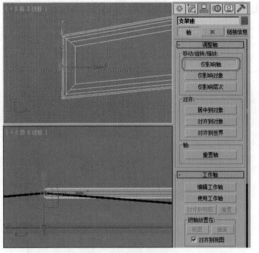

图 4-124　调整轴

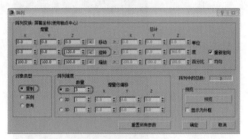

图 4-125　设置阵列

知识链接

　　【阵列】对话框提供了两个主要控制区域，用于设置下面两个重要参数：【阵列变换】和【阵列维度】。

　　【阵列变换】选项组用于指定 3 个变换的哪一种组合用于创建阵列。也可以为每个变换指定沿 3 个轴方向的范围。在每个对象之间，可以按增量指定变换范围；对于所有对象，可以按总计指定变换范围。在任何一种情况下，都测量对象轴点之间的距离。使用当前变换设置可以生成阵列，因此该选项组的标题会随变换设置的更改而改变。单击【移动】、【旋转】或【缩放】的左或右箭头按钮，指示是否要设置【增量】或【总计】阵列参数。

　　【对象类型】选项组用于确定由【阵列】功能创建的副本的类型。

　　【复制】：将选定对象的副本排列到指定位置。

　　【实例】：将选定对象的实例阵列化到指定位置。

　　【参考】：将选定对象的参考阵列化到指定位置。

　　使用【阵列维度】控件，可以确定阵列中使用的维数和维数之间的间隔。

　　【数量】：每一维的对象、行或层数。

　　1D：一维阵列可以形成 3D 空间中的一行对象，如一列对象。1D 计数是一行中的对象数。这些对象的间隔是在【阵列变换】选项组中定义的。

　　2D：两维阵列可以按照两维方式形成对象的层。2D 计数是阵列中的行数。

　　3D：三维阵列可以在 3D 空间中形成多层对象。3D 计数是阵列中的层数。

　　(27) 阵列后的效果如图 4-126 所示。

　　(28) 按 Ctrl+A 组合键选择所有对象，在【左】视图中按住 Shift 键沿 X 轴移动复制对象，在弹出的对话框中选中【实例】单选按钮，单击【确定】按钮，然后在场景中调整复制后的对象的位置，如图 4-127 所示。

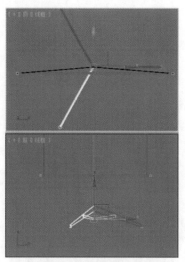

图 4-126 阵列后的效果

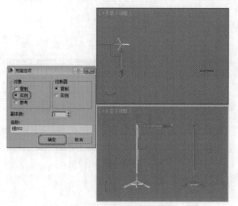

图 4-127 复制所有对象

(29) 选择复制出的"展示板 002"对象,按 M 键打开【材质编辑器】对话框,选择一个新的材质样本球,并将其命名为"展示板 2",在【Blinn 基本参数】卷展栏中,将【高光反射】的 RGB 值设置为 255、255、255,将【自发光】设置为 30,如图 4-128 所示。

(30) 在【贴图】卷展栏中单击【漫反射颜色】右侧的【无】按钮,在弹出的对话框中双击【位图】贴图,再在弹出的对话框中打开随书附带光盘中的"背景图 2.jpg"素材文件,在【坐标】卷展栏中使用默认参数,如图 4-129 所示。然后单击【转到父对象】按钮 和【将材质指定给选定对象】按钮 ,将材质指定给"展示板 002"对象。

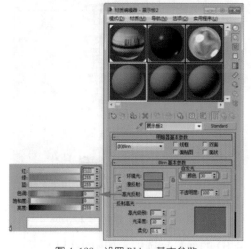

图 4-128 设置 Blinn 基本参数

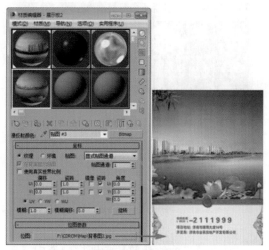

图 4-129 设置贴图

(31) 选择【创建】 |【几何体】 |【平面】工具,在【顶】视图中创建平面,切换到【修改】命令面板,在【参数】卷展栏中,将【长度】设置为 1600,将【宽度】设置为 3500,如图 4-130 所示。

(32) 右击平面对象,在弹出的快捷菜单中选择【对象属性】命令,弹出【对象属性】对话框,在【显示属性】选项组中选中【透明】复选框,单击【确定】按钮,如图 4-131 所示。

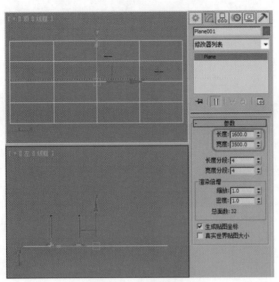

图 4-130　创建平面对象　　　　　　　　　　　图 4-131　设置对象属性

　　(33) 按 M 键打开【材质编辑器】对话框，选择一个新的材质样本球，并单击 Standard 按钮，在弹出的【材质 / 贴图浏览器】对话框中选择【无光 / 投影】材质，单击【确定】按钮，如图 4-132 所示。

　　(34) 然后在【无光 / 投影基本参数】卷展栏中，单击【反射】选项组中贴图右侧的【无】按钮，在弹出的【材质 / 贴图浏览器】对话框中选择【平面镜】材质，单击【确定】按钮，如图 4-133 所示。

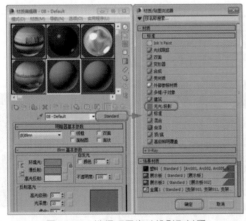

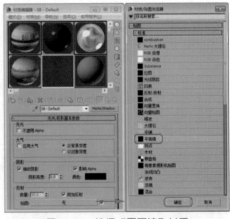

图 4-132　选择【无光 / 投影】材质　　　　　　图 4-133　选择【平面镜】材质

　　(35) 在【平面镜参数】卷展栏中选中【应用于带 ID 的面】复选框，如图 4-134 所示。

　　(36) 单击【转到父对象】按钮 ，在【无光 / 投影基本参数】卷展栏中，将【反射】选项组中的【数量】设置为 5，然后单击【将材质指定给选定对象】按钮 ，将材质指定给平面对象，如图 4-135 所示。

　　(37) 按 8 键弹出【环境和效果】对话框，在【公用参数】卷展栏中单击【无】按钮，在弹出的【材质 / 贴图浏览器】对话框中双击【位图】贴图，再在弹出的对话框中打开随书附带光盘中的"支架式展板背景 .JPG"素材文件，如图 4-136 所示。

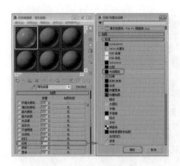
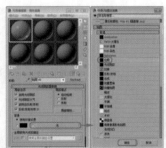

图 4-134　选中【应用于带 ID 的面】复选框　　图 4-135　设置反射数量　　图 4-136　选择环境贴图

(38) 在【环境和效果】对话框中，将环境贴图按钮拖曳至新的材质样本球上，在弹出的【实例（副本）贴图】对话框中选中【实例】单选按钮，并单击【确定】按钮，然后在【坐标】卷展栏中，将贴图设置为【屏幕】，如图 4-137 所示。

(39) 激活【透视】视图，在菜单栏中选择【视图】|【视口背景】|【环境背景】命令，即可在【透视】视图中显示环境背景，如图 4-138 所示。

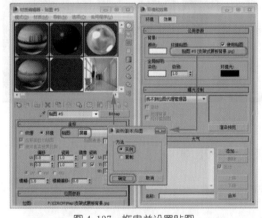
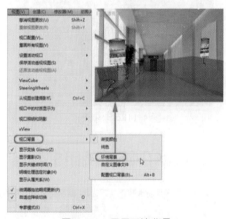

图 4-137　拖曳并设置贴图　　　　　　　　图 4-138　显示环境背景

(40) 选择【创建】|【摄影机】|【目标】工具，在视图中创建摄影机，激活【透视】视图，按 C 键将其转换为摄影机视图，切换到【修改】命令面板，在【参数】卷展栏中，将【镜头】设置为 57，并在其他视图中调整摄影机位置，效果如图 4-139 所示。

(41) 选择【创建】|【灯光】|【标准】|【泛光】工具，在【顶】视图中创建泛光灯，并在其他视图中调整灯光的位置，切换至【修改】命令面板，在【常规参数】卷展栏中，选中【阴影】选项组中的【启用】复选框，将阴影模式定义为【阴影贴图】，在【强度 / 颜色 / 衰减】卷展栏中将【倍增】设置为 0.3，如图 4-140 所示。

图 4-139　创建并调整摄影机

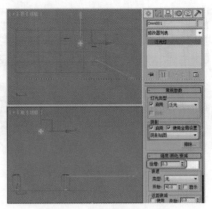

图 4-140　创建并调整泛光灯

(42) 选择【创建】 | 【灯光】 | 【标准】 | 【天光】工具，在【顶】视图中创建天光，切换到【修改】命令面板，在【天光参数】卷展栏中选中【投射阴影】复选框，如图 4-141 所示。

(43) 至此，支架式展板就制作完成了，在【渲染设置】对话框中设置渲染参数，渲染后的效果如图 4-142 所示。

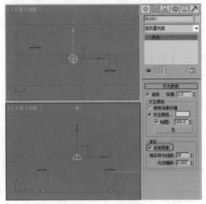

图 4-141　创建天光

图 4-142　渲染后的效果

案例精讲 045　使用扩展基本体制作办公桌

案例文件：CDROM | Scenes | Cha04 | 使用扩展基本体制作办公桌 OK.max

视频文件：视频教学 | Cha04 | 使用扩展基本体制作办公桌 .avi

制作概述

本例将介绍办公桌的制作方法。首先使用【切角长方体】工具和【切角圆柱体】工具来创建桌面，然后使用【圆柱体】工具创建桌腿，完成后的效果如图 4-143 所示。

图 4-143　办公桌效果

学习目标

使用扩展基本体制作桌面。

使用标准基本体制作桌腿及柜子。

添加环境贴图。

操作步骤

(1) 选择【创建】 |【几何体】 ○ |【扩展基本体】|【切角长方体】工具，在【顶】视图中创建切角长方体，将其命名为"木 - 桌面 001"，切换到【修改】命令面板，在【参数】卷展栏中设置【长度】为 150、【宽度】为 420、【高度】为 8、【圆角】为 1.2、【圆角分段】为 3，如图 4-144 所示。

(2) 在修改器下拉列表中选择【UVW 贴图】修改器，在【参数】卷展栏中选中【长方体】单选按钮，在【对齐】选项组中选中 Z 单选按钮，然后单击【适配】按钮，如图 4-145 所示。

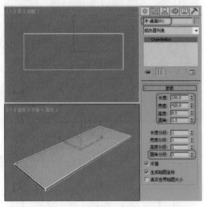

图 4-144　创建【木 - 桌面 001】对象

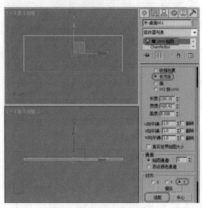

图 4-145　设置 UVW 贴图

(3) 选择【创建】 |【几何体】 ○ |【扩展基本体】|【切角圆柱体】工具，在【顶】视图中创建切角圆柱体，将其命名为"木 - 桌面 002"，切换到【修改】命令面板，在【参数】卷展栏中设置【半径】为 100、【高度】为 8、【圆角】为 1.5，设置【圆角分段】为 3、【边数】为 36，如图 4-146 所示。

(4) 在修改器下拉列表中选择【UVW 贴图】修改器，在【参数】卷展栏中选中【柱形】单选按钮，在【对齐】选项组中选中 Z 单选按钮，然后单击【适配】按钮，如图 4-147 所示。

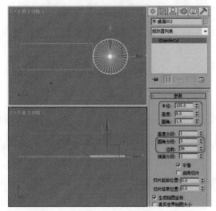

图 4-146　创建"木 - 桌面 002"对象

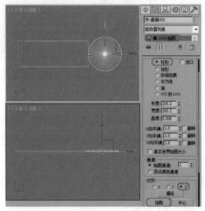

图 4-147　施加【UVW 贴图】修改器

(5) 选择【创建】 ▧ |【几何体】 ◎ |【标准基本体】 |【长方体】工具，在【顶】视图中创建一个长方体，切换到【修改】命令面板，将【长度】设置为 130、【宽度】设置为 15、【高度】设置为 10，然后在视图中调整其位置，如图 4-148 所示。

(6) 选择【创建】 ▧ |【几何体】 ◎ |【圆柱休】工具，在【顶】视图中创建圆柱体，将其命名为"金属 - 腿 001"，切换到【修改】命令面板，在【参数】卷展栏中设置【半径】为 7、【高度】为 152，如图 4-149 所示。

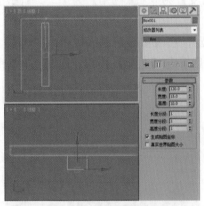

图 4-148　创建长方体

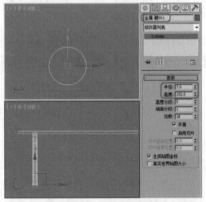

图 4-149　创建"金属 - 腿 001"对象

(7) 在场景中选择"金属 - 腿 001"对象，按 Ctrl+V 组合键，在弹出的对话框中选中【复制】单选按钮，并单击【确定】按钮，如图 4-150 所示。

(8) 将复制出的对象重命名为"黑色塑料 - 腿 001"，在【参数】卷展栏中设置【半径】为 8、【高度】为 3.5、【高度分段】为 1，并在场景中调整其位置，如图 4-151 所示。

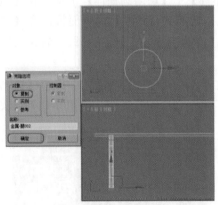

图 4-150　复制对象

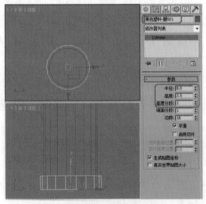

图 4-151　调整复制后的对象

(9) 在【顶】视图中选择"金属 - 腿 001"和"黑色塑料 - 腿 001"对象，然后按住 Shift 键沿 Y 轴移动复制模型，在弹出的对话框中选中【实例】单选按钮，单击【确定】按钮，如图 4-152 所示。

(10) 继续在场景中复制"金属 - 腿 001"和"黑色塑料 - 腿 001"对象，并在视图中调整其位置，效果如图 4-153 所示。

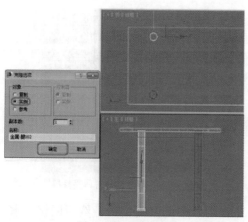

图 4-152　复制对象

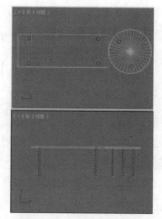

图 4-153　复制多个对象

(11) 在【顶】视图中选择创建的长方体对象，然后按住 Shift 键沿 X 轴移动复制模型，在弹出的对话框中选中【实例】单选按钮，单击【确定】按钮，如图 4-154 所示。

(12) 选择【创建】 |【几何体】 ⊙ |【长方体】工具，在【顶】视图中创建长方体，将其命名为"木 - 柜子 001"，切换到【修改】命令面板，在【参数】卷展栏中设置【长度】为 115、【宽度】为 84、【高度】为 120，并在场景中调整其位置，如图 4-155 所示。

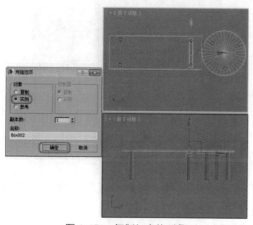

图 4-154　复制长方体对象

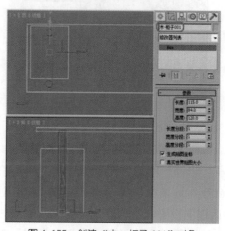

图 4-155　创建"木 - 柜子 001"对象

(13) 在修改器下拉列表中选择【UVW 贴图】修改器，在【参数】卷展栏中选中【长方体】单选按钮，在【对齐】选项组中选中 Z 单选按钮，然后单击【适配】按钮，如图 4-156 所示。

(14) 确认"木 - 柜子 001"对象处于选中状态，并按 Ctrl+V 组合键，在弹出的对话框中选中【复制】单选按钮，单击【确定】按钮，复制"木 - 柜子 002"对象，然后在【参数】卷展栏中，设置"木 - 柜子 002"对象的【长度】为 120、【宽度】为 88、【高度】为 3.5，并在场景中调整其位置，如图 4-157 所示。

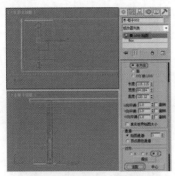

图 4-156　施加【UVW 贴图】修改器

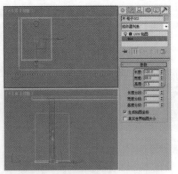

图 4-157　复制对象并调整参数

(15) 再在场景中复制"木 - 柜子 003"对象，并在场景中调整其位置，然后调整"木 - 柜子 002"和"木 - 柜子 003"对象的 UVW 贴图为适配，效果如图 4-158 所示。

(16) 选择【创建】 ▧ |【几何体】 ▧ |【长方体】工具，在【前】视图中创建长方体，将其命名为"镂空板子"，切换到【修改】命令面板，在【参数】卷展栏中设置【长度】为111、【宽度】为 310、【高度】为 1，并在视图中调整其位置，如图 4-159 所示。

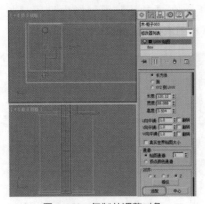

图 4-158　复制并调整对象

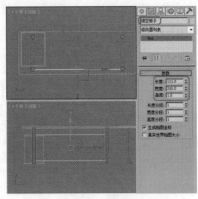

图 4-159　创建"镂空板子"对象

(17) 在场景中选择所有"金属 - 腿"对象，在菜单栏中选择【组】|【组】命令，在弹出的对话框中设置【组名】为"金属"，单击【确定】按钮，如图 4-160 所示。

(18) 在场景中选择所有"黑色塑料"对象，在菜单栏中选择【组】|【组】命令，在弹出的对话框中设置【组名】为"黑色塑料"，单击【确定】按钮，如图 4-161 所示。

图 4-160　成组金属对象

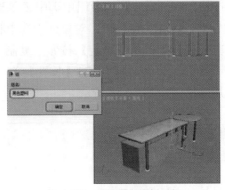

图 4-161　成组黑色塑料对象

(19) 在场景中选择除"黑色塑料"、"金属"和"镂空板子"以外的所有对象，在菜单栏中选择【组】|【组】命令，在弹出的对话框中设置【组名】为"木纹"，单击【确定】按钮，如图 4-162 所示。

(20) 在场景中选择"木纹"对象，按 M 键打开【材质编辑器】对话框，选择一个新的材质样本球，将其命名为"木纹"，在【Blinn 基本参数】卷展栏中将【自发光】设置为 30，将【反射高光】选项组中的【高光级别】和【光泽度】均设置为 0，如图 4-163 所示。

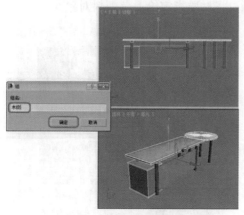

图 4-162　成组对象

图 4-163　设置 Blinn 基本参数

(21) 在【贴图】卷展栏中单击【漫反射颜色】右侧的【无】按钮，在弹出的【材质/贴图浏览器】对话框中双击【位图】贴图，再在弹出的对话框中打开随书附带光盘中的 009.jpg 素材文件，进入贴图层级面板，在【坐标】卷展栏中使用默认参数，直接单击【转到父对象】按钮 和【将材质指定给选定对象】按钮 ，将材质指定给木纹对象，如图 4-164 所示。

(22) 在场景中选择【金属】对象，在【材质编辑器】对话框中选择一个新的材质样本球，将其命名为"金属"，在【明暗器基本参数】卷展栏中选择【金属】选项，在【金属基本参数】卷展栏中，将【反射高光】选项组中的【高光级别】和【光泽度】分别设置为 61 和 80，如图 4-165 所示。

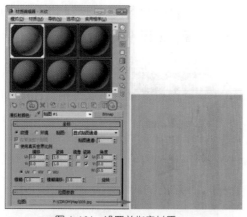

图 4-164　设置并指定材质

图 4-165　设置金属基本参数

(23) 在【贴图】卷展栏中单击【反射】右侧的【无】按钮，在弹出的【材质/贴图浏览器】对话框中双击【位图】贴图，再在弹出的对话框中打开随书附带光盘中的 Bxgmap1.jpg 素材文件，进入贴图层级面板，在【坐标】卷展栏中设置贴图为【收缩包裹环境】，如图 4-166 所示。然后单击【转到父对象】按钮 和【将材质指定给选定对象】按钮 ，将材质指定给金属对象。

(24) 在场景中选择"黑色塑料"对象，在【材质编辑器】对话框中选择一个新的材质样本球，将其命名为"黑色塑料"，在【Blinn 基本参数】卷展栏中将【环境光】和【漫反射】的 RGB 值均设置为 20，在【反射高光】选项组中设置【高光级别】为 51、【光泽度】为 50，如图 4-167 所示。然后单击【将材质指定给选定对象】按钮 ，将材质指定给黑色塑料对象。

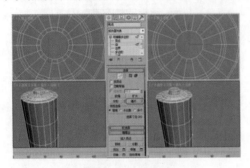

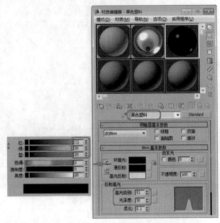

图 4-166　设置金属材质　　　　　　　　　　　　　图 4-167　设置黑色塑料材质

(25) 在场景中选择"镂空板子"对象，在【材质编辑器】对话框中选择一个新的材质样本球，将其命名为"镂空"，在【明暗器基本参数】卷展栏中选择【金属】选项，在【金属基本参数】卷展栏中将【环境光】和【漫反射】的 RGB 值均设置为 168，将【自发光】设置为 60，将【不透明度】设置为 50，在【反射高光】选项组中将【高光级别】和【光泽度】分别设置为 61、80，如图 4-168 所示。

(26) 在【贴图】卷展栏中单击【不透明度】右侧的【无】按钮，在弹出的【材质/贴图浏览器】对话框中双击【位图】贴图，再在弹出的对话框中打开随书附带光盘中的"金属 - 镂空 .jpg"素材文件，在【坐标】卷展栏中使用默认参数，直接单击【转到父对象】按钮 和【将材质指定给选定对象】按钮 ，将材质指定给"镂空板子"对象，如图 4-169 所示。

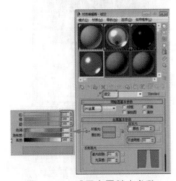

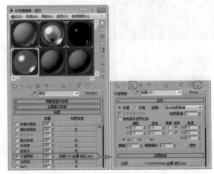

图 4-168　设置金属基本参数　　　　　　　　　　　图 4-169　设置镂空材质

【不透明度】：可以通过在【不透明度】材质组件中使用位图文件或程序贴图来生成部分透明的对象。贴图的浅色（较高的值）区域渲染为不透明；深色区域渲染为透明；之间的值渲染为半透明。将不透明度贴图的【数量】设置为 100 可应用所有贴图。透明区域将完全透明。将【数量】设置为 0 相当于禁用贴图。中间的【数量】值将与原始【不透明度值】混合，贴图的透明区域将变得更加不透明。

对于标准材质，反射高光将应用于不透明度贴图的透明区域以及不透明区域，用以创建玻璃效果。如果希望透明区域具有孔洞效果，也可以将贴图应用到高光反射级别。

(27) 选择【创建】 | 【几何体】 | 【平面】工具，在【顶】视图中创建平面，切换到【修改】命令面板，在【参数】卷展栏中，将【长度】设置为 1400，将【宽度】设置为 1600，如图 4-170 所示。

(28) 右击平面对象，在弹出的快捷菜单中选择【对象属性】命令，弹出【对象属性】对话框，在【显示属性】选项组中选中【透明】复选框，单击【确定】按钮，如图 4-171 所示。

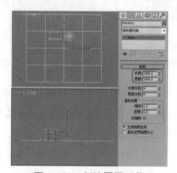

图 4-170　创建平面对象

图 4-171　设置对象属性

(29) 按 M 键打开【材质编辑器】对话框，选择一个新的材质样本球，并单击 Standard 按钮，在弹出的【材质 / 贴图浏览器】对话框中选择【无光 / 投影】材质，单击【确定】按钮，如图 4-172 所示。

(30) 然后在【无光 / 投影基本参数】卷展栏中，单击【反射】选项组中贴图右侧的【无】按钮，在弹出的【材质 / 贴图浏览器】对话框中选择【平面镜】材质，单击【确定】按钮，如图 4-173 所示。

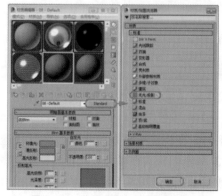

图 4-172　选择【无光 / 投影】材质

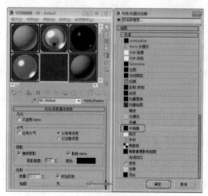

图 4-173　选择【平面镜】材质

(31) 在【平面镜参数】卷展栏中选中【应用于带 ID 的面】复选框，如图 4-174 所示。

(32) 单击【转到父对象】按钮，在【无光 / 投影基本参数】卷展栏中，将【反射】选项组中的【数量】设置为 5，然后单击【将材质指定给选定对象】按钮，将材质指定给平面对象，如图 4-175 所示。

(33) 按 8 键弹出【环境和效果】对话框，在【公用参数】卷展栏中单击【无】按钮，在弹出的【材质 / 贴图浏览器】对话框中双击【位图】贴图，再在弹出的对话框中打开随书附带光盘中的"办公桌背景图 .tif"素材文件，如图 4-176 所示。

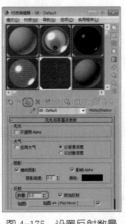

图 4-174 选中【应用于带 ID 的面】复选框 　　图 4-175 设置反射数量 　　图 4-176 选择环境贴图

(34) 在【环境和效果】对话框中，将环境贴图按钮拖曳至新的材质样本球上，在弹出的【实例 (副本) 贴图】对话框中选中【实例】单选按钮，并单击【确定】按钮，然后在【坐标】卷展栏中，将贴图设置为【屏幕】，如图 4-177 所示。

(35) 激活【透视】视图，在菜单栏中选择【视图】|【视口背景】|【环境背景】命令，即可在【透视】视图中显示环境背景，如图 4-178 所示。

图 4-177 拖曳并设置贴图 　　　　　　　　图 4-178 显示环境背景

(36) 选择【创建】 |【摄影机】 |【目标】工具，在视图中创建摄影机，激活【透视】视图，按 C 键将其转换为摄影机视图，切换到【修改】命令面板，在【参数】卷展栏中，将【镜头】设置为 39，并在其他视图中调整摄影机位置，效果如图 4-179 所示。

(37) 单击 ▶ 按钮，在弹出的下拉列表中选择【导入】|【合并】命令，如图 4-180 所示。

图 4-179　创建摄影机

图 4-180　选择【合并】命令

(38) 在弹出的【合并文件】对话框中打开随书附带光盘中的"办公椅 .max"素材文件，再在弹出的对话框中单击底部的【全部】按钮，并单击【确定】按钮，如图 4-181 所示。

(39) 即可将办公椅导入到场景中，并在场景中调整其位置，效果如图 4-182 所示。

图 4-181　选择文件

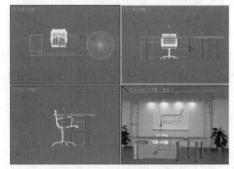

图 4-182　调整模型位置

(40) 选择【创建】 | 【灯光】 | 【标准】|【泛光】工具，在【顶】视图中创建泛光灯，并在其他视图中调整灯光的位置，切换至【修改】命令面板，在【强度/颜色/衰减】卷展栏中将【倍增】设置为 0.3，如图 4-183 所示。

(41) 选择【创建】 | 【灯光】 | 【标准】 | 【天光】工具，在【顶】视图中创建天光，切换到【修改】命令面板，在【天光参数】卷展栏中选中【投射阴影】复选框，如图 4-184 所示。至此，办公桌就制作完成了，按 F9 键渲染效果，渲染完成后将场景文件保存即可。

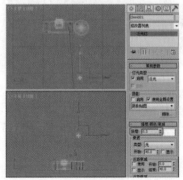

图 4-183　创建并调整泛光灯

图 4-184　创建天光

案例精讲 046　使用长方体和圆柱体制作会议桌

案例文件：CDROM | Scenes | Cha04 | 使用长方体和圆柱体制作会议桌 OK.max

视频文件：视频教学 | Cha04 | 使用长方体和圆柱体制作会议桌 .avi

制作概述

本例介绍会议桌的制作。该例的制作比较简单，主要是通过长方体工具创建桌面对象，通过圆柱体工具创建桌腿对象，完成后的效果如图 4-185 所示。

图 4-185　使用长方体和圆柱体制作会议桌

学习目标

利用长方体制作桌面。
利用圆柱体制作桌腿。
利用弧制作会议桌支架。

操作步骤

(1) 选择【创建】|【几何体】|【长方体】工具，在【顶】视图中创建长方体，在【参数】卷展栏中将【长度】、【宽度】、【高度】、【高度分段】分别设置为 900、300、10、2，将其命名为"桌面"，如图 4-186 所示。

(2) 切换到【修改】命令面板，在修改器列表中选择【编辑多边形】修改器，将当前选择集定义为【顶点】，在【前】视图中选择下面一组点，并在工具栏中右击【选择并均匀缩放】工具，在弹出的对话框中将【偏移：屏幕】选项组中的 % 设置为 90，如图 4-187 所示。

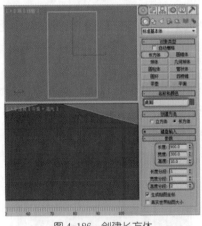

图 4-186　创建长方体

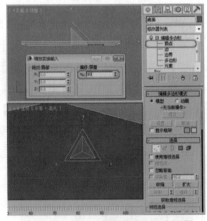

图 4-187　添加【编辑多边形】修改器

(3) 选择【创建】|【几何体】|【长方体】工具，在【顶】视图中创建长方体，在【参数】卷展栏中将【长度】、【宽度】、【高度】、【高度分段】分别设置为 816.5、69、5、1，将其命名为"桌面 - 下"，如图 4-188 所示。

(4) 选择【创建】|【图形】|【弧】工具，在【前】视图中创建弧，将其命名为"桌子支架 001"，在【参数】卷展栏中设置【半径】为 710、【从】为 79.4、【到】为 100，在【渲染】卷

展栏中选中【在渲染中启用】和【在视口中启用】复选框，将【厚度】设置为7，如图4-189所示。

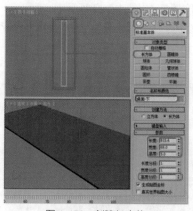

图4-188 创建长方体

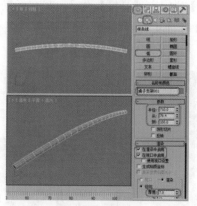

图4-189 创建弧

知识链接

创建【弧】之后，可以使用以下参数进行更改。

【半径】：弧形半径。

【从】：在从局部正X轴测量角度时起点的位置。

【到】：在从局部正X轴测量角度时结束点的位置。

【饼形切片】：启用此选项后，添加从端点到半径圆心的直线段，从而创建一个闭合样条线。

【反转】：启用此选项后，反转弧形样条线的方向，并将第一个顶点放置在打开弧形的相反末端。只要该形状保持原始形状（不是可编辑的样条线），可以通过切换【反转】来切换其方向。如果弧形已转化为可编辑的样条线，可以使用【样条线】子对象层级上的【反转】来反转方向。

(5) 在视图中调整该对象的位置，选择【创建】|【几何体】|【圆柱体】工具，在【顶】视图中创建圆柱体，将其命名为"桌垫001"，在【参数】卷展栏中设置【半径】为6、【高度】为3、【高度分段】为1，并在场景中调整模型的位置，如图4-190所示。

(6) 在场景中选择"桌垫001"，按Ctrl+V组合键，在弹出的对话框中选中【复制】单选按钮，单击【确定】按钮，将其命名为"桌腿001"，并在场景中调整模型的位置，在【参数】卷展栏中设置【半径】为5.8、【高度】为120，并在场景中调整模型的位置，如图4-191所示。

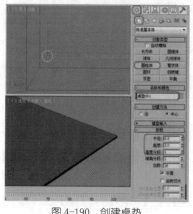

图4-190 创建桌垫

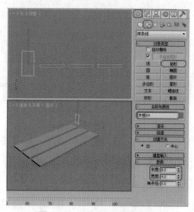

图4-191 复制并调整模型

(7) 在场景中复制"桌腿 001"对象，将其命名为"桌垫 - 下"，在【参数】卷展栏中设置【半径】为 4、【高度】为 3，并在场景中调整模型的位置，如图 4-192 所示。

(8) 继续复制该对象，使用其默认名称即可，在【参数】卷展栏中设置【半径】为 6、【高度】为 3，并在场景中调整模型的位置，如图 4-193 所示。

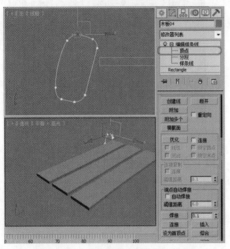

图 4-192　复制对象并调整其参数

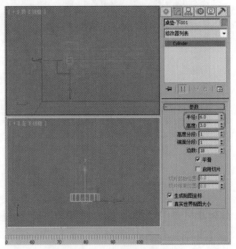

图 4-193　继续复制圆柱体

(9) 在视图中选中所有的桌腿、桌垫以及桌子支架 001 对象，在【顶】视图中按住 Shift 键沿 X 轴向右进行拖动，在弹出的对话框中选中【实例】单选按钮，将【副本数】设置为 1，如图 4-194 所示。

(10) 单击【确定】按钮，再在视图中选中所有对象，选择【层次】命令面板，在【调整轴】卷展栏中单击【仅影响轴】按钮，在工具栏中单击【对齐】按钮，在【顶】视图中单击【桌面】，在弹出的对话框中选中【X 位置】、【Y 位置】、【Z 位置】复选框，在【当前对象】和【目标对象】选项组中选中【轴点】单选按钮，如图 4-195 所示。

图 4-194　复制对象

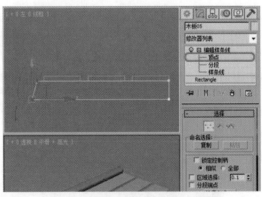

图 4-195　【对齐当前选择】对话框

(11) 单击【确定】按钮，再在【调整轴】卷展栏中单击【仅影响轴】按钮，完成轴的调整，继续激活【顶】视图，在工具栏中单击【镜像】按钮，在弹出的对话框中选中 Y 和【实例】单选按钮，如图 4-196 所示。

(12) 单击【确定】按钮，即可完成镜像，选择【创建】|【图形】|【圆】工具，在【前】

视图中绘制一个半径为 4 的圆形，将其命名为"桌子支架 - 横"，如图 4-197 所示。

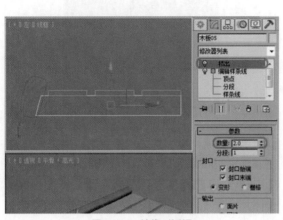

图 4-196　镜像对话框

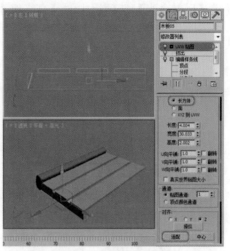

图 4-197　绘制圆形

(13) 切换至【修改】命令面板中，在修改器列表中选择【挤出】修改器，在【参数】卷展栏中将【数量】设置为 820，并在视图中调整该对象的位置，效果如图 4-198 所示。

(14) 继续选中挤出后的对象，在【顶】视图中按住 Shift 键沿 X 轴向左进行拖动，在弹出的对话框中选中【实例】单选按钮，如图 4-199 所示。

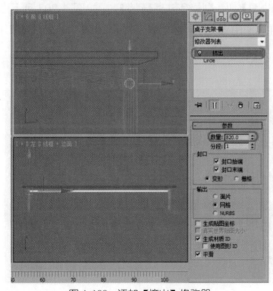

图 4-198　添加【挤出】修改器

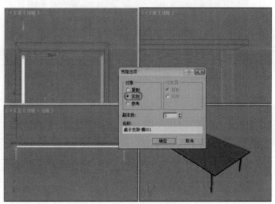

图 4-199　复制对象

(15) 单击【确定】按钮，在视图中选择"桌面"对象，按 M 键，在弹出的对话框中选择一个材质样本球，将其命名为"桌面"，在【Blinn 基本参数】卷展栏中将【环境光】的 RGB 值均设置为 230，将【高光反射】的 RGB 值均设置为 255，在【反射高光】卷展栏中将【高光级别】和【光泽度】分别设置为 64、29，如图 4-200 所示。

(16) 设置完成后，将设置完成后的材质指定给选定对象，在菜单栏中选择【编辑】|【反选】命令，选中其他对象，在材质编辑器对话框中选择一个新的材质样本球，将其命名为"金属"，

在【明暗器基本参数】卷展栏中选择明暗器类型为【(M) 金属】。在【金属基本参数】卷展栏中设置【反射高光】选项组中的【高光级别】为 61、【光泽度】为 80，如图 4-201 所示。

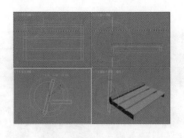

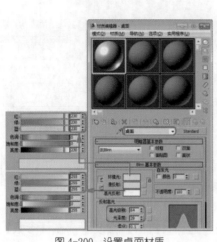

图 4-200　设置桌面材质　　　　　　　　　　图 4-201　设置金属参数

(17) 在【贴图】卷展栏中单击【反射】后面的【无】按钮，在弹出的【材质/贴图浏览器】对话框中双击【位图】选项，再在弹出的对话框中选择 Bxgmap1.jpg 文件，单击【打开】按钮，在【坐标】卷展栏中选择【环境】选项，选择【贴图】为【收缩包裹环境】，如图 4-202 所示。

(18) 将设置完成后的材质指定给选定对象，在视图中选中全部对象，在菜单栏中选择【组】|【组】命令，在弹出的对话框中将【组名】设置为"桌子"，如图 4-203 所示。

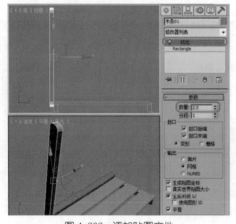

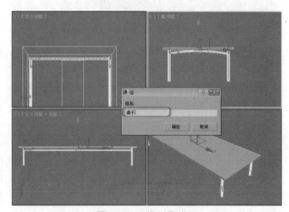

图 4-202　添加贴图文件　　　　　　　　　　图 4-203　将对象成组

(19) 设置完成后，单击【确定】按钮，将完成后的场景进行保存，打开"会议桌素材 .max"素材文件，如图 4-204 所示。

(20) 单击 按钮，在弹出的下拉列表中选择【导入】|【合并】命令，在弹出的对话框中选择制作完成后的会议桌，单击【打开】按钮，在弹出的对话框中选择"桌子"，如 4-205 所示。

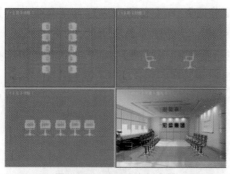
图 4-204 打开的素材文件

图 4-205 选择对象

(21) 单击【确定】按钮，在视图中调整桌子的位置，并调整其大小，效果如图 4-206 所示。

(22) 调整完成后，激活摄影机视图，按 F9 键进行渲染，效果如图 4-207 所示。

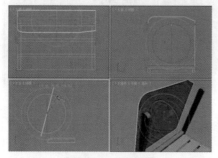
图 4-206 合并场景

图 4-207 渲染后的效果

案例精讲 047 使用几何体制作吧椅

案例文件：CDROM | Scenes | Cha04 | 使用几何体制作吧椅 OK.max

视频文件：视频教学 | Cha04 | 使用几何体制作吧椅 .avi

制作概述

本案例将介绍如何制作吧椅。该案例主要通过长方体、切角圆柱体制作吧椅座，然后使用【线】工具和【车削】修改器制作吧椅底座，从而完成吧椅的制作，效果 4-208 所示。

图 4-208 使用几何体制作吧椅

学习目标

利用长方体、编辑网格、松弛、弯曲、网格平滑等制作靠背。

利用切角圆柱体制作坐垫。

利用【线】工具和【车削】修改器制作吧椅底座。

利用【圆环】工具制作脚架环。

操作步骤

(1) 选择【创建】|【几何体】|【长方体】工具，在【前】视图中创建长方体，在【参数】

卷展栏中将【长度】、【宽度】、【高度】、【长度分段】、【宽度分段】、【高度分段】分别设置为 100、300、25、3、12、3，将其命名为"靠背"，如图 4-209 所示。

(2) 切换到【修改】命令面板，在修改器列表中选择【编辑网格】修改器，将当前选择集定义为【顶点】，在视图中对顶点进行调整，效果如图 4-210 所示。

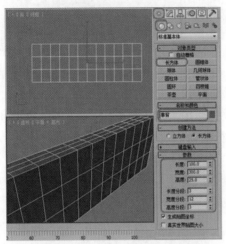

图 4-209　创建长方体

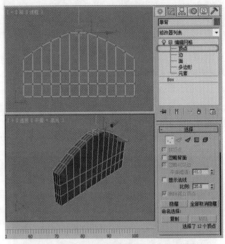

图 4-210　添加【编辑网格】修改器

(3) 再在修改器列表中选择【松弛】修改器，在【参数】卷展栏中将【松弛值】和【迭代次数】分别设置为 0.88、21，如图 4-211 所示。

知识链接

　　【松弛】修改器通过将顶点移近和移远其相邻顶点来更改网格中的外观曲面张力。当顶点朝平均中点移动时，典型的结果是对象变得更平滑，更小一些。可以在具有锐角转角和边的对象上看到最显著的效果。

　　【松弛值】：控制移动每个迭代次数的顶点程度。该值指定从顶点原始位置到其相邻顶点平均位置的距离的百分比。范围为 -1.0 至 1.0；默认为 0.5。正的【松弛值】将每一个顶点向其相邻顶点移近。对象变得更平滑，更小了。当【松弛值】为 0.0 时，顶点不再移动，【松弛】不会影响对象。负的【松弛值】将每一个顶点远离其相邻顶点移动。对象变得更不规则，更大了。

　　【迭代次数】：设置重复此过程的次数。对每次迭代来说，需要重新计算平均位置，重新将【松弛值】应用到每一个顶点。默认值为 1。当迭代次数为 0 时，没有应用松弛。增加正的【松弛值】设置的迭代次数将平滑和缩小对象。迭代次数非常大时，对象会缩小到一个点。增加负的【松弛值】设置的迭代次数将夸大和扩展对象。使用相对较少的迭代次数，对象会变得混乱，几乎无法使用。

　　【保持边界点固定】：控制是否移动打开网格边上的顶点。默认设置为启用。当启用【保持边界点固定】时，边界顶点不再移动，其他对象处于松弛状态。当使用共享开放边的多个对象或者一个对象内的多个元素时，此选项特别有用。

　　【保留外部角】：将顶点的原始位置保持为距对象中心的最远距离。

（4）在修改器列表中选择【弯曲】修改器，在【参数】卷展栏中将【角度】设置为–200，选中 X 单选按钮，如图 4-212 所示。

图 4-211　添加【松弛】修改器

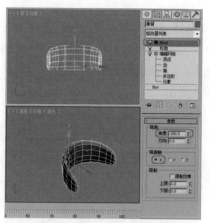

图 4-212　添加【弯曲】修改器

知识链接

　　【弯曲】修改器允许将当前选中对象围绕单独轴弯曲 360 度，在对象几何体中产生均匀弯曲。可以在任意三个轴上控制弯曲的角度和方向。也可以对几何体的一段限制弯曲。

　　【角度】：从顶点平面设置要弯曲的角度。

　　【方向】：设置弯曲相对于水平面的方向。

　　X/Y/Z：指定要弯曲的轴。注意此轴位于弯曲 Gizmo 并与选择项不相关。默认值为 Z 轴。

　　【限制效果】：将限制约束应用于弯曲效果。默认设置为禁用状态。

　　【上限】：以世界单位设置上部边界，此边界位于弯曲中心点上方，超出此边界弯曲不再影响几何体。默认值为 0。

　　【下限】：以世界单位设置下部边界，此边界位于弯曲中心点下方，超出此边界弯曲不再影响几何体。默认值为 0。

（5）再在修改器列表中选择【网格平滑】修改器，使用其默认参数即可，如图 4-213 所示。

知识链接

　　【网格平滑】修改器可以通过多种不同方法平滑场景中的几何体。它可以细分几何体，同时在角和边插补新面的角度以及将单个平滑组应用于对象中的所有面。【网格平滑】的效果是使角和边变圆，就像它们被锉平或刨平一样。使用【网格平滑】参数可控制新面的大小和数量，以及它们如何影响对象曲面。

提示

　　为更好的了解【网格平滑】，可以创建一个球体和一个立方体，然后对二者应用【网格平滑】。立方体的锐角变得圆滑，而球体的几何体变得更复杂而不是明显改变图形。

【网格平滑】的效果在锐角上最明显，而在弧形曲面上最不明显。尽量在长方体和具有尖锐角度的几何体上使用【网格平滑】，避免在球体和与其相似的对象上使用。

(6) 选择【创建】|【几何体】|【扩展基本体】|【切角圆柱体】工具，在【顶】视图中创建一个切角圆柱体，将其命名为"坐垫 001"，在【参数】卷展栏中将【半径】、【高度】、【圆角】、【高度分段】、【圆角分段】、【边数】分别设置为 50、10、4.53、1、3、36，如图 4-214 所示。

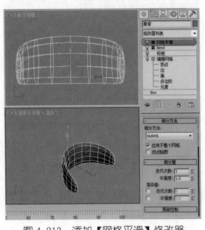

图 4-213　添加【网格平滑】修改器

图 4-214　创建切角圆柱体

(7) 继续选中该对象，按 Ctrl+V 组合键，在弹出的对话框中选中【复制】单选按钮，如图 4-215 所示。

(8) 单击【确定】按钮，切换至【修改】命令面板，在【参数】卷展栏中将【半径】、【高度】、【圆角】分别设置为 47、10、5，并在视图中调整该对象的位置，如图 4-216 所示。

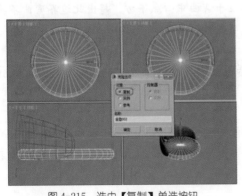

图 4-215　选中【复制】单选按钮

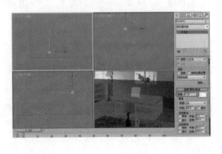

图 4-216　修改参数并调整其位置

(9) 在视图中选中所有对象，按 M 键，在弹出的对话框中选择一个材质样本球，将其命名为"红色坐垫"，在【明暗器基本参数】卷展栏中将明暗器类型设置为【(A) 各向异性】，在【各向异性基本参数】卷展栏中将【环境光】的 RGB 值设置为 255、0、0，将【自发光】设置为 15，在【反射高光】选项组中将【高光级别】、【光泽度】、【各项异性】分别设置为 202、

60、82，如图 4-217 所示。

（10）设置完成后，将设置完成后的材质指定给选定对象，选择【创建】|【图形】|【线】工具，在【前】视图中绘制一个如图 4-218 所示的图形，切换至【修改】命令面板中，将当前选择集定义为【顶点】，在视图中对顶点进行调整。

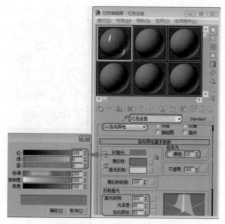

图 4-217　设置坐垫参数

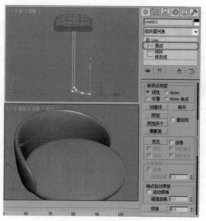

图 4-218　创建图形

（11）关闭当前选择集，在修改器列表中选择【车削】修改器，在【参数】卷展栏中将【度数】和【分段】分别设置为 360、200，单击 Y 按钮，再单击【对齐】选项组中的【最小】按钮，如图 4-219 所示。

（12）选中该对象，按 M 键，在弹出的对话框中选择一个材质样本球，将其命名为【金属】，在【明暗器基本参数】卷展栏中将明暗器类型设置为【(M) 金属】，在【金属基本参数】卷展栏中单击 C 按钮，取消【环境光】和【漫反射】的锁定，将【环境光】的 RGB 值均设置为 64，将【漫反射】的 RGB 值均设置为 255，在【反射高光】选项组中将【高光级别】和【光泽度】分别设置为 100、80，如图 4-220 所示。

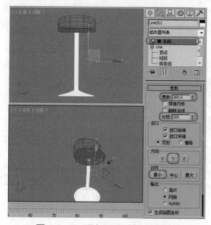

图 4-219　添加【车削】修改器

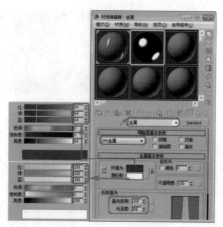

图 4-220　设置金属参数

（13）在【贴图】卷展栏中单击【反射】右侧的【无】按钮，在弹出的对话框中双击【位图】选项，再在弹出的对话框中选择 Chromic.JPG 贴图文件，单击【打开】按钮，在【坐标】卷展栏中将【瓷砖】下的 U、V 分别设置为 3.8、0.2，在【位图参数】卷展栏中选中【裁剪/放置】

选项组中的【应用】复选框，将 U、W 分别设置为 0.225、0.256，如图 4-221 所示。

(14) 将设置完成后的材质指定给选定对象，选择【创建】|【几何体】|【标准基本体】|【圆柱体】工具，创建圆柱体，将其命名为"接头"，在【参数】卷展栏中将【半径】、【高度】、【高度分段】、【端面分段】、【变数】分别设置为 7、12、1、1、69，如图 4-222 所示。

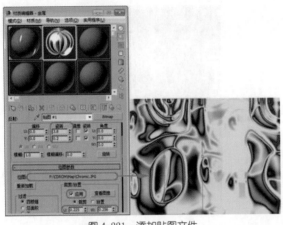

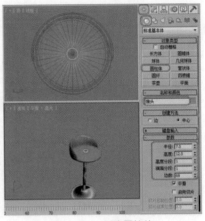

图 4-221 添加贴图文件   图 4-222 创建圆柱体

(15) 选中该对象，按 M 键，在弹出的对话框中选择一个新的材质样本球，将其命名为"黑色塑料"，在【明暗器基本参数】卷展栏中将明暗器类型设置为 (P)Phong，在【Phong 基本参数】卷展栏中将【环境光】的 RGB 值均设置为 35，在【反射高光】卷展栏中将【高光反射】和【光泽度】分别设置为 80、39，设置完成后将材质指定给选定的对像，如图 4-223 所示。

(16) 选择【创建】|【几何体】|【标准基本体】|【圆环】工具，在【顶】视图中创建一个圆环，将其命名为"脚架环"，在【参数】卷展栏中将【半径 1】、【半径 2】、【旋转】、【扭曲】、【分段】、【变数】分别设置为 35、3、0、0、200、12，如图 4-224 所示。

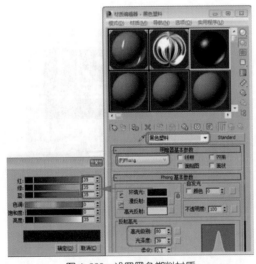

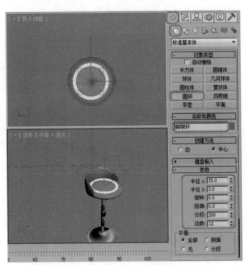

图 4-223 设置黑色塑料材质   图 4-224 创建圆环

(17) 选中该对象，在工具栏中右击【缩放】工具，在弹出的对话框中将【绝对：局部】选项组中的 Y 设置为 64.6，如图 4-225 所示。

(18) 缩放完成后，将该对话框关闭，在视图中调整该对象的位置，并为其指定【金属】材质，如图 4-226 所示。

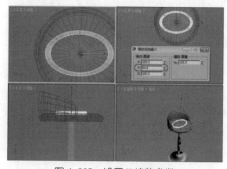

图 4-225　设置 Y 缩放参数

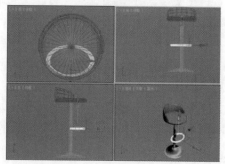

图 4-226　调整对象的位置

(19) 选中视图中的所有对象，在菜单栏中选择【组】|【组】命令，在弹出的对话框中将【组名】设置为"吧椅"，根据前面所介绍的方法创建一个无光投影背景，并添加"吧椅背景 .jpg"作为背景图，如图 4-227 所示。

(20) 选择【创建】|【摄影机】|【目标】工具，在视图中创建摄影机，激活【透视】视图，按 C 键将其转换为摄影机视图，在其他视图中调整摄影机位置，效果如图 4-228 所示。

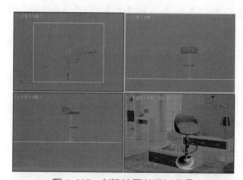

图 4-227　创建地面并添加背景

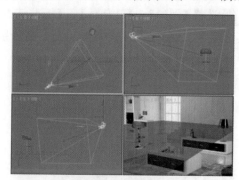

图 4-228　创建摄影机

(21) 选择【创建】|【灯光】|【标准】|【天光】工具，在【顶】视图中创建天光，切换到【修改】命令面板，在【天光参数】卷展栏中选中【投射阴影】复选框，如图 4-229 所示。

(22) 选择【创建】|【灯光】|【标准】|【泛光】工具，在【顶】视图中创建泛光灯，并在其他视图中调整灯光的位置，切换至【修改】命令面板，在【强度 / 颜色 / 衰减】卷展栏中将【倍增】设置为 0.35，如图 4-230 所示。

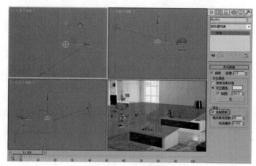

图 4-229　创建天光

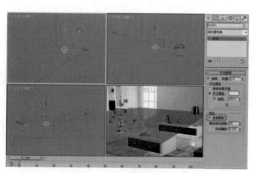

图 4-230　创建泛光灯

案例精讲 048　使用长方体制作文件柜

> 📝 **案例文件：** CDROM | Scenes | Cha04 | 文件柜 .max
>
> 💿 **视频文件：** 视频教学 | Cha04 | 使用标准基本体制作楼梯 .avi

制作概述

文件柜在日常工作生活中随处可见，本例将详细讲解如何制作文件柜。本例主要应用了长方体工具，完成后的效果如图 4-231 所示。

学习目标

掌握文件柜的制作流程，并尝试用长方体制作其他家具。

图 4-231　文件柜

操作步骤

(1) 首先设置一下系统单位，然后选择【创建】|【几何体】|【标准基本体】|【长方体】命令，在【顶】视图中创建长方体，将其命名为"柜子顶"，并将【长度】、【宽度】、【高度】分别设为 69、362、2，如图 4-232 所示。

(2) 选择【创建】|【几何体】|【标准基本体】|【长方体】命令，在【左】视图中创建长方体，将其命名为"柜子左"，并将长、宽、高分别设为 270、60、2，并调整位置，如图 4-233 所示。

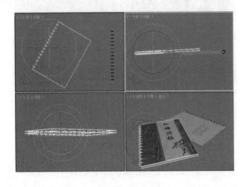

图 4-232　绘制长方体　　　　　　　　　　图 4-233　绘制长方体

 提示　　为了方便以后的操作，可以对创建的对象进行命名。

(3) 选择上一步绘制的"柜子左"，对其进行复制，将其命名为"柜子右"，并调整位置，如图 4-234 所示。

(4) 选择【创建】|【几何体】|【标准基本体】|【长方体】命令，在【前】视图中创建长方体，将其命名为"柜子后"，并将长、宽、高分别设为 270、356、2，并调整位置，如图 4-235 所示。

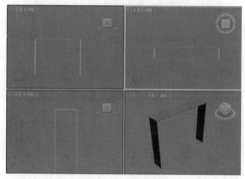

图 4-234　进行复制

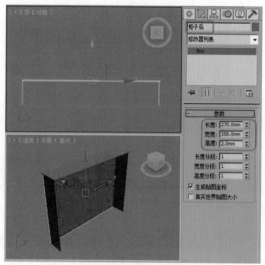

图 4-235　绘制长方体

知识链接

【长方体】生成最简单的基本体。立方体是长方体的唯一变量。但是，可以改变缩放和比例以制作不同种类的矩形对象，类型从大而平的面板和板材到高圆柱和小块。

(5) 选择【创建】|【几何体】|【标准基本体】|【长方体】命令，在【顶】视图中创建长方体，将其命名为"柜子低"，并将长、宽、高分别设为 59、352、15，如图 4-236 所示。

(6) 选择上一步绘制的"柜子低"进行 3 次复制，并修改其高度为 3，在【前】视图中调整位置，作为隔板，如图 4-237 所示。

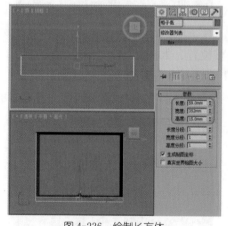

图 4-236　绘制长方体

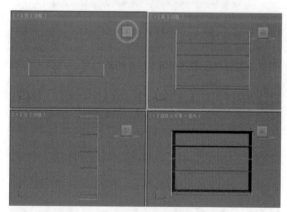

图 4-237　进行复制

(7) 在场景中选择"柜子左"进行复制，复制出两个对象，并将长、宽、高修改为 255、56、1，调整位置，如图 4-238 所示。

(8) 选择【创建】|【图形】|【样条线】|【矩形】，在【前】视图中绘制矩形，将【长度】和【宽度】分别设为 168、60，并调整位置，并命名为"门 1"，如图 4-239 所示。

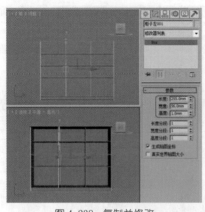

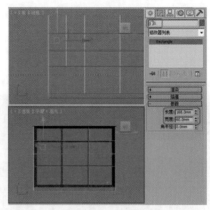

图 4-238　复制并修改　　　　　　　　　图 4-239　绘制矩形

(9) 选择创建的矩形，在修改器列表中选择【编辑样条线】修改器进行添加，将当前选择集定义为【样条线】，在【几何体】卷展栏中将【轮廓】设为15，完成后的效果如图4-240所示。

(10) 对其添加【挤出】修改器，将【数量】设为5，并调整位置，如图4-241所示。

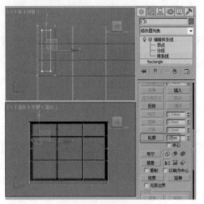

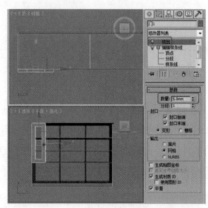

图 4-240　设置轮廓　　　　　　　　　图 4-241　添加【挤出】修改器

(11) 选择上一步创建的"门1"，复制3次，调整位置，如图4-242所示。

(12) 选择【创建】|【几何体】|【标准基本体】|【长方体】命令，在【前】视图中创建长方体，将其命名为"底门1"，并将长、宽、高分别设为87.87、60、5，如图4-243所示。

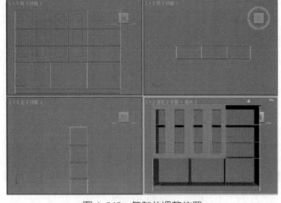

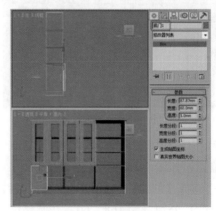

图 4-242　复制并调整位置　　　　　　　　　图 4-243　创建长方体

(13) 选择上一步创建的长方体并复制出 3 个，并调整位置，如图 4-244 所示。

(14) 选择【创建】|【几何体】|【标准基本体】|【长方体】命令，在【前】视图中创建长方体，将其命名为规"长门左"，并将长、宽、高分别设为 256、57、5，如图 4-245 所示。

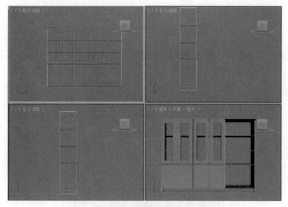

图 4-244　复制长方体

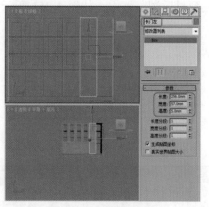

图 4-245　绘制长方体

(15) 选择上一步创建的对象进行复制，并调整位置，如图 4-246 所示。

(16) 选择所有的对象对其成组，并将其命名为"柜主体"，如图 4-247 所示。

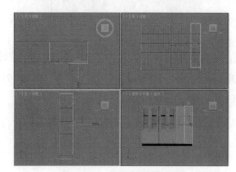

图 4-246　复制并调整位置

图 4-247　创建组

(17) 选择【创建】|【几何体】|【标准基本体】|【平面】命令，将【长度】和【宽度】分别设为 140、32，并将其命名为"玻璃 1"，如图 4-248 所示。

(18) 选择上一步创建的平面对其进行复制 3 个，并调整位置，如图 4-249 所示。

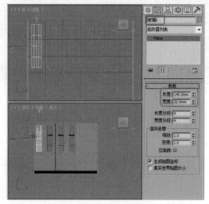

图 4-248　创建平面

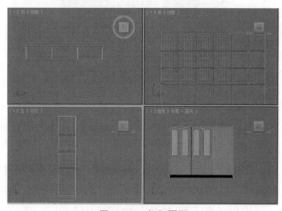

图 4-249　复制平面

(19) 选择所有的玻璃对象，将其成组，并命名为"玻璃"，如图 4-250 所示。

(20) 按 M 键打开【材质编辑器】，单击【获取材质】按钮 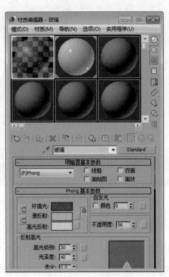，在弹出的对话框中选择【材质 / 浏览器选项】|【打开材质库】，选择 CDROM | Map | 文件柜 .mat 文件，单击【打开】按钮导入到材质浏览器中，如图 4-251 所示。

图 4-250　新建组

图 4-251　添加材质

(21) 选择添加的材质指定给场景文件，然后单击系统图标，在弹出的下拉列表中选择【导入】|【合并】命令，选择随书附带光盘中的 CDROM | Scenes | Cha04 | 文件柜素材 .max 文件，弹出【合并】对话框，选择所有全部选项，单击【确定】按钮，如图 4-252 所示。

(22) 在工具箱中选择【移动并选择】工具，将文件夹和把手放置到合适的位置并对把手对象适当缩放，完成后的效果如图 4-253 所示。

图 4-252　选择导入的文件

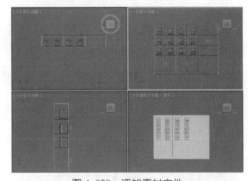

图 4-253　添加素材文件

(23) 选择【创建】|【几何体】|【标准基本体】|【平面】命令，在【顶】视图中创建平面，如图 4-254 所示。

(24) 按 M 键打开材质编辑器，选择一个样本球并将其命名为"平面"，单击 Standard 按钮，在弹出的对话框中选择【无光 / 投影】选项，单击【确定】按钮，保持默认值，将材质指定给上一步创建的平面对象，如图 4-255 所示。

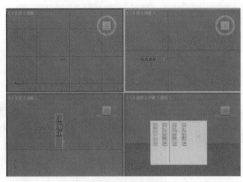

图 4-254 创建平面

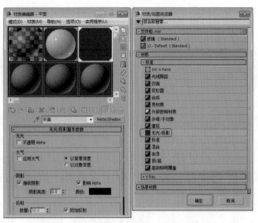

图 4-255 创建材质

(25) 选择平面对象并右击,在弹出的快捷菜单中选择【对象属性】命令,在弹出的对话框中选中【显示属性】选项组中的【透明】复选框,单击【确定】按钮,如图 4-256 所示。

(26) 选择【创建】|【灯光】|【标准】|【天光】命令,在【顶】视图中创建一盏天光,将【倍增】设为 1,并选中【投射阴影】复选框,如图 4-257 所示。

图 4-256 新建组

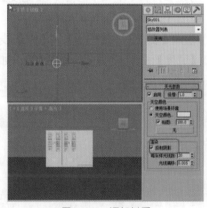

图 4-257 添加材质

(27) 选择【创建】|【摄影机】|【标准】|【目标】摄影机,在【顶】视图中创建一盏目标摄影机,并调整位置,并将透视图修改为摄影机视图,如图 4-258 所示。

(28) 激活摄影机视图进行渲染,完成后的效果如图 4-259 所示。

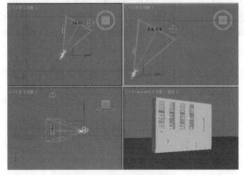

图 4-258 创建目标摄影机

图 4-259 完成后的效果

案例精讲 049　使用布尔制作的前台桌

案例文件：CDROM | Scenes | Cha04 | 前台桌 OK.max

视频文件：视频教学 | Cha05 | 前台桌的制作 .avi

制作概述

公司前台桌是一个公司必不可少的，下面本章将详细讲解如何制作前台桌，其中主要应用长方体和布尔进行创建，完成后的效果如图 4-260 所示。

学习目标

掌握前台桌的制作流程及布尔的应用。

图 4-260　前台桌

操作步骤

（1）启动软件后选择【创建】|【几何体】|【标准基本体】|【长方体】工具，在【顶】视图中创建长方体，将【长度】、【宽度】和【高度】分别设为 2716、7528、76，名称设为"桌面"，如图 4-261 所示。

（2）选择【创建】|【图形】|【样条线】|【矩形】工具，在【顶】视图中创建矩形，将【长度】和【宽度】分别设为 2716、1800，如图 4-262 所示。

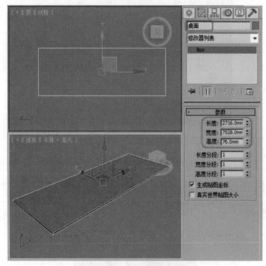

图 4-261　创建长方体

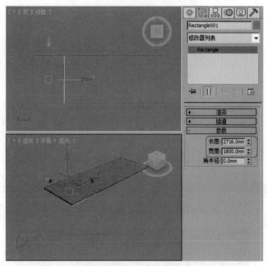

图 4-262　创建矩形

（3）切换到【修改】命令面板，选择【挤出】修改器，进行添加，将【数量】设为 –2348，并将其命名为"柜 1"如图 4-263 所示。

（4）选择"柜 1"对象进行复制，并调整位置，如图 4-264 所示。

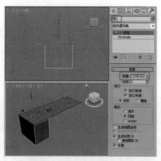
图 4-263 添加【挤出】修改器

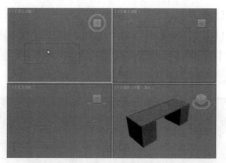
图 4-264 进行复制

(5) 选择【创建】|【几何体】|【标准基本体】|【长方体】工具,在【顶】视图中创建长方体,并将其命名为"中柜",将【长度】、【宽度】和【高度】分别设为2716、3920、100,并调整位置,如图 4-265 所示。

(6) 选择【创建】|【图形】|【样条线】|【线】工具,在【左】视图中创建线,如图 4-266所示。

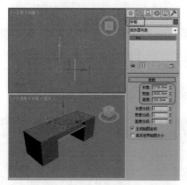
图 4-265 创建长方体

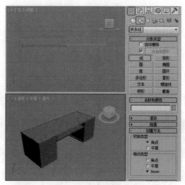
图 4-266 绘制线

(7) 切换到【修改】命令面板,将当前选择集定义为【样条线】,将【轮廓】设为–100,如图 4-267所示。

提示　　在设置轮廓时,当设置的轮廓数值为正值时,会以当前样条线的基础向外创建轮廓,当为负值时则向内创建轮廓。

(8) 关闭当前选择集,添加【挤出】修改器,将【数量】设为1960,并调整位置,如图 4-268 所示。

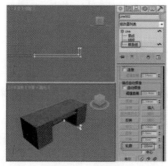
图 4-267 设置轮廓

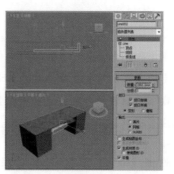
图 4-268 添加【挤出】修改器

(9) 选择上一步创建的对象，并进行复制，调整位置，如图 4-269 所示。

(10) 选择【创建】|【几何体】|【标准基本体】|【长方体】工具，在【前】视图中创建长方体，将【长度】、【宽度】和【高度】分别设为 528、1422、2638，并将其命名为"抽屉 1"，调整位置，如图 4-270 所示。

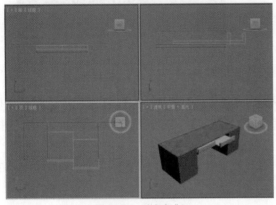

图 4-269　进行复制

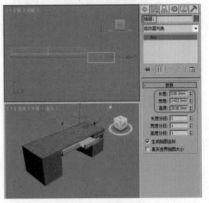

图 4-270　创建长方体

　(11) 选择上一步创建的"抽屉 1"对象，然后选择【创建】|【复合对象】|【布尔】命令，单击【拾取操作对象 B】按钮，在场景中拾取"柜 002"对象，在【操作】组中选中【差集 (B-A)】，如图 4-271 所示。

　(12) 使用同样方法创建其他布尔对象，如图 4-272 所示。

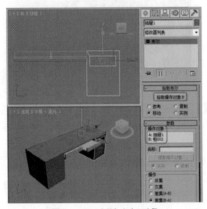

图 4-271　创建布尔对象

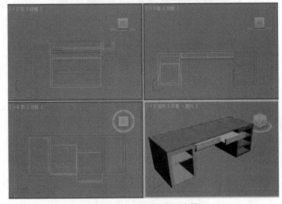

图 4-272　完成后的效果

知识链接

　　布尔型对象包含从中减去相交体积的原始对象的体积。

　　指定两个原始对象为操作对象 A 和 B。

　　可以采用堆栈显示的方式对布尔操作进行分层，以便在单个对象中包含多个布尔操作。通过在堆栈显示中进行导航，可以重新访问每个布尔操作的组件，并对它们进行更改。

　　(13) 选择【创建】|【图形】|【样条线】|【矩形】工具，在【前】视图中创建【矩形】，将【长度】和【宽度】分别设为 528、1422，如图 4-273 所示。

(14) 选择上一步创建的矩形，对其添加【编辑样条线】修改器，将当前选择集定义为【分段】，将多余的边删除，如图 4-274 所示。

图 4-273 创建矩形

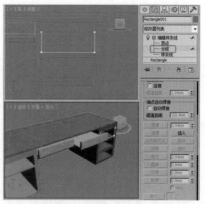

图 4-274 删除多余的分段

(15) 将当前选择集定义为【样条线】，并将【轮廓】值设为 50，如图 4-275 所示。

(16) 关闭当前选择集定义，对其添加【挤出】修改器，将【数量】设为 2500，如图 4-276 所示。

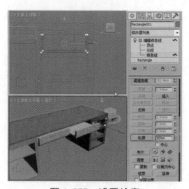

图 4-275 设置轮廓

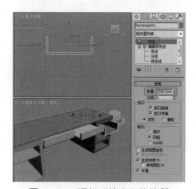

图 4-276 添加【挤出】修改器

(17) 在【前】视图中继续绘制长方体，将【长度】、【宽度】和【高度】分别设为 528、1422、10，并调整位置，如图 4-277 所示。

(18) 继续在【前】视图中绘制长方体，将【长度】、【宽度】和【高度】分别设为 50、372、50，并调整位置，如图 4-278 所示。

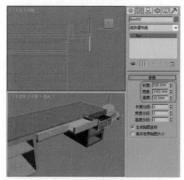

图 4-277 创建长方体

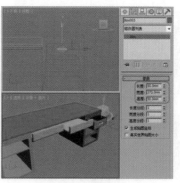

图 4-278 创建长方体

(19) 选择创建的所有抽屉对象，并将其成组，将组名设为"抽屉内"，如图 4-279 所示。

(20) 选择创建的"抽屉组"并进行复制，调整到其他抽屉内，完成后的效果如图 4-280 所示。

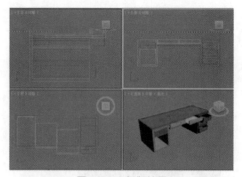

图 4-279　新建抽屉组　　　　　　　　　　　　　图 4-280　复制抽屉

(21) 继续在【前】视图中创建长方体，分别将【长度】、【宽度】和【高度】设为 1375、1435 和 100，并调整位置，如图 4-281 所示。

(22) 在【左】视图中创建长方体，将【长度】、【宽度】和【高度】分别设为 50、372、50，并调整位置，如图 4-282 所示。

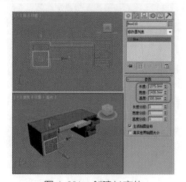
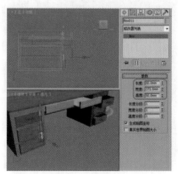

图 4-281　创建长方体　　　　　　　　　　　　　图 4-282　创建长方体

(23) 选择上一步创建的柜子门和把手进行编组，使用【选择并旋转】和【选择并移动】工具进行调整，如图 4-283 所示。

(24) 在【前】视图中绘制长方体，分别将【长度】、【宽度】和【高度】设为 3172、7518、125，并调整位置，并将其命名为"背板"，如图 4-284 所示。

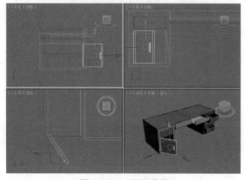
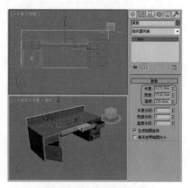

图 4-283　进行调整　　　　　　　　　　　　　图 4-284　绘制长方体

(25) 在【左】视图中创建长方体，将【长度】、【宽度】和【高度】分别设为738、1270、76，并调整位置，如图4-285所示。

(26) 选择上一步创建的长方体复制3个，并调整位置，如图4-286所示。

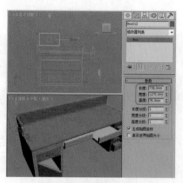

图4-285　创建长方体

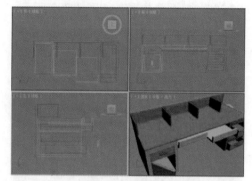

图4-286　复制对象

(27) 在【顶】视图中创建长方体，将【长度】、【宽度】和【高度】分别设为1415、6155、100，并调整位置，如图4-287所示。

(28) 在【顶】视图中创建长方体，作为桌子的底部，将【长度】、【宽度】和【高度】分别设为2462、1702、450，将其命名为"底座1"并调整位置，如图4-288所示。

图4-287　创建长方体

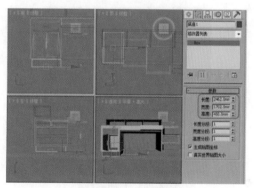

图4-288　创建长方体

(29) 选择上一步创建的"底座1"对象，对它进行复制并调整位置，如图4-289所示。

(30) 继续在【顶】视图中创建长方体，将【长度】、【宽度】和【高度】分别设为132、7326、450，并调整位置，如图4-290所示。

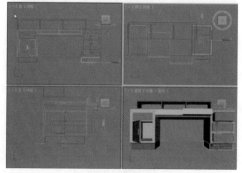

图4-289　复制对象

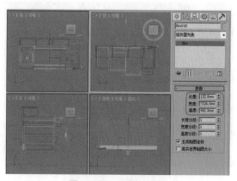

图4-290　绘制长方体

(31) 将底座隐藏，选择所有的对象，并对其进行编组，将其命名为"台桌主体"，如图 4-291 所示。

(32) 切换到【右】视图中绘制长方体，将【长度】、【宽度】和【高度】分别设为 4000、1000、200，并调整位置，如图 4-292 所示。

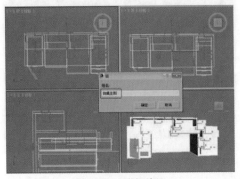

图 4-291　进行编组

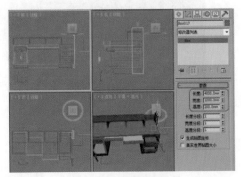

图 4-292　创建长方体

(33) 在【前】视图中绘制长方体，将【长度】、【宽度】和【高度】分别设为 995、5192、150，并调整位置，如图 4-293 所示。

(34) 选择创建的隔板对象，并对其成组，将其命名为"隔板"，如图 4-294 所示。

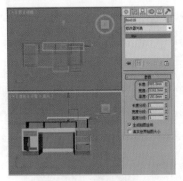

图 4-293　创建长方体

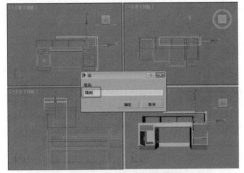

图 4-294　进行编组

(35) 在【顶】视图中创建【圆柱体】，将【半径】和【高度】分别设为 100、262，并对其进行复制一个，调整位置，如图 4-295 所示。

(36) 选择创建的两个圆柱体，并成组，将其命名为"金属支柱"，如图 4-296 所示。

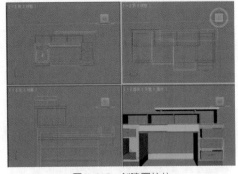

图 4-295　创建圆柱体

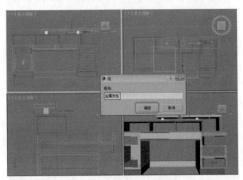

图 4-296　成组

(37) 按 M 键打开【材质编辑器】对话框，选择一个新的样本球，将其命名为"台桌主体"，将明暗器的类型设为 Phong，将【环境光】和【漫反射】的颜色设为白色，在【自发光】组中将【颜色】设为 20，将【高光级别】和【光泽度】分别设为 98、87，将设定好的材质指定给【台桌主体】组，如图 4-297 所示。

(38) 选择一个样本球，将其命名"底座"，将明暗器的类型设为 Phong，将【自发光】组中的颜色设为 50，将【高光级别】和【光泽度】分别设为 100、64，将创建的材质指定给场景中的底座对象，如图 4-298 所示。

图 4-297 创建材质

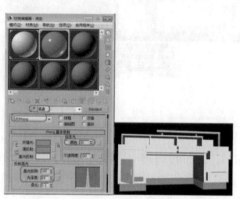

图 4-298 创建材质

(39) 选择一个新的样本球，并将其命名为"金属支柱"，将明暗器的类型设为【金属】，将【环境光】的颜色设为黑色，将【漫反射】的颜色设为白色，将【高光级别】和【光泽度】分别设为 100、80，如图 4-299 所示。

(40) 切换到【贴图】卷展栏中，单击【反射】后面的【无】按钮，在弹出的面板中选择【位图】选项，单击【确定】按钮，在弹出的对话框中选择 Map 文件中的 Gold04B.jpg 文件，在【坐标】卷展栏中将【模糊偏移】设为 0.086，单击【转到父对象】按钮，将制作好的材质指定给"金属支柱"对象，如图 4-300 所示。

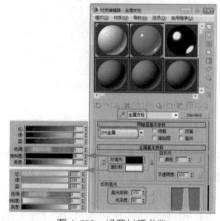

图 4-299 设置材质参数

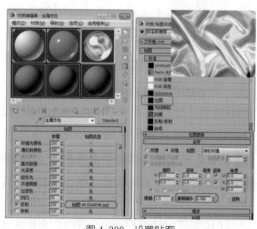

图 4-300 设置贴图

(41) 选择一个空的样本球，将其命名为"隔板"，将【环境光】和【漫反射】颜色的 RGB

值都设为 20，将【自发光】组中的【颜色】值设为 68，将【高光级别】和【光泽度】分别设为 100、50，设置完成后将对象指定给【隔板】对象，如图 4-301 所示。

(42) 在场景中选择所有对象，进行编组，将其命名为"前台桌"，并对场景进行保存，如图 4-302 所示。

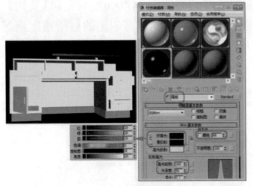
图 4-301 创建材质

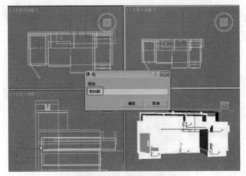
图 4-302 进行编组

(43) 打开随书附带光盘中的 CDROM | Scenes | Cha04 | 前台桌背景 .max 文件，单击【系统图标】，在下拉列表中选择【导入】|【合并】命令，如图 4-303 所示。

(44) 选择创建的前台桌文件，弹出【合并 - 前台桌】对话框，选择所有对象，单击【确定】按钮，如图 4-304 所示。

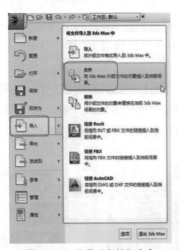
图 4-303 选择【合并】命令

图 4-304 选择导入的对象

知识链接

使用【合并】命令可以将保存的场景文件中的对象加载到当前场景中。您还可以使用【合并】命令将整个场景合并到另一个中。其方式与【外部参照合并】对话框一样。

(45) 在场景中选择导入的文件，利用【选择并移动】和【选择并旋转】工具对导入的文件进行适当调整，如图 4-305 所示。

(46) 激活【摄影机】视图，进行渲染，查看效果如图 4-306 所示。并对场景文件进行另存。

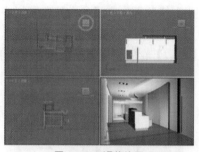

图 4-305　调整位置

图 4-306　查看渲染效果

案例精讲 050　使用几何体工具创建老板桌

案例文件：CDROM | Scenes | Cha04 | 使用放样工具制作摇椅 OK.max

视频文件：视频教学 | Cha04 | 使用放样工具制作摇椅 .avi

制作概述

本例将介绍如何制作老板桌。首先使用矩形工具绘制出桌面的截面，然后为其添加【挤出】修改器，使其具有三维效果，然后利用【切角长方体】和【切角圆柱体】绘制出桌子的其他部位，完成后的效果如图 4-307 所示。

图 4-307　老板桌

学习目标

学会使用几何体工具制作老板桌。

掌握【矩形】工具、【切角长方体】工具、【切角圆柱体】工具和【挤出】修改器等的使用。

操作步骤

（1）启动软件后，选择【创建】|【图形】|【样条线】|【矩形】工具，在【顶】视图中绘制矩形，在【参数】卷展栏中将【长度】、【宽度】、【角半径】分别设置为 133、378、4，将其命名为"桌面"，如图 4-308 所示。

（2）进入【修改】命令面板，为矩形添加【编辑样条线】修改器，将当前选择集定义为【顶点】，在【几何体】卷展栏中单击【优化】按钮，在矩形上添加两个顶点，再次单击【顶点】按钮，然后调整顶点的位置，效果如图 4-309 所示。

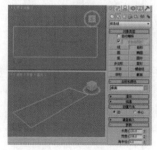

图 4-308　创建矩形

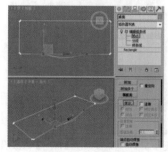

图 4-309　调整顶点

(3) 关闭当前选择集，在【修改器列表】中选择【挤出】修改器，在【参数】卷展栏中将【数量】设置为8，如图4-310所示。

(4) 在【修改器列表】中选择【平滑】修改器，单击【参数】卷展栏中【平滑组】中的1按钮，如图4-311所示。

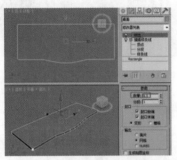
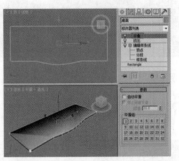

图4-310　添加【挤出】修改器　　　　　　　图4-311　添加【平滑】修改器

(5) 选择【创建】|【图形】|【样条线】|【矩形】工具，在【顶】视图中创建矩形，效果如图4-312所示。

(6) 进入【修改】命令面板，在【修改器列表】中选择【编辑样条线】修改器，将当前选择集定义为【顶点】，在【几何体】卷展栏中单击【优化】按钮，然后在矩形左侧的边添加两个顶点，再次单击【优化】按钮，使用【选择并移动】工具调整顶点的位置，如图4-313所示。

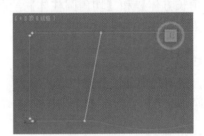

图4-312　绘制矩形　　　　　　　　　图4-313　调整顶点的位置

(7) 将当前选择集关闭，为矩形添加【挤出】修改器，在【参数】卷展栏中将【数量】设置为3，然后调整矩形的位置，效果如图4-314所示。

(8) 将其命名为"桌面装饰01"，选择【创建】|【图形】|【样条线】|【矩形】工具，创建矩形并为【矩形】添加【编辑样条线】修改器，将当前选择集定义为【顶点】，然后调整顶点的位置，效果如图4-315所示。

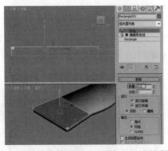
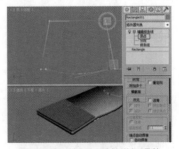

图4-314　为对象添加【挤出】修改器　　　　图4-315　绘制矩形并进行调整

(9) 将当前选择集关闭，为其添加【挤出】修改器，在【参数】卷展栏中将【数量】设置为3，如图 4-316 所示。

(10) 调整图形的位置，将其命名为"桌面装饰 02"，使用同样的方法创建"桌面装饰 03"，完成后的效果如图 4-317 所示。

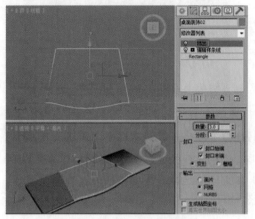

图 4-316　添加【挤出】修改器

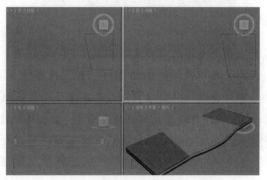

图 4-317　绘制【桌面装饰 03】

(11) 选择【创建】|【图形】|【矩形】工具，在【顶】视图中创建矩形，进入【修改】命令面板，选择【编辑样条线】修改器，将当前选择集定义为【顶点】，如图 4-318 所示。

(12) 选择矩形的所有的顶点并右击，在弹出的快捷菜单中选择【角点】命令，然后调整【顶点】的位置，然后在【顶】视图中选择矩形下方的两个顶点，单击鼠标右键并在弹出的快捷菜单中选择【Bazier 角点】命令，然后调整顶点，完成后的效果如图 4-319 所示。

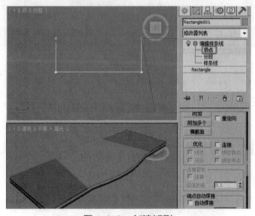

图 4-318　创建矩形

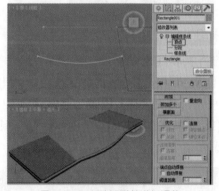

图 4-319　创建矩形并进行调整

(13) 关闭当前选择集，使用【选择并移动】工具调整图形的位置，然后在【修改器列表】中选择【挤出】修改器，将【数量】设置为 1，将其颜色设置为黑色，如图 4-320 所示。

(14) 选择【创建】|【几何体】|【扩展基本体】|【切角长方体】工具，在【顶】视图中创建几何体，在【参数】卷展栏中将【长度】、【宽度】、【高度】、【圆角】设置为 120、80、–84、3.7，将【长度分段】、【宽度分段】、【高度分段】、【圆角分段】分别设置为 9、6、4、6，将其重命名为"左箱"，如图 4-321 所示。

图 4-320 添加【挤出】修改器

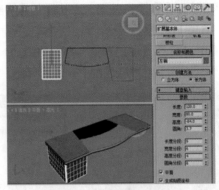

图 4-321 创建切角长方体

(15) 选择【创建】|【几何体】|【切角圆柱体】工具，在【顶】视图中创建切角圆柱体，在【参数】卷展栏中将【半径】、【高度】分别设置为 10、−13.5，将【边数】设置为 16，将其命名为"支架 01"，调整"支架 01"和"左箱"的位置，如图 4-322 所示。

(16) 对"支架 01"进行复制并调整对象在视图中的位置，完成后的效果如图 4-323 所示。

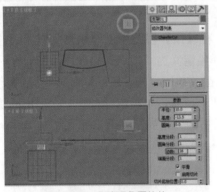

图 4-322 创建切角圆柱体

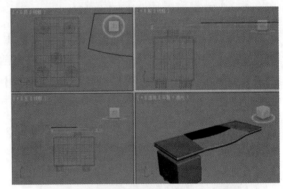

图 4-323 对切角圆柱体进行复制并调整位置

(17) 选择【左箱】和"支架 01"~"支架 005"对象，使用【选择并移动】工具，按住 Shift 键将其向右进行拖曳，释放鼠标弹出【克隆选项】对话框，在该对话框中选中【复制】单选按钮，将【名称】设置为"右箱 01"，单击【确定】按钮，如图 4-324 所示。

(18) 选择【创建】|【图形】|【线】工具，在【顶】视图中绘制图形，完成后的效果如图 4-325 所示。

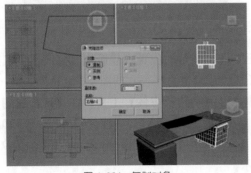

图 4-324 复制对象

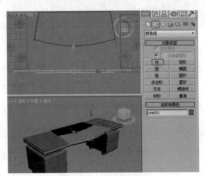

图 4-325 绘制线

(19) 进入【修改】命令面板，添加【编辑样条线】修改器，将当前选择集定义为【顶点】，调整顶点，效果如图 4-326 所示。

(20) 将当前选择集关闭，选择【挤出】修改器，将【数量】设置为 –83.5，将其命名为"前面装饰"，然后调整其位置，如图 4-327 所示。

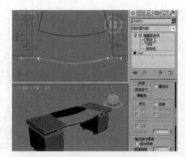
图 4-326　调整顶点

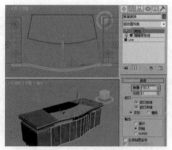
图 4-327　添加【挤出】修改器

(21) 在【修改器列表】中选择【UVW 贴图】修改器，在【贴图】选项组中选中【长方体】单选按钮，在【对齐】选项组中单击【适配】按钮，如图 4-328 所示。

(22) 选择【创建】|【几何体】|【切角圆柱体】工具，在【前】视图中创建切角圆柱体，在【参数】卷展栏中将【半径】、【高度】、【圆角】分别设置为 2、29、0.4，将其命名为"装饰钉 01"，如图 4-329 所示。

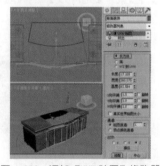
图 4-328　添加【UVW 贴图】修改器

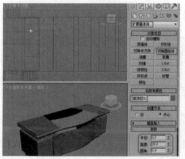
图 4-329　创建切角圆柱体

(23) 对其进行复制并在视图中调整其位置，效果如图 4-330 所示。

(24) 选择【创建】|【几何体】|【标准基本体】|【长方体】工具，在【左】视图中创建长方体，在【参数】卷展栏中将【长度】、【宽度】、【高度】分别设置为 86、260、3，将其命名为"右装饰板"，如图 4-331 所示。

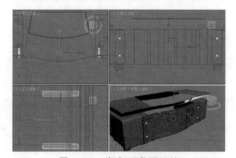
图 4-330　复制切角圆柱体

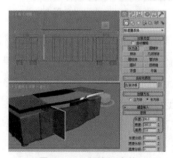
图 4-331　创建长方体

(25) 调整长方体的位置，在场景中选择对装饰钉进行旋转复制，然后调整装饰钉的位置，将其调整至右装饰板上，如图 4-332 所示。

(26) 在【顶】视图中选择"右箱 01"和"支架 006"~"支架 009"对象，对其进行复制，调整其位置，如图 4-333 所示。

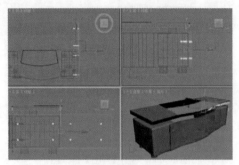

图 4-332 调整装饰钉

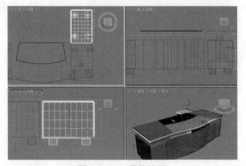

图 4-333 调整位置

(27) 选择"右箱 002"，在【修改】命令面板中将【长度】设置为 137，然后调整其位置，效果如图 4-334 所示。

(28) 按 M 键打开【材质编辑器】对话框，在该对话框中选择一个空白的材质样本球，将其命名为"桌箱"，将明暗器类型设置为【各向异性】，将【环境光】RGB 值设置为 20、0、0，将【高光反射】RGB 值设置为 178、172、172，将【高光级别】、【光泽度】、【各向异性】、【方向】分别设置为 63、34、63、992，如图 4-335 所示。

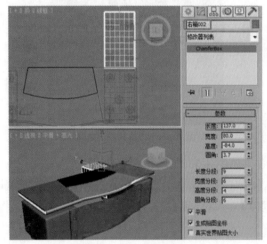

图 4-334 调整"右箱 002"

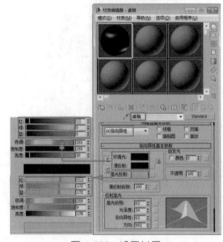

图 4-335 设置材质

(29) 按 H 键打开【从场景选择】对话框，在该对话框中选择"左箱"、"右箱 01"、"右箱 002"，单击【确定】按钮，然后单击【将材质指定给选定对象】按钮，激活【透视】视图，对该视图进行渲染即可，效果如图 4-336 所示。

(30) 选择一个空白的材质样本球，将其命名为"木"，将明暗器类型设置为【各向异性】，将【反射高光】选项组中的【高光级别】、【光泽度】、【各向异性】分别设置为 50、25、30，如图 4-337 所示。

图 4-336　渲染一次效果

图 4-337　设置材质

(31) 展开【贴图】卷展栏，单击【漫反射颜色】右侧的【无】按钮，在弹出的对话框中选择【位图】选项，如图 4-338 所示。

(32) 单击【确定】按钮，打开【选择位图图像文件】对话框，在该对话框中选择 WW-006.jpg 素材文件，单击【打开】按钮，如图 4-339 所示。

图 4-338　选择【位图】选项

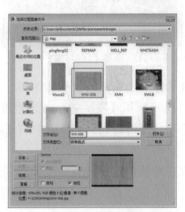

图 4-339　选择位图

(33) 进入【位图】层级，保持默认设置，单击【转到父对象】按钮，在场景中选择"桌面装饰 01"、"桌面装饰 02"、"桌面装饰 03"对象，在菜单栏中选择【组】|【组】命令，弹出【组】对话框，在该对话框中将【组名】设置为"桌面装饰"，单击【确定】按钮，如图 4-340 所示。

(34) 进入【修改】命令面板，在【修改器列表】中选择【UVW 贴图】修改器，在【贴图】选项组中选中【长方体】单选按钮，将【长度】、【宽度】、【高度】分别设置为 147、379、4，如图 4-341 所示。

图 4-340　将对象成组

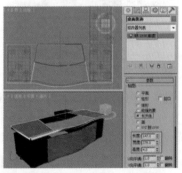

图 4-341　为对象添加 UVW 贴图

(35) 选择【右装饰板】对象，在【修改器列表】中选择【UVW 贴图】修改器，在【贴图】选项组中选中【长方体】单选按钮，将【长度】、【宽度】、【高度】分别设置为 87、261、3，如图 4-342 所示。

(36) 在场景中选择"桌面装饰"、"右装饰板"、"前面装饰"、"桌面"对象，将【木】材质指定个选定对象，激活【透视】视图，对该视图进行渲染一次，观看效果如图 4-343 所示。

图 4-342　添加【UVW 贴图】修改器

图 4-343　渲染效果

(37) 选择一个空白的材质样本球，将其命名为"支架"，将明暗器类型设置为【金属】，取消【环境光】和【漫反射】之间的颜色锁定，将【环境光】设置为黑色，将【漫反射】设置为白色，将【反射高光】选项组中的【高光级别】、【光泽度】分别设置为 91、62，如图 4-344 所示。

(38) 在场景中选择所有的支架和装饰钉，然后单击【将材质指定给选定对象】按钮，将材质指定给所有的支架，对【透视】视图进行一次渲染，效果如图 4-345 所示。

图 4-344　设置金属材质

图 4-345　渲染效果

(39) 选择空白的材质样本球，将其命名为"垫"，将【环境光】设置为黑色，将【高光级别】、【光泽度】分别设置为 40、25，在场景中选择 Rectangle01 对象，单击【将材质指定给选定对象】按钮，如图 4-346 所示。

(40) 选择【创建】|【摄影机】|【目标】对象，在【顶】视图中创建一架摄影机，将【透视】视图转换为【摄影机】视图，然后在各个视图中调整摄影机的位置，效果如图 4-347 所示。

图 4-346　创建垫材质

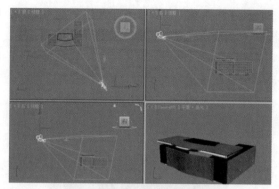

图 4-347　创建并调整摄影机

(41) 按 8 键打开【环境和效果】对话框，在该对话框中单击【环境和贴图】下的【无】按钮，在弹出的对话框中选择【位图】选项，单击【确定】按钮，再在弹出的对话框中选择随书附带光盘中的 CDROM | Map | xvoldr.jpg 素材文件，如图 4-348 所示。

(42) 单击【打开】按钮，将环境贴图拖曳至空白的材质样本球上，在弹出的对话框中选中【实例】单选按钮，单击【确定】按钮，在【坐标】卷展栏中将【贴图】设置为【屏幕】，如图 4-349 所示。

图 4-348　选择位图

图 4-349　设置环境贴图

(43) 激活【摄影机】视图，然后将视口背景设置为【环境背景】，然后在视图中调整摄影机的位置，效果如图 4-350 所示。

(44) 选择【创建】|【灯光】|【标准】|【目标聚光灯】，在【顶】视图中创建目标聚光灯，在【常规】参数卷展栏中选中【阴影】下的【启用】复选框，将阴影类型设置为【光线跟踪阴影】，在【阴影参数】卷展栏中将【颜色】RGB 值均设置为 52，在【强度 / 颜色 / 衰减】卷展栏中将【倍增】设置为 0.6，然后在视图中调整目标聚光灯的位置，效果如图 4-351 所示。

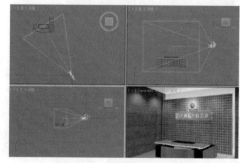

图 4-350　调整摄影机的位置

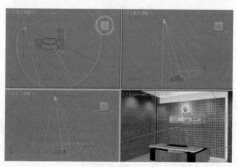

图 4-351　创建目标聚光灯并进行调整

(45) 选择【创建】|【灯光】|【标准】|【泛光】工具，在【顶】视图中创建泛光灯，在视图中调整泛光灯的位置，如图 4-352 所示。

(46) 选择【创建】|【灯光】|【标准】|【泛光】工具，在【顶】视图中创建泛光灯，在视图中调整泛光灯的位置，如图 4-353 所示。

图 4-352　创建泛光灯

图 4-353　创建泛光灯并调整其位置

(47) 选择【创建】|【几何体】|【标准基本体】|【平面】对象，在【顶】视图中创建平面，在【参数】卷展栏中将【长度】、【宽度】分别设置为 508、804，然后在视图中调整其位置，效果如图 4-354 所示。

(48) 按 M 键打开【材质编辑器】对话框，选择一个空白的材质样本球，单击 Standard 按钮，在弹出的对话框中选择【无光 / 投影】选项，单击【确定】按钮，然后单击【将材质指定给选定对象】按钮，对摄影机视图进行渲染一次观看效果，如图 4-355 所示。

图 4-354　创建平面

图 4-355　渲染效果

案例精讲 051　使用管状体制作资料架

✎　案例文件：CDROM | Scenes | Cha04 | 使用管状体制作资料架 OK.max

🎬　视频文件：视频教学 | Cha04 | 使用管状体制作资料架 .avi

制作概述

本例将介绍组合书架的制作，主要由【管状体】、【圆柱体】工具来创建组合书架的底座、中心柱，然后再通过【线】、【长方体】创建脚架，通过【阵列】命令进行调整，通过对【线】工具进行挤出制作文件皮。然后通过旋转复制，最后再为其指定材质，完成后的效果如图 4-356 所示。

图 4-356　资料架

学习目标

掌握【线】、【管状体】、【圆柱体】、【长方体】工具的应用。

掌握【阵列】命令的应用。

掌握【挤出】修改器的应用。

操作步骤

(1) 激活【顶】视图，选择【创建】 ❋ |【几何体】 ◯ |【管状体】工具，在【顶】视图中创建一个管状体，在【参数】卷展栏中将【半径1】、【半径2】、【高度】、【边数】的值分别设置为30、40、10、32，如图4-357所示。

(2) 选择【创建】 ❋ |【几何体】 ◯ |【圆柱体】工具，再在【顶】视图中，管状体的中央创建一个圆柱体，在【参数】卷展栏中将【半径】、【高度】、【边数】的值分别设置为30、13、30，然后在【左】视图中调整它的位置，完成后的效果如图4-358所示。

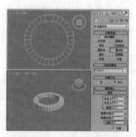
图4-357 创建管状体

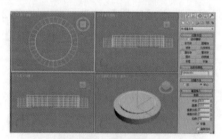
图4-358 创建圆柱体

(3) 按Ctrl+A组合键，将场景中的物体全部选择，然后选择菜单栏中的【组】|【组】命令，在弹出的【组】对话框中将【组名】命名为"底座"，然后单击【确定】按钮，如图4-359所示。

(4) 确定【底座】对象处于选择状态，按M键打开材质编辑器面板，选择第一个材质样本球，将其命名为"金属"。在【明暗器基本参数】卷展栏中，将明暗器类型设置为【金属】。在【金属基本参数】卷展栏中，将【环境光】的RGB值均设置为0，将【漫反射】的RGB值均设置为255；将【自发光】设置为20。将【反射高光】区域下的【高光级别】和【光泽度】分别设置为100、80。打开【贴图】卷展栏，单击【反射】通道后的【无】贴图按钮，在打开的对话框中选择【位图】贴图，单击【确定】按钮。再在打开的对话框中选择随书附带光盘中的 CDROM | Map | HOUSE. JPG 文件，单击【打开】按钮。进入【反射】材质层级，在【坐标】卷展栏中将【模糊偏移】的值设置为0.086，单击【转到父对象】按钮 ❋，返回父级材质层级，然后单击【将材质指定给选定对象】按钮 ❋，将材质指定给场景中的【底座】对象，如图4-360所示。

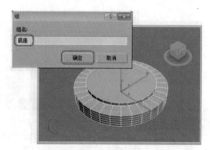
图4-359 成组为底座

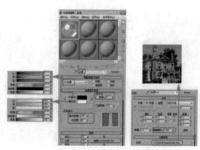
图4-360 设置【金属】材质

（5）关闭材质编辑器，激活【顶】视图，选择【创建】 ✴ |【几何体】 ⊙ |【管状体】工具，在【顶】视图中创建一个管状体，将其命名为"书架001"，在【参数】卷展栏中将【半径1】、【半径2】、【高度】、【边数】的值分别设置为6、153、6、50，然后在【前】视图中将其调整至【底座】对象的上方，如图4-361所示。

（6）在场景中选择刚创建的"书架001"对象，按M键打开材质编辑器面板，选择第二个材质样本球，将其命名为"书架"。在【明暗器基本参数】卷展栏中，选中【双面】复选框。在【Blinn基本参数】卷展栏中，将【环境光】、【漫反射】、【高光反射】的RGB值均设置为255；将【自发光】设置为30。将【反射高光】区域下的【高光级别】、【光泽度】均设置为0。打开【贴图】卷展栏，单击【漫反射颜色】通道后的【无】按钮，在打开的对话框中选择【位图】贴图，单击【确定】按钮。再在打开的对话框中选择随书附带光盘中的CDROM | Map | 枫木-13.jpg文件，单击【打开】按钮。进入【反射】材质层级，单击【位图参数】卷展栏，在【裁减放置】区域下单击【查看图像】按钮，在弹出的对话框中调整图像的有效区域，调整完成后选择【应用】选项，如图4-362所示。单击【转到父对象】按钮 ❖ ，返回父级材质层级，然后单击【将材质指定给选定对象】按钮 ⏾ ，将材质指定给场景中的"书架001"对象。

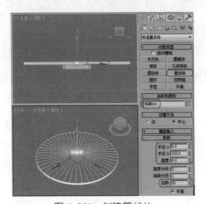

图 4-361　创建管状体

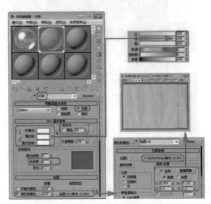

图 4-362　设置【书架】材质

（7）选择【创建】 ✴ |【几何体】 ⊙ |【圆柱体】工具，再在【顶】视图中，"书架001"的中央创建一个圆柱体，将其命名为"中心柱"，在【参数】卷展栏中将【半径】、【高度】、【边数】的值分别设置为6、400、30，然后在【前】视图中将其调整至"书架001"的上方，如图4-363所示。

（8）确认新创建的"中心柱"对象处于选择状态，按M键打开材质编辑器面板，选择第一个材质样本球，将【金属】材质指定给场景中的"中心柱"对象，如图4-364所示。

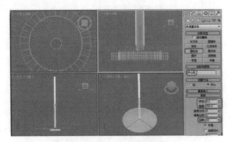

图 4-363　创建圆柱体

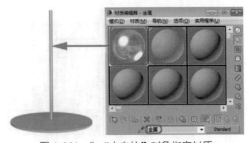

图 4-364　为"中心柱"对象指定材质

(9) 激活【前】视图，在场景中选择"书架 001"对象，使用【选择并移动】工具🔀，配合 Shift 键，将其向上移动复制，在弹出的【克隆选项】对话框中选中【对象】区域下的【实例】单选按钮，将【副本数】设置为 3，最后单击【确定】按钮，然后调整复制得到的模型位置，如图 4-365 所示。

(10) 激活【左】视图，按 Alt+W 组合键将其最大化显示。选择【创建】❈|【几何体】◯|【长方体】工具，在【左】视图中创建一个【长度】、【宽度】、【高度】的值分别为 10、115、5 的长方体，来制作脚架腿，如图 4-366 所示。

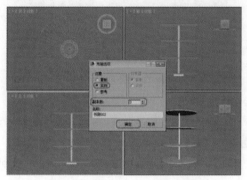

图 4-365   复制"书架 001"对象

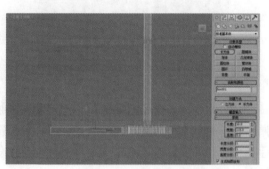

图 4-366   创建长方体

(11) 在【左】视图中，将长方体的左侧放大显示，选择【创建】❈|【图形】◓|【线】工具，在【左】视图中绘制一个如图 4-367 所示的闭合图形作为脚架轴的截面图形。

> 注意   在绘制脚架轴的截面图形时，不必一步到位，先绘制出它的大体形状，再通过调整顶点的位置来调整截面图形的形状。

(12) 切换至【修改】命令面板，在【修改器列表】中选择【车削】修改器，在【参数】卷展栏中将【分段】值设置为 50，选择【方向】区域下的 Y 按钮，并单击【对齐】区域下的【最小】按钮，然后在其他视图中调整模型的位置，如图 4-368 所示。

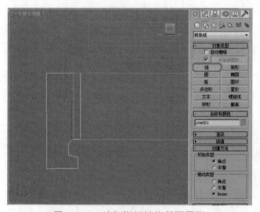

图 4-367   绘制脚架轴的截面图形

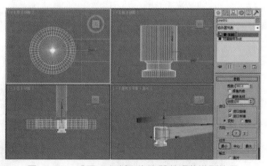

图 4-368   设置【车削】修改器并调整模型位置

(13) 选择 Line001 和 Box 对象，然后单击【选择】按钮，再在菜单栏中选择【组】|【组】命令，将组名命名为"脚架 001"，最后单击【确定】按钮，如图 4-369 所示。

(14) 在场景中选择"脚架 001"对象，激活【顶】视图，切换至【层次】面板。单击【轴】

按钮，在【调整轴】卷展栏中单击【仅影响轴】按钮，然后选择工具栏中的【对齐】工具 🖳，在场景中选择"书架004"对象，在弹出的对话框中将【对齐位置】区域下的三个复选框全部选中，再选中【当前对象】和【目标对象】区域下的【中心】单选按钮，最后单击【确定】按钮，将"脚架001"对象与"书架004"的中心对齐，如图4-370所示。

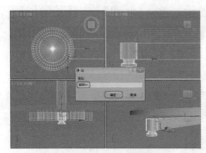

图 4-369　成组为"脚架001"

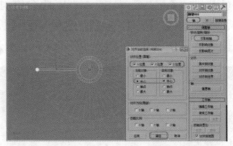

图 4-370　对齐轴心点

(15) 再次单击【仅影响轴】按钮，调整完轴心点后，在菜单栏中选择【工具】|【阵列】命令，弹出【阵列】对话框，在该对话框中将【增量】选项组中【旋转】的Z轴参数设置为90，然后将【阵列维度】选项组中【数量】的1D值设置为4，最后单击【确定】按钮进行阵列复制，如图4-371所示。

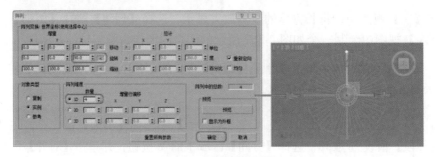

图 4-371　设置【阵列】

(16) 阵列完"脚架"对象后，选择这4个脚架，然后再为其指定材质，按M键打开材质编辑器面板，选择第一个材质样本球，将【金属】材质指定给场景中选择的对象，如图4-372所示。

(17) 激活【顶】视图，将【书架】的左侧进行放大显示，然后选择【创建】 ❋ |【图形】 ᴑ |【线】工具，在【顶】视图中绘制一个图形，并将其命名为"文件夹001"，如图4-373所示。

图 4-372　为脚架指定材质

图 4-373　绘制线段

(18) 切换至【修改】命令面板，将当前选择集定义为【样条线】，将【几何体】卷展栏中的【轮廓】设置为1，然后按Enter键确定，如图4-374所示。

(19) 退出当前选择集，在【修改器列表】中选择【挤出】修改器，在【参数】卷展栏中将【数量】值设置为115，设置其厚度，然后调整其位置，如图4-375所示。

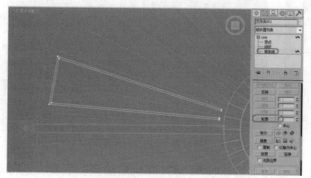

图 4-374　设置"轮廓"

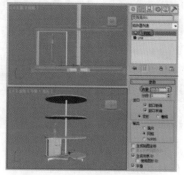

图 4-375　设置【挤出】修改器

(20) 激活【顶】视图，选择【创建】 | 【几何体】 | 【球体】工具，在【顶】视图中创建一个【半径】值为5的球体作为布尔运算的拾取对象，然后在视图中调整它的位置，调整完成后的效果如图4-376所示。

(21) 在场景中选择"文件夹001"对象，然后选择【创建】 | 【几何体】 | 【复合对象】|【布尔】工具，在【拾取布尔】卷展栏中单击【拾取操作对象B】按钮，然后选择场景中的球体对象进行布尔运算，如图4-377所示。

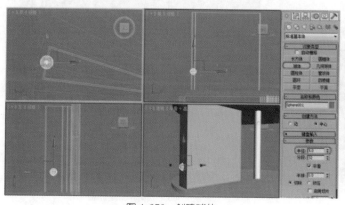

图 4-376　创建球体

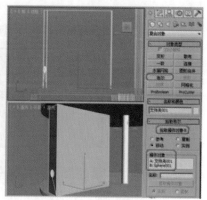

图 4-377　设置布尔运算

(22) 按M键打开材质编辑器面板，选择三个材质样本球，并将其命名为"文件夹01"。在【Blinn基本参数】卷展栏中，将【环境光】和【漫反射】的RGB值均设置为54；将【自发光】的值设置为50。然后单击【将材质指定给选定对象】按钮，将设置好的材质指定给场景中的"文件夹001"对象，如图4-378所示。

(23) 激活【左】视图，选择【创建】 | 【几何体】 | 【标准基本体】 | 【管状体】工具，在【左】视图中创建一个管状体，将其命名为"金属环001"，在【参数】卷展栏中将【半径1】、【半径2】、【高度】、【边数】的值分别设置为4、5、2、50，然后在视图中将其调整至如图4-379所示的位置。

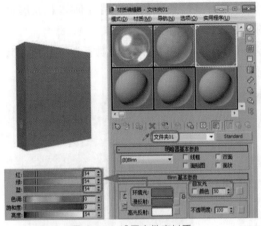

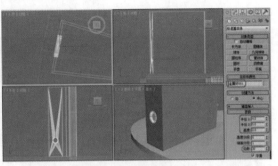

图 4-378　设置文件夹材质　　　　　　　　图 4-379　创建金属环

(24) 确定刚创建的"金属环"对象处于选择状态，按 M 键打开材质编辑器面板，选择第一个材质样本球，将【金属】材质指定给场景中的"金属环 001"对象，如图 4-380 所示。

(25) 激活【左】视图，选择【创建】 |【几何体】 |【标准基本体】|【长方体】工具，在【左】视图中创建一个【长度】、【宽度】、【高度】值分别为 60、18、0.5 的长方体，并将其命名为"标签 001"，然后在【前】视图中调整它的位置，调整后的效果如图 4-381 所示。

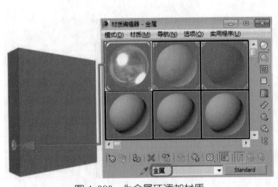

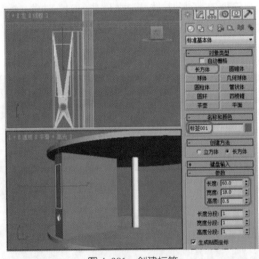

图 4-380　为金属环添加材质　　　　　　　图 4-381　创建标签

(26) 在场景中选择刚创建的"标签 001"对象，打开材质编辑器面板，选择一个新的材质样本球，将其命名为"标签"。在【Blinn 基本参数】卷展栏中，将【环境光】和【漫反射】的 RGB 值均设置为 255；将【自发光】区域下的【颜色】值设置为 50。打开【贴图】卷展栏，单击【漫反射颜色】通道后的【无】按钮，在打开的对话框中选择【位图】贴图，单击【确定】按钮。再在打开的对话框中选择随书附带光盘中的 CDROM | Map | acrch20_box_file_label.jpg 文件，单击【打开】按钮。单击【转到父对象】按钮 ，返回父级材质层级，然后单击【将材质指定给选定对象】按钮 ，将设置好的材质指定给场景中的"标签 001"对象，如图 4-382 所示。

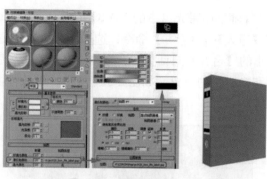

图 4-382　设置【标签】材质

(27) 关闭材质编辑器面板，选择"文件夹 001"、"标签 001"和"金属环 001"对象，在菜单栏中选择【组】|【组】命令，在弹出的菜单栏中将【组名】重新命名为"文件夹 001"，最后单击【确定】按钮，如图 4-383 所示。

(28) 选择成组后的"文件夹 001"对象，切换至【层次】面板。单击【轴】按钮，在【调整轴】卷展栏中单击【仅影响轴】按钮，将轴心点调整至书架的中央，如图 4-384 所示。

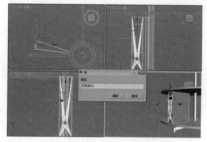

图 4-383　成组文件夹

图 4-384　调整轴心点位置

(29) 再次单击【仅影响轴】按钮，调整完轴心点后，在菜单栏中选择【工具】|【阵列】命令，弹出【阵列】对话框，在该对话框中将【增量】选项组中【旋转】的 Z 轴参数设置为 15，然后将【阵列维度】选项组中【数量】的 1D 值设置为 24，最后单击【确定】按钮进行阵列复制，如图 4-385 所示。

(30) 在场景中选择所有的文件夹对象，使用【选择并移动】工具 ✛，配合 Shift 键，将其向上移动复制，将部分文件夹删除并更改文件夹颜色，然后继续复制文件并更改其颜色，如图 4-386 所示。

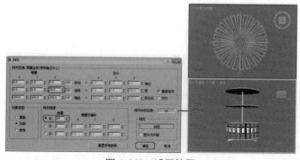

图 4-385　设置阵列

图 4-386　复制文件夹并更改颜色

(31) 保存场景文件。选择随书附带光盘中的 CDROM | Scences | Cha04 | 使用管状体制作资料架 .max 文件，使用|【导入】|【合并】命令，选择保存的场景文件，在弹出的对话框中，单击【打开】按钮。在弹出的【合并】对话框中，选择所有对象，然后单击【确定】按钮，将场景文件合并，调整模型和摄影机的位置，如图 4-387 所示。最后将场景进行渲染，并将渲染满意的效果和场景进行存储。

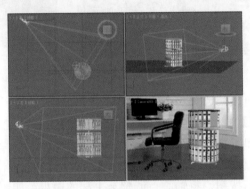

图 4-387　合并场景

案例精讲 052　使用切角长方体制作垃圾箱

制作概述

本例将介绍使用切角长方体制作垃圾箱。首先使用【切角长方体】工具创建垃圾箱的主体，然后使用【线】工具绘制垃圾箱的顶盖轮廓，然后将【线】设置【轮廓】、【挤出】并添加【编辑多边形】修改器，通过设置【挤出】和【多边形】调整出顶盖模型。创建一个切角长方体，通过【布尔】工具创建垃圾箱的洞口。最后为垃圾箱设置材质并进行场景合并。完成后的效果如图 4-388 所示。

图 4-388　垃圾箱

学习目标

掌握【切角长方体】工具的应用。
学会调整【顶点】的方法。

操作步骤

(1) 激活【顶】视图，选择【创建】|【几何体】|【扩展基本体】|【切角长方体】工具，在【顶】视图中创建一个切角长方体，将其命名为"垃圾箱"，在【参数】卷展栏中将【长度】、【宽度】、【高度】、【圆角】的值分别设置为 350、204、711、20，如图 4-389 所示。

(2) 选择【创建】|【图形】|【线】工具，将【捕捉开关】按钮打开，然后右击【捕捉开关】按钮，在弹出的对话框中，选中【顶点】复选框。然后在【顶】视图中，通过捕

捉顶点沿逆时针方向绘制如图 4-390 所示的闭合轮廓线。

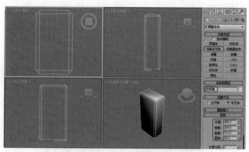

图 4-389 创建切角长方体

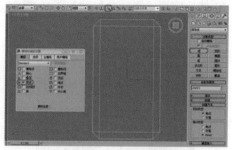

图 4-390 绘制直线

（3）切换至【修改】命令面板，将当前选择集定义为【样条线】，在【几何体】卷展栏中，将【轮廓】的数值设置为 –20，然后按 Enter 键确定，如图 4-391 所示。

（4）退出当前选择集，在【修改器列表】中添加【挤出】修改器，在【参数】卷展栏中，将【数量】设置为 40，如图 4-392 所示。

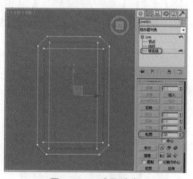

图 4-391 设置轮廓

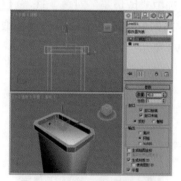

图 4-392 添加【挤出】修改器

（5）将【捕捉开关】按钮 关闭，激活【前】视图，在场景中选择 Line001 对象，使用【选择并移动】工具 ，配合 Shift 键，将其向下移动复制，在弹出的【克隆选项】对话框中选中【对象】区域下的【复制】单选按钮，将【副本数】设置为 1，最后单击【确定】按钮，然后调整复制得到的模型位置，如图 4-393 所示。

（6）选中 Line001 对象，为其添加【编辑多边形】，然后将当前选择集定义为【多边形】，选择如图所示的多边形，在【编辑多边形】卷展栏中，单击【挤出】右侧的【设置】按钮 ，在弹出的对话框中，将【挤出高度】设置为 10，如图 4-394 所示。

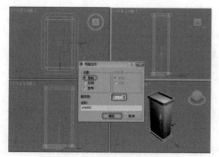

图 4-393 复制 Line001 对象

图 4-394 设置挤出

(7) 使用【选择并均匀缩放】工具 🔳，在【顶】视图中将如图 4-395 所示的多边形进行适当缩放。

(8) 然后使用【选择并移动】工具 ✜，在【前】视图中，向下调整多边形的位置，如图 4-396 所示。

图 4-395　均匀缩放多边形

图 4-396　调整多边形的位置

(9) 选择【创建】 ✳ |【几何体】 ◎ |【扩展基本体】 |【切角长方体】工具，在【左】视图中创建一个切角长方体，在【参数】卷展栏中将【长度】、【宽度】、【高度】、【圆角】的值分别设置为 150、220、30、5，然后调整其位置，如图 4-397 所示。

(10) 选中"垃圾箱"对象，选择【创建】 ✳ |【几何体】 ◎ |【复合对象】 |【布尔】工具，在【拾取布尔】卷展栏中，单击【拾取操作对象 B】按钮，然后选择创建的切角长方体对象，如图 4-398 所示。

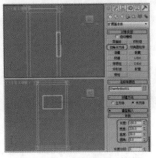

图 4-397　创建切角长方体

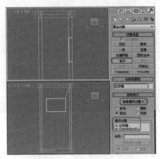

图 4-398　进行布尔操作

(11) 选中"垃圾箱"对象，切换至【修改】命令面板，为其添加【编辑多边形】修改器，将当前选择集定义为【多边形】，在【右】视图中选择如图 4-399 所示的多边形，按 Delete 键将其删除。

(12) 将选择集关闭，选择【创建】 ✳ |【图形】 ◎ |【线】工具，将【捕捉开关】按钮 ³ 打开，然后在【右】视图中，通过捕捉顶点沿逆时针方向绘制如图 4-400 所示的闭合轮廓线。

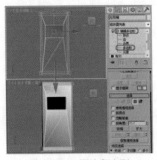

图 4-399　删除多边形

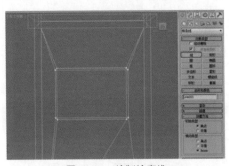

图 4-400　绘制轮廓线

(13) 切换至【修改】命令面板，将当前选择集定义为【样条线】，在【几何体】卷展栏中，将【轮廓】的数值设置为 8，然后按 Enter 键确定，如图 4-401 所示。

(14) 关闭选择集，为其添加【挤出】修改器，在【参数】卷展栏中，将【数量】设置为 30，如图 4-402 所示。

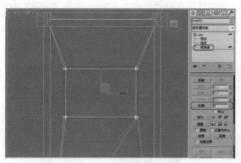

图 4-401　设置轮廓

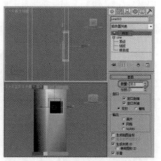

图 4-402　添加【挤出】修改器

(15) 选中"垃圾箱"对象，打开材质编辑器，选择一个材质样本球，将其命名为"垃圾箱"。在【明暗器基本参数】卷展栏中，将明暗器类型设置为 Phong 并选中【双面】复选框。在【Phong 基本参数】卷展栏中，将【反射高光】区域中的【高光级别】和【光泽度】的参数分别设置为 80、40。在【贴图】卷展栏中选择【漫反射颜色】通道右侧的【无】按钮，在弹出的对【材质/贴图浏览器】中选择【噪波】贴图，单击【确定】按钮。进入【漫反射颜色】通道后，在【噪波参数】区域中将【噪波类型】设置为湍流，【大小】设置为 1.0。在【坐标】卷展栏中，将【模糊】设置为 1.21，【模糊偏移】设置为 5.2，如图 4-403 所示。然后单击【将材质指定给选定对象】按钮，将设置好的材质指定给场景中的对象。

(16) 按 Ctrl+I 组合键，反选场景中的对象。选择一个新的材质样本球，将其命名为"金属"。在【明暗器基本参数】卷展栏中，将明暗器类型设置为【金属】。在【金属基本参数】卷展栏中，将【环境光】的 RGB 值设置为 64、64、64，将【漫反射】的 RGB 值设置为 255、255、255，将【反射高光】区域中的【高光级别】和【光泽度】的参数分别设置为 80、80，如图 4-404 所示。

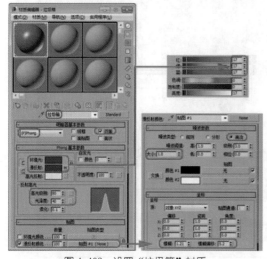

图 4-403　设置"垃圾箱"材质

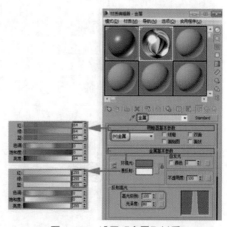

图 4-404　设置【金属】材质

(17) 在【贴图】卷展栏中选择【反射】通道右侧的【无】按钮，在弹出的【材质/贴图浏览器】对话框中选择【位图】贴图，单击【确定】按钮，然后再在打开的对话框中选择随书附带光盘中的 CDROM | Map | Chromic.JPG 文件，单击【打开】按钮。进入【漫反射颜色】通道后，在【坐标】区域中将【瓷砖】的 U、V 值设置为 0.8、0.2，在【位图参数】卷展栏中，将【裁剪/放置】中的 W 值设置为 0.481，然后选中【应用】复选框，如图 4-405 所示。然后单击【将材质指定给选定对象】按钮，将设置好的材质指定给场景中的对象。

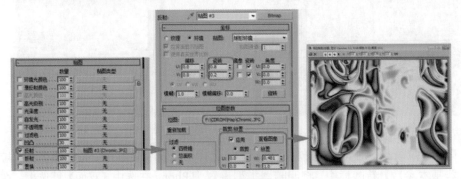

图 4-405　设置【反射】贴图

(18) 保存场景文件。选择随书附带光盘中的 CDROM | Scences | Cha04 | 使用切角长方体制作垃圾箱 .max 文件，使用 ▓ |【导入】|【合并】命令，选择保存的场景文件，在弹出的对话框中，单击【打开】按钮。在弹出的【合并】对话框中，选择所有对象，然后单击【确定】按钮，将场景文件合并，调整模型和摄影机的位置，如图 4-406 所示。最后将场景进行渲染，并将渲染满意的效果和场景进行存储。

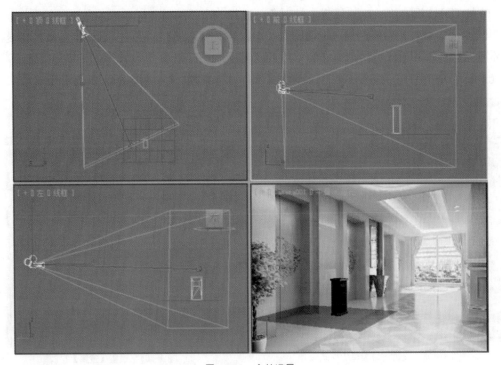

图 4-406　合并场景

第 5 章
居室家具

本章重点

◆ 使用矩形制作茶几
◆ 使用二维图形制作藤制桌椅
◆ 使用放样工具制作摇椅
◆ 使用挤出修改器制作造型椅
◆ 使用布尔制作坐墩
◆ 使用挤出修改器制作床
◆ 使用矩形工具制作床头柜
◆ 使用网格平滑修改器制作床垫
◆ 使用线工具制作现代桌椅

在我们的居室装饰中，家具的色彩具有举足轻重的作用。经常以家具织物的调配来构成室内色彩的调和或对比色调来取得整个房间的和谐氛围，能够创造宁静、舒适的色彩环境。在本章中将介绍如何制作居室家具，其中包括茶几、藤椅、床头柜、现代桌椅等的制作。

案例精讲 053　使用矩形制作茶几

　案例文件：CDROM | Scenes | Cha05 | 使用矩形制作茶几 OK.max

　视频文件：视频教学 | Cha05 | 使用矩形制作茶几 .avi

制作概述

本例将介绍如何使用矩形工具制作茶几，该案例主要通过创建圆角矩形、添加【挤出】修改器等操作进行制作。完成的效果如图 5-1 所示。

图 5-1　使用矩形制作茶几

学习目标

圆角矩形的绘制。

编辑样条线的使用。

添加【挤出】修改器。

操作步骤

(1) 新建一个空白场景文件，将单位设置为厘米，选择【创建】|【图形】|【矩形】工具，在【左】视图中绘制一个矩形，将其命名为"茶几框"，在【参数】卷展栏中将【长度】、【宽度】、【角半径】分别设置为 40、130、3，如图 5-2 所示。

(2) 选中该图形，切换至【修改】命令面板中，在【修改器列表】中选择【编辑样条线】修改器，将当前选择集定义为【样条线】，在视图中选中绘制的图形，在【几何体】卷展栏中将【轮廓】设置为 2.5，如图 5-3 所示。

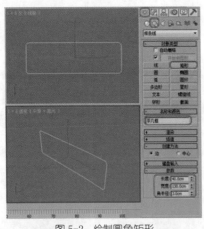

图 5-2　绘制圆角矩形

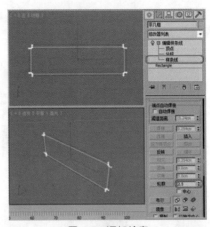

图 5-3　添加轮廓

(3) 添加完轮廓后，关闭当前选择集，在【修改器列表】中选择【挤出】修改器，在【参数】卷展栏中将【数量】设置为 70，如图 5-4 所示。

(4) 选择【创建】|【图形】|【矩形】工具，在【左】视图中绘制一个矩形，将其命名为"抽屉001"，在【参数】卷展栏中将【长度】、【宽度】、【角半径】分别设置为 14、61.5、0.5，如图 5-5 所示。

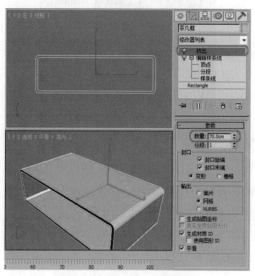

图 5-4　添加【挤出】修改器

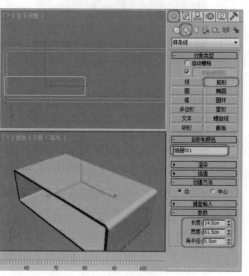

图 5-5　创建矩形

(5) 切换至【修改】命令面板，在【修改器列表】中选择【挤出】修改器，在【参数】卷展栏中将【数量】设置为 34，并在视图中调整该对象的位置，效果如图 5-6 所示。

(6) 选择【创建】|【图形】|【矩形】工具，在【左】视图中绘制一个矩形，将其命名为"抽屉-挡板001"，在【参数】卷展栏中将【长度】、【宽度】、【角半径】分别设置为 14、28、0.5，如图 5-7 所示。

图 5-6　添加【挤出】修改器并调整对象的位置

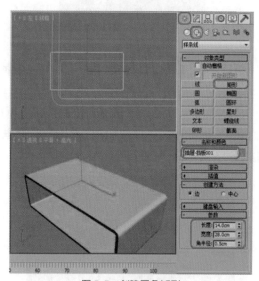

图 5-7　创建圆角矩形

(7) 切换至【修改】命令面板中，在【修改器列表】中选择【编辑样条线】修改器，将当前选择集定义为【顶点】，对圆角矩形右上角的顶点进行调整，效果如图 5-8 所示。

(8) 继续选中右上角的顶点，在【几何体】卷展栏中将【圆角】设置为7，如图5-9所示。

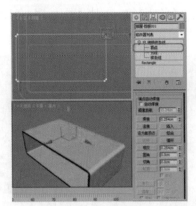
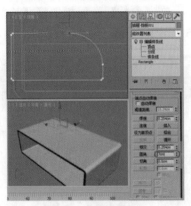

图 5-8　添加【编辑样条线】修改器并调整顶点　　　　图 5-9　设置圆角参数

(9) 设置完成后，关闭当前选择集，在【修改器列表】中选择【挤出】修改器，在【参数】卷展栏中将【数量】设置为0.5，并在视图中调整该对象的位置，如图5-10所示。

(10) 继续选中该对象并激活【左】视图，在工具栏中单击【镜像】按钮，在弹出的对话框中选中【实例】单选按钮，将【偏移】设置为33.6，如图5-11所示。

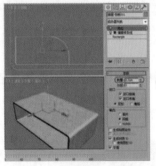
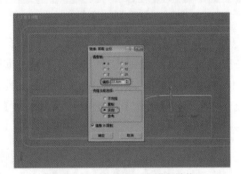

图 5-10　添加【挤出】修改器　　　　　　　　图 5-11　对选中的对象进行镜像

(11) 单击【确定】按钮，在视图中选中抽屉和抽屉挡板，在【左】视图中按住 Shift 键沿 X 轴向右进行拖动，在弹出的对话框中选中【实例】单选按钮，如图5-12所示。

(12) 设置完成后，单击【确定】按钮，再次选中所有的抽屉和抽屉挡板，激活【顶】视图，在工具栏中单击【镜像】按钮，在弹出的对话框中选中【实例】单选按钮，将【偏移】设置为–57.5，如图5-13所示。

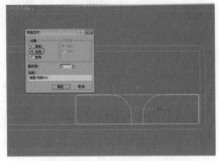
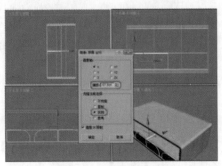

图 5-12　复制对象　　　　　　　　　　　图 5-13　镜像选中的对象

(13) 单击【确定】按钮，选择【创建】|【图形】|【矩形】工具，在【顶】视图中绘制一个矩形，将其命名为"茶几-横板"，在【参数】卷展栏中将【长度】、【宽度】、【角半径】分别设置为125、70、1，如图5-14所示。

(14) 切换至【修改】命令面板中，在【修改器列表】中选择【挤出】修改器，在【参数】卷展栏中将【数量】设置为1，并在视图中调整该对象的位置，效果如图5-15所示。

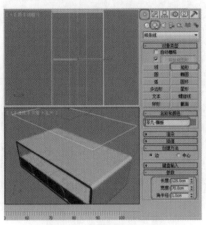

图 5-14　创建圆角矩形

图 5-15　添加【挤出】修改器

(15) 在视图中选中所有的抽屉挡板、茶几横板、茶几框对象，按 M 键，在弹出的对话框中选择一个材质样本球，将其命名为"白色"，在【明暗器基本参数】卷展栏中将明暗器类型设置为 Phong，在【Phong 基本参数】卷展栏中将【环境光】的 RGB 值设置为 251、248、234，将【自发光】设置为 60，将【反射高光】选项组中的【高光级别】、【光泽度】分别设置为 98、87，如图5-16所示。

(16) 将设置完成后的材质指定给选定对象，再在视图中选择所有的抽屉对象，在【材质编辑器】对话框中选择一个新的材质样本球，将其命名为"抽屉"，在【Blinn 基本参数】卷展栏中将【环境光】的 RGB 值设置为 187、76、115，如图5-17所示。

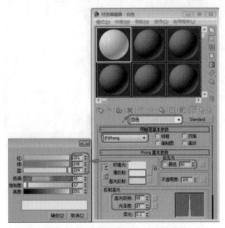

图 5-16　设置 Phong 基本参数

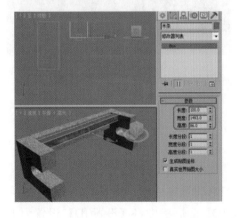

图 5-17　设置 Blinn 基本参数

(17) 设置完成后，将材质指定给选定对象，然后选择【创建】■|【几何体】■|【圆柱体】工具，在【顶】视图中创建圆柱体，将其命名为"支架001"，切换到【修改】命令面板，在【参

数】卷展栏中设置【半径】为1.65cm、【高度】为6cm、【高度分段】为2，并在视图中调整其位置，如图5-18所示。

(18) 在【修改器列表】中选择【编辑多边形】修改器，将当前选择集定义为【顶点】，在【前】视图中选择如图5-19所示的顶点，并向下调整其位置。

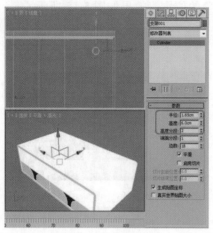
图 5-18　绘制圆柱体

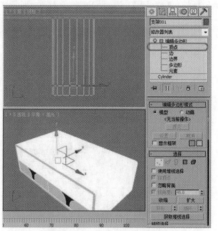
图 5-19　调整顶点的位置

(19) 然后将当前选择集定义为【多边形】，在视图中选择如图5-20所示的多边形。

(20) 在【编辑多边形】卷展栏中单击【挤出】右侧的【设置】按钮，选中【挤出类型】选项组中的【局部法线】单选按钮，将【挤出高度】设置为0.455cm，单击【确定】按钮，挤出后的效果如图5-21所示。

图 5-20　选择多边形

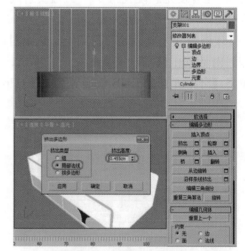
图 5-21　设置挤出多边形

(21) 设置完成后，单击【确定】按钮，在视图中选中如图5-22所示的多边形，在【多边形：材质 ID】卷展栏中将【设置 ID】设置为1。

(22) 在菜单栏中选择【编辑】|【反选】命令，反选多边形，然后在【多边形：材质 ID】卷展栏中，将【设置 ID】设置为2，如图5-23所示。

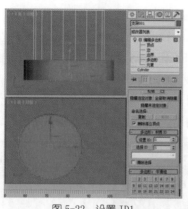
图 5-22　设置 ID1

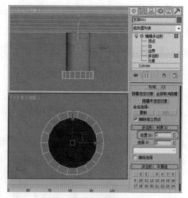
图 5-23　设置 ID2

（23）关闭当前选择集，在视图移动复制 3 个"支架 001"对象，并调整支架的位置，如图 5-24 所示。

（24）在场景中选择所有的支架对象，在【材质编辑器】对话框中选择一个新的材质样本球，将其命名为"支架"，并单击 Standard 按钮，在弹出的【材质／贴图浏览器】对话框中选择【多维／子对象】材质，单击【确定】按钮，如图 5-25 所示。

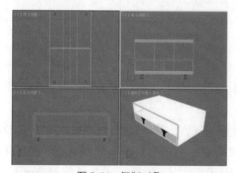
图 5-24　复制对象

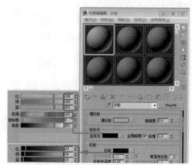
图 5-25　选择【多维／子对象】选项

（25）在弹出的【替换材质】对话框中选中【将旧材质保存为子材质】单选按钮，单击【确定】按钮，如图 5-26 所示。

（26）在【多维／子对象基本参数】卷展栏中单击【设置数量】按钮，在弹出的对话框中将【材质数量】设置为 2，单击【确定】按钮，如图 5-27 所示。

图 5-26　选中【将旧材质保存为子材质】单选按钮

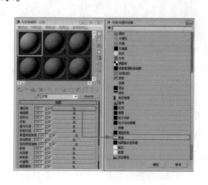
图 5-27　设置材质数量

(27) 在【多维/子对象基本参数】卷展栏中单击ID1右侧的子材质按钮,在【明暗器基本参数】卷展栏中选择【金属】,取消【环境光】和【漫反射】的锁定,在【金属基本参数】卷展栏中将【环境光】的RGB值均设置为0,将【漫反射】的RGB值均设置为255,在【反射高光】选项组中将【高光级别】和【光泽度】分别设置为100、86,如图5-28所示。

(28) 在【贴图】卷展栏中,将【反射】后的【数量】设置为70,并单击右侧的【无】按钮,在弹出的【材质/贴图浏览器】对话框中选择【位图】贴图,单击【确定】按钮,如图5-29所示。

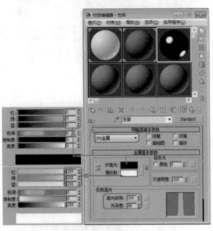 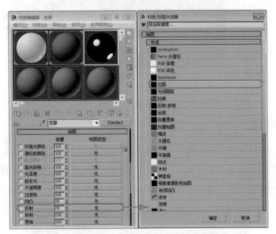

图 5-28 设置金属基本参数　　　　　　图 5-29 选择【位图】选项

(29) 在弹出的对话框中打开随书附带光盘中的Metal01.tif文件,在【坐标】卷展栏中将【瓷砖】下的U、V分别设置为0.4、0.1,将【模糊偏移】设置为0.05,在【输出】卷展栏中,将【输出量】设置为1.15,如图5-30所示。

(30) 单击两次【转到父对象】按钮，在【多维/子对象基本参数】卷展栏中单击ID2右侧的子材质按钮,在弹出的【材质/贴图浏览器】对话框中双击【标准】材质,然后在【Blinn基本参数】卷展栏中将【环境光】和【漫反射】的RGB值均设置为20,在【反射高光】选项组中,将【高光级别】和【光泽度】分别设置为51、50,如图5-31所示。然后单击【转到父对象】按钮和【将材质指定给选定对象】按钮，将材质指定给选定对象。

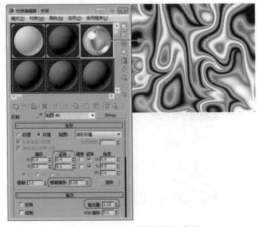 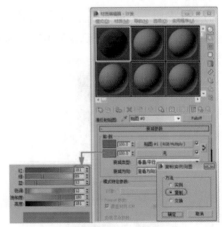

图 5-30 添加贴图并进行设置　　　　　　图 5-31 设置 Blinn 基本参数

(31) 使用前面所介绍的方法创建桌面、地面并添加背景，然后为桌面添加材质，选择【创建】|【摄影机】|【目标】工具，在视图中创建一个摄影机，激活【透视】视图，按 C 键将其转换为【摄影机】视图，在其他视图中调整摄影机，如图 5-32 所示。

(32) 选择【创建】|【灯光】|【标准】|【天光】工具，在【顶】视图中创建天光，切换到【修改】命令面板，在【天光参数】卷展栏中选中【投射阴影】复选框，如图 5-33 所示。

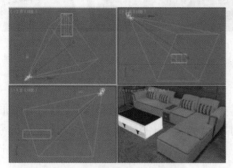

图 5-32 调整摄影机的位置

图 5-33 创建天光

案例精讲 054 使用二维图形制作藤制桌椅

案例文件：CDROM | Scenes | Cha05 | 使用二维图形制作藤制桌椅 OK.max

视频文件：视频教学 | Cha05 | 使用二维图形制作藤制桌椅 .avi

制作概述

本例介绍藤制桌椅的制作方法。它的制作主要是通过创建可渲染的样条线，并对其位置进行调整，最后形成的效果。藤制桌椅的效果如图 5-34 所示。在创建可渲染的样条线时，样条线的【厚度】参数直接影响样条线在场景和渲染中的厚度。在绘制出样条线时它们在各个视图中所在的位置也是相当重要的。

图 5-34 藤制桌椅

学习目标

二维图形的应用。

二维图形的修改。

阵列、镜像等工具的使用。

操作步骤

(1) 选择【创建】|【图形】|【圆】工具，在【顶】视图中创建一个【半径】为 123 的圆，在【渲染】卷展栏中选中【在渲染中启用】和【在视口中启用】复选框，将【厚度】设置为 18，将其命名为"椅子底"，如图 5-35 所示。

(2) 切换至【修改】命令面板，在【修改器列表】中选择【编辑网格】修改器，并将当前选择集定义为【顶点】，在场景中选择如图 5-36 所示的点，在【选择并均匀缩放】工具上右击鼠标，在弹出的对话框中将【偏移：屏幕】区域中的 % 设置为 36，如图 5-36 所示。

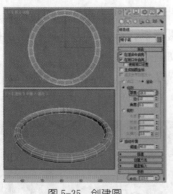

图 5-35　创建圆

图 5-36　缩放顶点

（3）缩放完成后，关闭【缩放变换输入】对话框，关闭当前选择集，选择【创建】|【图形】|【弧】工具，在【前】视图中"椅子底"的上方创建一个【半径】、【从】、【到】分别为82、19、161 的弧，将其命名为"椅子装饰腿 001"，并在【渲染】卷展栏中将【厚度】设置为 11，如图 5-37 所示。

（4）切换至【修改】命令面板，在【修改器列表】中选择【编辑样条线】修改器，将当前选择集定义为【顶点】，然后在场景中将点调整为如图 5-38 所示的效果。

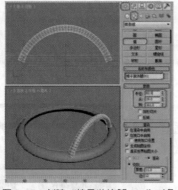

图 5-37　创建"椅子装饰腿 001"对象

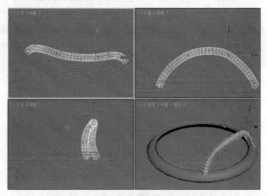

图 5-38　添加【编辑样条线】修改器

（5）调整完成后，关闭当前选择集，选择【线】工具，在场景中创建一条线，将其命名为"椅子装饰腿 002"，并在其他视图中调整其效果，在【渲染】卷展栏中将【厚度】设置为 14，如图 5-39 所示。

（6）在【修改器列表】中选择【编辑网格】修改器，并将当前选择集定义为【顶点】，在【前】视图中选择上方的顶点，在工具栏中右击【选择并均匀缩放】工具，在弹出的对话框中将【偏移：屏幕】区域下的 % 设置为 95，如图 5-40 所示。

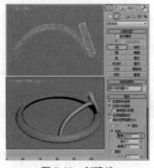

图 5-39　创建线

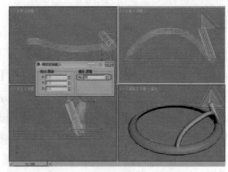

图 5-40　选中顶点并进行缩放

(7) 调整完成后，关闭【缩放变换输入】对话框，在工具栏中单击【选择并移动】工具，在视图中调整选定顶点的位置，调整后的效果如图 5-41 所示。

(8) 调整完成后关闭当前选择集，在视图中选择"椅子装饰腿001"和"椅子装饰腿002"对象，激活【顶】视图，切换至【层次】命令面板，在【调整轴】卷展栏中单击【仅影响轴】按钮，在工具栏中单击【对齐】工具，在场景中选择"椅子底"对象，在弹出的对话框中选中【X位置】、【Y位置】、【Z位置】复选框，分别选中【当前对象】和【目标对象】选项组中的【轴点】单选按钮，如图 5-42 所示。

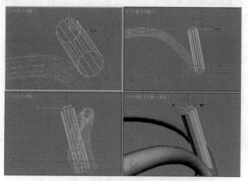

图 5-41　调整顶点的位置

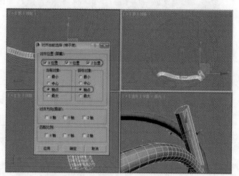

图 5-42　对齐对象

知识链接

【X/Y/Z位置】：指定要在其上执行对齐的一个或多个轴。启用所有三个选项可以将该对象移动到目标对象位置。

【当前对象】和【目标对象】选项组：指定对象边界框上用于对齐的点。可以为当前对象和目标对象选择不同的点。例如，可以将当前对象的轴点与目标对象的中心对齐。

【最小】：将具有最小 X、Y 和 Z 值的对象边界框上的点与另一个对象上选定的点对齐。

【中心】：将对象边界框的中心与另一个对象上的选定点对齐。

【轴点】：将对象的轴点与另一个对象上的选定点对齐。

【最大】：将具有最大 X、Y 和 Z 值的对象边界框上的点与另一个对象上的选定点对齐。

【对齐方向(局部)】选项组：这些设置用于在轴的任意组合上匹配两个对象之间的局部坐标系的方向。

该选项与位置对齐设置无关。可以不管【位置】设置，使用【方向】复选框，旋转当前对象以与目标对象的方向匹配。

【匹配比例】选项组：使用【X轴】、【Y轴】和【Z轴】选项，可匹配两个选定对象之间的缩放轴值。该操作仅对变换输入中显示的缩放值进行匹配。这不一定会导致两个对象的大小相同。如果两个对象先前都未进行缩放，则其大小不会更改。

(9) 设置完成后单击【确定】按钮，完成调整后再次单击【仅影响轴】按钮，即可完成轴的调整，调整后的效果如图 5-43 所示。

(10) 在菜单栏中选择【工具】|【阵列】命令，打开【阵列】对话框，将【增量】选项组中 Z 旋转设置为 90°，然后将【阵列维度】选项组中【数量】的 1D 设置为 4，单击【预览】按钮，查看阵列后的效果，最后单击【确定】按钮确定，如图 5-44 所示。

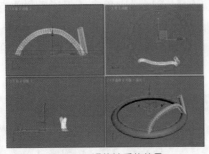

图 5-43　调整轴后的效果

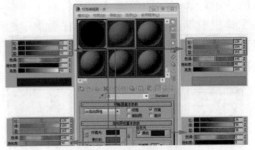

图 5-44　设置阵列参数

(11) 设置完成后，单击【确定】按钮，即可完成阵列，效果如图 5-45 所示。

(12) 选择【创建】|【图形】|【圆】工具，在【顶】视图中创建一个【半径】为 102 的可渲染的圆，将其命名为"椅子底 002"，并将其渲染的【厚度】设置为 12，如图 5-46 所示。

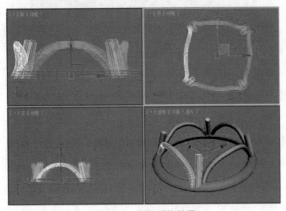

图 5-45　阵列后的效果

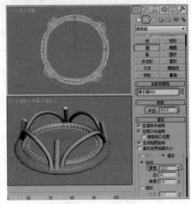

图 5-46　创建圆形

(13) 创建完成后，在工具栏中单击【选择并移动】工具，在视图中调整"椅子底 002"对象的位置，调整后的效果如图 5-47 所示。

(14) 使用【选择并移动】工具在【前】视图中选择"椅子底 002"对象，按住 Shift 键沿着 Y 轴向上进行移动，在弹出的【克隆选项】对话框中选中【实例】单选按钮，将【副本数】设置为 3，如图 5-48 所示。

知识链接

　　【对象】选项组中各选项介绍如下。

　　【副本】：将选定对象的副本放置到指定位置。

　　【实例】：将选定对象的实例放置到指定位置。

　　【参考】：将选定对象的参考放置到指定位置。

【控制器】选项组用于选择以复制和实例化原始对象的子对象的变换控制器。仅当克隆的选定对象包含两个或多个层次链接的对象时，该选项才可用。当克隆非链接的对象时，只复制变换控制器。另外，当克隆链接的对象时只复制最高级别克隆对象的变换控制器。该选项仅用于克隆层次顶部下面级别对象的变换控制器。

【副本】：复制克隆对象的变换控制器。

【实例】：实例化克隆层次顶级下面的克隆对象的变换控制器。使用实例化的变换控制器，可以更改一组链接子对象的变换动画，并且使更改自动影响任何克隆集。

【副本数】：指定要创建对象的副本数。仅当使用 Shift + 克隆对象时，该选项才可用。使用 Shift + 克隆生成多个副本，对每个添加的副本连续应用变换。如果 Shift + 移动对象并指定两个副本，则第二个副本与第一个副本偏移的距离与第一个副本与原始对象偏移的距离相同。对于【旋转】，则创建旋转对象的两个副本，第二个副本比第一个副本旋转两倍远。对于【缩放】，则创建缩放对象的两个副本，第二个副本与第一个副本的缩放百分比和第一个副本与原始对象的缩放百分比相同。

【名称】：显示克隆对象的名称。可以使用该字段更改名称；其他副本使用相同名称，并在后面加一个三位数的数字，该数字从 001 开始并对于每个副本加 1。因此，例如，如果使用 Shift + 移动对象，然后指定名称【球体】和两个副本，第一个副本将命名为"球体"，第二个副本将命名为"球体 001"。

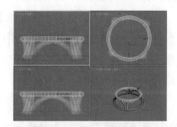

图 5-47　调整对象的位置

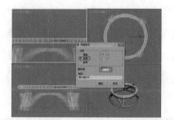

图 5-48　设置克隆参数

(15) 单击【确定】按钮，即可完成对选中对象的复制，效果如图 5-49 所示。

(16) 选择【创建】|【图形】|【线】工具，在【左】视图中创建一条样条线，将其命名为"椅子扶手 001"，切换至【修改】命令面板，将当前选择集定义为【顶点】，并在其他视图中调整其效果，在【渲染】卷展栏中将【厚度】设置为 15.5，如图 5-50 所示。

图 5-49　复制对象后的效果

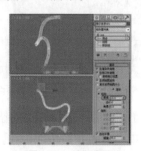

图 5-50　绘制线段

(17) 关闭当前选择集，选择【创建】|【图形】|【弧】工具，在【顶】视图中绘制一个圆弧，在视图中调整该对象的位置，切换至【修改】命令面板，将其命名为"椅子扶手下001"，在【参数】卷展栏中将【半径】、【从】、【到】分别设置为129、308、92，在【渲染】卷展栏中将【厚度】设置为14，如图5-51所示。

(18) 在【修改器列表】中选择【编辑样条线】修改器，将当前选择集定义为【顶点】，在视图中对顶点进行调整，效果如图5-52所示。

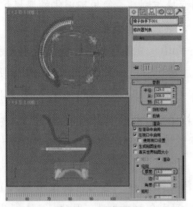

图 5-51 创建圆弧

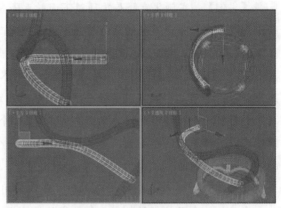

图 5-52 对顶点进行调整

(19) 调整完成后，关闭当前选择集，使用【线】工具在【左】视图中绘制一条样条线，将其命名为"椅子支架001"，切换至【修改】命令面板，在【渲染】卷展栏中将【厚度】设置为13，将当前选择集定义为【顶点】，在视图中对其进行调整，调整后的效果如图5-53所示。

(20) 关闭当前选择集，在视图中选择"椅子底005"上方的三个对象，激活【顶】视图，切换至【层次】命令面板，在【调整轴】卷展栏中单击【仅影响轴】按钮，在工具栏中单击【对齐】工具，在场景中选择"椅子底"对象，在弹出的对话框中选中【X位置】、【Y位置】、【Z位置】复选框，分别选中【当前对象】和【目标对象】选项组中的【轴点】单选按钮，如图5-54所示。

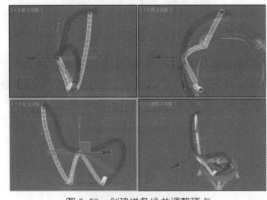

图 5-53 创建样条线并调整顶点

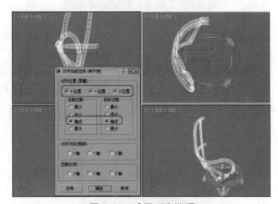

图 5-54 设置对齐选项

(21) 设置完成后单击【确定】按钮，完成调整后再次单击【仅影响轴】按钮，即可完成轴的调整，在工具栏中单击【镜像】按钮，在弹出的对话框中选中【实例】单选按钮，如图5-55所示。

(22) 单击【确定】按钮，选择【创建】|【图形】|【圆】工具，在【顶】视图中绘制一

个半径为101.5，切换至【修改】命令面板，将其命名为"椅子座支架"，在【渲染】卷展栏将【厚度】设置为14，并在视图中调整该对象的位置，调整后的效果如图5-56所示。

图5-55　选中【实例】单选按钮

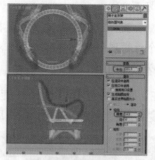

图5-56　绘制圆形

(23) 在【修改器列表】中选择【编辑样条线】修改器，将当前选择集定义为【顶点】，然后再在场景中进行调整，如图5-57所示。

(24) 关闭选择集，选择【创建】|【几何体】|【球体】工具，在场景中创建球体，并将其命名为"椅子装饰钉"，并对其进行复制，效果如图5-58所示。

图5-57　调整顶点

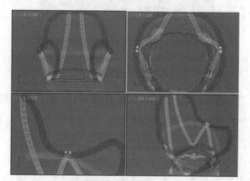

图5-58　创建椅子装饰钉并对其进行复制

(25) 选择【创建】|【图形】|【线】工具，在【左】视图中创建一条样条线，将其命名为"放样路径"，在【渲染】卷展栏中取消选中【在渲染中启用】和【在视口中启用】复选框，将当前选择集定义为【顶点】，如图5-59所示。

(26) 关闭当前选择集，然后选择【矩形】工具，在【前】视图中创建一个【长度】为6、【宽度】为200、【角半径】为3的矩形，将其命名为"放样图形"，如图5-60所示。

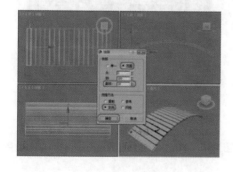

图5-59　创建线并调整顶点的位置

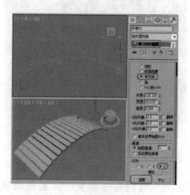

图5-60　创建圆角矩形

(27) 在场景中选择作为放样路径的线，选择【创建】|【几何体】|【复合对象】|【放样】工具，在【创建方法】卷展栏中选择【获取图形】按钮，在场景中拾取作为放样图形的矩形，如图 5-61 所示。

> 提示　放样前需要先完成放样图形和放样路径的制作，它们属于二维图形，对于路径，一个放样图形只允许有一条。对于截面图形，可以是一个也可以是多个，可以封闭，也可以不封闭。

(28) 在工具栏中选择【选择并旋转】工具，右击【角度捕捉切换】按钮，在弹出的对话框中将【角度】设置为 90，如图 5-62 所示。

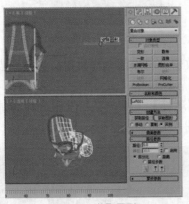

图 5-61　获取图形

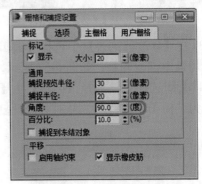

图 5-62　设置角度参数

(29) 设置完成后，关闭该对话框，在工具栏中单击【角度捕捉切换】按钮，切换至【修改】命令面板，将当前选择集定义为【图形】，在【左】视图选择放样图形，并沿着 Z 轴旋转图形 –90 度，旋转后的效果如图 5-63 所示。

(30) 旋转完成后，关闭当前选择集，关闭角度捕捉，将放样后的对象命名为"靠背 001"，在【变形】卷展栏中选择【缩放】按钮，在弹出的对话框中插入角点并进行调整，将【蒙皮参数】卷展栏【选项】选项组中的【图形步数】和【路径步数】参数分别设置为 0 和 5，效果如图 5-64 所示。

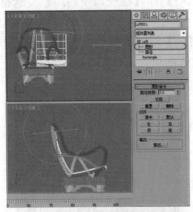

图 5-63　旋转图形

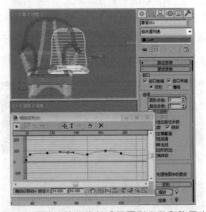

图 5-64　调整缩放曲线并设置图形步数和路径步数

> 提示　【图形步数】：设置截面图形顶点之间的步幅数，加大它的步幅会使外表皮更光滑。
> 【路径步数】：设置路径图形顶点之间的步幅数，加大它的值会使造型弯曲更光滑。

(31) 在【修改器列表】中选择【网格平滑】修改器，在【细分量】卷展栏中将【迭代次数】设置为 0，如图 5-65 所示。

【提示】　【网格平滑】：对尖锐不规则的表面进行光滑处理，加入更多的面来代替直面部分。这个命令会大大增加物体表面的复杂度，但的确是一个非常有用的工具，可以光滑整个物体也可以对局部次物体集合进行光滑处理。【迭代次数】：设置对表面进行光滑的次数，数值越高，光滑效果也越明显，但计算机速度会大大降低，如果运算不过来，可以按 Esc 键返回前一次的设置。

(32) 在工具栏中选择【选择并移动】工具，在场景中选择"靠背 001"对象，并在【左】视图中将其放置到如图 5-66 所示的位置。

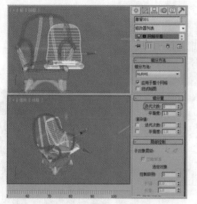

图 5-65　添加【网格平滑】修改器

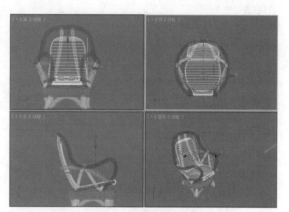

图 5-66　调整靠背的位置

(33) 继续选中靠背，按 M 键，在弹出的对话框中选择一个新的材质样本球，将其命名为"靠背"，在【明暗器基本参数】卷展栏中选中【面贴图】复选框，将明暗器类型设置为 Phong，在【Phong 基本参数】卷展栏中将【环境光】的 RGB 值均设置为 0，将【高光反射】的 RGB 值均设置为 178，将【反射高光】选项组中的【光泽度】设置为 0，如图 5-67 所示。

(34) 在【贴图】卷展栏中单击【漫反射颜色】右侧的【无】按钮，在弹出的对话框中双击【位图】选项，再在弹出的对话框中选择 Dt16.jpg 贴图文件，单击【打开】按钮，在【坐标】卷展栏中将【模糊】设置为 1.07，如图 5-68 所示。

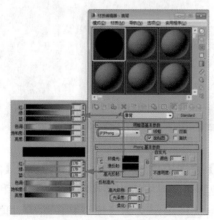

图 5-67　设置 Phong 基本参数

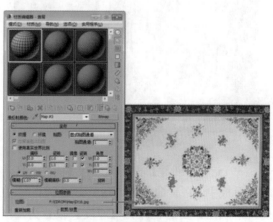

图 5-68　添加贴图文件

(35) 将设置完成后的材质指定给选定对象即可，在菜单栏中选择【编辑】|【反选】命令，再在【材质编辑器】对话框中选择一个新的材质样本球，将其命名为"木材质"，在【明暗器基本参数】卷展栏中选中【面贴图】复选框，将明暗器类型设置为Phong，在【Phong基本参数】卷展栏中将【环境光】的RGB值设置为0、0、0，将【高光反射】的RGB值设置为211、211、211，将【反射高光】选项组中的【高光级别】和【光泽度】分别设置为65、36，如图5-69所示。

(36) 在【贴图】卷展栏中单击【漫反射颜色】右侧的【无】按钮，在弹出的对话框中双击【位图】选项，再在弹出的对话框中选择MW12.JPG贴图文件，单击【打开】按钮，在【坐标】卷展栏中将【模糊】设置为1.07，如图5-70所示，设置完成后，将设置完成的材质指定给选定对象即可。

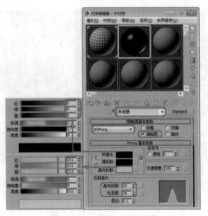
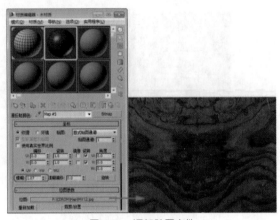

图5-69　设置木纹材质　　　　　　　　　　　　　图5-70　添加贴图文件

(37) 在视图中选中所有对象，在菜单栏中选择【组】|【组】命令，在弹出的对话框中将【组名】设置为"藤椅001"，如图5-71所示。

(38) 设置完成后，单击【确定】按钮，在该对象上右击，在弹出的快捷菜单中选择【隐藏选定对象】命令，将"藤椅001"进行隐藏，如图5-72所示。

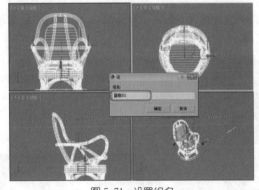
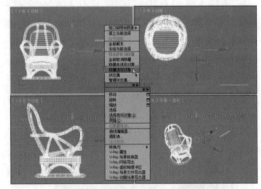

图5-71　设置组名　　　　　　　　　　　　　图5-72　选择【隐藏选定对象】命令

(39) 选择【创建】|【图形】|【线】工具，在【前】视图中创建一条样条线，切换至【修改】命令面板中，将其命名为"桌子支架001"，在【渲染】卷展栏中选中【在渲染中启用】和【在视口中启用】复选框，将【厚度】设置为10，将当前选择集定义为【顶点】，然后对顶点进行调整，效果如图5-73所示。

(40) 关闭当前选择集，为其指定木材质，在场景中选择"桌子支架001"对象，在工具栏中单击【选择并旋转】工具，打开角度捕捉，在【顶】视图中按住 Shift 键沿着 Z 旋转 90°，在弹出的对话框中选中【实例】单选按钮，如图 5-74 所示。

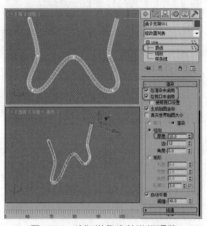

图 5-73　绘制样条线并进行调整

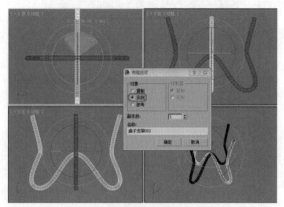

图 5-74　【克隆选项】对话框

(41) 单击【确定】按钮，关闭角度捕捉，选择【创建】|【图形】|【圆】工具，在【顶】视图中创建一个【半径】为 47 的圆，并将其命名为"桌子装饰001"，在【渲染】卷展栏中将【厚度】设置为 2，最后在场景中调整其所在的位置，如图 5-75 所示。

(42) 再次使用【圆】工具，在【顶】视图中创建一个【半径】为 60 的圆，并将其命名为"桌子装饰002"，在【渲染】卷展栏中将【厚度】设置为 3，在场景中调整其所在的位置，如图 5-76 所示。

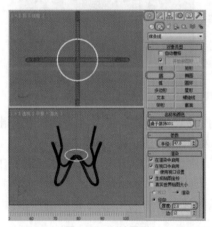

图 5-75　创建圆形

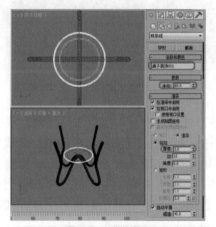

图 5-76　绘制圆形

(43) 选择【圆】工具，在【顶】视图中创建一个【半径】为 73 的可渲染的圆，并将其【厚度】设置为 4，将其命名为"桌子装饰003"，然后在场景中调整其所在的位置，如图 5-77 所示。

(44) 再在【顶】视图中创建一个【半径】为 88 的可渲染的圆，并将其【厚度】设置为 10，将其命名为"桌子装饰004"，如图 5-78 所示。

CG设计案例课堂

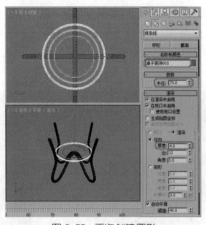

图 5-77　再次创建圆形

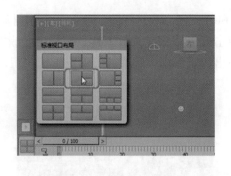

图 5-78　创建半径为 88 的圆形

　　(45) 创建完成后，在工具栏中单击【选择并移动】工具，在视图中对绘制的圆形进行调整，效果如图 5-79 所示。

　　(46) 选择【创建】|【几何体】|【球体】工具，在【顶】视图中创建一个【半径】为 88 的球体，并将其命名为"桌子装饰 005"，如图 5-80 所示。

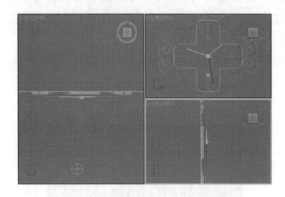

图 5-79　调整圆形的位置

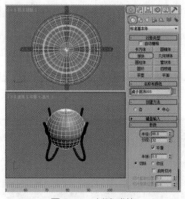

图 5-80　创建球体

　　(47) 继续选中该对象，激活【前】视图，在【选择并均匀缩放】工具上右击，在弹出的对话框中将【绝对：局部】选项组中的 Z 设置为 30%，如图 5-81 所示。

　　(48) 设置完成后，关闭【缩放变换输入】对话框，在工具栏中单击【选择并移动】工具，切换至【修改】命令面板，在【修改器列表】中选择【编辑网格】修改器，并将当前选择集定义为【多边形】，在【前】视图中选择如图 5-82 所示的区域，并按 Delete 键将其删除。

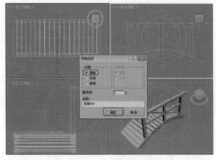

图 5-81　缩放对象

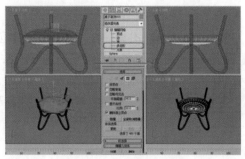

图 5-82　删除选中的多边形

(49) 选择【创建】|【几何体】|【球体】工具，在场景中创建如图 5-83 所示的【半径】为 3 的球体，并将其命名为"装饰钉 001"，并复制 3 个装饰钉对象。

(50) 选择【创建】|【图形】|【圆】工具，在【顶】视图中创建一个可渲染的圆，将其【半径】设置为 118，将【厚度】设置为 15，将其命名为"桌子面"，如图 5-84 所示。

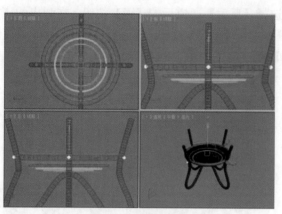

图 5-83　创建装饰钉

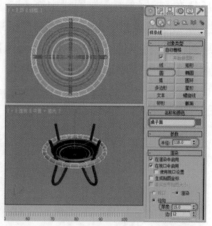

图 5-84　创建圆形

(51) 在视图中调整该对象的位置，在视图中选择除"桌子装饰 005"外的其他对象，为选中的对象指定【木材质】，在【材质编辑器】对话框中选择【木材质】材质球，按住鼠标将其拖曳至新的材质球上，并将其命名为"装饰"，在【明暗器基本参数】卷展栏中选中【线框】和【双面】复选框，取消选中【面贴图】复选框，在【扩展参数】卷展栏中将【线框】选项组中的【大小】设置为 2，在视图中选择"桌子装饰 005"对象，为其指定该材质，如图 5-85 所示。

(52) 选择【创建】|【几何体】|【圆柱体】工具，在【顶】视图中创建一个【半径】为 120、【高度】为 4 的圆柱体，将其命名为"桌面玻璃"，并在场景中调整其所在的位置，如图 5-86 所示。

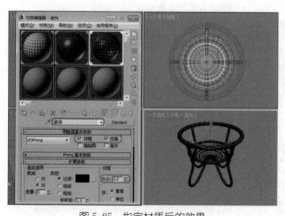

图 5-85　指定材质后的效果

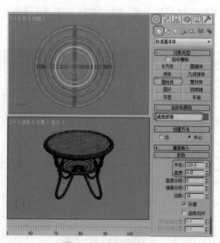

图 5-86　创建圆柱体

(53) 在【材质编辑器】对话框中选择一个新的材质样本球，并将其命名为"玻璃"，在【明暗器基本参数】卷展栏中将明暗器类型设置为Phong,选中【双面】复选框,在【Phong基本参数】卷展栏中将【环境光】和【漫反射】的RGB值均设置为178,将【高光反射】的RGB值均设置为222,将【反射高光】选项组中的【高光级别】和【光泽度】分别设置为87和67,将【不透明度】设置为60,如图5-87所示。

(54) 在【扩展参数】卷展栏中将【过滤】右侧色块的RGB值设置为196、216、231,在【贴图】卷展栏中设置【反射】的【数量】值为3,并选择【反射】通道后的【无】按钮,在弹出的【材质/贴图浏览器】对话框中选择【平面镜】贴图,单击【确定】按钮,进入反射贴图层级,在【平面镜参数】卷展栏中选中【应用于带ID的面】复选框,如图5-88所示。

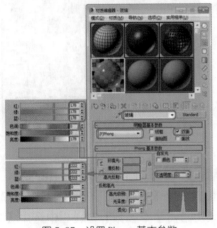 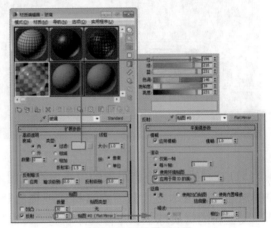

图 5-87 设置 Phong 基本参数　　图 5-88 设置反射贴图

(55) 将设置完成后的材质指定给选定对象即可,在视图选中所有的对象,在菜单栏中选择【组】|【组】命令,将其组名设置为"藤桌",取消"藤椅001"对象的隐藏,对藤椅进行复制并调整,效果如图5-89所示。

(56) 选择【创建】|【几何体】|【平面】工具,在【顶】视图中创建平面,切换到【修改】命令面板,将其命名为"地面",在【参数】卷展栏中,将【长度】和【宽度】分别设置为1986、2432,将【长度分段】和【宽度分段】都设置为1,如图5-90所示。

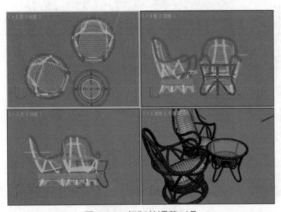 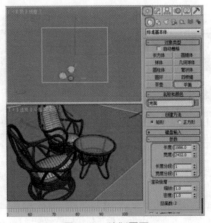

图 5-89 复制并调整对象　　图 5-90 绘制平面

(57) 右击平面对象,在弹出的快捷菜单中选择【对象属性】命令,弹出【对象属性】对话框,在【显示属性】选项组中选中【透明】复选框，单击【确定】按钮，如图5-91所示。

(58) 按M键打开【材质编辑器】对话框，选择一个新的材质样本球，并单击Standard按钮，在弹出的【材质/贴图浏览器】对话框中选择【无光/投影】材质，单击【确定】按钮，如图5-92所示。

图5-91 设置对象属性

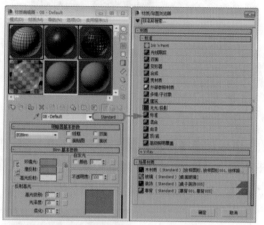

图5-92 选择【无光/投影】材质

(59) 单击【将材质指定给选定对象】按钮，将材质指定给平面对象。按8键弹出【环境和效果】对话框，在【公用参数】卷展栏中单击【无】按钮，在弹出的【材质/贴图浏览器】对话框中双击【位图】贴图，再在弹出的对话框中打开随书附带光盘中的"藤制桌椅背景.jpg"素材文件，如图5-93所示。

(60) 在【环境和效果】对话框中，将环境贴图按钮拖曳至新的材质样本球上，在弹出的【实例（副本）贴图】对话框中选中【实例】单选按钮，并单击【确定】按钮，然后在【坐标】卷展栏中，将贴图设置为【屏幕】，如图5-94所示。

图5-93 添加环境贴图

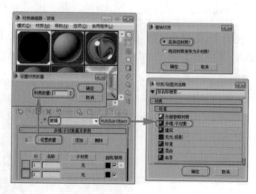

图5-94 拖曳并设置贴图

(61) 激活【透视】视图，在菜单栏中选择【视图】|【视口背景】|【环境背景】命令，即可在【透视】视图中显示环境背景，如图5-95所示。

(62) 选择【创建】|【摄影机】|【目标】工具，在视图中创建摄影机，激活【透视】视图，按C键将其转换为【摄影机】视图，在其他视图中调整摄影机位置，效果如图5-96所示。

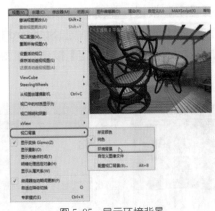

图 5-95　显示环境背景

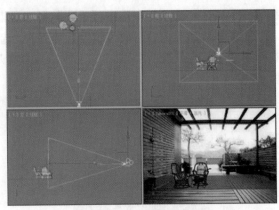

图 5-96　创建摄影机

(63) 选择【创建】 ※ |【灯光】 ◁ |【标准】|【泛光】工具，在【顶】视图中创建泛光灯，并在其他视图中调整灯光的位置，切换至【修改】命令面板，在【强度 / 颜色 / 衰减】卷展栏中将【倍增】设置为 0.35，如图 5-97 所示。

图 5-97　创建泛光灯并设置倍增

(64) 选择【创建】 ※ |【灯光】 ▦ |【标准】|【天光】工具，在【顶】视图中创建天光，切换到【修改】命令面板，在【天光参数】卷展栏中选中【投射阴影】复选框，如图 5-98 所示。

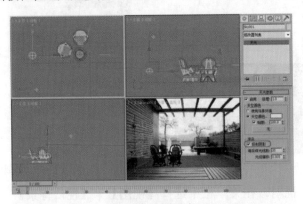

图 5-98　创建天光

(65) 至此，藤制桌椅就制作完成了，对完成后的场景进行渲染并保存。

案例精讲 055　使用放样工具制作摇椅

案例文件：CDROM | Scenes | Cha05 | 使用放样工具制作摇椅 OK.max

视频文件：视频教学 | Cha05 | 使用放样工具制作摇椅 .avi

制作概述

摇椅是一种特殊形式的椅子，一种能前后摇晃的椅子，主要材质是藤条或者木或金属。它能够提升生活质量和增加生活情趣，也是老人喜欢的椅子类型之一。本例将介绍如何制作摇椅，效果如图 5-99 所示。

图 5-99　摇椅

学习目标

学会使用放样工具制作摇椅。

掌握放样工具的使用。

操作步骤

(1) 选择【创建】|【图形】|【矩形】工具，在【顶】视图中创建一个【长度】、【宽度】和【角半径】分别为 155、148、50 的矩形，将它命名为"摇椅座"，如图 5-100 所示。

(2) 进入【修改】命令面板，在【修改器列表】中选择【倒角】修改器，在【倒角值】卷展栏中将【级别 1】区域下的【轮廓】设置为 2，选中【级别 2】复选框，将【级别 2】区域下的【高度】和【轮廓】均设置为 3，再选中【级别 3】复选框，将【级别 3】区域下的【高度】和【轮廓】分别设置为 3、−3，如图 5-101 所示。

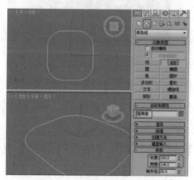

图 5-100　使用矩形创建图形

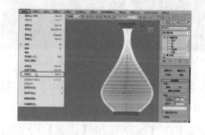

图 5-101　添加【倒角】修改器

知识链接

【倒角】修改器是通过对二维图形进行挤出成形，并且在挤出的同时，在边界上加入直形或圆形的倒角。

(3) 激活【左】视图，单击【选择并旋转】按钮，然后单击并右击【角度捕捉切换】按钮，打开【栅格和捕捉设置】对话框，在该对话框中将【角度】设置为 20，将对话框关闭，然后在【左】视图中逆时针旋转 20°，如图 5-102 所示。

(4) 选择【创建】|【图形】|【矩形】工具，在【顶】视图中创建一个【长度】、【宽度】和【角半径】分别为45、90和20的矩形，将它命名为"支架"，在【渲染】卷展栏中选中【在渲染中启用】和【在视图中启用】复选框，并将【厚度】设置为7，如图5-103所示。

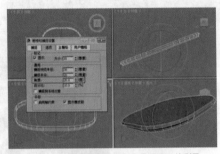

图 5-102 【栅格和捕捉设置】对话框

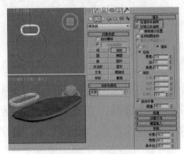

图 5-103 创建支架

(5) 激活【左】视图，右击工具栏中【选择并旋转】按钮，打开【旋转变换输入】对话框，将【绝对：世界】区域下的X设置为54，然后调整其位置，如图5-104所示。

(6) 选择【创建】|【图形】|【矩形】工具，在【顶】视图中创建一个【长度】、【宽度】和【角半径】分别为200、155和50的矩形，取消选中【在视口中启用】和【在渲染中启用】复选框，将它命名为"摇椅背"，如图5-105所示。

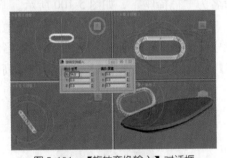

图 5-104 【旋转变换输入】对话框

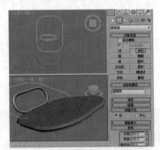

图 5-105 创建矩形

(7) 进入【修改】命令面板中，在【修改器列表】中选择【倒角】修改器，在【倒角值】卷展栏中，将【级别1】区域下的【高度】设置为8，选中【级别2】复选框，在【级别2】复选框区域下将【高度】和【轮廓】分别设置为1.5、–1，如图5-106所示。

(8) 确认"摇椅背"对象处于选择状态，激活【左】视图，单击【选择并旋转】按钮，然后右击该按钮，打开【旋转变换输入】对话框，将【绝对：世界】区域下的X设置为59，如图5-107所示。

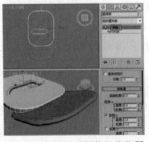

图 5-106 添加【倒角】修改器

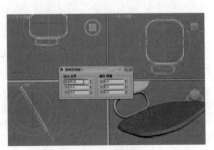

图 5-107 设置旋转

(9) 选择【创建】|【图形】|【矩形】工具，在【顶】视图中创建一个【长度】、【宽度】和【角半径】分别为 185、140 和 47 的矩形，将它命名为"摇椅背垫"，如图 5-108 所示。

(10) 切换到【修改】命令面板，在【修改器列表】中选择【倒角】修改器，在【参数】卷展栏中选择【曲面】区域下的【曲线侧面】选项，将【分段】值设置为 5，在【倒角值】卷展栏中选中【级别 2】复选框，将它下面的【高度】和【轮廓】分别设置为 2、–6，如图 5-109 所示。

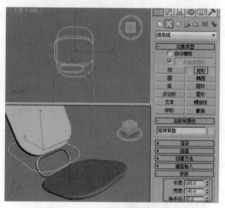
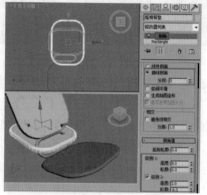

图 5-108　创建"摇椅背垫"　　　　　　　图 5-109　添加【倒角】修改器

(11) 在【修改器列表】中选择【网格平滑】修改器，在【细分量】卷展栏中将【迭代次数】设置为 1，如图 5-110 所示。

(12) 完成平滑后，再在【修改器列表】中选择【UVW 贴图】修改器，在【参数】卷展栏中选择【长方体】贴图方式，并将【长度】、【宽度】、【高度】分别设置为 211.5、153.5、5，如图 5-111 所示。

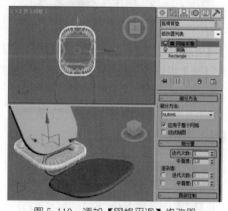
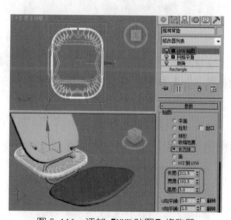

图 5-110　添加【网格平滑】修改器　　　　图 5-111　添加【UVW 贴图】修改器

(13) 确定场景中的"摇椅背垫"处于选择状态，右击工具栏中【选择并旋转】按钮，打开【旋转变换输入】对话框，将【绝对：世界】区域下的 X 设置为 61.5，然后调整其位置，如图 5-112 所示。

(14) 选择【创建】|【图形】|【线】工具，在【左】视图中绘制一条如图 5-113 所示的线段，并将它命名为"路径 01"。

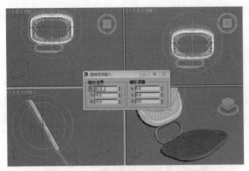

图 5-112　【旋转变换输入】对话框

图 5-113　绘制路径

(15) 在【顶】视图中将椅坐对象的右侧区域放大显示，然后选择【创建】|【图形】|【圆】工具，在【顶】视图中创建一个【半径】为 2 的圆形，将它命名为"图形 01"，如图 5-114 所示。

(16) 选择【创建】|【图形】|【椭圆】工具，再在【顶】视图中创建一个【长度】和【宽度】分别为 12、18 的椭圆，将它命名为"图形 02"，如图 5-115 所示。

图 5-114　创建"图形 01"

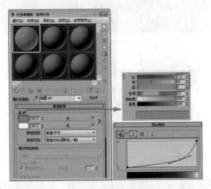

图 5-115　创建"图形 02"

(17) 在视图中选择"路径 01"对象，选择【创建】|【几何体】|【复合对象】|【放样】工具，在【创建方法】卷展栏中单击【获取图形】按钮，然后在【顶】视图中选择"图形 01"，如图 5-116 所示。

(18) 在【路径参数】卷展栏中将【路径】设置为 5，并再次单击【获取图形】按钮，最后在【顶】视图中选择"图形 02"，从而得到一个全新的放样图形，如图 5-117 所示。

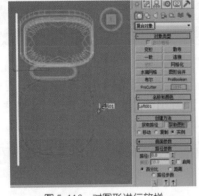

图 5-116　对图形进行放样

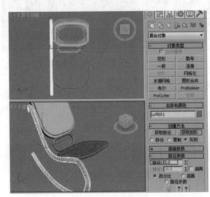

图 5-117　继续选择图形进行放样

【放样】同布尔运算一样，都属于合成对象的一种建模工具，放样的原理就是在一条指定的路径上排列截面，从而形成对象表面，放样对象由两个因素组成，即放样路径和放样图形。

(19) 切换至【修改】命令面板，将当前选择集定义为【图形】，然后在视图中选择放样对象的截面图形，使用工具栏中的【选择并旋转】工具，在【顶】视图中将其沿 Z 轴旋转 90 度，如图 5-118 所示。

(20) 选择【创建】|【图形】|【线】工具，在【左】视图中绘制一条如图 5-119 所示的线段，并将它命名为"路径 02"。

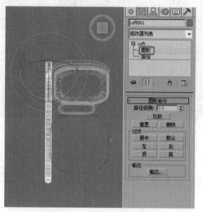

图 5-118　旋转对象

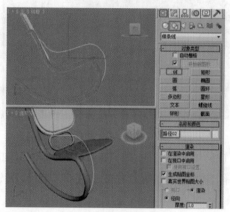

图 5-119　绘制"路径 2"

(21) 确定场景中的"路径 02"处于选中状态，选择【创建】|【几何体】|【复合对象】|【放样】工具，在【创建方法】卷展栏中单击【获取图形】按钮，然后在【顶】视图中选择"图形 02"，如图 5-120 所示。

(22) 切换至【修改】命令面板，将当前选择集定义为【图形】，然后在视图中选择放样对象的截面图形，并使用工具栏中的【选择并旋转】工具，在【顶】视图中将其沿 Z 轴旋转 90 度，效果如图 5-121 所示。

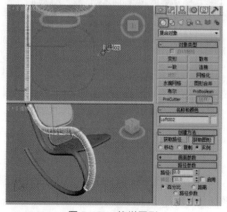

图 5-120　放样图形

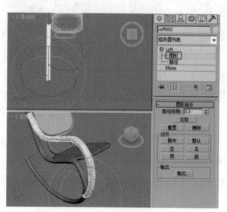

图 5-121　旋转图形

(23) 选择【创建】|【图形】|【线】工具，在【左】视图中绘制一条线，将其命名为"支架 01"，进入【修改】命令面板，将当前选择集定义为【顶点】，将它调整至如图 5-122 所示的图形。

(24) 关闭当前选择集，选择【创建】|【图形】|【圆】工具，在【顶】视图中创建一个【半径】为 5 的圆形，将它命名为"图形 03"，如图 5-123 所示。

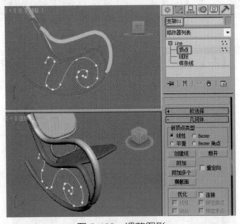

图 5-122　调整图形

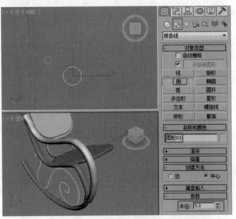

图 5-123　创建圆

(25) 在场景中选择"支架 01"对象，选择【创建】|【几何体】|【复合对象】|【放样】工具，在【创建方法】卷展栏中单击【获取图形】按钮，然后在【顶】视图中选择"图形 01"，如图 5-124 所示。

(26) 在【路径参数】卷展栏中将【路径】设置为 5，并再次单击【获取图形】按钮，然后在【顶】视图中选择"图形 03"，从而得到一个全新的放样图形，如图 5-125 所示。

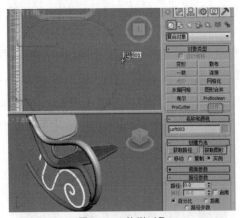

图 5-124　放样对象

图 5-125　在【路径】为 5 处选择"图形 03"

(27) 在【路径参数】卷展栏中将【路径】设置为 75，并再次单击【获取图形】按钮，最后在【顶】视图中选择"图形 03"，如图 5-126 所示。

(28) 在【路径参数】卷展栏中将【路径】设置为 95，并再次单击【获取图形】按钮，最后在【顶】视图中选择"图形 01"，从而得到一个全新的放样图形，如图 5-127 所示。

图 5-126 在【路径】为 75 处选择"图形 03"

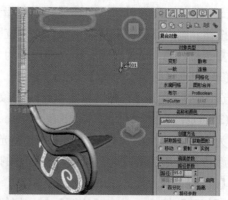

图 5-127 在【路径】为 95 处选择"图形 01"

(29) 激活【顶】视图，在视图中选择椅子左侧的全部对象，单击工具栏中的【镜像】按钮，在打开的对话框中选择 X 轴，并选中【复制】单选按钮，然后将【偏移】值设置为 168，最后单击【确定】按钮，如图 5-128 所示。

(30) 激活【顶】视图，选择【创建】|【图形】|【线】工具，在【顶】视图中绘制两条水平的线段，在【渲染】卷展栏中选中【在渲染中启用】和【在视图中启用】复选框，并将【厚度】设置为 9，最后在视图中调整它们的位置，如图 5-129 所示。

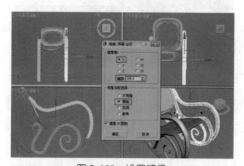

图 5-128 设置镜像

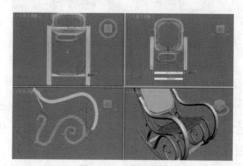

图 5-129 绘制直线

(31) 按 M 键打开材质编辑器，选择第一个材质样本球，在【Blinn 基本参数】卷展栏中，将锁定的【环境光】和【漫反射】的 RGB 值均设置为 255，将【反射高光】区域下的【光泽度】设置为 0，如图 5-130 所示。

(32) 打开【贴图】卷展栏，单击【漫反射颜色】通道后的【无】按钮，在打开的【材质/贴图浏览器】对话框中选择【位图】贴图，如图 5-131 所示，然后单击【确定】按钮。

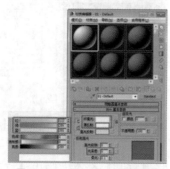

图 5-130 设置 Blinn 基本参数

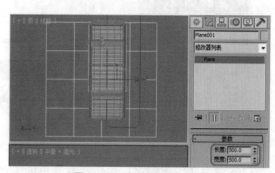

图 5-131 选择【位图】选项

(33)再在打开的对话框中选择随书附带光盘中的 CDROM | Map | 榉木 -38.jpg 文件,单击【打开】按钮。进入【位图】材质层级,在【位图参数】卷展栏中选中【裁剪 / 放置】区域下的【应用】复选框,将 U、V、W、H 分别设置为 0、0、0.219、1.0,如图 5-132 所示。

(34) 单击【转到父对象】按钮,选择"摇椅背"和"摇椅背垫"对象,按 Ctrl+I 组合键进行反选,然后单击【将材质指定给选定对象】按钮。

(35)选择第二个材质样本球,在【Blinn 基本参数】卷展栏中,将【自发光】区域下的【颜色】设置为 50,将【反射高光】区域下的【高光级别】设置为 20,打开【贴图】卷展栏,单击【漫反射颜色】通道后的【无】按钮,在打开的【材质 / 贴图浏览器】对话框中选择【位图】贴图,单击【确定】按钮。再在打开的对话框中选择随书附带光盘中的 CDROM | Map | c-a-029.jpg 文件,单击【打开】按钮。进入【位图】材质层级,在【坐标】卷展栏中将【瓷砖】下的 U、V 值都设置为 5,如图 5-133 所示。

图 5-132 设置裁剪 / 放置

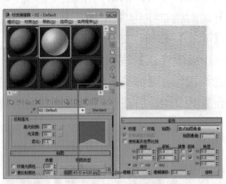

图 5-133 设置【漫反射颜色】通道

(36) 单击【转到父对象】按钮,然后拖动【漫反射颜色】通道后的贴图按钮到【凹凸】通道后的【无】按钮上,对它进行复制,在打开的对话框中选中【实例】单选按钮,单击【确定】按钮,如图 5-134 所示。

(37) 然后选择"摇椅背"和"摇椅背垫"对象,单击【将材质指定给选定对象】按钮,然后激活【透视】视图,对该视图进行渲染一次,效果如图 5-135 所示。

(38) 单击【保存】按钮,在弹出的对话框中设置存储路径,将【文件名】命名为"摇椅",单击【保存】按钮,如图 5-136 所示。

图 5-134 选中【实例】单选按钮

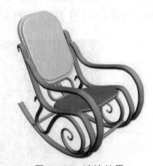

图 5-135 渲染效果

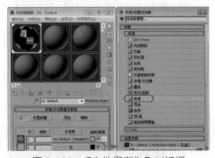

图 5-136 【文件另存为】对话框

(39) 单击【应用程序】按钮,在弹出的下拉菜单中选择【打开】命令,弹出【打开文件】

对话框，选择"使用放样工具制作摇椅.max"素材文件，如图 5-137 所示。

(40) 单击【应用程序】按钮，在弹出的下拉菜单中选择【导入】|【合并】命令，弹出【合并文件】对话框，在该对话框中选择随书附带光盘中的 CDROM | Scenes | Cha05 | 摇椅.max 素材文件，单击【打开】按钮，如图 5-138 所示。

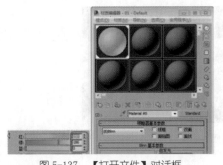

图 5-137　【打开文件】对话框

图 5-138　【合并文件】对话框

(41) 弹出【合并 – 摇椅.max】对话框，在该对话框中选择所有的对象，单击【确定】按钮，如图 5-139 所示。

(42) 进入【显示】命令面板，在【按类别隐藏】卷展栏中取消选中【摄影机】复选框，然后调整摄影机的位置，如图 5-140 所示。

图 5-139　【合并 – 摇椅.max】对话框

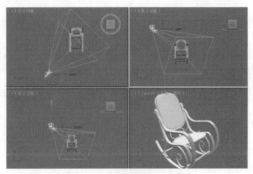

图 5-140　调整摄影机的位置

(43) 激活【摄影机】视图，按 F9 键对该视图进行渲染，效果如图 5-141 所示。

(44) 按 8 键打开【环境和效果】对话框，在该对话框中单击【环境贴图】按钮，在弹出的对话框中选择【位图】选项，然后再在弹出的对话框中选择 2301270_jpg 素材图像，将【贴图】设置为【屏幕】，如图 5-142 所示。

图 5-141　渲染效果

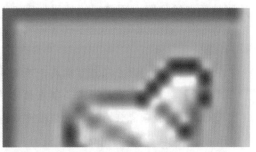

图 5-142　设置环境贴图

(45)然后将【摄影机】视口背景设置为【环境背景】，然后调整【摄影机】的位置。选择【创建】|【几何体】|【平面】工具，在【顶】视图中创建平面，将【宽度】、【长度】均设置为2000，按M键打开【材质编辑器】对话框，选择空白的材质样本球，单击Standard按钮，在弹出的对话框中选择【无光/投影】选项，然后对【摄影机】视图进行渲染即可，效果如图5-143所示。

图5-143　设置平面材质并渲染

案例精讲 056　使用挤出修改器制作造型椅

> 📝 案例文件：CDROM | Scenes | Cha05 | 使用挤出修改器制作造型椅 OK.max
>
> 🎬 视频文件：视频教学 | Cha05 | 使用挤出修改器制作造型椅 .avi

制作概述

本例将介绍如何制作造型椅。首先使用【线】工具绘制出造型椅的截面，然后利用【挤出】修改器设置出三维效果，再使用【矩形】工具绘制出金属底座，完成后的效果如图5-144所示。

图5-144　造型椅

学习目标

学会使用【挤出】修改器制作造型椅。

操作步骤

(1)选择【创建】|【图形】|【线】工具，在【前】视图中绘制一条闭合图形，并将其命名为"主体"，如图5-145所示。

(2)进入【修改】命令面板，将当前选择集定义为【顶点】，将场景中的顶点全部选中，然后右击，在弹出的快捷菜单中选择【Bezier角点】命令，并使用工具栏中的【选择并移动】工具调整顶点的位置，调整后的效果如图5-146所示。

> **知识链接**
>
> 在一个图形中，每个顶点可能属于下面4种类型之一。
>
> 【平滑】：使线段成为一条与顶点相切的平滑曲线。
>
> 【角点】：使顶点任意一侧的线段可以与之形成任何角度。
>
> Bezier：提供控制柄，但使线段成为一条通过顶点的切线。
>
> 【Bezier角点】：提供控制柄，且允许顶点任意一侧的线段与之形成任何角度。

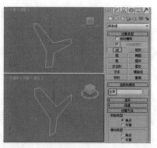

图 5-145　使用【线】工具绘制图形

图 5-146　调整顶点

(3) 将当前选择集关闭，然后在【修改器列表】中选择【倒角】修改器，在【倒角值】卷展栏中将【级别1】区域下的【高度】和【轮廓】分别设置为2、0.7，选中【级别2】复选框，将【级别2】区域下【高度】设置为115，选中【级别3】复选框，将【级别3】区域下的【高度】和【轮廓】分别设置为2、−0.7，如图 5-147 所示。

(4) 激活【顶】视图，选择【创建】|【图形】|【矩形】工具，在【顶】视图中创建一个【长度】、【宽度】和【角半径】分别为129、132、15的矩形，在【渲染】卷展栏中选中【在渲染中启用】和【在视口中启用】复选框，并将【厚度】值设置为8，然后再在【前】视图中将其调整至椅子的下方，如图 5-148 所示。

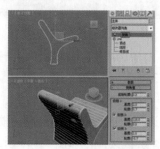

图 5-147　添加【倒角】修改器

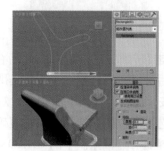

图 5-148　绘制矩形

(5) 将其命名为"支架"，按M键打开【材质编辑器】对话框，选择一个空白的材质样本球，将其命名为"主体"，单击【环境光】右侧的色块，在弹出的对话框中将【红】、【绿】、【蓝】分别设置为255、132、0，将【自发光】设置为30，将【高光级别】、【光泽度】分别设置为10、0，如图 5-149 所示。

(6) 在场景中选择【主体】对象，然后单击【将材质指定给选定对象】按钮，然后对【透视】视图进行渲染即可，效果如图 5-150 所示。

图 5-149　设置材质

图 5-150　渲染效果

(7) 选择一个空白的材质，将其命名为"支架"，将明暗器类型设置为【金属】，在【金属基本参数】卷展栏中，将【环境光】的 RGB 值均设置为 4。将【漫反射】的 RGB 值均设置为 255，将【反射高光】区域下的【高光级别】和【光泽度】分别设置为 100、80，如图 5-151 所示。

(8) 打开【贴图】卷展栏，单击【反射】通道后的【无】按钮，在打开的【材质/贴图浏览器】对话框中选择【位图】贴图，单击【确定】按钮。再在打开的对话框中选择随书附带光盘中的 CDROM | Map | HOUSD.jpg 文件，单击【打开】按钮。进入【位图】贴图层级，在【坐标】卷展栏中将【模糊偏移】设置为 0.1，如图 5-152 所示。

图 5-151 设置材质

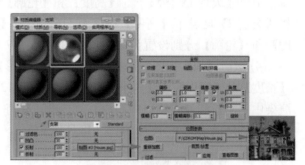

图 5-152 设置【反射】通道

(9) 单击【转到父对象】按钮，然后在场景中选择"支架"对象，单击【将材质指定给选定对象】按钮，然后对【透视】视图进行渲染即可，效果如图 5-153 所示。

(10) 按 8 键打开【环境和效果】对话框，在该对话框中单击【环境贴图】按钮，在弹出的对话框中选择【位图】选项，单击【确定】按钮，打开【选择位图图像文件】对话框，在该对话框中选择随书附带光盘中的 CDROM | Map | 2013d00f.jpg 素材文件，如图 5-154 所示。

图 5-153 渲染效果

图 5-154 选择位图

(11) 将环境贴图拖曳至空白的材质球上，在弹出的对话框中选中【实例】单选按钮，将【贴图】设置【屏幕】，如图 5-155 所示。

(12) 将【透视】视图的视口背景设置为【环境背景】，选择【创建】|【摄影机】|【目标】摄影机，在【顶】视图中创建摄影机，将【透视】视图转换为【摄影机】视图，然后在其他视

图中调整摄影机，效果如图 5-156 所示。

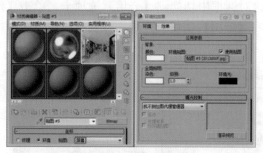
图 5-155　设置环境贴图

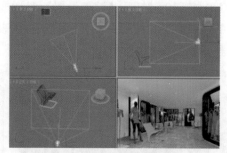
图 5-156　创建并调整摄影机

（13）选择【创建】|【灯光】|【目标聚光灯】工具，在【常规参数】卷展栏中选中【阴影】选项组中的【启用】复选框，将阴影类型设置为【光线跟踪阴影】，在【阴影参数】卷展栏中将【密度】设置为 0.3，然后在视图中调整聚光灯的位置，效果如图 5-157 所示。

（14）选择【创建】|【灯光】|【泛光】工具，在【顶】视图中创建泛光灯，然后在视图中调整泛光灯的位置，效果如图 5-158 所示。

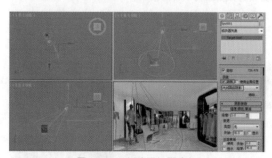
图 5-157　创建目标聚光灯

图 5-158　创建泛光灯

（15）选择【创建】|【几何体】|【平面】工具，在【顶】视图中创建平面，将【宽度】、【长度】均设置为 2000，如图 5-159 所示。

（16）按 M 键打开【材质编辑器】对话框，选择空白的材质样本球，单击 Standard 按钮，在弹出的对话框中选择【无光 / 投影】选项，如图 5-160 所示。

图 5-159　创建平面

图 5-160　选择【无光 / 投影】选项

（17）然后单击【将材质指定给选定对象】按钮，将材质制定为平面对象，然后对【摄影机】

视图进行渲染一次，观看效果，如图 5-161 所示。

(18) 按 F10 键打开【渲染设置】对话框，在该对话框中切换到【公用】选项卡，单击【要渲染的区域】下拉按钮，在弹出的下拉列表中选择【裁剪】选项，然后在【摄影机】视图中进行调整，如图 5-162 所示。

图 5-161　渲染效果

图 5-162　设置要渲染的区域

(19) 对【摄影机】视图进行渲染，渲染完成后将场景进行保存即可。

案例精讲 057　使用布尔制作坐墩

> 📝 案例文件：CDROM | Scenes | Cha05 使用布尔制作坐墩 OK.max
>
> 💿 视频文件：视频教学 | Cha05 使用布尔制作坐墩 .avi

制作概述

本例将介绍如何使用布尔制作坐墩。首先使用【球体】工具绘制球体，然后通过创建圆柱体并进行布尔来制作墩身，然后使用【车削】修改器制作坐垫，最后将材质指定给对象，效果如图 5-163 所示。

学习目标

学会使用布尔制作坐墩。

图 5-163　坐墩

操作步骤

(1) 启动 3ds Max 2014 软件，新建一个空白场景，选择【创建】|【几何体】|【标准基本体】工具，在【对象类型】卷展栏中选择【球体】工具，在【顶】视图中创建一个球体，在【名称和颜色】卷展栏中将其重命名为"墩身"，在【参数】卷展栏中将【半径】设置为 300、【分段】设置为 60，如图 5-164 所示。

(2) 选择【创建】|【几何体】|【标准基本体】工具，在【对象类型】卷展栏中选择【圆柱体】工具，在【顶】视图中创建一个圆柱体，在【参数】卷展栏中将【半径】设置为 169、【高度】设置为 630、【高度分段】设置为 50、【边数】设置为 50，并将其重命名为"圆柱 1"，如图 5-165 所示。

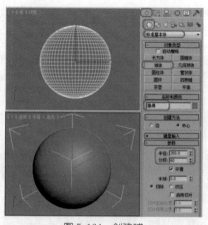

图 5-164　创建球

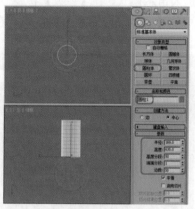

图 5-165　创建圆柱体

(3) 使用【选择并移动】工具，将创建的圆柱调整至合适的位置，如图 5-166 所示。

(4) 确认创建的"圆柱 1"对象处于选中状态，选择【创建】|【几何体】|【复合对象】工具，在【对象类型】卷展栏中选择【布尔】工具，进入布尔模式，在【参数】卷展栏中选中【差集(B-A)】单选按钮，然后单击【拾取对象】卷展栏中的【拾取操作对象 B】按钮，在视图中单击【墩身】对象，对其施加布尔，如图 5-167 所示。

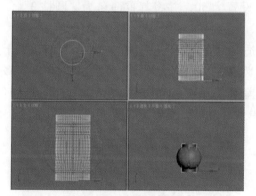

图 5-166　调整其位置

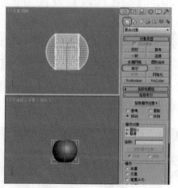

图 5-167　进行布尔

知识链接

　　【布尔】运算类似于传统的雕刻建模技术，因此布尔运算建模是许多建模者常用、也非常喜欢使用的技术。通过使用基本几何体，可以快速容易地创建任何非有机体的对象。【布尔】运算是对两个以上的物体进行并集、差集、交集和切割运算，而得到新的物体形状。

(5) 选择【创建】|【几何体】|【标准基本体】工具，在【对象类型】卷展栏中选择【圆柱体】工具，在【左】视图中创建一个圆柱体，在【参数】卷展栏中将【半径】设置为 169、【高度】设置为 630、【高度分段】设置为 50、【边数】设置为 50，并将其重命名为"圆柱 2"，如图 5-168 所示。

(6) 使用【选择并移动】工具，将其调整至合适的位置，确认创建的"圆柱 2"对象处于选中状态，选择【创建】|【几何体】|【复合对象】工具，在【对象类型】卷展栏中选择【布尔】

工具，进入布尔模式，在【参数】卷展栏中选中【差集 (B-A)】单选按钮，然后单击【拾取布尔】卷展栏中的【拾取操作对象 B】按钮，在视图中单击【墩身】对象，如图 5-169 所示。

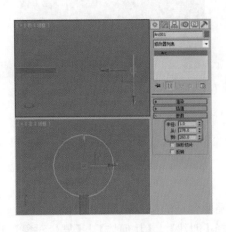

图 5-168　创建圆柱体

图 5-169　进行布尔

　　(7) 选择【创建】|【几何体】|【标准基本体】工具，在【对象类型】卷展栏中选择【圆柱体】工具，在【前】视图中创建一个圆柱体，在【参数】卷展栏中将【半径】设置为 169、【高度】设置为 630、【高度分段】设置为 50、【边数】设置为 50，并将其重命名为"圆柱 3"，如图 5-170 所示。

　　(8) 使用【选择并移动】工具，将其调整至合适的位置，确认创建的"圆柱 3"对象处于选中状态，选择【创建】|【几何体】|【复合对象】工具，在【对象类型】卷展栏中选择【布尔】工具，进入布尔模式，在【参数】卷展栏中选中【差集 (B-A)】单选按钮，然后单击【拾取布尔】卷展栏中的【拾取操作对象 B】按钮，在视图中单击【墩身】对象，如图 5-171 所示。

图 5-170　创建圆柱体

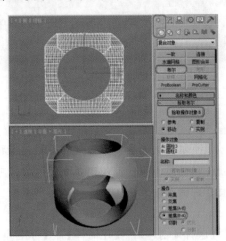

图 5-171　进行布尔

　　(9) 选择【创建】|【几何体】|【标准基本体】工具，在【对象类型】卷展栏中选择【球体】工具，在【顶】视图中创建一个球体，在【参数】卷展栏中将【半径】设置为 285、【分段】设置为 60，并将其重命名为"内轮廓"，如图 5-172 所示。

　　(10) 使用【移动并选择】工具，将其调整至合适的位置，确认创建的"内轮廓"处于选中状态，使用前面所讲过的方法对其进行布尔，如图 5-173 所示。

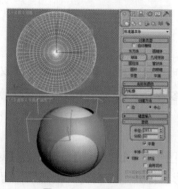

图 5-172　创建球体

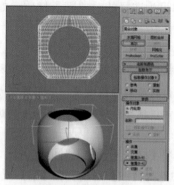

图 5-173　进行布尔

(11) 选择【创建】|【几何体】|【扩展基本体】工具，在【对象类型】卷展栏中选择【切角圆柱体】工具，在【顶】视图中创建一个切角圆柱体，在【参数】卷展栏中将其【半径】设置为 186、【分段】设置为 27、【圆角】设置为 11、【边数】设置为 50，并将其重命名为"夹板"，如图 5-174 所示。

(12) 使用【选择并移动】工具，在【前】视图中将其调整至合适的位置。

(13) 在场景中选择【内轮廓】、【夹板】对象，按 M 键，打开【材质编辑器】对话框，在该对话框中选择一个空白材质球，并将其重命名为"墩身"，在【明暗器基本参数】卷展栏中选择 Blinn，选中【双面】和【面贴图】复选框，在【Blinn 基本参数】卷展栏中将【环境光】和【漫反射】的【红】、【绿】、【蓝】都设置为 241，并将自发光【颜色】设置为 43，如图 5-175 所示。

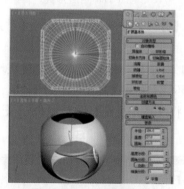

图 5-174　创建切角圆柱体

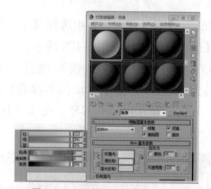

图 5-175　【材质编辑器】对话框

知识链接

　　【双面】：将对象法线相反的一面也进行渲染，通常计算机为了简化计算，只渲染对象法线为正方向的表面（即可视的外表面），这对大多数对象都适用，但有些敞开面的对象，其内壁看不到任何材质效果，这时就必须打开双面设置。

　　【面贴图】：将材质指定给造型的全部面，如果含有贴图的材质，在没有指定贴图坐标的情况下，贴图会均匀分布在对象的每一个表面上。

CG设计案例课堂

(14) 设置完成后单击【将材质指定给选定对象】按钮，然后单击【在视口中显示标准贴图】按钮，即可为选择的对象赋予材质，如图 5-176 所示。

知识链接

在视口中显示标准贴图：在贴图材质的贴图层级中此按钮可用。单击该按钮，可以在场景中显示出材质的贴图效果，如果是同步材质，对贴图的各种设置也会同步影响场景中的对象，这样就可以很轻松地进行贴图材质的编辑工作。

---

(15) 将【材质编辑器】对话框关闭，选择【创建】|【图形】|【样条线】工具，在【对象类型】卷展栏中选择【线】工具，在【前】视图中创建一个图形，将其重命名为"坐垫"，切换至【修改】命令面板，将当前选择集定义为【顶点】，使用【选择并移动】工具，将其调整至如图 5-177 所示的形状。

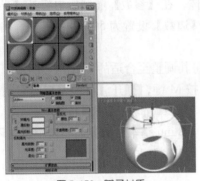
图 5-176　赋予材质

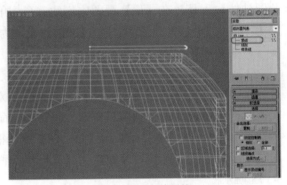
图 5-177　创建形状

(16) 在【修改器列表】中选择【车削】修改器，将【分段】设置为 33，单击【对齐】区域下的【最小】按钮，如图 5-178 所示。

(17) 选择创建的坐垫，按 M 键打开【材质编辑器】对话框，选择一个空白材质球，将其重命名为"坐垫"，在【Blinn 基本参数】卷展栏中将【环境光】和【漫发射】的【红】、【绿】、【蓝】分别设置为 0、78、255，在【反射高光】区域下将【高光级别】设置为 58、【光泽度】设置为 36，如图 5-179 所示。

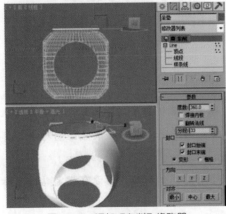
图 5-178　添加【车削】修改器

图 5-179　设置材质

（18）按【将材质指定给选定对象】按钮，为选定的对象赋予材质。选择【创建】|【几何体】|【标准基本体】工具，在【对象类型】卷展栏中选择【长方体】工具，在【顶】视图中创建一个长方体，在【参数】卷展栏中将【长度】设置为5000、【宽】设置为5000、【高度】设置为0，并将其重命名为"地面"，颜色设置为白色，如图5-180所示。

（19）使用【选择并移动】工具，将"地面"移动至合适的位置，选择【创建】|【摄影机】|【标准】工具，在【对象类型】卷展栏中选择【目标】工具，在【顶】视图中创建一个摄影机，将【镜头】设置为30，并调整其位置，然后将【透视】视图转换为【摄影机】视图，如图5-181所示。

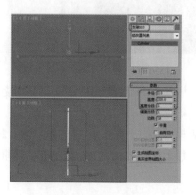
图5-180 创建"地面"对象

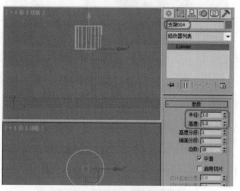
图5-181 创建摄影机

（20）选择【创建】|【灯光】|【标准】工具，在【对象类型】卷展栏中选择【目标聚光灯】工具，在视图中创建一个聚光灯，并调整其位置，切换至【修改】命令面板，在【常规参数】卷展栏中选中【阴影】区域下的【启用】复选框，将类型设置为【光线跟踪阴影】，在【聚光灯参数】卷展栏中选中【泛光化】复选框，在【阴影参数】卷展栏中将【颜色】的【红】、【绿】、【蓝】的值均设置为18，将【强度/颜色/衰减】卷展栏中的【倍增】设置为0.8，如图5-182所示。

（21）使用同样的方法，在视图中创建一个泛光灯，在【强度/颜色/衰减】卷展栏中将【倍增】设置为0.2，如图5-183所示。

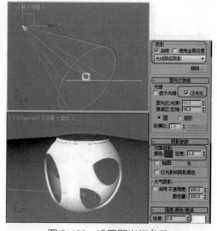
图5-182 设置聚光灯参数

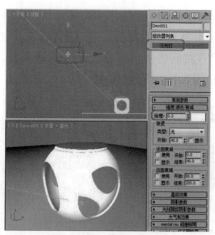
图5-183 创建泛光灯

(22) 使用同样的方法创建一个泛光灯，并将其【倍增】设置为 0.5，如图 5-184 所示。

(23) 在场景中继续创建泛光灯，并调整至合适的位置，将其【倍增】设置为 0.3，如图 5-185 所示。

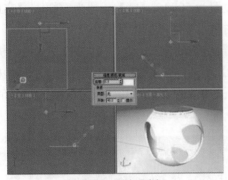
图 5-184　创建泛光灯

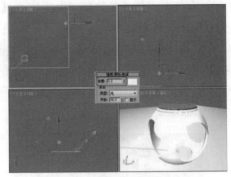
图 5-185　创建泛光灯

(24) 使用前面所讲过的方法，创建一个聚光灯，并将其调整至合适的位置，其参数可参考图 5-186 所示。

(25) 按 8 键打开【环境和效果】对话框，在对话框中单击【环境贴图】下的【无】按钮，在弹出的对话框中选择【位图】选项，然后单击【确定】按钮，在弹出的对话框中选择 zdbj01.jpg 素材文件，如图 5-187 所示。

图 5-186　创建聚光灯

图 5-187　【环境和效果】对话框

(26) 单击【打开】按钮，然后将环境贴图拖曳至空白的材质样本球上，在弹出的对话框中选中【实例】单选按钮，将【坐标】卷展栏中的【贴图】设置为【屏幕】，如图 5-188 所示。

(27) 然后将视口背景设置为环境背景，将灯光进行隐藏，然后在视图中调整摄影机的位置，效果如图 5-189 所示。

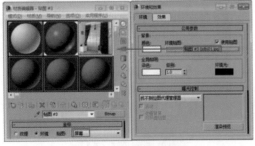
图 5-188　设置环境贴图

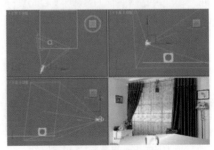
图 5-189　调整摄影机

(28) 选择一个空白的材质样本球，单击 Standard 按钮，在弹出的对话框中选择【无光/投影】选项，单击【确定】按钮，将材质指定给"地面"对象，然后激活【摄影机】视图，对该视图进行渲染即可，效果如图 5-190 所示。

图 5-190　设置【无光/投影】材质并进行渲染

案例精讲 058　使用挤出修改器制作床

案例文件：CDROM | Scenes | Cha05 | 使用挤出修改器制作床 OK.max

视频文件：视频教学 | Cha05 | 使用挤出修改器制作床 .avi

制作概述

本例将介绍双人床的制作。该例主要是使用二维对象和【挤出】修改器来制作，完成后的效果如图 5-191 所示。

学习目标

学会使用二维对象和【挤出】修改器制作床。

操作步骤

图 5-191　床

(1) 在菜单栏中选择【自定义】|【单位设置】命令，在弹出的对话框中选中【公制】单选按钮，并在下拉列表框中选择【厘米】选项，单击【确定】按钮，如图 5-192 所示。

知识链接

　　【单位设置】对话框建立单位显示的方式，通过它可以在通用单位和标准单位(英尺和英寸，还是公制)间进行选择。也可以创建自定义单位，这些自定义单位可以在创建任何对象时使用。

　　设置的单位用于度量场景中的几何体。除了这些单位之外，3ds Max 也将系统单位用作一种内部机制。只有在创建场景或导入无单位的文件之前才可以更改系统单位。不要在现有场景中更改系统单位。

(2) 选择【创建】 |【图形】 |【线】工具，在【左】视图中绘制样条线，将其命名为"床头竖架 001"，切换到【修改】命令面板，将当前选择集定义为【顶点】，在场景中调整其形状，如图 5-193 所示。

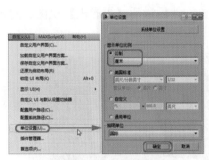

图 5-192 设置单位

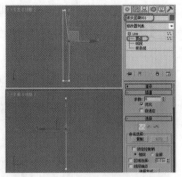

图 5-193 绘制并调整 "床头竖架 001"

(3) 关闭当前选择集，在【修改器列表】中选择【挤出】修改器，在【参数】卷展栏中将【数量】设置为 2.6cm，如图 5-194 所示。

(4) 在【前】视图中按住 Shift 键沿 X 轴移动复制 "床头竖架 001" 对象，在弹出的对话框中选中【实例】单选按钮，将【副本数】设置为 2，单击【确定】按钮，如图 5-195 所示。

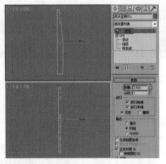

图 5-194 添加【挤出】修改器

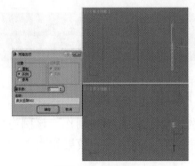

图 5-195 复制对象

(5) 选择【创建】 ![icon] |【图形】 ![icon] |【矩形】工具，在【前】视图中绘制矩形，将其命名为 "床头横板 001"，切换到【修改】命令面板，在【参数】卷展栏中设置【长度】为 21cm、【宽度】为 185cm、【角半径】为 5cm，如图 5-196 所示。

(6) 在【修改器列表】中选择【挤出】修改器，在【参数】卷展栏中将【数量】设置为 2.5cm，如图 5-197 所示。

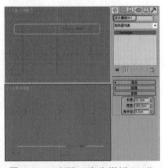

图 5-196 创建 "床头横板 001"

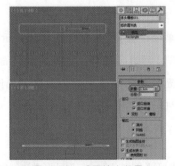

图 5-197 设置挤出数量

(7) 在【前】视图中按住 Shift 键沿 Y 轴移动复制 "床头横板 001" 对象，在弹出的对话框中选中【复制】单选按钮，单击【确定】按钮，如图 5-198 所示。

(8) 在【左】视图中同时选择"床头横板 001"和"床头横板 002"对象，使用【选择并旋转】工具 ○ 沿 Z 轴对其进行旋转，然后使用【选择并移动】工具 ✛ 调整其位置，效果如图 5-199 所示。

图 5-198　复制对象

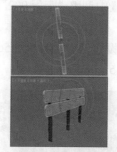

图 5-199　旋转并移动对象

(9) 选择【创建】 ｜【几何体】 ◎｜【长方体】工具，在【前】视图中创建长方体，将其命名为"床头横板 003"，切换到【修改】命令面板，在【参数】卷展栏中设置【长度】为 48cm、【宽度】为 185cm、【高度】为 2.5cm，并在场景中调整其位置，如图 5-200 所示。

(10) 选择【创建】 ✴｜【图形】 ◎｜【线】工具，在【顶】视图中绘制样条线，将其命名为"床板 001"，切换到【修改】命令面板，在【插值】卷展栏中将【步数】设置为 12，将当前选择集定义为【顶点】，在场景中调整其形状，如图 5-201 所示。

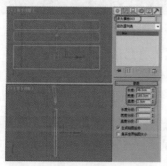

图 5-200　创建"床头横板 003"

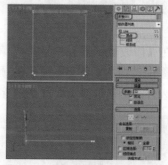

图 5-201　创建并调整"床板 001"

(11) 然后将当前选择集定义为【样条线】，在视图中选择样条线，在【几何体】卷展栏中将【轮廓】设置为 4cm，并按 Enter 键确认，如图 5-202 所示。

(12) 关闭当前选择集，在【修改器列表】中选择【挤出】修改器，在【参数】卷展栏中将【数量】设置为 17cm，如图 5-203 所示。

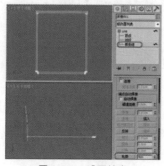

图 5-202　设置轮廓

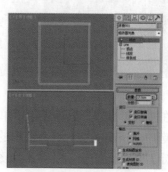

图 5-203　设置挤出数量

(13) 选择【创建】 ※ |【几何体】 ■ |【长方体】工具，在【顶】视图中创建长方体，将其命名为"床板002"，切换到【修改】命令面板，在【参数】卷展栏中设置【长度】为200cm、【宽度】为172cm、【高度】为15.5cm，如图5-204所示。

(14) 在场景中调整"床板002"对象的位置，然后选择【创建】 ■ |【几何体】 ◎ |【圆柱体】工具，在【顶】视图中创建圆柱体，将其命名为"床腿001"，切换到【修改】命令面板，在【参数】卷展栏中设置【半径】为3.5cm、【高度】为14cm、【高度分段】为2，并在视图中调整其位置，如图5-205所示。

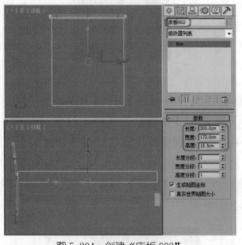

图5-204　创建"床板002"

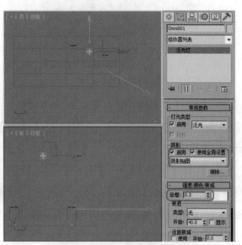

图5-205　创建"床腿001"

(15) 在【修改器列表】中选择【编辑多边形】修改器，将当前选择集定义为【顶点】，在【前】视图中选择如图5-206所示的顶点，并向下调整其位置。

(16) 然后将当前选择集定义为【多边形】，在视图中选择如图5-207所示的多边形。

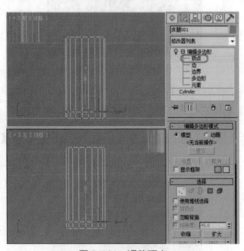

图5-206　调整顶点

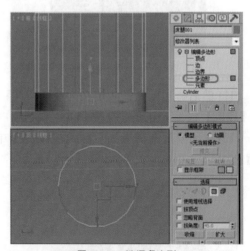

图5-207　选择多边形

(17) 在【编辑多边形】卷展栏中单击【挤出】右侧的【设置】按钮 □ ，弹出【挤出多边形】对话框，选中【挤出类型】选项组中的【局部法线】单选按钮，将【挤出高度】设置为0.6cm，单击【确定】按钮，挤出后的效果如图5-208所示。

【组】：沿着每一个连续的多边形组的平均法线执行挤出。如果挤出多个这样的组，每个组将会沿着自身的平均法线方向移动。

【局部法线】：沿着每一个选定的多边形法线执行挤出。

【按多边形】：分别对每个多边形执行挤出。

【挤出高度】：采用场景单位指定挤出量。可以向外或向内挤出选定的多边形，具体情况取决于该值是正值还是负值。

(18) 在视图中选择如图 5-209 所示的多边形，在【多边形：材质 ID】卷展栏中，将【设置 ID】设置为 1。

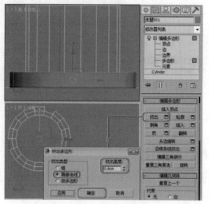

图 5-208　挤出多边形

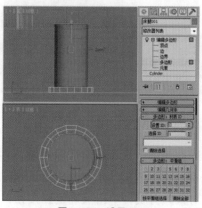

图 5-209　设置 ID1

(19) 在菜单栏中选择【编辑】│【反选】命令，反选多边形，然后在【多边形：材质 ID】卷展栏中，将【设置 ID】设置为 2，如图 5-210 所示。

(20) 关闭当前选择集，在【前】视图中按住 Shift 键沿 X 轴移动复制"床腿 001"对象，在弹出的对话框中选中【实例】单选按钮，单击【确定】按钮，如图 5-211 所示。

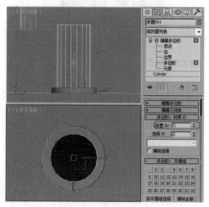

图 5-210　设置 ID2

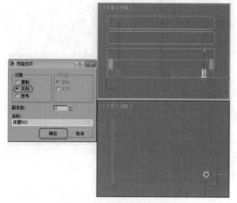

图 5-211　复制桌腿对象

(21) 在场景中选择"床头横板 001"对象，按 M 键打开【材质编辑器】对话框，选择一个新的材质样本球，将其命名为"床材质 01"，在【Blinn 基本参数】卷展栏中，将【环境光】和【漫反射】的 RGB 值均设置为 187、76、115，如图 5-212 所示。然后单击【将材质指定给选定对象】按钮，将材质指定给"床头横板 001"对象。

(22) 在场景中选择除"床头横板 001"和床腿以外的所有对象，在【材质编辑器】对话框中选择一个新的材质样本球，将其命名为"床材质 02"，在【Blinn 基本参数】卷展栏中，将【环境光】和【漫反射】的 RGB 值均设置为 255，如图 5-213 所示。然后单击【将材质指定给选定对象】按钮，将材质指定给选定对象。

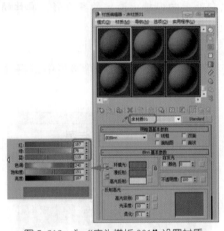

图 5-212　为"床头横板 001"设置材质

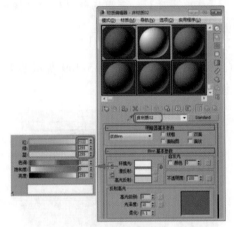

图 5-213　设置材质

(23) 在场景中选择所有床腿对象，在【材质编辑器】对话框中选择一个新的材质样本球，将其命名为"床腿"，并单击 Standard 按钮，在弹出的【材质 / 贴图浏览器】对话框中选择【多维 / 子对象】材质，单击【确定】按钮，如图 5-214 所示。

(24) 在弹出的【替换材质】对话框中选中【将旧材质保存为子材质】单选按钮，单击【确定】按钮，如图 5-215 所示。

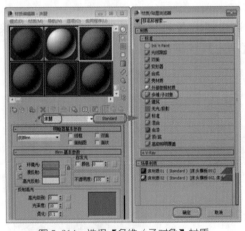

图 5-214　选择【多维 / 子对象】材质

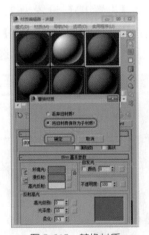

图 5-215　替换材质

(25) 在【多维 / 子对象基本参数】卷展栏中单击【设置数量】按钮，在弹出的对话框中将【材质数量】设置 2，单击【确定】按钮，如图 5-216 所示。

(26) 在【多维 / 子对象基本参数】卷展栏中单击 ID1 右侧的子材质按钮，在【明暗器基本参数】卷展栏中选择【金属】，在【金属基本参数】卷展栏中将【环境光】的 RGB 值均设置为 0，将【漫反射】的 RGB 值均设置为 255，在【反射高光】选项组中将【高光级别】和【光泽度】分别设置为 100、86，如图 5-217 所示。

图 5-216　设置材质数量

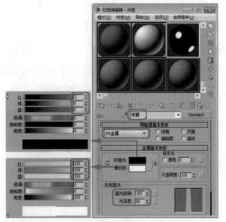

图 5-217　设置金属基本参数

(27) 在【贴图】卷展栏中，将【反射】后的【数量】设置为 70，并单击右侧的【无】按钮，在弹出的【材质/贴图浏览器】对话框中选择【位图】贴图，单击【确定】按钮，如图 5-218 所示。

(28) 在弹出的对话框中打开随书附带光盘中的 Metal01.tif 文件，在【坐标】卷展栏中将【瓷砖】下的 U、V 分别设置为 0.4、0.1，将【模糊偏移】设置为 0.05，在【输出】卷展栏中，将【输出量】设置为 1.15，如图 5-219 所示。

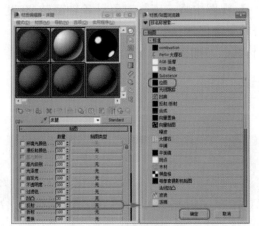

图 5-218　选择【位图】贴图

图 5-219　设置参数

知识链接

　　【模糊偏移】：影响贴图的锐度或模糊度，而与贴图离视图的距离无关。【模糊偏移】模糊对象空间中自身的图像。当您要柔和或散焦贴图中的细节以实现模糊图像的效果时，使用此选项。

　　【输出量】：控制要混合为合成材质的贴图数量。对贴图中的饱和度和 Alpha 值产生影响。默认设置为 1。

(29) 单击两次【转到父对象】按钮 🔳，在【多维 / 子对象基本参数】卷展栏中单击 ID2 右侧的子材质按钮，在弹出的【材质 / 贴图浏览器】对话框中双击【标准】材质，然后在【Blinn 基本参数】卷展栏中将【环境光】和【漫反射】的 RGB 值均设置为 20，在【反射高光】选项组中，将【高光级别】和【光泽度】分别设置为 51、50，如图 5-220 所示。然后单击【转到父对象】按钮 🔳 和【将材质指定给选定对象】按钮 🔳，将材质指定给选定对象。

(30) 按 Ctrl+A 组合键选择所有的对象，在菜单栏中选择【组】|【组】命令，在弹出的对话框中设置【组名】为"床"，单击【确定】按钮，即可将选择对象成组，如图 5-221 所示。

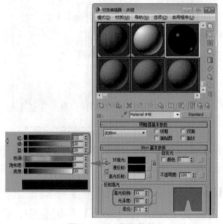

图 5-220 设置参数

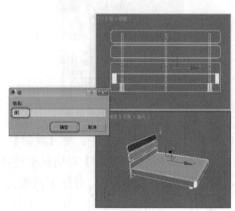

图 5-221 成组对象

(31) 然后使用【选择并旋转】工具 🔳，在【顶】视图中将"床"对象沿 Z 轴旋转 90 度，效果如图 5-222 所示。至此，床就制作完成了，将场景文件保存并命名为"床 OK"。

(32) 按 Ctrl+O 组合键，打开"卧室 .max"素材文件，如图 5-223 所示。

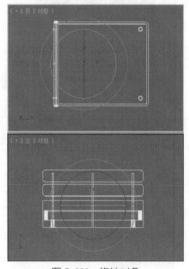

图 5-222 旋转对象

图 5-223 打开素材文件

(33) 单击 🔳 按钮，在弹出的下拉列表中选择【导入】|【合并】命令，如图 5-224 所示。

(34) 在弹出的【合并文件】对话框中打开新保存的"床 OK.max"文件，再在弹出的对话框中单击底部的【全部】按钮，并单击【确定】按钮，如图 5-225 所示。

图 5-224 选择【合并】命令

图 5-225 选择文件

(35) 即可将"床"导入到场景中，并在场景中调整其位置，效果如图 5-226 所示。

(36) 激活【摄影机】视图，按 F9 键渲染效果，渲染后的效果如图 5-227 所示。

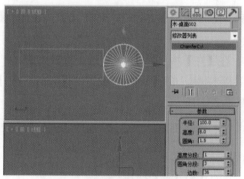

图 5-226 调整模型位置

图 5-227 渲染后的效果

案例精讲 059 使用矩形工具制作床头柜

 案例文件：CDROM | Scenes | Cha05 | 使用矩形工具制作床头柜 OK.max

 视频文件：视频教学 | Cha05 | 使用矩形工具制作床头柜 .avi

制作概述

本例将介绍床头柜的制作，该例主要是使用【矩形】工具制作床头柜的截面图形，然后使用【挤出】修改器挤出厚度，完成后的效果如图 5-228 所示。

图 5-228 床头柜

学习目标

使用【矩形】工具绘制截面图形。
使用【挤出】修改器挤出厚度。

操作步骤

(1) 按 Ctrl+O 组合键，打开"使用矩形工具制作床头柜 .max"素材文件，如图 5-229 所示。

(2) 选择【创建】 ✳ |【图形】 ⊙ |【矩形】工具，在【左】视图中创建矩形，将其命名为"床头柜"，切换到【修改】命令面板，在【参数】卷展栏中，将【长度】设置为 30cm，将【宽度】设置为 40cm，将【角半径】设置为 5cm，如图 5-230 所示。

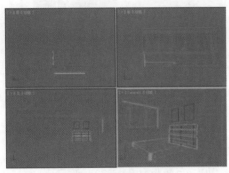

图 5-229　打开素材文件

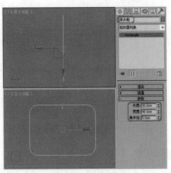

图 5-230　创建"床头柜"

(3) 在【修改器列表】中选择【挤出】修改器，在【参数】卷展栏中将【数量】设置为 32cm，并在视图中调整其位置，如图 5-231 所示。

(4) 选择【创建】 ✳ |【图形】 ⊙ |【矩形】工具，在【左】视图中创建矩形，将其命名为"抽屉 001"，切换到【修改】命令面板，在【参数】卷展栏中，将【长度】设置为 13cm，将【宽度】设置为 40cm，将【角半径】设置为 5cm，如图 5-232 所示。

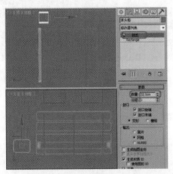

图 5-231　设置挤出数量

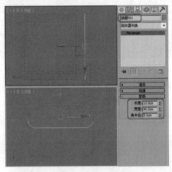

图 5-232　创建"抽屉 001"

(5) 在【修改器列表】中选择【编辑样条线】修改器，将当前选择集定义为【顶点】，在【左】视图中选择如图 5-233 所示的顶点。

(6) 在选择的顶点上右击，在弹出的快捷菜单中选择【角点】命令，如图 5-234 所示。

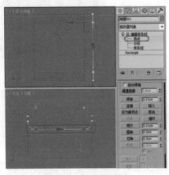

图 5-233　选择顶点

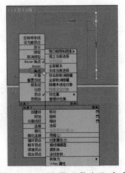

图 5-234　选择【角点】命令

(7) 然后在【左】视图中调整顶点，效果如图 5-235 所示。

(8) 关闭当前选择集，在【修改器列表】中选择【挤出】修改器，在【参数】卷展栏中将【数量】设置为 2cm，并在视图中调整其位置，如图 5-236 所示。

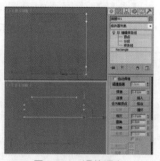

图 5-235　调整顶点

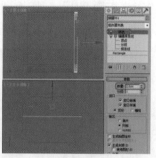

图 5-236　添加【挤出】修改器

(9) 在【左】视图中选择"抽屉 001"对象，在工具栏中单击【镜像】按钮，在弹出的对话框中将【镜像轴】定义为 Y，将【偏移】设置为 –17.1cm，在【克隆当前选择】选项组中选中【复制】单选按钮，并单击【确定】按钮，如图 5-237 所示。

(10) 选择镜像后的"抽屉 002"对象，并将当前选择集定义为【顶点】，然后在【左】视图中调整顶点位置，效果如图 5-238 所示。

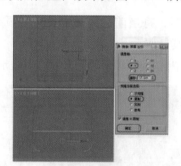

图 5-237　镜像对象

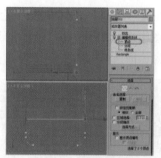

图 5-238　调整顶点位置

(11) 关闭当前选择集，选择【创建】|【图形】|【矩形】工具，在【左】视图中创建矩形，将其命名为"抽屉把手 001"，切换到【修改】命令面板，在【参数】卷展栏中，将【长度】设置为 0.7cm，将【宽度】设置为 10cm，将【角半径】设置为 0.4cm，如图 5-239 所示。

(12) 在【修改器列表】中选择【挤出】修改器，在【参数】卷展栏中将【数量】设置为 3cm，并在视图中调整其位置，如图 5-240 所示。

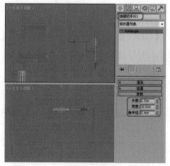

图 5-239　创建"抽屉把手 001"

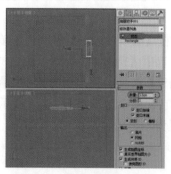

图 5-240　添加【挤出】修改器

6"#

(13) 在【左】视图中按住 Shift 键沿 Y 轴移动复制模型"抽屉把手 001",在弹出的对话框中选中【实例】单选按钮,单击【确定】按钮,如图 5-241 所示。

(14) 选择【创建】 | 【几何体】 | 【圆柱体】工具,在【顶】视图中创建圆柱体,将其命名为"床头柜腿 001",切换到【修改】命令面板,在【参数】卷展栏中设置【半径】为 1.7cm、【高度】为 6cm、【高度分段】为 2,并在视图中调整其位置,如图 5-242 所示。

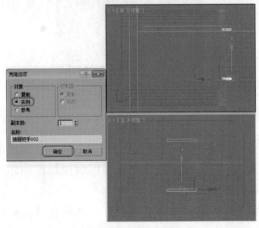
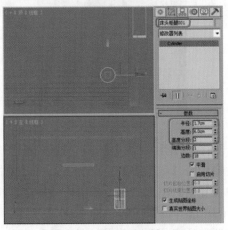

图 5-241 复制对象　　　　图 5-242 创建"床头柜腿 001"

(15) 在【修改器列表】中选择【编辑多边形】修改器,将当前选择集定义为【顶点】,在【左】视图中选择如图 5-243 所示的顶点,并向下调整其位置。

(16) 然后将当前选择集定义为【多边形】,在视图中选择如图 5-244 所示的多边形。

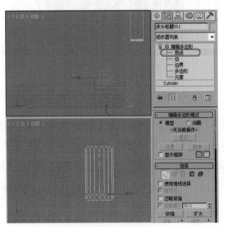
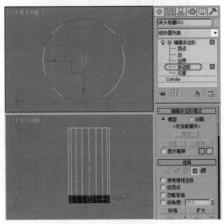

图 5-243 调整顶点　　　　图 5-244 选择多边形

(17) 在【编辑多边形】卷展栏中单击【挤出】右侧的【设置】按钮,弹出【挤出多边形】对话框,选中【挤出类型】选项组中的【局部法线】单选按钮,将【挤出高度】设置为 0.3cm,单击【确定】按钮,挤出后的效果如图 5-245 所示。

(18) 在视图中选择如图 5-246 所示的多边形,在【多边形:材质 ID】卷展栏中,将【设置 ID】设置为 1。

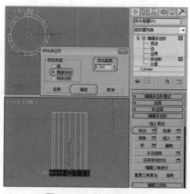

图 5-245 挤出多边形

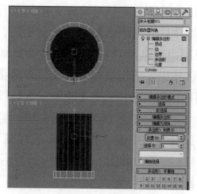

图 5-246 设置 ID1

(19) 在菜单栏中选择【编辑】|【反选】命令，反选多边形，然后在【多边形：材质 ID】卷展栏中，将【设置 ID】设置为 2，如图 5-247 所示。

(20) 关闭当前选择集，在【左】视图中按住 Shift 键沿 X 轴移动复制"床头柜腿 001"对象，在弹出的对话框中选中【实例】单选按钮，单击【确定】按钮，如图 5-248 所示。

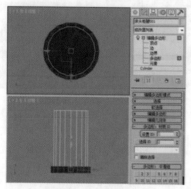

图 5-247 设置 ID2

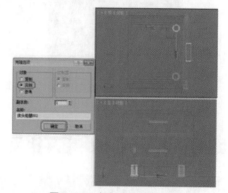

图 5-248 复制床头柜腿对象

(21) 继续在场景中复制床头柜腿对象，效果如图 5-249 所示。

(22) 然后为床头柜对象设置材质，其材质与上一实例的床材质相同，在此就不再赘述，设置材质后的效果如图 5-250 所示。

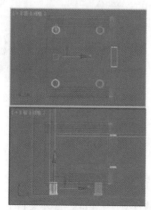

图 5-249 复制对象

图 5-250 设置材质后的效果

CG设计案例课堂

(23) 在场景中选择组成床头柜的所有对象，在菜单栏中选择【组】|【组】命令，在弹出的对话框中输入【组名】为"床头柜"，单击【确定】按钮，即可将选择的对象成组，然后在【左】视图中按住 Shift 键沿 X 轴移动复制成组后的"床头柜"对象，在弹出的对话框中选中【实例】单选按钮，单击【确定】按钮，如图 5-251 所示。

(24) 在工具栏中单击【渲染设置】按钮，弹出【渲染设置】对话框，在【公用参数】卷展栏中将【要渲染的区域】设置为【裁剪】，然后在【摄影机】视图中调整渲染区域，在【输出大小】选项组中的下拉列表中选择【35mm 1.316：1 全光圈 (电影)】选项，并单击右侧的4096x3112 按钮，如图 5-252 所示，然后单击【渲染】按钮对【摄影机】视图进行渲染，渲染完成后将场景文件保存。

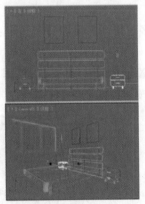

图 5-251 复制对象

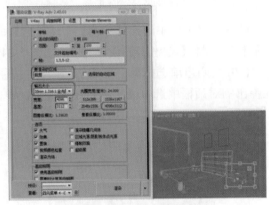

图 5-252 调整渲染区域

案例精讲 060 使用网格平滑修改器制作床垫

✎ 案例文件：CDROM | Scenes | Cha05 | 使用【网格平滑】修改器制作床垫 OK.max

🎬 视频文件：视频教学 | Cha05 | 使用【网格平滑】修改器制作床垫 .avi

制作概述

本例将介绍床垫的制作。床垫在日常生活中是不可缺少的一部分。它的制作主要是创建一个平面，通过【编辑多边形】修改器对平面进行调整，然后使用【网格平滑】修改器进行平滑，完成后的效果如图 5-253 所示。

图 5-253 床垫

学习目标

使用【编辑多边形】修改器调整平面。
使用【网格平滑】修改器平滑床垫。

操作步骤

(1) 按 Ctrl+O 组合键，打开使用【网格平滑】修改器制作床垫 .max 素材文件，如图 5-254 所示。

（2）选择【创建】 ｜【几何体】 ｜【平面】工具，在【顶】视图中创建平面，将其命名为"床垫"，切换到【修改】命令面板，在【参数】卷展栏中设置【长度】为172cm、【宽度】为200cm、【长度分段】为7、【宽度分段】为7，如图5-255所示。

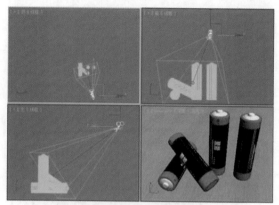

图5-254　打开的素材文件

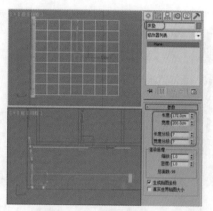

图5-255　创建"床垫"

（3）在【修改器列表】中选择【编辑多边形】修改器，并将当前选择集定义为【多边形】，在【顶】视图中按Ctrl+A组合键，将场景中的多边形全部选中，效果如图5-256所示。

（4）在【编辑几何体】卷展栏中单击【细化】按钮右侧的【设置】按钮 ，在弹出的【细化选择】对话框中选中【边】单选按钮，然后单击【确定】按钮，对边进行细化，如图5-257所示。

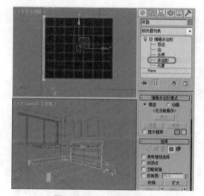

图5-256　选择多边形

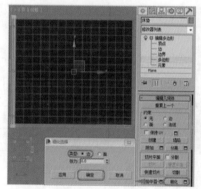

图5-257　细化边

知识链接

【边】：在每个边的中间插入顶点，然后绘制与这些顶点连接的线。创建的多边形数等于原始多边形的侧面数。

【面】：将顶点添加到每个多边形的中心，然后绘制将该顶点与原始顶点连接的线。创建的多边形数等于原始多边形的侧面数。

【张力】：用于增加或减少边张力值。只在【边】细分方法处于活动状态时可用。负值将从其平面向内拉顶点，以便生成凹面效果。如果值为正，将会从其所在平面处向外拉动顶点，从而产生凸面效果。

(5) 再次打开【细化选择】对话框，选中【面】单选按钮，然后单击【确定】按扭，对面进行细化，效果如图 5-258 所示。

(6) 将当前选择集定义为【顶点】，在【顶】视图中选择如图 5-259 所示的顶点。

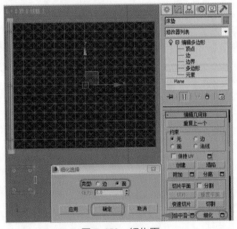
图 5-258　细化面

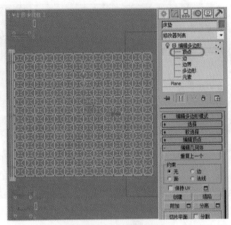
图 5-259　选择顶点

(7) 在【前】视图中将选择的顶点沿 Y 轴向上移动，效果如图 5-260 所示。

(8) 然后在【编辑顶点】卷展栏中单击【切角】按钮右侧的【设置】按钮▢，在弹出的【切角顶点】对话框中将【切角量】设置为 12cm，单击【确定】按钮，效果如图 5-261 所示。

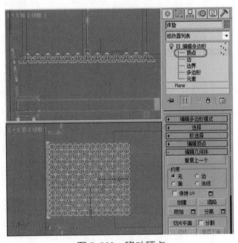
图 5-260　移动顶点

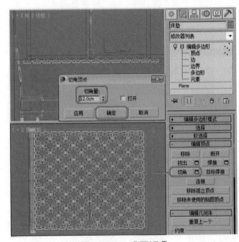
图 5-261　设置切角

知识链接

【切角量】：用来设置切角的范围。默认设置为 1。

【打开】：启用时，删除切角的区域，保留开放的空间。默认设置为禁用。

(9) 然后在【编辑几何体】卷展栏中单击【网格平滑】按钮，进行平滑设置，效果如图 5-262 所示。

(10) 再次单击【网格平滑】按钮，平滑后的效果如图 5-263 所示。

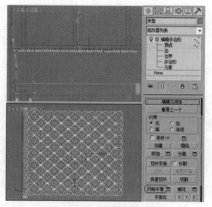

图 5-262　平滑后的效果

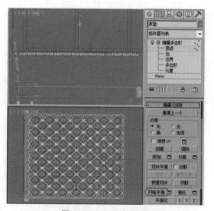

图 5-263　再次平滑

(11) 重新定义当前选择集为【多边形】，在【顶】视图中选择床垫的边，如图 5-264 所示。

(12) 在【编辑多边形】卷展栏中，单击【倒角】按钮右侧的【设置】按钮⬜，在弹出的【倒角多边形】对话框中将【高度】、【轮廓量】分别设置为 0.6cm、–2cm，单击【确定】按钮，如图 5-265 所示。

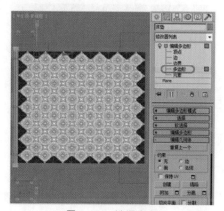

图 5-264　选择床边

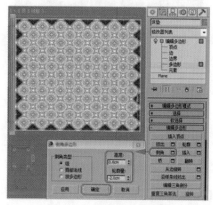

图 5-265　为床边设置倒角

> 知识链接
>
> 　　【组】：沿着每一个连续的多边形组的平均法线执行倒角。如果倒角多个这样的组，则每个组将沿着其自身的平均法线移动。
>
> 　　【局部法线】：沿着每一个选定的多边形法线执行倒角。
>
> 　　【按多边形】：独立倒角每个多边形。
>
> 　　【高度】：采用场景单位指定挤出的范围。可以向外或向内挤出选定的多边形，具体情况取决于该值是正值还是负值。
>
> 　　【轮廓量】：使选定多边形的外边界变大或缩小，具体情况取决于该值是正值还是负值。

(13) 重新定义当前选择集为【边界】，在【顶】视中选择床垫的边框，如图 5-266 所示。

(14) 然后单击工具栏中的【选择并移动】按钮✛，在按住 Shift 键的同时，在【前】视图中沿 Y 轴向上移动选择的边，如图 5-267 所示。

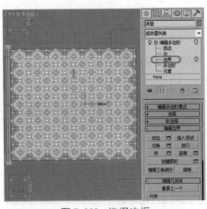

图 5-266　选择边框

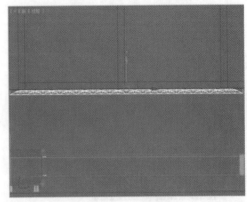

图 5-267　移动边

(15) 在工具栏中单击【选择并均匀缩放】工具 ，在【前】视图中沿 X 轴放大选择的边，效果如图 5-268 所示。

(16) 然后再次单击工具栏中的【选择并移动】按钮 ，并配合 Shift 键，将其沿 Y 轴向下移动复制，为床垫设置厚度，如图 5-269 所示。

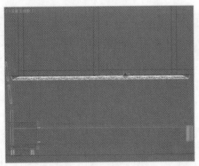

图 5-268　放大边

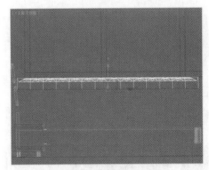

图 5-269　设置床垫厚度

(17) 关闭当前选择集，在【修改器列表】中选择【网格平滑】修改器，并在视图中调整床垫位置，效果如图 5-270 所示。

(18) 在场景中选择"床垫"对象，按 M 键打开【材质编辑器】对话框，选择一个新的材质样本球，将其命名为"床垫"，在【Blinn 基本参数】卷展栏中，将【环境光】和【漫反射】的 RGB 值设置为 187、76、115，然后单击【将材质指定给选定对象】按钮 ，如图 5-271 所示。至此，床垫就制作完成了，按 F9 键渲染效果，渲染完成后将场景文件保存即可。

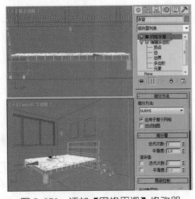

图 5-270　添加【网格平滑】修改器

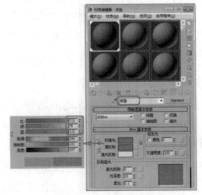

图 5-271　设置材质

案例精讲 061　使用线工具制作现代桌椅

✎　案例文件：CDROM | Scenes | Cha05 | 使用线工具制作现代桌椅 .max

▶　视频文件：视频教学 | Cha05 | 使用线工具制作现代桌椅 .avi

制作概述

随着人们生活质量的提高，人们对桌椅的要求随之也提高了。本例将详细讲解如何制作现代桌椅，其中主要应用了线和切角长方体进行制作。完成后的效果如图 5-272 所示。

学习目标

掌握现代桌椅的的制作方法。

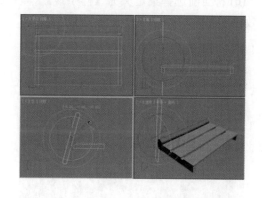

图 5-272　现代桌椅

操作步骤

(1) 启动软件后选择【创建】|【图形】【样条线】|【线】工具，在【顶】视图中创建线，并将其命名为"桌面上"，如图 5-273 所示。

(2) 切换到【修改】命令面板，对其添加【挤出】修改器，将【数量】设为 20，完成后的效果如图 5-274 所示。

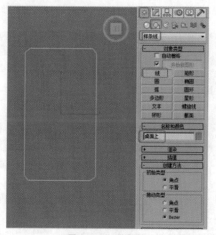

图 5-273　绘制线

图 5-274　添加【挤出】修改器

在创建线形样条线时，可以使用鼠标在步长之间平移和环绕视口。要平移视口，请按住鼠标中键或鼠标滚轮进行拖动。要环绕视口，请同时按住 Alt 键和鼠标中键（或鼠标滚轮）进行拖动。

(3) 继续对其添加【编辑多边形】修改器，将当前选择集定义为【多边形】，选中上下两个面，在【多边形：材质 ID】卷展栏中，将【设置 ID】设为 1，如图 5-275 所示。

(4) 按 Ctrl+I 组合键进行反选，并将其【设置 ID】设为 2，如图 5-276 所示。

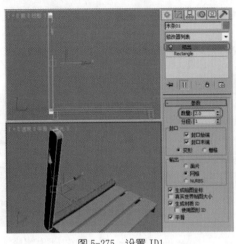

图 5-275 设置 ID1

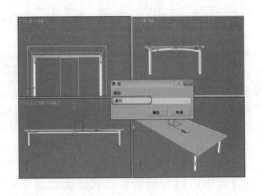

图 5-276 设置其他边的 ID

 提示   设置对象的 ID 是为了方便以后对其设置材质。

(5) 关闭当前选择集，对"桌面上"对象进行复制，并将其命名为"桌面中"，并选择该对象切换到【修改】命令面板，将【编辑多边形】和【挤出】修改器删除，如图 5-277 所示。

(6) 将当前选择集定义为【样条线】，在【几何体】卷展栏中将【轮廓】设为 –20，完成后的效果如图 5-278 所示。

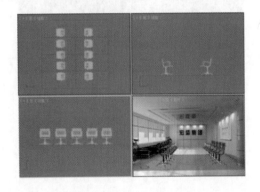

图 5-277 删除多余的修改器

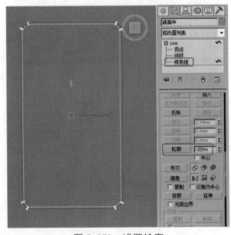

图 5-278 设置轮廓

(7) 继续在【顶】视图中选择外侧的轮廓，并将其删除，完成后的效果如图 5-279 所示。

(8) 关闭当前选择集，对其添加【挤出】修改器，将【数量】设为 45，并调整其位置，如图 5-280 所示。

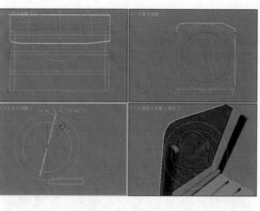

图 5-279 删除多余轮廓

图 5-280 添加【挤出】修改器

(9) 选择【桌面上】对象，进行实例复制，并调整到"桌面中"的下方，如图 5-281 所示。

(10) 按 M 键打开【材质编辑器】对话框，选择一个样本球，并将其命名为"双层桌面"，单击 Standard 按钮，在弹出的对话框中选择【多维／子对象】选项，单击【确定】按钮，单击【设置数量】按钮，在弹出的对话框中将【材质数量】设为 2，如图 5-282 所示。

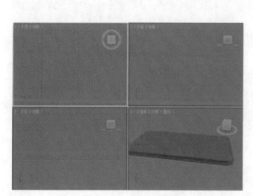

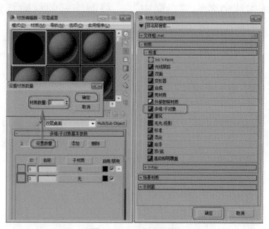

图 5-281 复制对象

图 5-282 设置数量

一般材质球默认的是标准，可以通过单击 Standard 按钮，在弹出的对话框中选择样本球的材质，这里我们选择【多维／子对象】。

(11) 单击 ID1 后面的【无】按钮，在弹出的对话框中选择【标准】选项，单击【确定】按钮，将明暗器的类型设为 Phong，将【环境光】和【漫反射】的颜色设为白色，将【颜色】值设为 30，将【高光级别】和【光泽度】分别设为 101、64，如图 5-283 所示。

(12) 切换【贴图】卷展栏中，单击【反射】后面的【无】按钮，在弹出的对话框中选择【平面镜】选项，进入【平面镜】子集菜单，选中【应用于带 ID 的面】复选框，并将值设为 1，如图 5-284 所示。

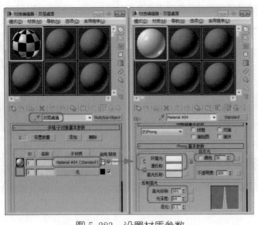
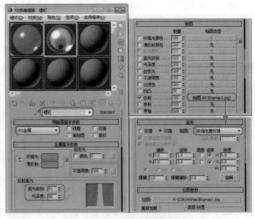

图 5-283　设置材质参数　　　　　　　　图 5-284　设置贴图

(13) 双击【转到父对象】按钮，单击 ID2 后面的【无】按钮，在弹出的面板中选择【标准】选项，单击【确定】按钮，将明暗器类型设为【金属】，切换到【贴图】卷展栏中单击【漫反射颜色】后面的【无】按钮，在弹出的对话框中选择【位图】选项，选择 Map 文件中 images. jpg 文件，在【坐标】卷展栏中将【瓷砖】的 V 值设为 2，如图 5-285 所示。

(14) 将设置好的材质指定给"桌面上"和"桌面下"对象，选择 ID1 后面的材质并拖曳到一个空的样本球上，在弹出的对话框中选中【实例】单选按钮，单击【确定】按钮，并将新的样本球命名为"桌面中"，将制作好的材质指定给"桌面中"对象，如图 5-286 所示。

图 5-285　设置 ID2 的材质　　　　　　　图 5-286　复制材质

(15) 选择【创建】|【几何体】|【标准基本体】|【长方体】工具，在【顶】视图中创建长方体，将其命名为"桌腿"，将【长度】、【宽度】和【高度】分别设为 130、130、–750，将【长度分段】、【宽度分段】和【高度分段】都设为 2，如图 5-287 所示。

(16) 调整桌腿的位置，对上一步创建的长方体添加【编辑多边形】修改器，将当前选择集定义为【顶点】，在【顶】视图中选择上侧的顶点，调整如图 5-288 所示。

在选择顶点时不要框选，只需适应鼠标单击选择的顶点即可。

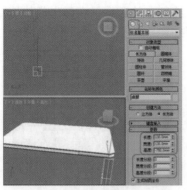

图 5-287　创建长方体

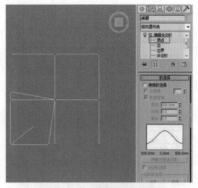

图 5-288　调整顶点位置

(17) 切换到【底】视图中，按着 Ctrl 键选择最底端的所有的顶点，利用【选择并均匀缩放】工具对其进行均匀缩放，如图 5-289 所示。

(18) 在【左】视图中选择中间部分的所有顶点，使用【选择并均匀缩放】工具对其进行等比缩放，如图 5-290 所示。

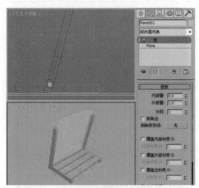

图 5-289　缩放顶点

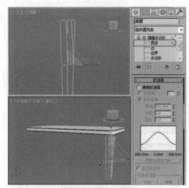

图 5-290　缩放顶点

(19) 对绘制的桌腿添加"桌面中"材质，复制出其他 3 条桌腿，并调整位置和角度，完成后的效果如图 5-291 所示。

(20) 选择场景中的所有对象，在菜单栏中执行【组】|【组】命令，在弹出的对话框中将【组名】设为"桌"，然后单击【确定】按钮，如图 5-292 所示。

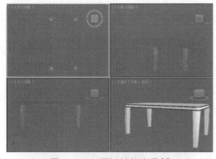

图 5-291　添加其他桌子腿

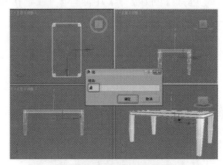

图 5-292　成组对象

(21) 选择【创建】|【图形】|【样条线】|【线】工具，在【前】视图中绘制线，并将其命名为"凳子腿"，如图 5-293 所示。

(22) 将当前选择集定义为【顶点】，选择需要圆滑的顶点并右击，在弹出的快捷菜单中选择【平滑】命令，如图5-294所示。

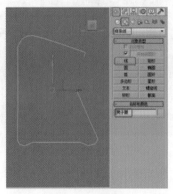

图 5-293 绘制线

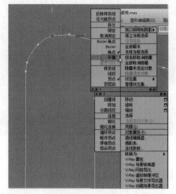

图 5-294 选择【平滑】命令

(23) 使用同样的方法对其他需要进行圆滑的点进行圆滑，最终效果如图5-295所示。

(24) 选择上一步创建的线，对其添加【编辑样条线】修改器，将当前选择集定义为【样条线】，在【几何体】卷展栏中将【轮廓】设为20，如图5-296所示。

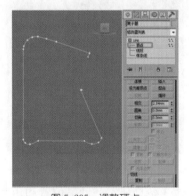

图 5-295 调整顶点

图 5-296 添加【编辑样条线】修改器

(25) 退出当前选择集，选择【挤出】修改器，在【参数】卷展栏中将【数量】设为30，如图5-297所示。

(26) 选择【创建】|【几何体】|【标准基本体】|【长方体】工具，在【顶】视图中进行绘制，将其命名为"铁座"，将【长度】、【宽度】和【高度】分别设为485、450、20，如图5-298所示。

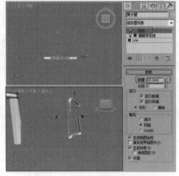

图 5-297 添加【挤出】修改器

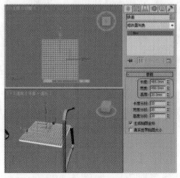

图 5-298 绘制长方体

(27) 选择创建的"凳子腿"对象，进行复制，并调整位置，如图 5-299 所示。

(28) 选择所有的凳子对象对其进行编组，并将其命名为"凳子架"，如图 5-300 所示。

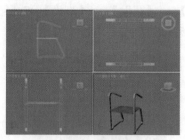
图 5-299　调整对象

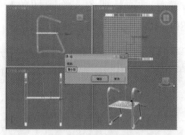
图 5-300　进行编组

(29) 按 M 键打开【材质编辑器】对话框，选择一个新的样本球，并将其命名为"金属支架"，将明暗器的类型设为【金属】，将【环境光】的颜色设为黑色，将【漫反射】的颜色设为白色，将【高光级别】和【光泽度】分别设为 100、86，如图 5-301 所示。

(30) 切换到【贴图】卷展栏中单击【反射】后面的【无】按钮，在弹出的对话框中选择【位图】选项，单击【确定】按钮，选择 Map 文件中的 Metal01.tif 文件，在【坐标】卷展栏中将【瓷砖】设为 0.4、0.1，如图 5-302 所示。

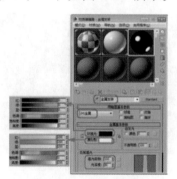
图 5-301　设置材质参数

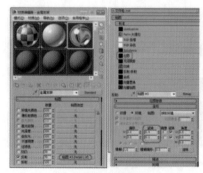
图 5-302　设置贴图

(31) 将设置好的贴图指定给"凳子架"对象，选择【创建】|【几何体】|【扩展基本体】|【切角长方体】工具，在【顶】视图中进行绘制，将【长度】、【宽度】、【高度】和【圆角】分别设为 486、452、70、20，并将其命名为"坐垫"，如图 5-303 所示。

(32) 继续在【左】视图中绘制切角长方体，将其命名为"靠背"，将【长度】、【宽度】、【高度】和【圆角】分别设为 688、550、92、26，如图 5-304 所示。

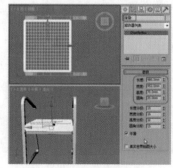
图 5-303　绘制切角长方体

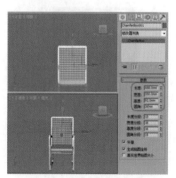
图 5-304　绘制切角长方体

(33) 选择创建的"靠背"对象，调整其位置，使用【选择并旋转】工具在【前】视图中进行旋转，完成后的效果如图 5-305 所示。

(34) 激活【顶】视图，绘制切角长方体，将【长度】、【宽度】、【高度】和【圆角】分别设为 80、400、50、50，将其命名为"扶手"，如图 5-306 所示。

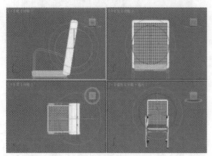

图 5-305　调整位置及角度

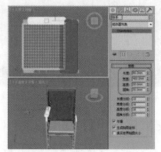

图 5-306　绘制切角长方体

(35) 激活【前】视图，利用【选择并移动】和【选择并旋转】工具调整扶手的角度及位置，如图 5-307 所示。

(36) 选择上一步创建的"扶手"对象，进行复制，并调整位置，如图 5-308 所示。

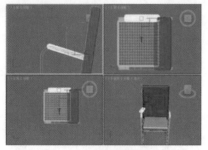

图 5-307　调整位置及角度

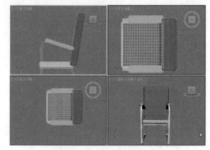

图 5-308　复制对象

(37) 按 M 键打开【材质编辑器】对话框，选择一个新的样本球，将其命名为"坐垫"，将明暗器的类型设为 Blinn，将【环境光】和【漫反射】的颜色设为白色，将【颜色】值设为 30，将【高光级别】和【光泽度】分别设为 101、64，将制作好的材质指定给"坐垫"、"扶手"、"靠背"对象，如图 5-309 所示。

(38) 将创建好的所有凳子对象进行编组，并复制出 3 个，调整位置，如图 5-310 所示。

图 5-309　设置材质

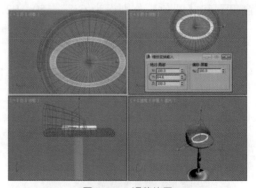

图 5-310　调整位置

(39) 将场景进行保存，打开随书附带光盘中的 CDROM | Senses | Cha05 | 现代桌椅背景 .max 文件，单击系统图标按钮，在弹出的下拉菜单中选择【导入】 | 【合并】命令，选择制作好的现代桌椅文件，在弹出的【合并】对话框中单击【全部】按钮，然后单击【确定】按钮，如图 5-311 所示。

(40) 对导入的桌椅调整位置，激活【摄影机】视图并渲染即可，如图 5-312 所示。

图 5-311　选择合并的对象

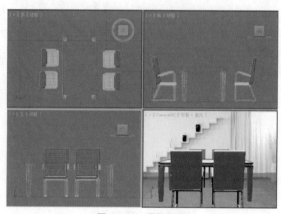

图 5-312　调整位置

 提示

为了突出桌椅，可以在渲染设置对话框中对渲染的区域进行裁剪，再对其渲染。

第6章
居室灯具、家电及饰物的制作与表现

本章重点

- ◆ 使用车削修改器制作壁灯
- ◆ 使用圆柱体制作草坪灯
- ◆ 使用线工具制作中国结
- ◆ 使用挤出修改器制作屏风
- ◆ 使用几何体创建鞭炮
- ◆ 使用 FFD 修改器制作抱枕
- ◆ 使用车削修改器制作画框
- ◆ 使用样条线制作卷轴画
- ◆ 使用放样制作窗帘
- ◆ 使用编辑多边形制作装饰盘

饰物是现代居室装饰中一个必不可少的组成部分，兼有装饰性与实用性。饰物装饰的着眼点在于协调室内各部分装饰的气氛，突出和加深室内设计的特色。本章将介绍如何制作居室灯具、家电及饰物，其中包括壁灯、草坪灯、中国结、屏风、抱枕等。

案例精讲 062　使用车削修改器制作壁灯

✎ 案例文件：CDROM | Scenes | Cha06 | 使用车削修改器制作壁灯 OK.max

💿 视频文件：视频教学 | Cha06 | 使用车削修改器制作壁灯 .avi

制作概述

本例将介绍壁灯的制作。在制作壁灯时，主要使用【线】、【长方体】等工具来绘制图形，再使用【车削】等修改器对图形进行编辑和修改，最后通过使用【天光】和【泛光】来表现最终效果，完成后的效果如图 6-1 所示。

图 6-1　壁灯

学习目标

学会如何使用【车削】修改器制作壁灯。

掌握【车削】修改器的使用。

操作步骤

(1) 在工具栏中右击【捕捉开关】按钮 ⊞，在弹出的对话框中选中【栅格点】复选框，并长按【捕捉开关】按钮，选择【2.5 捕捉】按钮 ²⁵，如图 6-2 所示。

(2) 选择【创建】|【图形】|【样条线】|【线】工具，结合打开的【2.5 捕捉】在【左】视图中绘制一个闭合图形，在【名称和颜色】卷展栏中将其命名为"灯"，如图 6-3 所示。

图 6-2　设置捕捉

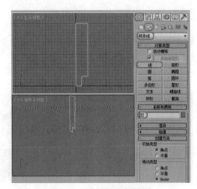

图 6-3　创建闭合图形

(3) 单击【修改】按钮，进入到【修改】命令面板，选择【修改器列表】|【车削】修改器，在【参数】卷展栏中将【分段】值设置为 55，选择【方向】区域下的 Y 按钮，并单击【对齐】区域下的【最小】按钮，旋转出灯的形状，效果如图 6-4 所示。

(4) 在场景中确定"灯"对象处于选择状态，单击工具栏中的【材质编辑器】按钮，打开材质编辑器面板，选择第一个材质样本球，将其命名为"灯"。在【明暗器基本参数】卷展栏中，选中【双面】复选框。在【Blinn 基本参数】卷展栏中，将【环境光】和【漫反射】的 RGB 值均设置为 255；将【自发光】区域下的【颜色】值设置为 70；在【反射高光】区域下将【高光级别】、【光泽度】都设置为 0。打开【扩展参数】卷展栏，将【高级透明】区域下的【数量】设置为 30，设置完成后，单击【将材质指定给选定对象】按钮，将当前材质指定给场景中的"灯"对象，如图 6-5 所示。

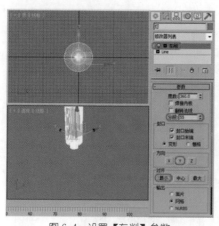

图 6-4　设置【车削】参数

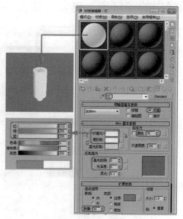

图 6-5　设置"灯"材质

(5) 激活【左】视图，在视图区选择【缩放】工具，将场景中的"灯"的下方扩大选取，然后选择【创建】|【图形】|【线】工具，在【左】视图中绘制一条闭合图形，在【名称和颜色】卷展栏中将其命名为"灯座"，如图 6-6 所示。

(6) 单击【修改】按钮，进入【修改】命令面板，选择【修改器列表】|【车削】修改器，在【参数】卷展栏中将【分段】设置为 55，选择【方向】区域下的 Y 按钮，并单击【对齐】区域下的【最小】按钮，旋转出灯座的形状，如图 6-7 所示。

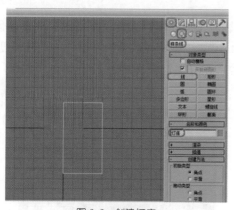

图 6-6　创建灯座

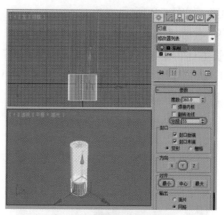

图 6-7　设置【车削】参数

(7) 确定"灯座"对象处于选择状态，为该对象指定材质。单击工具栏中的【材质编辑器】按钮，打开材质编辑器面板，选择一个新的材质样本球，将其命名为"金属"。在【明暗器基本参数】卷展栏中，将阴影模式定义为【金属】。在【金属基本参数】卷展栏中，取消按钮的链接，将【环境光】的 RGB 值均设置为 0，将【漫反射】的 RGB 值均设置 255，在【反射高光】区域下将【高光级别】和【光泽度】分别设置为 100、86。打开【贴图】卷展栏，将

【反射】后的【数量】设置为80，然后单击该通道后的【无】按钮，在打开的【材质／贴图浏览器】对话框中选择【位图】贴图，在打开的对话框中选择随书附带光盘中的 CDROM | Map | Metal01.tif 文件，单击【打开】按钮，进入【反射】材质层级，在【坐标】卷展栏中将【瓷砖】区域下的 U、V 值分别设置为0.8、0.1，并将【模糊偏移】设置为0.06，设置完成后，单击【转到父对象】按钮，返回父级材质层级，最后单击【将材质指定给选定对象】按钮，将当前材质指定给场景中的"灯座"对象，如图6-8所示。

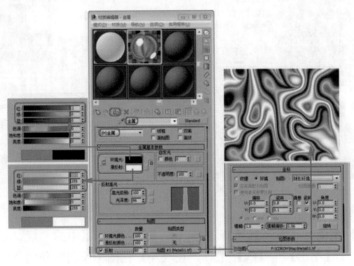

图 6-8　设置"灯座"材质参数

(8) 激活【顶】视图，选择【创建】|【几何体】|【长方体】工具，在【顶】视图中创建一个长方体，在【名称和颜色】卷展栏中将其命名为"侧板"，在【参数】卷展栏中将【长度】、【宽度】、【高度】分别设置为31、30、–70，然后在【左】视图中将其调整至"灯座"对象的左侧，如图6-9所示。

(9) 激活【前】视图，选择【创建】|【几何体】|【长方体】工具，在【前】视图中创建一个长方体，在【名称和颜色】卷展栏中将其命名为"背板"，在【参数】卷展栏中将【长度】、【宽度】、【高度】分别设置为280、190、17，然后在【顶】视图中将其调整至"侧板"对象的上方，如图6-10所示。

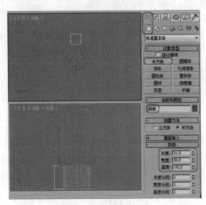

图 6-9　创建长方体

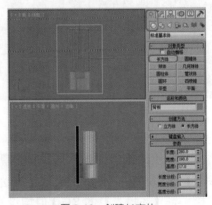

图 6-10　创建长方体

(10) 在场景中确定"背板"对象处于选择状态，单击【修改】按钮，进入【修改】命令面板，在【修改器列表】中选择【编辑网格】修改器，将当前选择集定义为【多边形】，在【前】视图中选择前面的多边形，在【曲面属性】卷展栏中将【材质】区域下的【设置 ID】设置为 1，如图 6-11 所示。

(11) 确定多边形处于选择状态，选择菜单栏中的【编辑】|【反选】命令，将多边形进行反选，然后在【曲面属性】卷展栏中将【材质】区域下的【设置 ID】设置为 2，如图 6-12 所示。

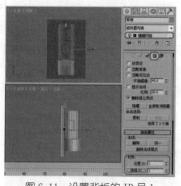
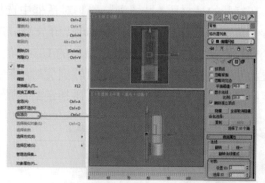

图 6-11　设置背板的 ID 号 1　　　　　图 6-12　设置背板的 ID 号 2

(12) 设置完成后，关闭【多边形】选择集，然后单击工具栏中的【材质编辑器】按钮，打开材质编辑器，选择一个新的材质样本球，将其命名为"镜面反射"。单击名称右侧的 Standard 按钮，在弹出的【材质 / 贴图浏览器】对话框中选择【多维 / 子对象】命令，进入【多维 / 子对象】材质层级，在【多维 / 子对象基本参数】卷展栏中，单击【设置数量】按钮，在弹出的对话框中将【材质数量】设置为 2，单击【确定】按钮，如图 6-13 所示。

(13) 单击 1 号材质通道后的【无】按钮，进入 1 号材质【标准】层级：在【明暗器基本参数】卷展栏中，将阴影模式定义为【金属】。在【金属基本参数】卷展栏中，单击 ⊏ 按钮取消关联，将【环境光】的 RGB 值设置为白色，将【漫反射】的 RGB 值均设置为 226；将【反射高光】区域下的【高光级别】和【光泽度】分别设置为 90、51。打开【贴图】卷展栏，单击【反射】通道后的【无】按钮，在打开的【材质 / 贴图浏览器】对话框中选择【平面镜】贴图，单击【确定】按钮。进入反射材质层级。在【平面镜参数】卷展栏中选中【渲染】区域下的【应用于带 ID 的面】复选框，如图 6-14 所示。

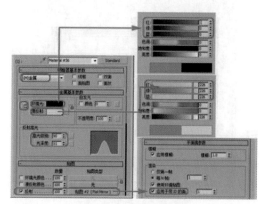

图 6-13　设置子对象数量　　　　　图 6-14　设置 1 号材质

(14) 设置完成后，单击【转到父对象】按钮，返回【多维/子对象】面板中，然后单击2号材质通道后的条形按钮，进入2号材质层级。在【明暗器基本参数】卷展栏中，将阴影模式定义为【金属】，并选中【双面】复选框。在【金属基本参数】卷展栏中，将【环境光】的RGB值均设置为85，将【漫反射】的RGB值设置白色，将【反射高光】区域下的【高光级别】和【光泽度】分别设置为100、86，如图6-15所示。

(15) 打开【贴图】卷展栏，将【反射】后的【数量】值设置为100，然后单击该通道后的【无】按钮，在打开的【材质/贴图浏览器】对话框中选择【位图】贴图。在打开的对话框中选择随书附带光盘中的CDROM | Map | Metal01.tif 文件，单击【打开】按钮，进入【反射】材质层级，在【坐标】卷展栏中将【瓷砖】区域下的U、V值分别设置为0.8、0.1，并将【模糊偏移】的值设置为0.06，设置完成后，双击【转到父对象】按钮，返回父级材质面板，最后单击【将材质指定给选定对象】按钮，将当前材质指定给场景中的"背板"对象，如图6-16所示。

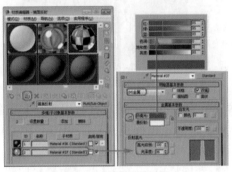

图 6-15　设置2号材质

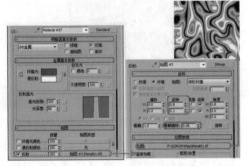

图 6-16　设置【反射】材质贴图

(16) 激活【前】视图，选择【创建】|【几何体】|【扩展基本体】|【切角长方体】工具，在【前】视图中创建一个切角长方体，在【名称和颜色】卷展栏中将其命名为"下底座"，在【参数】卷展栏中将【长度】、【宽度】、【高度】和【圆角】分别设置为97、110、27、1，然后在【顶】视图中将其调整至"背板"对象的上方，如图6-17所示。

(17) 按 H 键，在弹出的对话框中选择"侧板"和"下底座"对象，单击【确定】按钮，然后在工具栏中单击【材质编辑器】按钮，打开材质编辑器面板，选择第二个材质样本球，单击【将材质指定给选定对象】按钮，将金属材质指定给当前选择的对象，如图6-18所示。

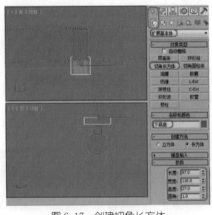

图 6-17　创建切角长方体

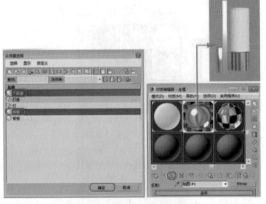

图 6-18　给选定对象提供材质

(18) 选中所有绘制的图形，在菜单栏中单击【组】按钮，在弹出的【组】对话框中将【组名】设置为"壁灯"，绘制完成后将绘制的文件进行保存，并在弹出的对话框中为其命名为"壁灯"，并保存到正确的路径，如图 6-19 所示。

(19) 选择随书附带光盘中的 CDROM | Scenes | Cha06 | 壁灯场景 .max 文件，选择打开软件左上角的 按钮，在弹出的下拉列表中选择【导入】|【合并】命令，在弹出的对话框中选中随书附带光盘中的 CDROM | Scenes | Cha06 | 壁灯 .max 文件，单击【打开】按钮，在弹出的【合并 - 壁灯】对话框中选择"壁灯"并单击【确定】按钮，将文件合并进来，并使用【选择并均匀缩放】和【选择并移动】工具将壁灯组移动到适当位置，效果如图 6-20 所示。

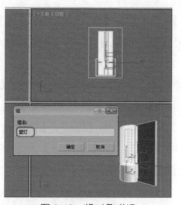

图 6-19　将对象成组

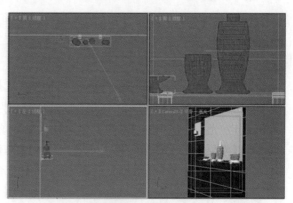

图 6-20　合并场景

(20) 在工具栏中选择【渲染设置】按钮，在弹出的【渲染设置】对话框中，将【公用参数】卷展栏中的【要渲染的区域】设置为【裁剪】，在【摄影机】视图中会出现 8 个可调节区域的方块，使用鼠标将其进行调整，如图 6-21 所示。

(21) 设置完成后，单击【渲染】按钮将其进行渲染，完成后的效果如图 6-22 所示。

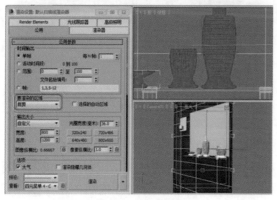

图 6-21　设置渲染

图 6-22　完成后的效果

案例精讲 063　使用圆柱体制作草坪灯

案例文件：CDROM | Scenes | Cha06 | 使用圆柱体制作草坪灯 OK.max

视频文件：视频教学 | Cha06 | 使用圆柱体制作草坪灯 .avi

案例课堂 ◆ ▪▪▪▪

制作概述

本例将介绍草坪灯的制作方法，效果如图6-23所示。草坪灯在小区环境、办公休闲区和公共绿化中经常用到，掌握草坪灯的制作有很重要的作用。

图6-23 草坪灯

学习目标

学会如何使用圆柱体制作草坪灯。

操作步骤

(1) 选择【创建】 ▒ |【几何体】 ⅗ |【标准基本体】|【圆柱体】工具，在【顶】视图中创建一个圆柱体，设置【半径】为90、【高度】为450、【高度分段】为1，并将其命名为"灯座"，如图6-24所示。

(2) 按M键，打开【材质编辑器】对话框，选择一个新的材质样本球并将其命名为【金属】，在【明暗器基本参数】卷展栏中将阴影模式定义为【(M)金属】，在【金属基本参数】卷展栏中，选中【自发光】区域下的【颜色】复选框，并将颜色设置为黑色；单击【环境光】左侧的 ⒞ 按钮，解除与【漫反射】的锁定，将【环境光】颜色的RGB值均设置为5，【漫反射】颜色的RGB值均设置为159，将【高光级别】设置为98、【光泽度】设置为80，如图6-25所示。

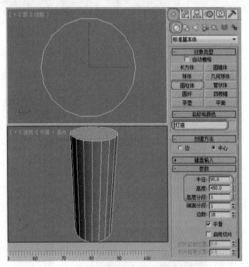

图6-24 创建圆柱体

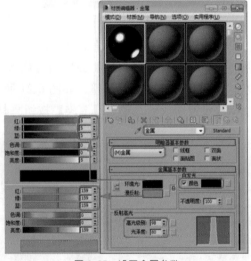

图6-25 设置命属参数

(3) 设置完成后，单击【将材质指定给选定对象】按钮 ⅋ ，为圆柱体指定材质，关闭【材质编辑器】对话框，在工具栏中单击【捕捉开关】按钮 ³ ，按住鼠标向下拖动，选择 ²⁵ 按钮并打开捕捉功能(快捷键为S键)，然后在按钮上右击，弹出【栅格和捕捉设置】对话框，在【捕捉】选项卡下，只选中【顶点】、【端点】和【中点】复选框，如图6-26所示。

(4) 关闭【栅格和捕捉设置】对话框，选择【创建】 ▒ |【几何体】 ○ |【标准基本体】|【圆柱体】工具，在【顶】视图中使用捕捉工具捕捉"灯座"圆柱体的中心，然后创建一个圆柱体，设置【半径】为140、【高度】为10、【高度分段】为1，并将其命名为"灯头边-下"，如图6-27所示。

图 6-26　设置捕捉选项

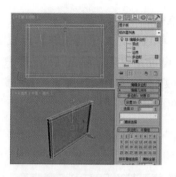

图 6-27　创建圆柱体

(5) 创建完成后，在工具栏中选择【选择并移动】工具，在【前】视图中将其沿 Y 轴向上移动至"灯座"对象的顶端，如图 6-28 所示。

(6) 继续选中该对象，激活【左】视图，在工具栏中单击【镜像】按钮，在弹出的对话框中选中 Y 单选按钮，将【偏移】设置为 175.8，选中【复制】单选按钮，如图 6-29 所示。

图 6-28　移动对象

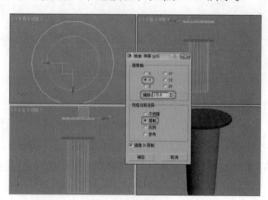

图 6-29　镜像对象

(7) 设置完成后，单击【确定】按钮，选择【创建】｜【几何体】｜【圆柱体】工具，在【顶】视图中，创建一个【半径】为 100、【高度】为 10、【高度分段】为 1 的圆柱体，并将其命名为"灯头顶罩"，如图 6-30 所示。

(8) 设置完成后，在视图中调整该对象的位置，调整后的效果如图 6-31 所示。

图 6-30　创建圆柱体

图 6-31　调整对象的位置

(9) 继续选中该对象，激活【左】视图，在工具栏中单击【镜像】按钮，在弹出的对话框中选中 Y 单选按钮，将【偏移】设置为 155.8，选中【复制】单选按钮，如图 6-32 所示。

(10) 设置完成后，单击【确定】按钮，选择 ▦|【几何体】 ▦|【圆柱体】工具，在【顶】视图中创建一个【半径】为 8、【高度】为 156、【高度分段】为 1 的圆柱体，将它命名为"灯柱"，如图 6-33 所示。

图 6-32　设置镜像参数

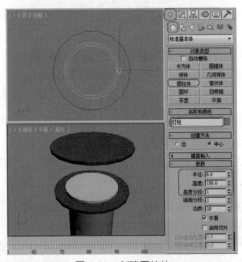

图 6-33　创建圆柱体

(11) 创建完成后，在视图中调整灯柱的位置，调整后的效果如图 6-34 所示。

(12) 调整完成后，切换至【层次】面板中，在【调整轴】卷展栏中单击【仅影响轴】按钮，在【顶】视图中将坐标轴调整至灯座的中心位置处，如图 6-35 所示。

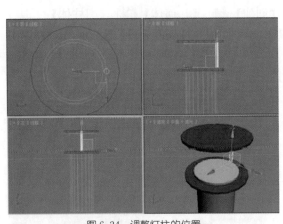

图 6-34　调整灯柱的位置

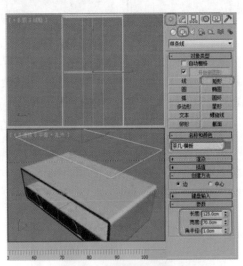

图 6-35　调整坐标轴的位置

(13) 在【调整轴】面板中单击【仅影响轴】按钮，在菜单栏中选择【工具】|【阵列】命令，如图 6-36 所示。

(14) 在弹出的对话框中将【增量】选项组中的 Z 旋转设置为 90，选中【实例】单选按钮，将 1D【数量】设置为 4，如图 6-37 所示。

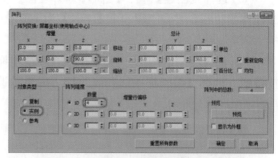

图 6-36 选择【阵列】命令   图 6-37 设置阵列参数

(15) 设置完成后，单击【确定】按钮，即可完成阵列，在视图中调整灯柱的位置，调整后的效果如图 6-38 所示。

(16) 在视图中选中所有对象，按 M 键，打开【材质编辑器】对话框，在该对话框中将【金属】材质指定给选定对象，如图 6-39 所示。

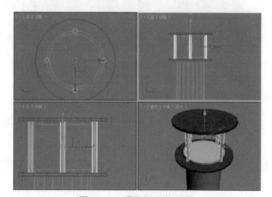

图 6-38 调整灯柱的位置   图 6-39 指定材质后的效果

(17) 选择【创建】 ✧ |【图形】 ◔ |【线】工具，首先在【前】视图中绘制一条封闭的路径，并将其命名为"灯"，单击鼠标右键完成绘制，如图 6-40 所示。

(18) 选择绘制的路径，切换至【修改】命令面板，单击【修改器列表】下拉按钮，选择【车削】修改器，在【参数】卷展栏中，在【方向】区域下选择 Y 轴，在【对齐】区域下选择【最小】选项，如图 6-41 所示。

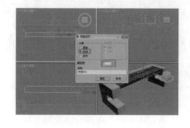

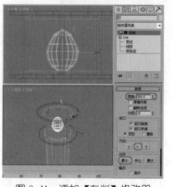

图 6-40 绘制路径   图 6-41 添加【车削】修改器

(19) 选择【创建】 ▦ |【图形】 ▦ |【圆】工具，在【顶】视图中使用捕捉工具捕捉【灯座】圆柱体的中心，然后创建一个【半径】为140的圆形，并将其命名为"灯头护栏01"，如图6-42所示。

(20) 选择绘制的圆形，然后单击 按钮切换至【修改】命令面板，单击【修改器列表】下拉按钮，选择【编辑样条线】修改器，将当前选择集定义为【样条线】，然后选择场景中的图形，如图6-43所示。

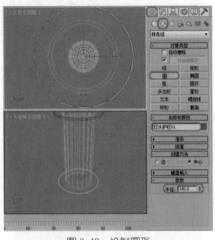

图 6-42 绘制圆形

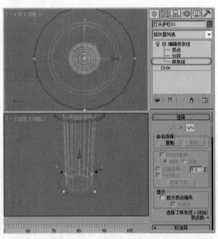

图 6-43 选择样条线

(21) 选择图形后，在【几何体】卷展栏下，单击【轮廓】按钮，并将值设置为10，如图6-44所示。

(22) 关闭当前选择集，然后在【编辑器列表】中选择【挤出】修改器，然后在【参数】卷展栏中将【数量】设置为8，如图6-45所示。

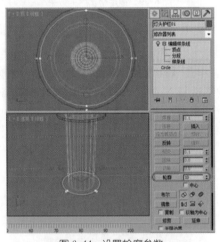

图 6-44 设置轮廓参数

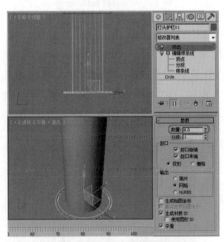

图 6-45 设置挤出参数

(23) 在视图中选择"灯头护栏01"对象调整其位置，调整后的效果如图6-46所示。

(24) 继续选中该对象，按住 Shift 键，在【前】视图中沿 Y 轴向上进行移动，在弹出的对话框中选中【实例】单选按钮，将【副本数】设置为6，如图6-47所示。

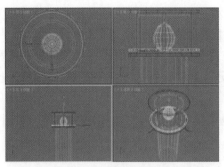
图 6-46　调整对象的位置

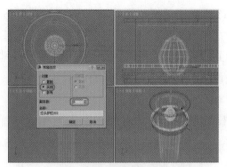
图 6-47　设置复制参数

(25) 设置完成后，单击【确定】按钮，即可完成复制，在视图中调整复制后的对象的位置，如图 6-48 所示。

(26) 复制完成后，在视图中选择如图 6-59 所示的对象。

图 6-48　复制对象后的效果

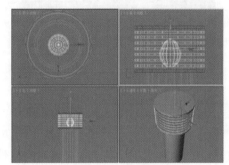
图 6-49　选择对象

(27) 按 M 键打开【材质编辑器】对话框，在该对话框中选择一个材质样本球，将明暗器类型设置为【(A) 各向异性】，在【各向异性基本参数】卷展栏中将【环境光】、【漫反射】和【高光反射】均设置为白色，【自发光】设置为 100，【不透明】设置为 90，【高光级别】设置为 191，【光泽度】设置为 55，【各向异性】设置为 50，如图 6-50 所示。

(28) 在【贴图】卷展栏中将【反射】设置为 30，然后单击右侧的【无】按钮，弹出【材质/ 贴图浏览器】对话框，双击【位图】选项，在弹出【选择位图图像文件】对话框中选择随书附带光盘中的 CDROM | Map | 不透明贴图 001.jpg 文件，然后单击【打开】按钮，如图 6-51 所示。

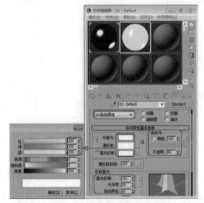
图 6-50　设置各向异性基本参数

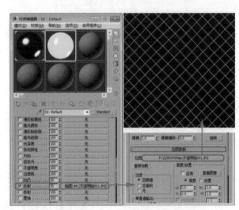
图 6-51　设置反射贴图

第 6 章　居室灯具、家电及饰物的制作与表现

(29) 单击【将材质指定给选定对象】按钮 ，将材质指定给选定的对象，将该对话框关闭，选择【创建】｜【几何体】｜【标准基本体】｜【平面】工具，在【顶】视图中创建平面，切换到【修改】命令面板，将其命名为【地面】，在【参数】卷展栏中，将【长度】和【宽度】分别设置为1559、1549，将【长度分段】、【宽度分段】都设置为1，在视图中调整其位置，如图 6-52 所示。

(30) 继续选中该对象，右击鼠标，在弹出的快捷菜单中选择【对象属性】命令，如图 6-53 所示。

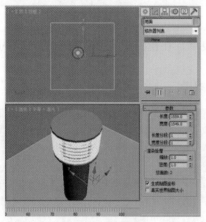
图 6-52　绘制平面

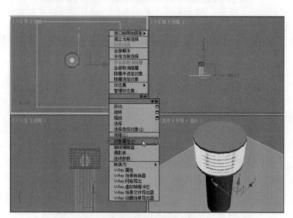
图 6-53　选择【对象属性】命令

(31) 执行该操作后，将会打开【对象属性】对话框，在弹出的对话框中选中【透明】复选框，如图 6-54 所示。

(32) 单击【确定】按钮，继续选中该对象，按 M 键打开【材质编辑器】对话框，在该对话框中选择一个材质样本球，将其命名为"地面"，单击 Standard 按钮，在弹出的对话框中选择【无光／投影】选项，如图 6-55 所示。

图 6-54　选中【透明】复选框

图 6-55　选择【无光／投影】选项

(33) 单击【确定】按钮，将该材质指定给选定对象即可，按 8 键弹出【环境和效果】对话框，在【公用参数】卷展栏中单击【无】按钮，在弹出的【材质／贴图浏览器】对话框中双击【位图】贴图，再在弹出的对话框中打开随书附带光盘中的"草坪灯背景.jpg"素材文件，如图 6-56 所示。

(34) 然后在【环境和效果】对话框中将环境贴图拖曳至新的材质样本球上，在弹出的【实例 (副本) 贴图】对话框中选中【实例】单选按钮，并单击【确定】按钮，然后在【坐标】卷展栏中，将贴图设置为【屏幕】，如图 6-57 所示。

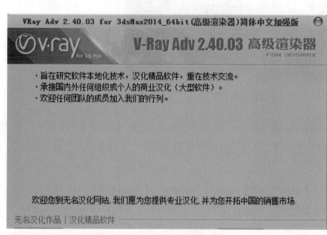

图 6-56　添加环境贴图　　　　　　　　　　　　　图 6-57　设置贴图参数

(35) 激活【透视】视图，按 Alt+B 组合键，在弹出的对话框中选中【使用环境背景】单选按钮，单击【确定】按钮，显示背景后的效果如图 6-58 所示。

(36) 选择【创建】 ＊ |【摄影机】 ＂ |【目标】工具，在视图中创建摄影机，激活【透视】视图，按 C 键将其转换为【摄影机】视图，在其他视图中调整摄影机位置，效果如图 6-59 所示。

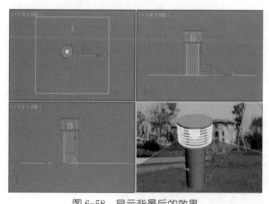

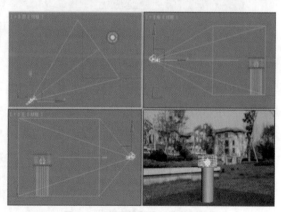

图 6-58　显示背景后的效果　　　　　　　　　　　图 6-59　创建摄影机并调整其位置

(37) 按 Shift+C 组合键隐藏场景中的摄影机，选择 ＊ |【灯光】 ＜ |【标准】 |【目标聚光灯】工具，在【顶】视图中按住鼠标左键进行拖动，创建一个目标聚光灯，然后调整灯光在场景中的位置，继续选择创建的目标聚光灯，在修改面板中的【常规参数】卷展栏中，选中【阴影】区域下的【启用】复选框；在【强度 / 颜色 / 衰减】卷展栏中将【倍增】设置为 0.6，将灯光颜色 RGB 值设置为 255、242、206；在【聚光灯参数】卷展栏中选中【泛光化】复选框，如图 6-60 所示。

图 6-60　创建目标聚光灯

(38) 然后再创建一盏目标聚光灯，调整其位置，不启用阴影，设置【倍增】为 0.3，灯光颜色 RGB 值为 161、210、255，选中【泛光化】复选框，将【衰减区／区域】设置为 63.502，如图 6-61 所示。

(39) 继续选中第二盏目标聚光灯，在【常规参数】卷展栏中单击【排除】按钮，在弹出的对话框中选择左侧列表框中的"地面"，单击▉按钮，将其添加至右侧的列表框中，如图 6-62 所示。

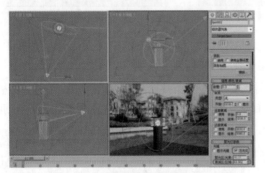

图 6-61　创建第二盏目标聚光灯

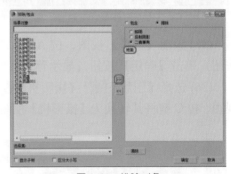

图 6-62　排除对象

(40) 排除完成后，单击【确定】按钮，然后再创建第三盏目标聚光灯，调整其位置并不启用阴影，并以相同的方法排除"地面"，在【强度／颜色／衰减】卷展栏中将【倍增】设置为 0.3，将灯光颜色的 RGB 值为 255、242、206，如图 6-63 所示。

图 6-63　创建第三盏目标聚光灯

(41) 选择 |【灯光】 |【标准】|【泛光】工具，在【顶】视图中单击，创建一盏泛光灯并调整其在场景中的位置，在修改器面板中将【倍增】设置为 0.9，颜色为白色，如图 6-64 所示。

(42) 继续选中该灯光，在【常规参数】卷展栏中，单击【排除】按钮，弹出【排除 / 包含】对话框，选择【包含】选项，在左侧列表中选择"地面"，然后单击 按钮，将其添加至右侧的列表中，设置完成后单击【确定】按钮，如图 6-65 所示。

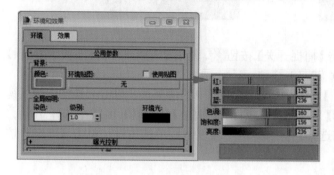

图 6-64　创建泛光灯

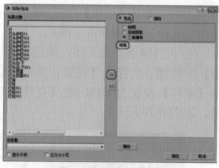

图 6-65　设置包含对象

(43) 至此，草坪灯就制作完成了，对完成后的场景进行渲染并保存即可。

案例精讲 064　使用线工具制作中国结

 案例文件：CDROM | Scenes | Cha06 | 使用线工具制作中国结 OK.max

 视频文件：视频教学 | Cha06 | 使用线工具制作中国结 .avi

制作概述

中国结，它以其独特的东方神韵、丰富多彩的变化，充分体现了中国人民的智慧和深厚的文化底蕴。本例将介绍如何制作中国结，完成后的效果如图 6-66 所示。

图 6-66　中国结

学习目标

学会如何制作中国结。

操作步骤

(1) 运行软件后，激活【顶】视图，选择【创建】|【图形】|【线】工具，在工具栏中单击【捕捉开关】按钮 ，在【顶】视图中绘制一条如图 6-67 所示的线段。

(2) 将【顶】视图最大化显示，进入【修改】命令面板，将当前选择集定义为【顶点】，在【几何体】卷展栏中单击【优化】按钮，然后在【顶】视图中添加顶点，如图 6-68 所示。

图 6-67 绘制线条

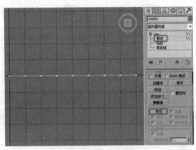

图 6-68 优化顶点

(3) 再次单击【优化】按钮，然后单击【捕捉开关】按钮 ，使用【选择并移动】工具，在【顶】视图中选择如图 6-69 所示的点，并沿 Y 轴向上移动。

(4) 将当前选择集关闭，确定在【顶】视图中样条线被选中的情况下，单击工具栏中的【镜像】按钮 ，会弹出【镜像：屏幕坐标】对话框，在对话框中的【镜像轴】区域中选择 Y 轴，将【偏移】设置为 8.88，在【克隆当前选择】区域中选中【复制】单选按钮，单击【确定】按钮，如图 6-70 所示。

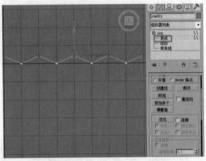

图 6-69 调整顶点的位置

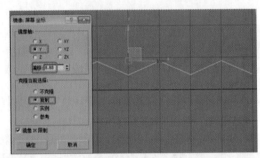

图 6-70 镜像线段

提示 由于在第 (2) 步骤中调整顶点的位置不相同，所以设置的【偏移】数值也各不相同，可以根据场景中的实际情况调整【偏移】数值。

(5) 选择 Line001，进入【修改】命令面板，单击【几何体】卷展栏下的【附加】按钮，在【前】视图中选择 Line002，如图 6-71 所示。

(6) 在【顶】视图中选择 Line001，单击工具栏中的【选择并移动】按钮 ，按住 Shift 键，在【前】视图中沿 Y 轴进行移动复制，移动一定距离后释放鼠标，会弹出【克隆选项】对话框，在【对象】区域中选中【复制】单选按钮，将【副本数】值设置为 7，单击【确定】按钮，如图 6-72 所示。

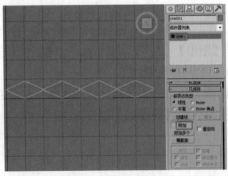

图 6-71 将线附加在一起

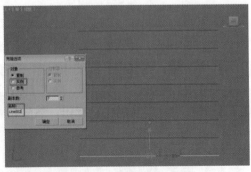

图 6-72 【克隆选项】对话框

(7) 在【前】视图中选择线段，沿 X 轴移动，如图 6-73 所示。

(8) 水平方向的线已经设置完成了，下面将设置垂直方向的线。在【前】视图中选择任意一条水平的线段，选择【选择并旋转】工具，将【角度捕捉切换】按钮打开，在工具栏中右击【角度捕捉切换】按钮，【栅格和捕捉设置】对话框，在该对话框中切换到【选项】选项卡，将【角度】设置为 90，如图 6-74 所示。

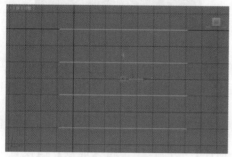

图 6-73　调整线段的位置

图 6-74　【角度捕捉切换】对话框

(9) 按住 Shift 键进行旋转 90 度，然后释放鼠标，会弹出【克隆选项】对话框，在对话框中选中【对象】区域中的【复制】单选按钮，单击【确定】按钮，如图 6-75 所示。

(10) 在工具栏中单击【对齐】按钮，然后在场景中选择 Line002 对象，弹出【对齐当前选择 (Line002)】对话框，在该对话框中选中【X 位置】复选框，将【当前对象】、【目标对象】选项组中的【最小】单选按钮选中，然后单击【确定】按钮，如图 6-76 所示。

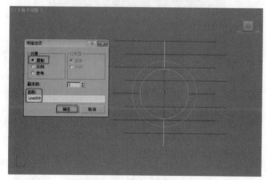

图 6-75　旋转并复制线段

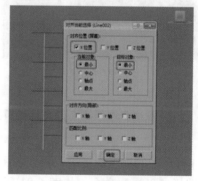

图 6-76　将线段对齐

提示
　　　【角度捕捉】按钮，打开此项后结合【选择并旋转】工具，在场景中旋转的角度是以 5°的进制进行旋转，可以根据需要在【栅格和捕捉设置】对话框中设置角度。所以在制作精细角度的旋转时打开此项会使旋转的对象角度更加精确。

(11) 选择垂直的线段，使用【选择并移动】工具，按住 Shift 键向右移动一定的距离，释放鼠标，在弹出的对话框中选中【复制】单选按钮，将【副本数】设置为 7，如图 6-77 所示。

(12) 在【前】视图中选择线段，然后在【前】视图中沿 Y 轴进行移动，效果如图 6-78 所示。

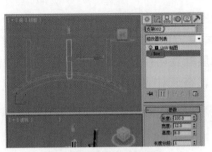

图 6-77　复制垂直的线段

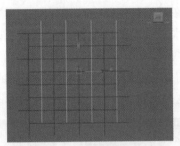

图 6-78　移动垂直的线段

(13) 在视图中选择一条线，单击 按钮进入【修改】命令面板，在【几何体】卷展栏中，单击【附加多个】按钮，在弹出的【附加多个】对话框中选择所有的线，单击【附加】按钮，如图 6-79 所示。

(14) 将附加后的线段命名为"主体"，在【修改】命令面板中，将当前选择集定义为【顶点】，在【前】视图中选择如图 6-80 所示的顶点，在【几何体】卷展栏中，将【焊接】值设置 14，然后单击【焊接】按钮。

图 6-79　选择附加的线段

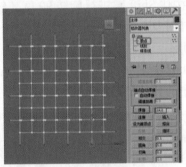

图 6-80　焊接顶点

 提示　在这里选择顶点，要框选顶点，只有这样才能将上下重叠的顶点选中。

(15) 将选中的顶点焊接后，再在视图中选择所有的顶点，单击鼠标右键，在弹出的快捷菜单中，选择【平滑】命令，如图 6-81 所示。确定当前选择集为【顶点】的情况下，调整视图中的顶点，如图 6-82 所示。

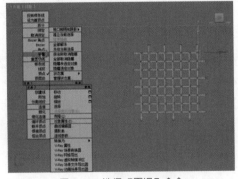

图 6-81　选择【平滑】命令

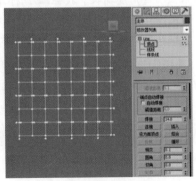

图 6-82　调整顶点的位置

(16) 关闭选择集，在视图中选择"主体"，在【修改】命令面板中选中【渲染】卷展栏下的【在渲染中启用】、【在视口中启用】复选框，并将【厚度】值设置为9，如图6-83所示。

(17) 在【修改】命令面板中的【修改器列表】中选择【UVW贴图】修改器，将【宽度】、【高度】均设置为300，如图6-84所示。

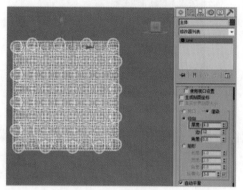
图6-83　设置【渲染】卷展栏中的参数

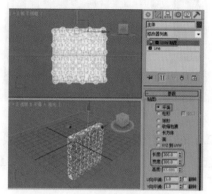
图6-84　添加【UVW贴图】修改器

知识链接

　　【UVW贴图】修改器用于对物体表面指定贴图坐标，以确定如何使材质投射到对象的表面，对物体进行贴图坐标的制定和控制有以下三个原因：

　　1. 想更有力地控制贴图坐标。

　　2. 当前对象没有建立自己的坐标指定，它可能是一个外来的输入对象。

　　3. 应用贴图到子对象级别。

(18) 选择【创建】|【图形】|【线】工具，在视图中绘制线段，然后将当前选择集定义为【顶点】，选择顶点并右击，在弹出的快捷菜单中选择【Bezier角点】命令，然后调整角点的调整柄，在【渲染】卷展栏中将【厚度】设置为8，调整完成后的效果如图6-85所示。

(19) 使用同样的方法绘制其他线段，绘制完成后调整线段的位置，完成后的效果如图6-86所示。

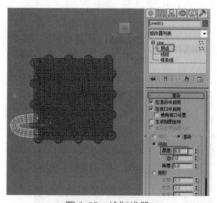
图6-85　绘制线段

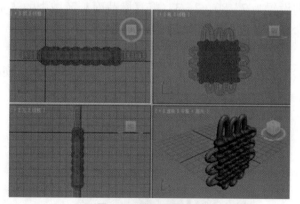
图6-86　绘制其他线段

(20) 选择刚刚绘制的所有线段，在菜单栏中选择【组】|【组】命令，弹出【组】对话框，在该对话框中将其重命名为"中国结-边01"，单击【确定】按钮，如图6-87所示。

(21) 激活【前】视图，在【前】视图中绘制一条线段，在【渲染】卷展栏中，将【厚度】值设置为8，然后通过调整顶点的位置来调整线段的形状，效果如图6-88所示。

图6-87 成组对象

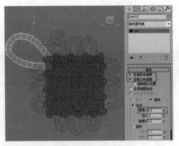

图6-88 绘制线条

(22) 再在【前】视图中对刚绘制的线条进行镜像，然后选择刚刚绘制的两个线条，在菜单栏中选择【组】|【组】命令，弹出【组】对话框，在该对话框中将【名称】设置为"中国结-边02"，如图6-89所示。

(23) 选择【创建】|【图形】|【线】工具，在【前】视图中绘制一条线段，在【插值】卷展栏中，将【步数】设置为30；在【渲染】卷展栏中，选中【在渲染中启用】和【在视口中启用】复选框，将【厚度】设置为8，如图6-90所示。

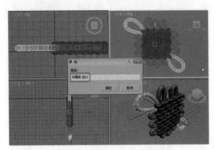

图6-89 将绘制的图成组

图6-90 绘制线并进行调整

(24) 选择【创建】|【几何体】|【扩展基本体】|【环形结】工具，在【前】视图中绘制一个环形结，在【参数】卷展栏中，将【基础曲线】区域中的【半径】、【分段】、P、Q分别设置为7、80、2、3；将【横截面】区域中的【半径】、【边数】分别设置为5、12，将其命名为"结01"，如图6-91所示。

(25) 进入【修改】命令面板，在【修改器列表】中选择【UVW贴图】修改器，在【参数】卷展栏中，将【长度】、【宽度】都设置为300，如图6-92所示。

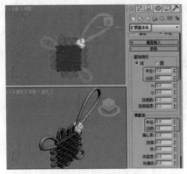

图6-91 创建环形结

图6-92 添加【UVW贴图】修改器并进行设置

(26) 选择【创建】|【图形】|【线】工具，在【顶】视图中绘制截面图形，在【渲染】卷展栏中取消选中【在渲染中启用】和【在视口中启用】复选框，将其命名为"玉石"，如图 6-93 所示。

(27) 在【修改器列表】中选择【车削】修改器，在【参数】卷展栏中将【分段】设置为60，单击【方向】选项组中的 Y 按钮，单击【对齐】选项组中的【最小】按钮，如图 6-94 所示。

图 6-93　绘制截面

图 6-94　创建车削并进行设置

(28) 将当前选择集定义为【轴】，通过调整轴调整出玉石的形状，然后使用【选择并均匀缩放】工具将"玉石"调整至合适的大小，然后调整其位置，效果如图 6-95 所示。

(29) 激活【前】视图，选择【创建】|【图形】|【线】工具，在【前】视图中绘制两条线段，进入【修改】命令面板，将当前选择集定义为【顶点】，然后调整顶点，然后将当前选择集关闭，在【渲染】卷展栏中选中【在视口中启用】和【在渲染中启用】复选框，将【厚度】设置为 7，将其分别命名为"线 01"、"线 02"，效果如图 6-96 所示。

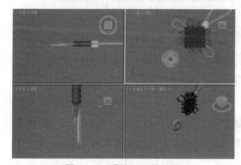

图 6-95　调整玉石的位置

图 6-96　绘制线条并进行调整

(30) 选择【创建】|【几何体】|【扩展基本体】|【环形结】工具，在【前】视图中创建环形结，在【参数】卷展栏中，将【基础曲线】区域下的【半径】、【分段】、P、Q 分别设置为 6、80、2、3；将【横截面】区域下的【半径】、【边数】分别设置为 6、12，将其命名为"结 02"，如图 6-97所示，使用同样的方法绘制"结 03"。

(31) 激活【顶】视图，选择【创建】|【几何体】|【标准基本体】|【管状体】工具，在【顶】视图中创建一个管状体，并命名为"穗头"，在【参数】卷展栏中将【半径 1】、【半径 2】、【高度】、【高度分段】、【端面分段】、【边数】的值分别设置为 6、5.4、30、9、1、32，如图 6-98 所示。

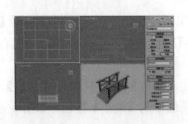

图 6-97　创建环形结

图 6-98　创建管状体

(32) 在【修改】命令面板中，选择【修改器列表】|【编辑网格】修改器，将当前选择集定义为【多边形】，在【前】视图中选择如图 6-99 所示的多边形。在【曲面属性】卷展栏中，将【设置 ID】设置为1。

(33) 执行【编辑】|【反选】命令，在【曲面属性】卷展栏中，将【设置ID】设置为2，如图 6-100 所示。

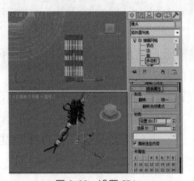

图 6-99　设置 ID1

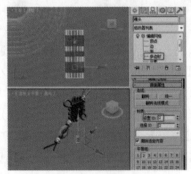

图 6-100　设置 ID2

(34) 关闭当前选择集，选择【创建】|【图形】|【线】工具，在【前】视图中绘制线条，将其命名为"穗"，将其移动到"穗头"内部，在【渲染】卷展栏中选中【在渲染中启用】和【在视口中启用】复选框，将其【厚度】设置为 0.6，如图 6-101 所示。

(35) 在确定线段被选中的情况下，进入【层次】命令面板，单击【仅影响轴】按钮，此时在视图中会出现线段的中心轴，然后单击工具栏中的 按钮，在视图中单击"穗头"，弹出【对齐当前选择(穗头)】对话框，分别选中【当前对象】、【目标对象】区域中的【轴点】单选按钮，单击【确定】按钮，如图 6-102 所示。

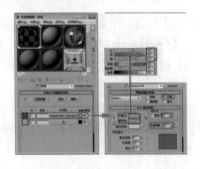

图 6-101　创建"穗"

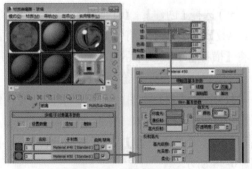

图 6-102　调整轴的位置

(36) 再次单击【仅影响轴】按钮，选择【工具】|【阵列】命令，在打开的【阵列】对话框中，将【增量】下的 Z 轴旋转设置为 18，在【阵列维度】区域中将 1D 右侧的【数量】设置为 20，单击【预览】按钮，可以看到阵列的结果，如图 6-103 所示。

> **知识链接**
>
> 阵列可以复制模型，根据轴心点进行旋转、移动、缩放等复制。【阵列】可以大量有序地复制对象，它可以控制产生一维、二维、三维的阵列复制。

(37) 单击【确定】按钮。反复进行中心轴的对齐、阵列，最后效果如图 6-104 所示。

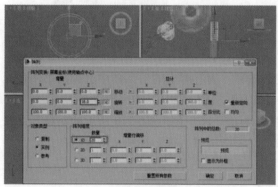

图 6-103　设置阵列

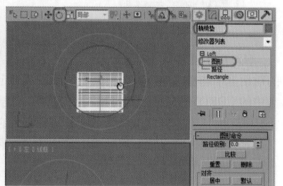

图 6-104　查看对齐、阵列效果

(38) 阵列之后，将阵列的所有线段选中，选择【组】|【组】命令，在弹出的【组】对话框中，将【组名】命名为"穗 01"，如图 6-105 所示。

(39) 使用【选择并旋转】工具，在【前】视图中对"穗头"和"穗"进行调整，如图 6-106 所示。然后复制"穗头"和"穗"对象并调整其位置。

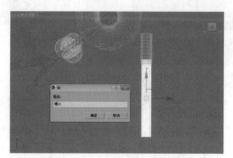

图 6-105　将穗成组

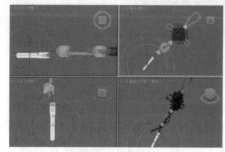

图 6-106　旋转对象

(40) 按 M 键打开【材质编辑器】对话库，在该对话框中选择一个空白的材质样本球，将其命名为"主体"，在【Blinn 基本参数】卷展栏中，将【环境光】、【漫反射】的 RGB 值设置为 190、0、0；将【自发光】值设置为 20，如图 6-107 所示。

(41) 在【贴图】卷展栏中，单击【漫反射颜色】右侧的【无】按钮，打开【材质/贴图浏览器】对话框，选择【位图】贴图，单击【确定】按钮。在【选择位图图像文件】对话框中选择随书附带光盘中的 CDROM|Map|41840332.jpg 文件，单击【打开】按钮，如图 6-108 所示。

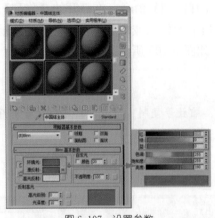

图 6-107　设置参数

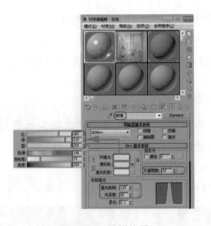

图 6-108　选择位图

(42) 单击【转到父对象】按钮，将【凹凸】设置为 –5，单击其右侧的【无】按钮，在弹出的对话框中选择【位图】选项，然后单击【确定】按钮，再在弹出的对话框中选择随书附带光盘中的 CDROM | Map | 27065127.jpg 文件，单击【打开】按钮，如图 6-109 所示。

(43) 按 H 键打开【从场景选择】对话框，在该对话框中选择如图 6-110 所示的对象，单击【确定】按钮，将设置好的材质指定给选定对象，然后激活【透视】视图，对该视图进行渲染一次，观察效果如图 6-111 所示。

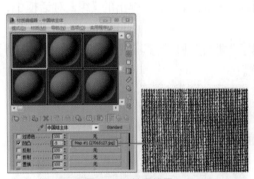

图 6-109　选择位图

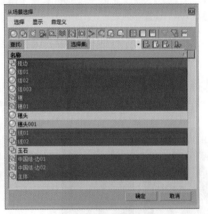

图 6-110　选择对象

图 6-111　渲染效果

(44) 选择一个空白的材质样本球，将其命名为"玉石"，将明暗器类型设置为【半透明明暗器】，将【环境光】RGB 值设置为 66、152、0，将【自发光】设置为 30，将【高光反射】RGB 值设置为 174、198、172，将【反射高光】选项组中的【高光级别】设置为 406，将【光泽度】设置为 68，如图 6-112 所示。

(45) 在【贴图】卷展栏中，将【漫反射颜色】的【数量】设置为 70，单击其右侧的【无】按钮，在弹出的对话框中选择【烟雾】选项，如图 6-113 所示。

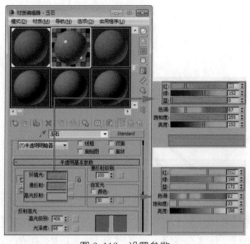

图 6-112　设置参数

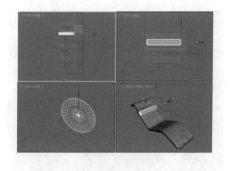

图 6-113　选择【烟雾】选项

（46）单击【确定】按钮，在【烟雾参数】卷展栏中将【相位】设置为 50，将【迭代次数】设置为 7，将【指数】设置为 3，单击【颜色 1】右侧的色块，将其 RGB 值设置为 73、141、0，如图 6-114 所示。

知识链接

　　烟雾是生成无序、基于分形的湍流图案的 3D 贴图。其主要设计用于设置动画的不透明度贴图，以模拟一束光线中的烟雾效果或其他云状流动效果。

　　下面介绍【烟雾参数】卷展栏中各参数的作用。

　　【大小】：更改烟雾"团"的比例。默认设置为 40。

　　【迭代次数】：设置应用分形函数的次数。该值越大，烟雾越详细，但计算时间会更长。默认设置为 5。

　　【相位】：转移烟雾图案中的湍流。设置此参数的动画即可设置烟雾移动的动画。默认设置为 0.0。

　　【指数】：使代表烟雾的颜色 #2 更清晰、更缭绕。随着该值的增加，烟雾"火舌"将在图案中变得更小。默认设置为 1.5。

　　【颜色 #1】：表示效果的无烟雾部分。

　　【颜色 #2】：表示烟雾。由于通常将此贴图用作不透明贴图，因此可以调整颜色值的亮度，以改变烟雾效果的对比度。

　　（47）单击【转到父对象】按钮，在场景中选择"玉石"对象，然后单击【将材质指定给选定对象】按钮，然后激活【透视】视图，对该视图进行渲染，效果如图 6-115 所示。

　　（48）选择一个空白的材质样本球，将其命名为"穗头"，单击 Standard 按钮，弹出【材质 /贴图浏览器】对话框，在该对话框中选择【多维 / 子对象】选项，单击【确定】按钮，弹出【替换材质】对话框，在该对话框中选中【将旧材质保存为子材质】单选按钮，单击【确定】按钮，如图 6-116 所示。

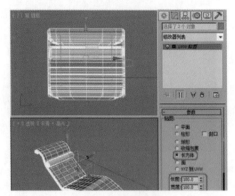

图 6-114　设置参数

图 6-115　渲染效果

(49) 然后单击【设置数量】按钮，在弹出的对话框中将【材质数量】设置为 2，单击【确定】按钮，单击 ID1 右侧的按钮，将明暗器类型设置为【金属】，将【环境光】RGB 值设置为 240、120、12，将【高光级别】、【光泽度】分别设置为 100、70，如图 6-117 所示。

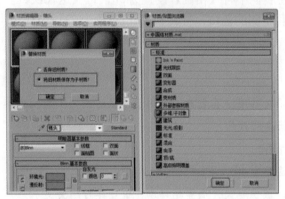

图 6-116　选择【多维 / 子材质】选项

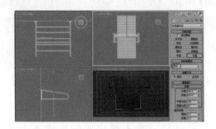

图 6-117　设置参数

(50) 展开【贴图】卷展栏，将【凹凸】的数量设置为 –8，单击其右侧的【无】按钮，在弹出的对话框中选择【位图】选项，单击【确定】按钮，再在弹出的对话框中选择随书附带光盘中的 CDROM | Map | huangjin.jpg 文件，单击【打开】按钮，如图 6-118 所示。

(51) 将【瓷砖】下的 U、V 设置为 2、2，单击【转到父对象】按钮 ，在【贴图】卷展栏中，单击【反射】后面的【无】按钮，打开【材质 / 贴图浏览器】对话框，选择【混合】贴图，单击【确定】按钮，如图 6-119 所示。

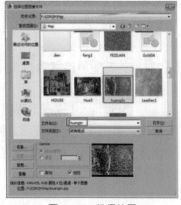

图 6-118　选择位图

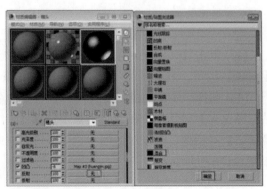

图 6-119　选择【混合】选项

(52) 单击【混合参数】卷展栏中【颜色 #1】后面的【无】按钮，进入到【材质/贴图浏览器】对话框中，选择【光线跟踪】贴图，单击【确定】按钮，使用默认参数，单击【转到父对象】按钮。单击【混合参数】卷展栏中【颜色 #2】后面的【无】按钮，进入到【材质/贴图浏览器】对话框中，单击【位图】贴图，单击【确定】按钮。在打开的【选择位图图像文件】对话框中选择 CDROM | Map | 黄金 02.jpg 文件，单击【打开】按钮，在【坐标】卷展栏中，将【模糊偏移】设置为 0.05，单击【转到父对象】按钮，如图 6-120 所示。

图 6-120　设置混合参数

(53) 单击两次【转到父对象】按钮，在【多维/子材质对象基本参数】卷展栏中单击 ID2 右侧的【无】按钮，在弹出的对话框中选择【标准】选项，如图 6-121 所示。

(54) 单击【确定】按钮，将【环境光】RGB 值设置为 214、0、0，单击【转到父对象】按钮，然后在场景中选择"穗头"对象，然后单击【将材质指定给选定对象】按钮，然后激活【透视】视图，对该视图进行渲染一次观看效果，如图 6-122 所示。

图 6-121　选择【标准】选项

图 6-122　渲染效果

(55) 选择【创建】|【摄影机】|【标准】|【目标】工具，在【顶】视图中创建摄影机，然后激活【透视】视图，按 C 键将其转换为【摄影机】视图，然后在其他视图中调整摄影机的位置，如图 6-123 所示。

(56) 选择【创建】|【灯光】|【标准】|【目标聚光灯】工具，在【顶】视图中创建灯光，在【常规参数】卷展栏中，选中【阴影】区域下的【启用】复选框。在【阴影参数】卷展栏中，

将【颜色】右侧色块的 RGB 值设置为 255、159、159，将【密度】设置为 0.7，在其他视图中调整目标聚光灯的位置，如图 6-124 所示。

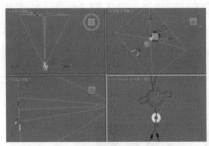

图 6-123 创建摄影机并进行调整

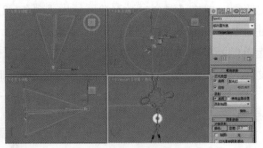

图 6-124 创建目标聚光灯

知识链接

　　目标聚光灯产生锥形的照射区域，在照射区以外的物体不受灯光影响。创建目标聚光灯后，有投射点和目标点可以调节，它是一个有方向的光源，是可以独立移动的目标点投射光，可以产生优质静态仿真效果。

(57) 选择【创建】|【灯光】|【标准】|【泛光】工具，在【顶】视图中创建灯光，然后在【强度 / 颜色 / 衰减】卷展栏中将【倍增】设置为 0.5，然后在各个视图中调整灯光的位置，如图 6-125 所示。

知识链接

　　泛光灯向四周发散光线，标准的泛光灯用来照亮场景，它的优点是易于建立和调节，不用考虑是否有对象在范围外而不被照射；缺点就是不能创建太多，否则显得无层次感。泛光灯用于将"辅助照明"添加到场景中，或模拟点光源。

(58) 选择【创建】|【几何体】|【标准基本体】|【平面】工具，在【前】视图中创建平面，将【长度】、【宽度】均设置为 1500，将灯光、摄影机隐藏显示，如图 6-126 所示。

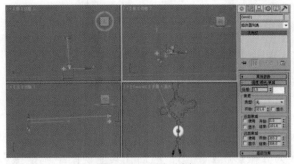

图 6-125 创建泛光灯

图 6-126 创建平面

(59) 按 M 键打开【材质编辑器】对话框，在该对话框中选择一个空白的材质样本球，单击 Standard 按钮，在弹出的对话框中选择【无光 / 投影】选项，确定【平面】处于选择状态，单击【转到父对象】按钮，按 8 键打开【环境和效果】对话框，在该对话框中单击【环境贴图】

下的【无】按钮，在弹出的对话框中选择【位图】选项，如图 6-127 所示。

(60) 单击【确定】按钮，在弹出的对话框中选择随书附带光盘中的 CDROM | Map | zgjhjbj. jpg 素材文件，单击【打开】按钮，然后将其环境贴图拖曳至一个空白的材质样本球上，在【坐标】卷展栏中将【贴图】设置为【屏幕】，如图 6-128 所示。

图 6-127　选择【位图】选项

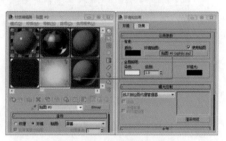

图 6-128　设置环境贴图

 指定环境贴图后，可以将其设定为在活动视口中显示或在所有视口中显示：按 Alt+B 组合键以打开【背景】面板，选择【使用环境背景】，然后单击【确定】按钮。

(61) 激活【摄影机】视图，对该视图进行渲染，观看效果，渲染完成后将场景进行保存即可。

案例精讲 065　使用挤出修改器制作屏风

案例文件：CDROM | Scenes | Cha06 | 使用挤出修改器制作屏风 OK.max

视频文件：视频教学 | Cha06 | 使用挤出修改器制作屏风 .avi

制作概述

屏风作为传统家具的重要组成部分，历史由来已久。屏风一般陈设于室内的显著位置，起到分隔、美化、挡风、协调等作用。本例将介绍如何制作屏风，效果如图 6-129 所示。

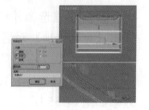

图 6-129　屏风

学习目标

学会如何制作屏风。

操作步骤

(1) 启动软件后，选择【创建】|【图形】|【样条线】|【矩形】工具，在【前】视图中创建矩形，然后在【参数】卷展栏中将【长度】、【宽度】分别设置为 900、350，将其命名为"屏风"，如图 6-130 所示。

(2) 进入【修改】命令面板，在【修改器列表】中选择【挤出】修改器，在【参数】卷展栏中将【数量】设置为 10，如图 6-131 所示。

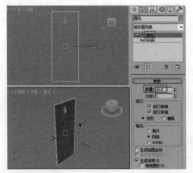

图 6-130　创建屏风　　　　　　　　　　　　　　　　图 6-131　添加【挤出】修改器

　　(3) 在工具栏中单击【选择并旋转】按钮，然后单击【角度捕捉切换】按钮，右击该按钮弹出【栅格和捕捉设置】对话框，在该对话框中将【角度】设置为 15，如图 6-132 所示。

　　(4) 然后激活【顶】视图中，选择"屏风"对象，沿 Z 轴逆时针旋转 15°，效果如图 6-133 所示。

图 6-132　设置角度

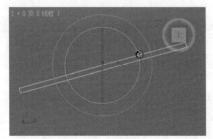

图 6-133　旋转效果

　　(5) 使用【选择并移动】工具，在【顶】视图中沿 X 轴按住 Shift 键进行拖动，释放鼠标，弹出【克隆选项】对话框，在该对话框中选中【复制】单选按钮，将【副本数】设置为 3，如图 6-134 所示。

　　(6) 单击【确定】按钮，然后使用【选择并移动】工具和【选择并旋转】工具进行调整，效果如图 6-135 所示。

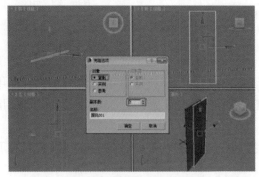

图 6-134　【克隆选项】对话框

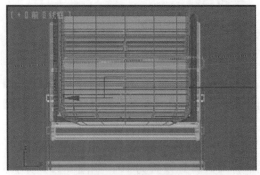

图 6-135　进行调整

(7) 选择"屏风"对象，进入【修改】命令面板，在【修改器列表】中选择【UVW 贴图】修改器，在【参数】卷展栏中将【长度】、【宽度】分别设置为 901、351，如图 6-136 所示。

(8) 使用相同的方法为其他对象添加【UVW 贴图】修改器，按 M 键打开【材质编辑器】对话框，在该对话框中选择一个空白的材质样本球，展开【贴图】卷展栏，单击【漫反射颜色】右侧的【无】按钮，在弹出的对话框中选择【位图】选项，单击【确定】按钮，如图 6-137 所示。

图 6-136　为对象添加【UVW 贴图】修改器

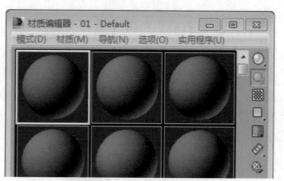

图 6-137　选择【位图】选项

(9) 弹出【选择位图图像文件】对话框，在该对话框中选择随书附带光盘中的 CDROM | Map | pingfeng01.jpg 素材文件，单击【打开】按钮，如图 6-138 所示。

(10) 展开【位图参数】卷展栏，选中【应用】复选框，将【裁减 / 放置】选项组中的 U、V、W、H 分别设置为 0、0、0.229、1.0，如图 6-139 所示。

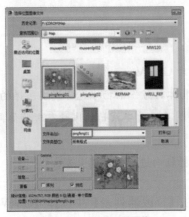

图 6-138 选择位图图像

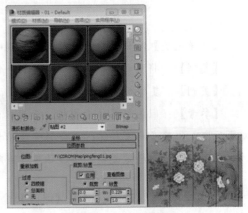

图 6-139 设置参数

知识链接

　　【裁剪/放置】选项组中的控件可以裁剪位图或减小其尺寸用于自定义放置。裁剪位图意味着将其减小为原来的长方形区域更小。裁剪不更改位图的比例。

　　(11) 单击【转到父对象】按钮，然后在场景中选择"屏风"对象，单击【将材质指定给选定对象】按钮，激活【透视】视图进行渲染一次观看效果，如图 6-140 所示。

　　(12) 再选择一个空白的材质样本球，展开【贴图】卷展栏，单击【漫反射颜色】右侧的【无】按钮，在弹出的对话框中选择 pingfeng01.jpg 素材文件，单击【打开】按钮，在【位图参数】卷展栏中选中【应用】复选框，将 U、V、W、H 分别设置为 0.236、0、0.232、1.0，如图 6-141 所示。

图 6-140 渲染效果

图 6-141 设置参数

　　(13) 单击【转到父对象】按钮，然后在场景中选择"屏风 001"对象，单击【将材质指定给选定对象】按钮，激活【透视】视图进行渲染一次观看效果，如图 6-142 所示。

　　(14) 再选择一个空白的材质样本球，展开【贴图】卷展栏，单击【漫反射颜色】右侧的【无】按钮，在弹出的对话框中选择 pingfeng01.jpg 素材文件，单击【打开】按钮，在【位图参数】卷展栏中选中【应用】复选框，将 U、V、W、H 设置为 0.479、0、0.234、1，如图 6-143 所示。

图 6-142 渲染效果　　　　　　　　　　　　　图 6-143　设置裁剪

(15) 单击【转到父对象】按钮，然后在场景中选择"屏风 002"对象，单击【将材质指定给选定对象】按钮，使用同样的方法再设置一个材质样本球，将其 U、V、W、H 设置为 0.725、0、0.221、1，选择"屏风 003"，将材质指定给选定对象，对【透视】视图进行渲染一次，观看效果如图 6-144 所示。

(16) 按 8 键打开【环境和效果】对话框，在该对话框中单击【环境贴图】下的【无】按钮，在弹出的对话框中选择【位图】选项，如图 6-145 所示。

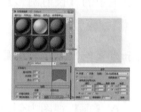

图 6-144　渲染效果　　　　　　　　　　　　图 6-145　选择【位图】选项

(17) 单击【确定】按钮，在打开的对话框中选择随书附带光盘中的 CDROM | Map | pingfeng02.jpg 素材文件，单击【打开】按钮，如图 6-146 所示。

(18) 将环境贴图拖曳至一个空白的材质样本球上，在弹出的对话框中选中【实例】单选按钮，然后将【贴图】设置为【屏幕】，如图 6-147 所示。

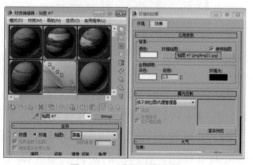

图 6-146　选择位图　　　　　　　　　　　　图 6-147　设置环境贴图

(19) 激活【透视】视图，按 Alt+B 组合键打开【视口配置】对话框，在该对话框中切换到【背景】选项卡，然后选中【使用环境背景】单选按钮，如图 6-148 所示。

(20) 选择【创建】|【摄影机】|【标准】|【目标】工具，在【顶】视图中创建摄影机，然后激活【透视】视图，按 C 键将其转换为【摄影机】视图，然后在其他视图中调整摄影机的位置，效果如图 6-149 所示。

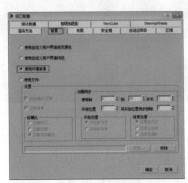
图 6-148 【视口配置】对话框

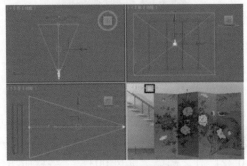
图 6-149 创建摄影机

(21) 在【显示】面板中【按类别隐藏】卷展栏中选中【摄影机】复选框，将摄影机进行隐藏。选择【创建】|【灯光】|【标准】|【天光】工具，在【顶】视图中单击创建天光，进入【修改】命令面板中，在【天光参数】卷展栏中选中【渲染】选项组中的【投射阴影】复选框，如图 6-150 所示。

使用 mental ray 渲染器渲染时，天光照明的对象显示为黑色，除非启用最终聚集。

(22) 选择【创建】|【灯光】|【标准】|【泛光】工具，在【顶】视图中创建泛光灯，在【强度/颜色/衰减】卷展栏中将【倍增】设置为 0.3，然后在场景中调整灯光的位置，如图 6-151 所示。

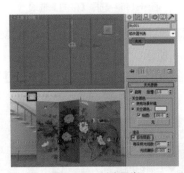
图 6-150 创建天光

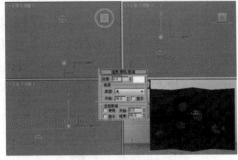
图 6-151 创建泛光灯

(23) 将灯光隐藏显示，选择【创建】|【几何体】|【平面】工具，然后在【顶】视图中创建【平面】，在【参数】卷展栏中将【长度】、【宽度】分别设置为 3000、4500，如图 6-152 所示。

(24) 按 M 键打开【材质编辑器】对话框，在该对话框中选择一个空白的材质样本球，单击 Standard 按钮，在弹出的对话框中选择【无光/投影】选项，如图 6-153 所示。

(25) 确定平面处于选择状态，单击【将材质指定给选定对象】按钮，然后对【摄影机】视图进行渲染输出即可。

图 6-152 创建平面

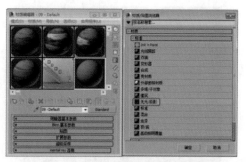

图 6-153 选择【无光/投影】选项

案例精讲 066 使用几何体创建鞭炮

制作概述

无论是过年过节，还是结婚嫁娶，进学升迁，以至于大厦落成、商店开张，等等，只要为了表示喜庆，人们都习惯以放鞭炮来庆祝。本例将介绍如何利用几何体制作鞭炮，效果如图 6-154 所示。

图 6-154 鞭炮

学习目标

学会如何创建鞭炮。

操作步骤

(1) 选择【创建】|【图形】|【多边形】工具，激活【前】视图，在【前】视图中创建一个多边形，并在【名称和颜色】卷展栏中将其命名为"装饰"，在【参数】卷展栏中将【半径】设置为 80，将【边数】设置为 8，如图 6-155 所示。

(2) 选择"装饰"截面图形，在工具栏中选择【选择并旋转】工具，在【前】视图中将其沿 Z 轴顺时针旋转，如图 6-156 所示。

知识链接

【多边形】工具可以制作任意边数的正多边形，还可以产生圆角多边形，下面介绍其参数面板中各个参数的作用。

【半径】：设置多边形的半径大小。

【内接/外接】：确定以外切圆半径还是内切圆半径作为多边形的半径。

【边数】：设置多边形的边数。

【角半径】：制作带圆角的多边形，设置圆角的半径大小。

【圆形】：设置多边形为圆形。

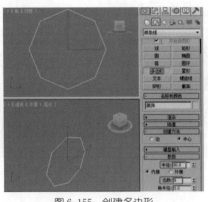

图 6-155　创建多边形

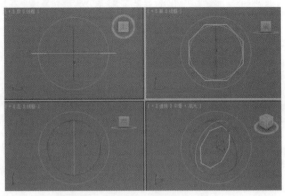

图 6-156　对多边形进行旋转

（3）切换到【修改】命令面板，在【修改器列表】中选择【倒角】修改器，在【倒角值】卷展栏中将【级别 1】下的【高度】设置为 2、【轮廓】设置为 1，选中【级别 2】复选框，并将其【高度】设置为 66，选中【级别 3】复选框，将其【高度】和【轮廓】分别设置为 2、–1，如图 6-157 所示。

（4）在【修改器列表】中选择【编辑网格】修改器，将当前选择集定义为【多边形】，在工具栏中选择【选择对象】工具，在场景中选择前后两面的多边形，在【曲面属性】卷展栏中将【设置 ID】设置为 1，如图 6-158 所示。

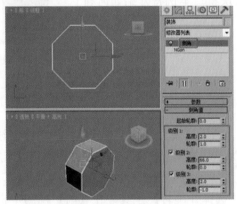

图 6-157　添加【倒角】修改器并进行设置

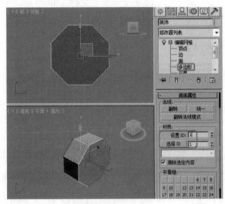

图 6-158　设置 ID1

知识链接

　　【编辑网格】修改器为选定的对象（顶点、边和面／多边形／元素）提供显式编辑工具。【编辑网格】修改器与基础可编辑网格对象的所有功能相匹配，只是不能用【编辑网格】修改器设置子对象动画。

（5）在菜单栏中选择【编辑】｜【反选】命令，将场景中的物体进行反选，在【曲面属性】卷展栏中将【设置 ID】设置为 2，如图 6-159 所示。

（6）关闭选择集，在【修改器列表】中选择【UVW 贴图】修改器，在【参数】卷展栏中选中【平面】单选按钮，并将【长度】和【宽度】都设置为 150，如图 6-160 所示。

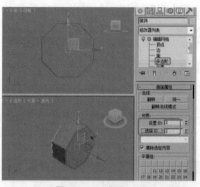

图 6-159　设置 ID2

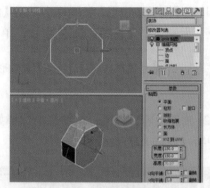

图 6-160　添加【UVW 贴图】修改器

(7) 选择【创建】|【几何体】|【圆柱体】工具，在【顶】视图中创建一个【半径】为 12.5、【高度】为 110、【高度分段】为 5、【边数】为 18 的圆柱体，并将其命名为"鞭炮 01"，如图 6-161 所示。

(8) 在场景中选择选择鞭炮对象并右击，在弹出的快捷菜单中选择【转换为】|【转换为可编辑多边形】命令，将其转换为可编辑多边形，如图 6-162 所示。

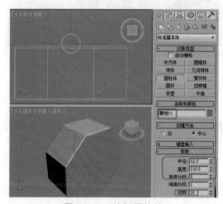

图 6-161　绘制圆柱体

图 6-162　选择【转换为可编辑多边形】命令

(9) 将当前选择集定义为【顶点】，在工具栏中选择【选择并移动】工具，在场景中调整各组点的位置，如图 6-163 所示。

(10) 再将当前选择集定义为【多边形】，在【顶】视图中选择如图 6-164 所示的多边形。

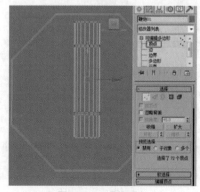

图 6-163　调整顶点

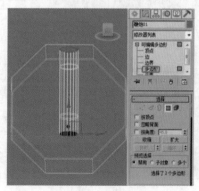

图 6-164　选择多边形

(11) 在【编辑多边形】卷展栏中单击【倒角】后面的【设置】按钮，在弹出的对话框中将【高度】设置为 -1.5、【轮廓】设置为 -2，单击【确定】按钮，如图 6-165 所示。

 提示　倒角仅限于【面】、【多边形】、【元素】层级。

(12) 激活【前】视图，在场景中选择如图 6-166 所示的多边形，在【多边形：材质 ID】卷展栏中将【设置 ID】设置为 1。

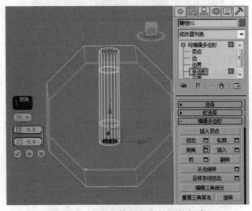
图 6-165　选择多边形为其添加倒角

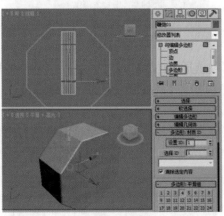
图 6-166　设置 ID1

知识链接

【设置 ID】：用于向选定的多边形分配特殊的材质 ID 编号，以供与多维 / 子对象材质和其他应用一同使用。使用微调器或用键盘输入数字。

(13) 确定当前选择集为【多边形】，在【前】视图中选择如图 6-167 所示的多边形，然后在【多边形：材质 ID】卷展栏中将【设置 ID】设置为 2。

(14) 激活【顶】视图，在【顶】视图中选择顶部的多边形，在【多边形：材质 ID】卷展栏中将【设置 ID】设置为 3，如图 6-168 所示。

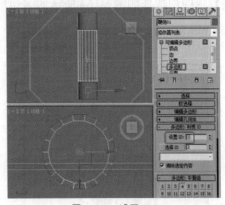
图 6-167　设置 ID2

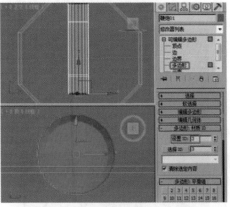
图 6-168　设置 ID3

(15) 在【左】视图中选择圆柱体中间部分的多边形，在【多边形：材质ID】卷展栏中将【设置ID】设置为4，如图6-169所示。

(16) 关闭【多边形】选择集，再在【修改器列表】中选择【UVW贴图】修改器，在【参数】卷展栏中选择【贴图】选项组中的【柱形】贴图方式，将【长度】、【宽度】、【高度】分别设置为24、25、110，如图6-170所示。

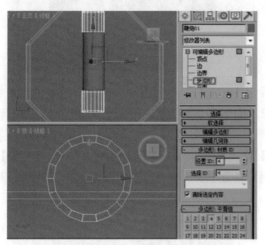

图6-169 设置ID4

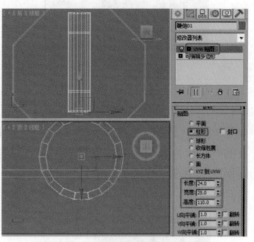

图6-170 添加【UVW贴图】修改器

(17) 激活【前】视图，选择【创建】|【图形】|【线】工具，在【前】视图中绘制一条线段，并在【左】视图中调整它的形状，在【插值】卷展栏中将【步数】设置为12，在【渲染】卷展栏中选中【在渲染中启用】和【在视口中启用】复选框，并将【厚度】设置为2.5，如图6-171所示。

知识链接

　　【在渲染中启用】：启用该选项后，使用为渲染器设置的径向或矩形参数将图形渲染为3D网格。

　　【在视口中启用】：启用该选项后，使用为渲染器设置的径向或矩形参数将图形作为3D网格显示在视口中。

(18) 在场景中选择"鞭炮01"对象，返回到【可编辑多边形】堆栈层，打开【编辑几何体】卷展栏，单击【附加】按钮，在视图中选择新创建的线段，将线段与"鞭炮01"附加在一起，如图6-172所示。

知识链接

　　【附加】：将场景中的另一个对象附加到选定的网格。可以附加任何类型的对象，包括样条线、面片对象和NURBS曲面。附加非网格对象时，该对象会转化成网格。单击要附加到当前选定网格对象中的对象。

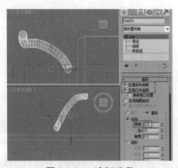

图 6-171　绘制线条

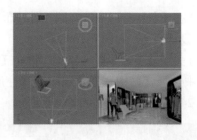

图 6-172　将线段与鞭炮附加在一起

(19) 再次单击【附加】按钮，定义当前选择集为【元素】，在视图中选择元素对象，在【多边形：材质 ID】卷展栏中将【设置 ID】设置为 2，如图 6-173 所示。

(20) 激活【前】视图，选择【创建】|【图形】|【线】工具，在【前】视图中绘制一条垂直的线段，将其命名为"鞭炮芯"，在【插值】卷展栏中将【步数】设置为 12，在【渲染】卷展栏中选中【在渲染中启用】和【在视口中启用】复选框，并将【厚度】设置为 6，如图 6-174 所示。

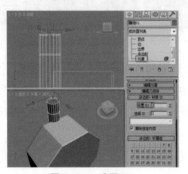

图 6-173　设置 ID2

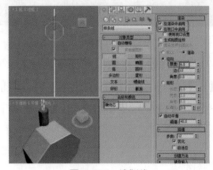

图 6-174　绘制线

(21) 在场景中选择"鞭炮 01"对象，选择工具栏中的【选择并移动】工具及【选择并旋转】工具，在场景中对选择的图形进行旋转，如图 6-175 所示。

(22) 激活【顶】视图，选择【创建】|【几何体】|【扩展基本体】|【环形结】工具，在【顶】视图中创建一个环形结，在【参数】卷展栏中将【基础曲线】选项组中的【半径】和【分段】分别设置为 4 和 120，将【横截面】选项组中的【半径】设置为 2，然后在场景中调整图形的位置，如图 6-176 所示。

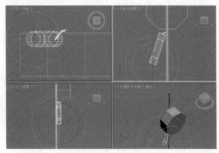

图 6-175　调整鞭炮

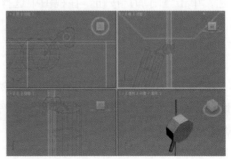

图 6-176　创建"环形结"

(23) 确定新创建的环形结处于选择状态，激活【前】视图，选择工具栏中的【选择并移动】工具，配合 Shift 键将其向下移动复制，复制完成后对它们进行调整，调整后的效果如图 6-177 所示。

(24) 然后在场景中选择"鞭炮芯"对象，将其转换为可编辑多边形，在【编辑几何体】卷展栏中单击【附加】右侧的【附加列表】按钮，在弹出的对话框中选择如图 6-178 所示的对象，单击【附加】按钮。

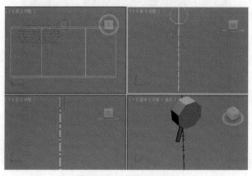

图 6-177　复制环形结

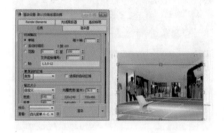

图 6-178　【附加列表】对话框

(25) 在场景中选择"鞭炮芯"对象，定义当前选择集为【元素】，在场景中选择对象，在【多边形：材质 ID】卷展栏中将【设置 ID】设置为 2，如图 6-179 所示。

(26) 在场景中选择"鞭炮 01"对象，激活【顶】视图，单击【层次】按钮，进入【层次】命令面板。单击【轴】按钮，在【调整轴】卷展栏中单击【仅影响轴】按钮，在工具栏中选择【对齐】工具，在场景中选择"鞭炮芯"对象，选中【X 位置】、【Y 位置】、【Z 位置】复选框，选中【当前对象】、【目标对象】选项组中的【轴点】单选按钮，设置完成后单击【确定】按钮，如图 6-180 所示。完成调整后再次单击【仅影响轴】按钮，使其恢复原状。

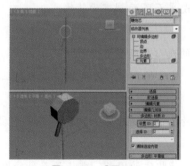

图 6-179　设置 ID2

图 6-180　【对齐当前选择】对话框

知识链接

　　【仅影响轴】：变换仅影响选定对象的轴点。

　　【仅影响对象】：变换仅影响选定对象而不影响轴点。

　　【仅影响层次】：仅适用于【旋转】和【缩放】工具。通过旋转或缩放轴点的位置，而不是旋转或缩放轴点本身，它可以将旋转或缩放应用于层次。

(27) 选择【工具】|【阵列】命令，打开【阵列】对话框，将【增量】选项组中【旋转】的 Z 轴参数设置为 90°，然后将【阵列维度】选项组中【数量】的 1D 设置为 4，激活【顶】视图，单击【预览】按钮，查看阵列后的效果，最后单击【确定】按钮，如图 6-181 所示。

(28) 阵列完成后，选择视图中的"鞭炮 01"～"鞭炮 04"对象，激活【顶】视图，将它们向下移动并复制，然后在视图中旋转其角度，效果如图 6-182 所示。

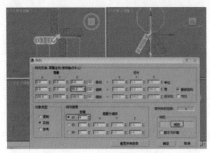

图 6-181　设置阵列参数

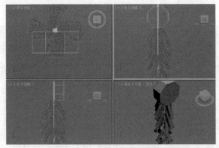

图 6-182　复制并进行调整

(29) 激活【顶】视图，选择【创建】|【几何体】|【管状体】工具，在【顶】视图中创建一个管状体，将其命名为"缀上"，在【参数】卷展栏中将【半径 1】、【半径 2】、【高度】、【高度分段】和【端面分段】分别设置为 16.5、14.5、75、9 和 32，在场景中调整该对象的位置，如图 6-183 所示。

知识链接

管状体基本体类似于中空的圆柱体。管状体可生成圆形和棱柱管道。

【参数】卷展栏中各个参数的作用介绍如下。

【半径 1/ 半径 2】：较大的设置将指定管状体的外部半径，而较小的设置则指定内部半径。

【高度】：设置沿着中心轴的维度。负数值将在构造平面下面创建管状体。

【高度分段】：设置沿着管状体主轴的分段数量。

【端面分段】：设置围绕管状体顶部和底部的中心的同心分段数量。

【边数】：设置管状体周围边数。启用【平滑】时，较大的数值将着色和渲染为真正的圆。禁用【平滑】时，较小的数值将创建规则的多边形对象。

【平滑】：启用此选项后（默认设置），将管状体的各个面混合在一起，从而在渲染视图中创建平滑的外观。

【启用切片】：启用【切片】功能，用于删除一部分管状体的周长。默认设置为禁用状态。创建切片后，如果禁用【启用切片】，则将重新显示完整的管状体。因此，您可以使用此复选框在两个拓扑之间切换。

【切片起始位置，切片结束位置】：设置从局部 X 轴的零点开始围绕局部 Z 轴的度数。对于这两个设置，正数值将按逆时针移动切片的末端，负数值将按顺时针移动它。这两个设置的先后顺序无关紧要。端点重合时，将重新显示整个管状体。

【真实世界贴图大小】：控制应用于该对象的纹理贴图材质所使用的缩放方法。缩放值由位于应用材质的【坐标】卷展栏中的【使用真实世界比例】设置控制。默认设置为禁用状态。

(30) 单击【修改】按钮，进入【修改】命令面板，在【修改器列表】中选择【编辑网格】
修改器，定义当前选择集为【顶点】，在场景中调整顶点的位置，如图 6-184 所示。

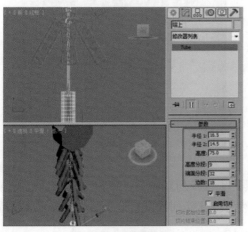

图 6-183　创建管状体

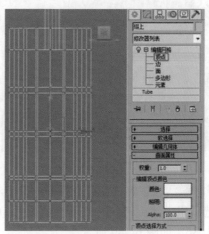

图 6-184　调整顶点

(31) 定义当前选择集为【多边形】，在【前】视图中选择多边形，在【曲面属性】卷展栏
中将【材质】选项组中的【设置 ID】设置为 1，如图 6-185 所示。

(32) 按 Ctrl+I 组合键，将选择的多边形进行反选，在【曲面属性】卷展栏中将【材质】选
项组中的【设置 ID】设置为 2，如图 6-186 所示。

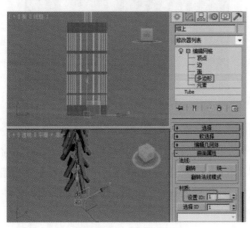

图 6-185　设置 ID1

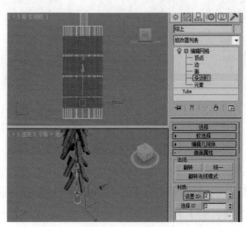

图 6-186　设置 ID2

(33) 关闭当前选择集，激活【前】视图，在命令面板中选择【线】工具，在【前】视图【缀
上】的下方绘制一条垂直的线段，在【参数】卷展栏中选中【在渲染中启用】和【在视口中启
用】复选框，并将其【厚度】设置为 1，将其命名为"穗头"，然后在场景中调整图形的位置，
如图 6-187 所示。

(34) 确定"穗头"处于选择状态，单击【层次】按钮，进入【层次】面板，在【调整轴】
卷展栏中单击【仅影响轴】按钮，选择工具栏中的【对齐】工具，在场景中选择"缀上"对象，
在弹出的对话框中选中【X 位置】、【Y 位置】、【Z 位置】复选框，选中【当前对象】、【目
标对象】选项组中的【轴点】单选按钮，设置完成后单击【确定】按钮，如图 6-188 所示。设
置完成后单击【仅影响轴】按钮。

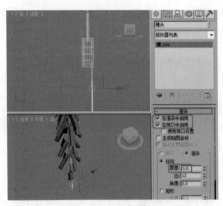

图 6-187　绘制穗头

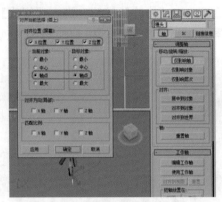

图 6-188　【对齐当前选择】对话框

(35) 激活【顶】视图，在菜单栏中选择【工具】|【阵列】命令，在弹出的对话框将【增量】选项组中【旋转】的 Z 轴参数设置为 10°，然后将【阵列维度】选项组中 1D 的【数量】设置为 36，如图 6-189 所示。

(36) 单击【确定】按钮，对图形进行复制，然后将所有穗头成组，完成后的效果如图 6-190所示。

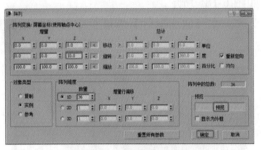

图 6-189　【阵列】对话框

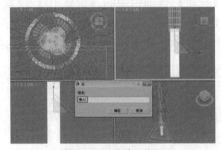

图 6-190　将穗头成组

(37) 场景中选择"装饰"对象，在场景中调整图形的位置，如图 6-191 所示。

(38) 按 M 键打开【材质编辑器】对话框，单击【获取材质】按钮，打开【材质/贴图浏览器】对话框，单击【材质/贴图浏览器选项】按钮，在弹出的下拉菜单中选择【打开材质库】对话框，在打开的【导入材质库】对话框中选择随书附带光盘中的 Scenes | Cha06 | 鞭炮材质 .mat 文件，单击【打开】按钮，如图 6-192 所示。

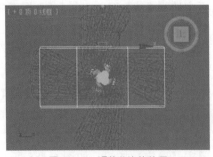

图 6-191　调整装饰的位置

图 6-192　选择鞭炮材质

(39) 将【鞭炮材质】卷展栏中的材质指定给【材质编辑器】中的样本球，如图 6-193 所示。

(40) 在场景中按 H 键，在弹出的对话框中选择"装饰"对象，单击【确定】按钮，在【材质编辑器】中选择"装饰"材质样本球，单击【将材质指定给选定对象】按钮，将材质指定给场景中选择的对象，如图 6-194 所示。

图 6-193　将材质添加到样本球

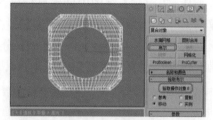

图 6-194　指定材质

(41) 在场景中选择"装饰"对象，在堆栈中选择【UVW 贴图】前的加号，在展开的选择集中选择 Gizmo 选项，在工具栏中选择【选择并旋转】工具，然后在场景中旋转贴图轴的角度，如图 6-195 所示。

(42) 在场景中按 H 键，在弹出的对话框中选择所有的鞭炮对象，单击【确定】按钮，在【材质编辑器】中选择"鞭炮"材质样本球，单击【将材质指定给选定对象】按钮，将材质指定给场景中选择的对象，如图 6-196 所示。

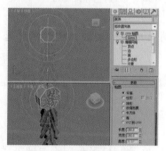

图 6-195　调整 UVW 贴图

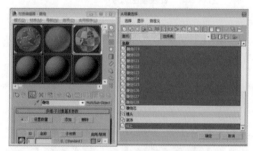

图 6-196　将材质指定给选定对象

(43) 在场景中按 H 键，在弹出的对话框中选择"穗头"和"鞭炮芯"对象，单击【确定】按钮，在【材质编辑器】中选择"穗头"材质样本球，单击【将材质指定给选定对象】按钮，将材质指定给场景中选择的对象，如图 6-197 所示。

(44) 选择【创建】|【摄影机】|【目标】摄影机，然后在【顶】视图中创建一架摄影机，激活【透视】视图，然后按 C 键，将当前视图转换为【摄影机】视图，最后在场景中调整摄影机的位置，如图 6-198 所示。

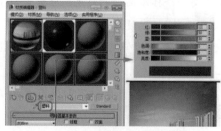

图 6-197　将材质指定给选定对象

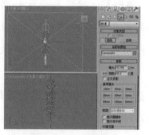

图 6-198　创建摄影机

(45)激活【摄影机】视图,按Shift+F组合键为该视图添加安全框,按F10键,弹出【渲染设置】对话框,在【输出大小】选项组中将【宽度】和【高度】分别设置为1000和2000,如图6-199所示。

(46) 将【摄影机】隐藏,激活【顶】视图,选择【创建】|【灯光】|【标准】|【目标聚光灯】工具,在【顶】视图中创建目标聚光灯,在【常规参数】卷展栏【阴影】区域中选中【启用】复选框并选择为【光线跟踪阴影】;在【聚光灯参数】卷展栏中选中【显示光锥】复选框,将【聚光区/光束】和【衰减区/区域】分别设置为100、102,选中【矩形】单选按钮;在【阴影参数】卷展栏中将【密度】设置为0.4,然后在场景中调整灯光的位置,如图6-200所示。

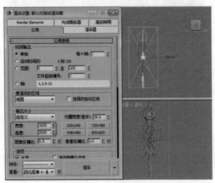

图 6-199　设置输出大小

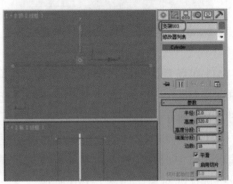

图 6-200　设置目标聚光灯

当选中一个灯光时,该圆锥体始终可见,因此当取消选中该灯光后,清除该复选框才有明显效果。

知识链接

【显示圆锥体】:启用或禁用圆锥体的显示。

【泛光化】:启用泛光化后,灯光在所有方向上投影灯光。但是,投影和阴影只发生在其衰减圆锥体内。

【聚光区/光束】:调整灯光圆锥体的角度。聚光区值以度为单位进行测量。默认值为43.0。

【衰减区/区域】:调整灯光衰减区的角度。衰减区值以度为单位进行测量。默认值为45.0。对于光度学灯光,【区域】角度相当于【衰减区】角度。它是灯光强度减为0的角度。通过在视口中拖动操纵器可以操纵聚光区和衰减区,也可以在【灯光】视口中调整聚光区和衰减区的角度(从聚光灯的视野在场景中观看)。

【圆/矩形】:确定聚光区和衰减区的形状。如果想要一个标准圆形的灯光,应设置为【圆形】。如果想要一个矩形的光束(如灯光通过窗户或门口投影),应设置为【矩形】。

【纵横比】:设置矩形光束的纵横比。使用【位图适配】按钮可以使纵横比匹配特定的位图。默认值为1.0。

【位图拟合】:如果灯光的投影纵横比为矩形,应设置纵横比以匹配特定的位图。当灯光用作投影灯时,该选项非常有用。

(47) 选择【泛光】工具，在【顶】视图中创建一盏泛光灯，在【强度 / 颜色 / 衰减】卷展栏中将【倍增】设置为 0.5，然后在场景中调整灯光的位置，如图 6-201 所示。

(48) 选择【创建】|【几何体】|【标准基本体】|【平面】工具，在【前】视图中创建平面，在【参数】卷展栏中将【长度】、【宽度】分别设置为 1500、1370，如图 6-202 所示。

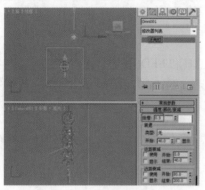
图 6-201　创建泛光灯

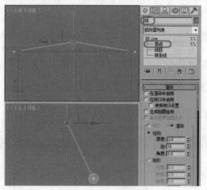
图 6-202　创建平面

(49) 按 M 键打开【材质编辑器】对话框，选择一个新的材质样本球，单击 Standard 按钮，在弹出的对话框中选择【无光 / 投影】选项，如图 6-203 所示。

(50) 然后确定平面对象处于选择状态，然后单击【将材质指定给选定对象】按钮，然后对【摄影机】视图进行渲染一次，效果如图 6-204 所示。

图 6-203　选择【无光 / 投影】选项

图 6-204　渲染效果

(51) 按 8 键打开【环境和贴图】卷展栏，在该对话框中单击【环境贴图】下的【无】按钮，在弹出的对话框中选择 6410628.jpg 素材文件，然后将环境贴图拖曳至材质样本球上，将【贴图】设置为【屏幕】，如图 6-205 所示。

(52) 激活【摄影机】视图，对该视图进行渲染，渲染一次效果如图 6-206 所示。

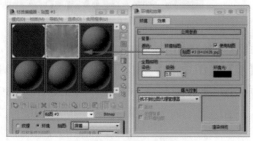
图 6-205　设置环境贴图

图 6-206　对【摄影机】视图进行渲染

案例精讲 067　使用 FFD 修改器制作抱枕

✎ 案例文件：CDROM | Scenes | Cha06 | 使用 FFD 修改器制作抱枕 OK.max

🖌 视频文件：视频教学 | Cha06 | 使用 FFD 修改器制作抱枕 .avi

制作概述

本例将介绍抱枕的制作，首先使用【切角长方体】工具和 FFD(长方体) 修改器来制作抱枕，然后添加背景贴图，完成后的效果如图 6-207 所示。

学习目标

学会使用 FFD(长方体) 修改器制作抱枕。

图 6-207　抱枕

操作步骤

(1) 选择【创建】 ✳ |【几何体】 ◎ |【扩展基本体】 |【切角长方体】工具，在【顶】视图中创建一个切角长方体，将其命名为"抱枕 001"，切换到【修改】命令面板，在【参数】卷展栏中将【长度】、【宽度】、【高度】、【圆角】、【长度分段】、【宽度分段】、【圆角分段】分别设为 400、400、100、50、5、6、3，如图 6-208 所示。

(2) 在修改器下拉列表中选择 FFD(长方体) 修改器，在【FFD 参数】卷展栏中单击【设置点数】按钮，在弹出的对话框中将【长度】、【宽度】和【高度】分别设置为 5、6、2，单击【确定】按钮，如图 6-209 所示。

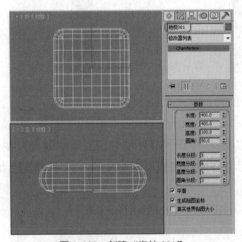

图 6-208　创建"抱枕 001"

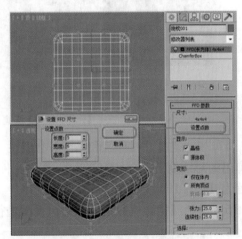

图 6-209　设置点数

(3) 将当前选择集定义为【控制点】，在【顶】视图中选择最外围的所有控制点，在工具栏中单击【选择并均匀缩放】工具 🔲，在【前】视图中沿 Y 轴向下拖动，如图 6-210 所示。

(4) 在【顶】视图中选择最外围除每个角外的所有控制点，将鼠标移至 X、Y 轴中心处并按住鼠标左键拖动，如图 6-211 所示。

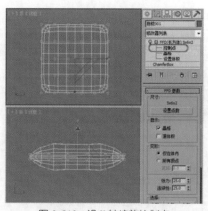

图 6-210　沿 Y 轴缩放控制点

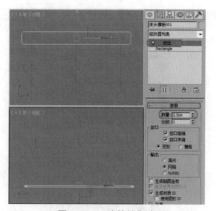

图 6-211　缩放控制点

(5) 使用【选择并移动】工具 ，在【前】视图和【左】视图中沿 Y 轴调整上下两边上的控制点，调整后的效果如图 6-212 所示。

(6) 关闭当前选择集，在修改器下拉列表中选择【网格平滑】修改器，如图 6-213 所示。

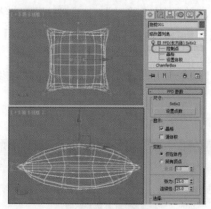

图 6-212　调整控制点

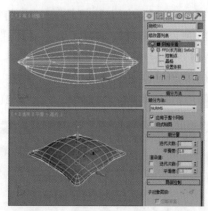

图 6-213　施加【网格平滑】修改器

【网格平滑】修改器通过多种不同方法平滑场景中的几何体。可以细分几何体，同时在角和边插补新面的角度以及将单个平滑组应用于对象中的所有面。【网格平滑】的效果是使角和边变圆，就像它们被锉平或刨平一样。使用【网格平滑】参数可控制新面的大小和数量，以及它们如何影响对象曲面。网格平滑的效果在锐角上最明显，而在弧形曲面上最不明显。在长方体和具有尖锐角度的几何体上使用【网格平滑】。避免在球体和与其相似的对象上使用。

【网格平滑】修改器可使物体的棱角变得平滑，使外观更符合现实中的真实物体。其中【迭代次数】值决定了平滑的程度，不过该值太大会造成面数过多，一般情况下不宜超过 4。

(7) 在场景中选择"抱枕 001"对象，按 M 键打开【材质编辑器】对话框，选择一个新的材质样本球，将其命名为"布料材质"，在【Blinn 基本参数】卷展栏中，将【自发光】设置为 50，如图 6-214 所示。

(8) 在【贴图】卷展栏中单击【漫反射颜色】后面的【无】按钮，在弹出的【材质/贴图浏览器】

对话框中选择【衰减】贴图，单击【确定】按钮，如图6-215所示。

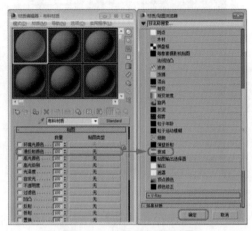

图6-214　设置自发光　　　　　　　　　　　图6-215　选择【衰减】贴图

(9) 在【衰减参数】卷展栏中设置【前】色块的RGB值为255、90、0，在【混合曲线】卷展栏中单击【添加点】按钮 ![icon]，在曲线上添加点，并使用【移动】工具 ![icon] 调整曲线，如图6-216所示。设置完成后，单击【转到父对象】按钮 ![icon] 和【将材质指定给选定对象】按钮 ![icon]，将材质指定给"抱枕001"对象。

(10) 在场景中复制"抱枕001"对象，然后使用【选择并旋转】工具 ![icon] 和【选择并移动】工具 ![icon] 在场景中调整抱枕对象，如图6-217所示。

图6-216　设置衰减参数　　　　　　　　　　图6-217　复制并调整抱枕对象

(11) 按8键弹出【环境和效果】对话框，在【公用参数】卷展栏中单击【无】按钮，在弹出的【材质/贴图浏览器】对话框中双击【位图】贴图，再在弹出的对话框中打开随书附带光盘中的"抱枕背景图.JPG"素材文件，如图6-218所示。

(12) 在【环境和效果】对话框中，将环境贴图按钮拖曳至新的材质样本球上，在弹出的【实例（副本）贴图】对话框中选中【实例】单选按钮，并单击【确定】按钮，然后在【坐标】卷展栏中，将贴图设置为【屏幕】，如图6-219所示。

图 6-218　选择环境贴图　　　　　　　　　　　图 6-219　拖曳并设置贴图

(13) 激活【透视】视图，在菜单栏中选择【视图】|【视口背景】|【环境背景】命令，即可在【透视】视图中显示环境背景，如图 6-220 所示。

(14) 选择【创建】|【摄影机】|【目标】工具，在视图中创建摄影机，激活【透视】视图，按 C 键将其转换为摄影机视图，切换到【修改】命令面板，在【参数】卷展栏中，将【镜头】设置为 20，并在其他视图中调整摄影机位置，效果如图 6-221 所示。

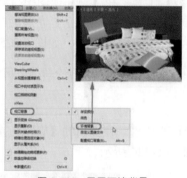

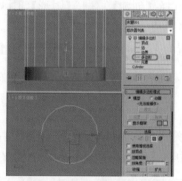

图 6-220　显示环境背景　　　　　　　　　　　图 6-221　创建并调整摄影机

(15) 选择【创建】|【灯光】|【标准】|【目标聚光灯】工具，在【顶】视图中创建目标聚光灯，并在其他视图中调整灯光的位置，切换至【修改】命令面板，在【强度 / 颜色 / 衰减】卷展栏中将【倍增】设置为 1，如图 6-222 所示。

(16) 至此，抱枕就制作完成了。在【渲染设置】对话框中设置渲染参数，渲染后的效果如图 6-223 所示。

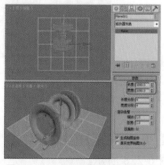

图 6-222　创建并调整目标聚光灯　　　　　　　图 6-223　渲染后的效果

案例精讲 068　使用车削修改器制作画框

　案例文件：CDROM | Scenes | Cha06 | 使用车削修改器制作画框 OK.max

　视频文件：视频教学 | Cha06 | 使用车削修改器制作画框 .avi

制作概述

本例将介绍木质画框的制作。首先使用【线】工具绘制画框的截面图形，然后通过【车削】修改器并移动轴心点的位置来实现画框的造型，画面部分直接使用【长方体】工具创建，完成后的效果如图 6-224 所示。

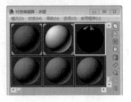

图 6-224　画框效果

学习目标

使用【车削】修改器制作画框。

操作步骤

(1) 选择【创建】 |【图形】 |【样条线】 |【线】工具，在【顶】视图中绘制一个闭合的样条曲线，并将其命名为"画框"，切换至【修改】命令面板，在【插值】卷展栏中将【步数】设置为 12，将当前选择集定义为【顶点】，然后在视图中调整样条线，如图 6-225 所示。

> 提示　所有样条线曲线划分为近似真实曲线的较小直线。样条线上的每个顶点之间的划分数量称为步数。步数越多，曲线越平滑。

(2) 关闭当前选择集，在工具栏中右击【选择并旋转】工具 ，在弹出的【旋转变换输入】对话框中将【绝对：世界】区域下的 Y 值设置为 45，如图 6-226 所示。

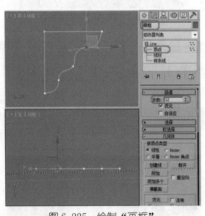

图 6-225　绘制"画框"

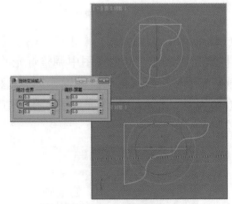

图 6-226　旋转对象

(3) 然后在修改器下拉列表中选择【车削】修改器，在【参数】卷展栏中将【分段】设置为 4，如图 6-227 所示。

(4) 将当前选择集定义为【轴】，使用【选择并移动】工具 在【前】视图中沿 X 轴向右移动轴心点的位置，沿 Y 轴向下移动轴心点的位置，如图 6-228 所示。

图 6-227　施加【车削】修改器

图 6-228　移动轴心点的位置

(5) 关闭当前选择集，确认"画框"对象处于选择状态，按 M 键打开【材质编辑器】对话框，选择一个新的材质样本球，将其命名为"画框"，在【明暗器基本参数】卷展栏中选择 Phong，在【Phong 基本参数】卷展栏中将【自发光】设置为 10，在【反射高光】选项组中，将【高光级别】和【光泽度】分别设置为 60、50，如图 6-229 所示。

(6) 在【贴图】卷展栏中，单击【漫反射颜色】右侧的【无】按钮，在弹出的【材质 / 贴图浏览器】对话框中选择【位图】贴图，单击【确定】按钮，如图 6-230 所示。

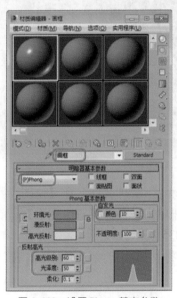

图 6-229　设置 Phong 基本参数

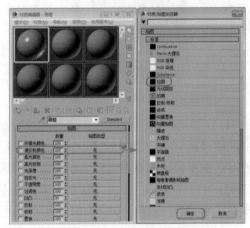

图 6-230　选择【位图】贴图

(7) 在弹出的对话框中打开随书附带光盘中的 birdseye.jpg 素材文件，在【坐标】卷展栏中使用默认参数，直接单击【转到父对象】按钮 和【将材质指定给选定对象】按钮 ，将材质指定给"画框"对象，如图 6-231 所示。

(8) 选择【创建】 |【几何体】 |【长方体】工具，在【前】视图中创建一个长方体，将其命名为"画"，切换到【修改】命令面板，在【参数】卷展栏中将【长度】和【宽度】均设置为 1150，将【高度】设置为 1，如图 6-232 所示。

图 6-231 指定材质

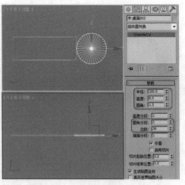

图 6-232 创建"画"对象

(9) 然后在场景中调整"画"对象的位置，调整完成后，按 M 键打开【材质编辑器】对话框，选择一个新的材质样本球，将其命名为"画01"，在【Blinn 基本参数】卷展栏中，将【反射高光】选项组中的【高光级别】和【光泽度】分别设置为 14、24，如图 6-233 所示。

(10) 打开【贴图】卷展栏，单击【漫反射颜色】右侧的【无】按钮，在弹出的【材质 / 贴图浏览器】对话框中选择【位图】贴图，单击【确定】按钮，如图 6-234 所示。

图 6-233 设置 Blinn 基本参数

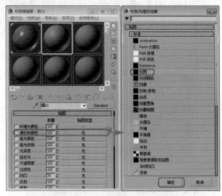

图 6-234 选择【位图】贴图

(11) 在弹出的对话框中打开随书附带光盘中的"画.jpg"素材文件，在【位图参数】卷展栏中选中【裁剪 / 放置】选项组中的【应用】复选框，并单击右侧的【查看图像】按钮，在弹出的对话框中通过调整控制柄来指定裁剪区域，如图 6-235 所示。

(12) 调整完成后，单击【转到父对象】按钮和【将材质指定给选定对象】按钮，将材质指定给"画"对象，效果如图 6-236 所示。

图 6-235 调整裁剪区域

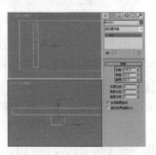

图 6-236 指定材质后的效果

(13) 按 Ctrl+A 组合键选择所有对象，在【前】视图中按住 Shift 键沿 X 轴移动复制对象，在弹出的对话框中选中【实例】单选按钮，将【副本数】设置为 2，单击【确定】按钮，如图 6-237 所示。

(14) 选择复制出的"画 001"对象，按 M 键打开【材质编辑器】对话框，选择一个新的材质样本球，并将其命名为"画 02"，在【Blinn 基本参数】卷展栏中，将【反射高光】选项组中的【高光级别】和【光泽度】分别设置为 14、24，如图 6-238 所示。

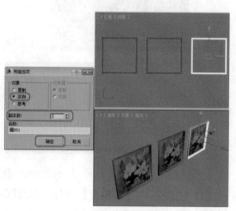

图 6-237　复制对象

图 6-238　设置 Blinn 基本参数

(15) 在【贴图】卷展栏中单击【漫反射颜色】右侧的【无】按钮，在弹出的【材质／贴图浏览器】对话框中双击【位图】贴图，再在弹出的对话框中打开随书附带光盘中的"画.jpg"素材文件，在【位图参数】卷展栏中选中【裁剪／放置】选项组中的【应用】复选框，并单击右侧的【查看图像】按钮，在弹出的对话框中通过调整控制柄来指定裁剪区域，如图 6-239 所示。调整完成后，单击【转到父对象】按钮 和【将材质指定给选定对象】按钮 ，将材质指定给"画 001"对象。

(16) 使用同样的方法，为"画 002"对象设置材质，设置材质后的效果如图 6-240 所示。

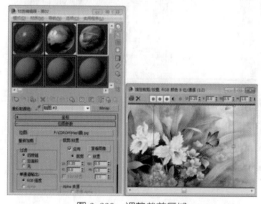

图 6-239　调整裁剪区域

图 6-240　设置材质后的效果

(17) 选择【创建】 ｜【几何体】 ｜【平面】工具，在【前】视图中创建平面，切换到【修改】命令面板，在【参数】卷展栏中，将【长度】设置为 2600，将【宽度】设置为 4300，如图 6-241 所示。

(18) 右击平面对象，在弹出的快捷菜单中选择【对象属性】命令，弹出【对象属性】对话框，在【显示属性】选项组中选中【透明】复选框，单击【确定】按钮，如图 6-242 所示。

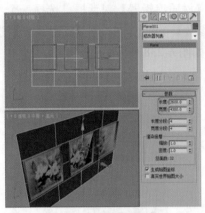

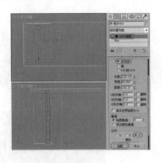

图 6-241　创建平面对象　　　　　　　　　　　　　图 6-242　设置对象属性

(19) 按 M 键打开【材质编辑器】对话框，选择一个新的材质样本球，并单击 Standard 按钮，在弹出的【材质/贴图浏览器】对话框中选择【无光/投影】材质，单击【确定】按钮，如图 6-243 所示。在【无光/投影基本参数】卷展栏中使用默认设置，直接单击【将材质指定给选定对象】按钮 即可。

(20) 按 8 键弹出【环境和效果】对话框，在【公用参数】卷展栏中单击【无】按钮，在弹出的【材质/贴图浏览器】对话框中双击【位图】贴图，再在弹出的对话框中打开随书附带光盘中的"画框背景图 .jpg"素材文件，如图 6-244 所示。

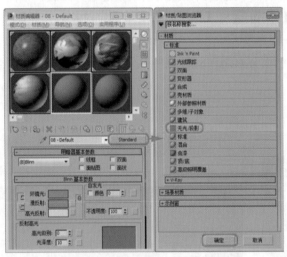

图 6-243　选择【无光/投影】材质　　　　　　　　　图 6-244　选择环境贴图

(21) 在【环境和效果】对话框中，将环境贴图按钮拖曳至新的材质样本球上，在弹出的【实例(副本)贴图】对话框中选中【实例】单选按钮，并单击【确定】按钮，然后在【坐标】卷展栏中，将贴图设置为【屏幕】，如图 6-245 所示。

(22) 激活【透视】视图，在菜单栏中选择【视图】|【视口背景】|【环境背景】命令，

即可在【透视】视图中显示环境背景，如图 6-246 所示。

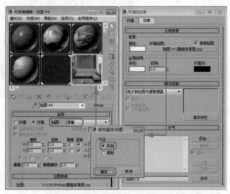
图 6-245　拖曳并设置贴图

图 6-246　显示环境背景

(23) 选择【创建】 |【摄影机】 |【目标】工具，在视图中创建摄影机，激活【透视】视图，按 C 键将其转换为摄影机视图，切换到【修改】命令面板，在【参数】卷展栏中，将【镜头】设置为 35，并在其他视图中调整摄影机位置，效果如图 6-247 所示。

(24) 选择【创建】 |【灯光】 |【标准】 |【天光】工具，在【顶】视图中创建天光，切换到【修改】命令面板，在【天光参数】卷展栏中选中【投射阴影】复选框，如图 6-248 所示。至此，画框就制作完成了，将场景文件保存即可。

图 6-247　创建并调整摄影机

图 6-248　创建天光

案例精讲 069　使用样条线制作卷轴画

案例文件：CDROM | Scenes | Cha06 | 使用样条线制作卷轴画 OK.max

视频文件：视频教学 | Cha06 | 使用样条线制作卷轴画 .avi

制作概述

本案例将介绍如何制作卷轴画。首先利用样条线创建出卷轴画的截面，使用【挤出】修改器挤出卷轴画的厚度，然后使用【编辑网格】修改器调整模型，从而完成卷轴画的制作。完成后的效果如图 6-249 所示。

学习目标

学会利用样条线制作卷轴画的截面。

学会使用【挤出】修改器挤出卷轴画的厚度。

学会利用【编辑网格】修改器调整模型。

操作步骤

(1) 启动 3ds Max 软件，选择【创建】|【图形】|【矩形】工具，在【顶】视图中创建一个【长度】为 0.5、【宽度】为 285 的矩形，如图 6-250 所示。

图 6-249　卷轴画

(2) 选择【创建】|【图形】|【圆环】工具，在【顶】视图中绘制一个圆环，在【参数】卷展栏中将【半径 1】和【半径 2】分别设置为 3、2.5，如图 6-251 所示。

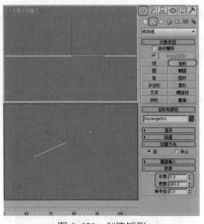

图 6-250　创建矩形

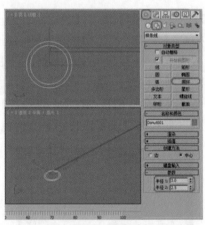

图 6-251　创建圆环

(3) 继续选中该对象，切换至【层次】卷展栏中，单击【仅影响轴】按钮，在工具栏中单击【对齐】按钮，在视图中单击 Rectangle001 对象，在弹出的对话框中选中【X 位置】、【Y 位置】、【Z 位置】复选框，分别选中【当前对象】和【目标对象】选项组中的【轴点】单选按钮，如图 6-252 所示。

(4) 单击【确定】按钮，再在【调整轴】卷展栏中单击【仅影响轴】按钮，调整轴后的效果如图 6-253 所示。

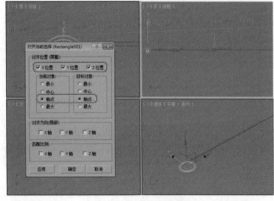

图 6-252　对齐对象

图 6-253　调整轴后的效果

CG 设 计 案 例 课 堂

(5) 继续选中圆环，激活【前】视图，在工具栏中选中【镜像】单选按钮，在弹出的对话框中选中【复制】单选按钮，如图 6-254 所示。

(6) 单击【确定】按钮，再在视图中选择 Rectangle001 对象，切换至【修改】命令面板，在修改器下拉列表中选择【编辑样条线】修改器，将当前选择集定义为【样条线】，在【几何体】卷展栏中单击【附加多个】按钮，在弹出的对话框中选择要附加的对象，如图 6-255 所示。

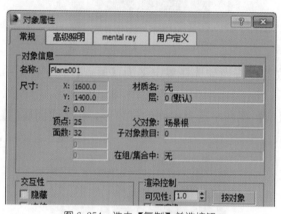

图 6-254 选中【复制】单选按钮

图 6-255 选择附加对象

(7) 单击【附加】按钮，在【几何体】卷展栏中单击【修剪】按钮，对圆环和矩形进行修剪，修剪后的效果如图 6-256 所示。

(8) 修剪完成后，关闭当前选择集，将当前选择集定义为【顶点】，按 Ctrl+A 组合键，全选顶点，在【几何体】卷展栏中单击【焊接】按钮，焊接顶点，如图 6-257 所示。

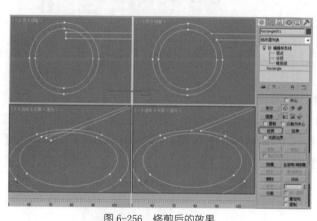

图 6-256 修剪后的效果

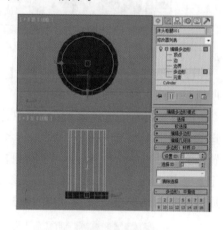

图 6-257 焊接顶点

(9) 将当前选择集定义为【顶点】，在【几何体】卷展栏中单击【优化】按钮，在视图中对图形进行优化，效果如图 6-258 所示。

(10) 关闭当前选择集，切换至【修改】命令面板，在修改器列表中选择【挤出】修改器，在【参数】卷展栏中将【数量】设置为 140、【分段】设置为 3，如图 6-259 所示。

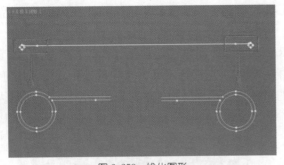

图 6-258 优化图形

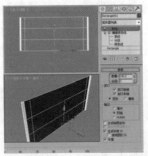

图 6-259 添加【挤出】修改器

(11) 在修改器列表中选择【编辑网格】修改器，将当前选择集定义为【顶点】，在视图中调整顶点的位置，调整后的效果如图 6-260 所示。

(12) 将当前选择集定义为【多边形】，在【前】视图中选择中间的多边形，在【曲面属性】卷展栏中设置【设置 ID】为 1，如图 6-261 所示。

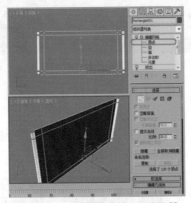

图 6-260 添加【编辑网格】修改器

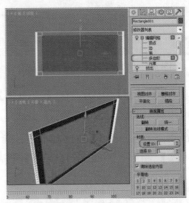

图 6-261 设置 ID1

(13) 在菜单栏中选择【编辑】|【反选】命令，反选多边形，设置【设置 ID】为 2，如图 6-262 所示。

(14) 关闭当前选择集，在场景中选择作为卷轴画的模型，按 M 键，打开【材质编辑器】面板，选择一个新的材质样本球，将其命名为"画"，单击 Standard 按钮，在弹出的【材质/贴图浏览器】对话框中选择【多维/子对象】材质，单击【确定】按钮，再在弹出的对话框中单击【确定】按钮，在【多维/子对象基本参数】卷展栏中单击【设置数量】按钮，在弹出的【设置材质数量】对话框中设置【材质数量】为 2，单击【确定】按钮，如图 6-263 所示。

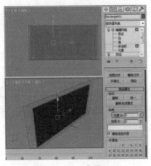

图 6-262 设置 ID2

图 6-263 设置多维/子对象数量

(15) 单击 ID1 右侧的子材质，在【贴图】卷展栏中单击【漫反射颜色】后面的【无】按钮，在弹出的【材质/贴图浏览器】对话框中双击【位图】选项，再在弹出的对话框中选择"山水画.jpg"贴图文件，单击【打开】按钮，如图 6-264 所示。

(16) 单击【在视口中显示标准贴图】按钮，再单击两次【转到父对象】按钮，单击 ID2 右侧的子材质按钮，在弹出的对话框中双击【标准】选项，在【贴图】卷展栏中单击【漫反射颜色】后面的【无】按钮，在弹出的【材质/贴图浏览器】对话框中双击【位图】选项，在弹出的对话框中选择 A-A-001.JPG 贴图文件，单击【打开】按钮，在【坐标】卷展栏中将【瓷砖】下的 U、V 分别设置为 2、1，如图 6-265 所示。

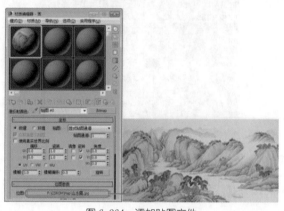
图 6-264　添加贴图文件

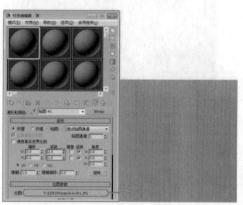
图 6-265　设置 ID2 材质

(17) 单击【在视口中显示标准贴图】按钮，单击两次【转到父对象】按钮，将设置完成后的材质指定给选定对象，切换至【修改】命令面板中，在修改器列表中选择【UVW 贴图】修改器，在【参数】卷展栏中选中【长方体】单选按钮，将【长度】、【宽度】、【高度】分别设置为10、248、116.3，如图 6-266 所示。

(18) 选择【创建】|【几何体】|【圆柱体】工具，在【顶】视图中创建【半径】为 2.5、【高度】为 155、【高度分段】为 5 的圆柱体，将其命名为"轴 001"，如图 6-267 所示。

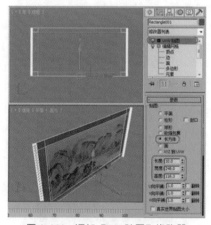
图 6-266　添加【UVW 贴图】修改器

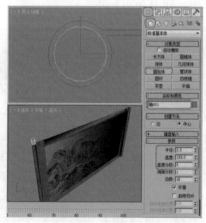
图 6-267　创建圆柱体

(19) 创建完成后，在视图中调整该对象的位置，切换至【修改】命令面板，在修改器列表中选择【编辑多边形】修改器，将当前选择集定义为【顶点】，在场景中调整顶点的位置，如

图 6-268 所示。

(20) 将当前选择集定义为【多边形】，选择两端的多边形，在【编辑多边形】卷展栏中单击【挤出】按钮后面的【设置】按钮，选择【本地法线】，将【高度】设置为 1.7，单击【确定】按钮，如图 6-269 所示。

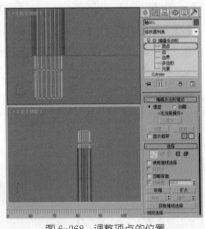

图 6-268　调整顶点的位置

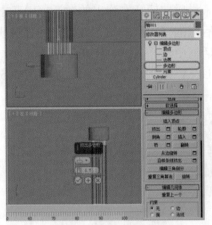

图 6-269　挤出多边形

在选择两端的多边形时，需要注意不要选择顶、底的多边形。

(21) 挤出完成后，关闭当前选择集，继续选中该对象，切换至【层次】卷展栏中，单击【仅影响轴】按钮，在工具栏中单击【对齐】按钮，在视图中单击 Rectangle001 对象，在弹出的对话框中选中【X 位置】、【Y 位置】、【Z 位置】复选框，分别选中【当前对象】和【目标对象】选项组中的【轴点】单选按钮，如图 6-270 所示。

(22) 单击【确定】按钮，再在【调整轴】卷展栏中单击【仅影响轴】按钮，即可完成轴的调整，激活【前】视图，在工具栏中选中【镜像】单选按钮，在弹出的对话框中选中【复制】单选按钮，如图 6-271 所示。

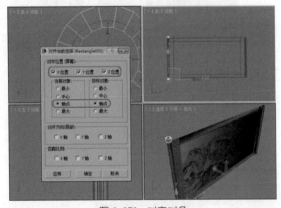

图 6-270　对齐对象

图 6-271　镜像对象

(23) 单击【确定】按钮，在视图中选择镜像后的两个轴，按 M 键，在弹出的对话框中选择一个材质样本球，将其命名为"画轴"，在【Blinn 基本参数】卷展栏中将【环境光】和【漫反射】的 RGB 值都设为 74，将【反射高光】选项组中的【高光级别】和【光泽度】分别设置为 53 和 68，如图 6-272 所示。

(24) 设置完成后，将该材质指定给选定对象，根据前面所介绍的方法创建一个无光投影背景，并添加"卷轴画背景 .tif"作为背景图，如图 6-273 所示。

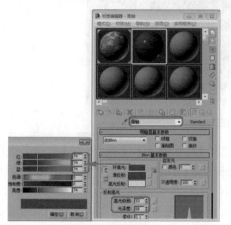

图 6-272　设置画轴材质

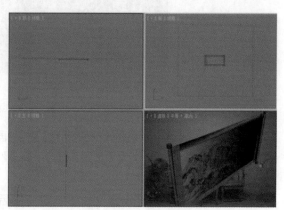

图 6-273　添加背景

(25) 选择【创建】 | 【摄影机】 | 【目标】工具，在视图中创建摄影机，激活【透视】视图，按 C 键将其转换为摄影机视图，切换到【修改】命令面板，在【参数】卷展栏中，将【镜头】设置为 35，并在其他视图中调整摄影机位置，效果如图 6-274 所示。

(26) 选择【创建】 | 【灯光】 | 【标准】 | 【天光】工具，在【顶】视图中创建天光，在视图中调整该对象的位置，如图 6-275 所示。

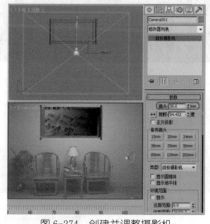

图 6-274　创建并调整摄影机

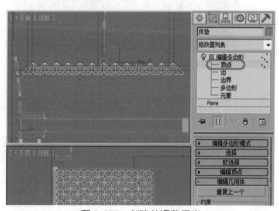

图 6-275　创建并调整天光

(27) 选择【创建】 | 【灯光】 | 【光度学】 | 【自由灯光】工具，在【顶】视图中创建自由灯光，在弹出的对话框中单击【否】按钮，切换到【修改】命令面板，在【强度 / 颜色 / 衰减】卷展栏中选中 lm 单选按钮，并将强度设置为 5000，如图 6-276 所示。

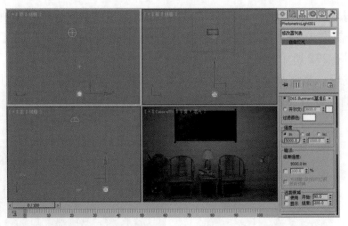

图 6-276　创建自由灯光

(28) 按 F10 键，在弹出的【渲染设置】对话框中选择【高级照明】选项卡，在【选择高级照明】卷展栏中将照明类型设置为【光跟踪器】，将【附加环境光】的 RGB 值均设置为 101，如图 6-277 所示。

(29) 至此，卷轴画就制作完成了。对完成后的场景进行渲染及保存，效果如图 6-278 所示。

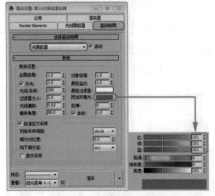

图 6-277　设置照明类型

图 6-278　卷轴画效果

案例精讲 070　使用放样制作窗帘

📝 **案例文件：** CDROM | Scenes | Cha06 | 使用放样制作窗帘 OK.max

🎬 **视频文件：** 视频教学 | Cha06　| 使用放样制作窗帘 .avi

制作概述

本案例将介绍如何使用放样制作窗帘。首先使用【线】工具绘制样条线，使用样条线作为图形截面和路径，并使用【放样】工具，在场景中将样条线结合形成窗帘。最后在场景中添加摄影机和灯光。完成后的效果如图 6-279 所示。

图 6-279　窗帘

学习目标

学会使用【放样】工具制作模型。

掌握窗帘材质的设置。

操作步骤

(1) 打开 3ds Max 2014，选择【创建】██|【图形】█|【线】工具，激活【顶】视图，按 Alt+W 组合键将其最大化显示。在【顶】视图中创建 3 条样条线，切换到【修改】命令面板，将当前选择集定义为【顶点】，在【几何体】卷展栏中选择【优化】命令，在创建的样条线上添加顶点，在场景中调整样条线，如图 6-280 所示。

(2) 再选择【创建】█|【图形】█|【线】工具，在【左】视图中创建样条线，作为放样的路径，如图 6-281 所示。

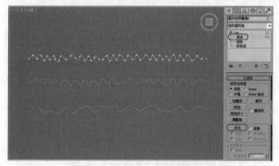

图 6-280 绘制样条线并调整顶点

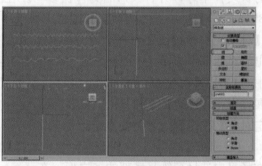

图 6-281 绘制放样的路径

(3) 在场景中选择作为放样的路径，选择【创建】█|【几何体】█|【复合对象】|【放样】工具，在【创建方法】卷展栏中选择【获取图形】命令，在场景中选择曲线最密的放样图形，如图 6-282 所示。

(4) 将【路径】参数设置为 70，选择【获取图形】命令，在场景中选择中间的放样截面图形，如图 6-283 所示。

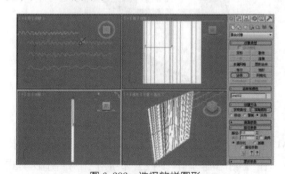

图 6-282 选择放样图形

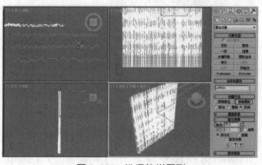

图 6-283 选择放样图形

(5) 在【路径参数】卷展栏中将【路径】参数设置为 90，再选择【获取图形】命令，在场景中选择曲线密度最稀疏的放样截面图形，形成如图 6-284 所示的效果。

(6) 切换至【修改】命令面板，为放样得到的图形添加【噪波】修改器，在【参数】卷展栏中，选中【分形】复选框，将【粗糙度】设置为 1、【迭代次数】设置为 5，将【强度】选项组中的 Z 设置为 3，如图 6-285 所示。

3ds Max 2014 室内外效果图制作
案例课堂 ▶▶

图 6-284　选择放样图形

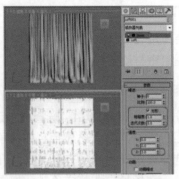

图 6-285　设置【噪波】修改器

(7) 选中放样得到的图形对象，按 M 键打开材质编辑器，在弹出的对话框中选择一个新的材质样本球，并将其命名为"窗纱"。在【明暗器基本参数】卷展栏中将阴影模式定义为 Blinn。在【Blinn 基本参数】卷展栏中将【环境光】和【漫反射】的 RGB 值均设置为 255，将【自发光】参数设置为 20，在【贴图】卷展栏中选择【不透明度】后面的【无】按钮，在弹出的对话框中选择【位图】贴图，单击【确定】按钮，再在弹出的对话框中选择随书附带光盘中的 CDROM | Map | cutout.jpg 文件，单击【打开】按钮，进入位图设置面板。在【坐标】卷展栏中将【瓷砖】下的 U、V 参数均设置为 12，如图 6-286 所示。然后单击【将材质指定给选定对象】按钮，将材质指定给场景中的对象。

(8) 选择窗纱模型，在修改器面板中选择【编辑网格】修改器，将当前选择集定义为【多边形】，在场景中选择窗纱最底部的多边形，在【编辑几何体】卷展栏中单击【分离】按钮，在弹出的对话框中将【分离为】命名为"窗纱底边"，单击【确定】按钮，如图 6-287 所示。

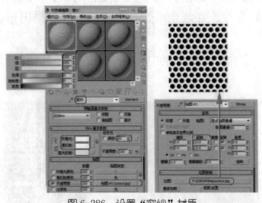

图 6-286　设置"窗纱"材质

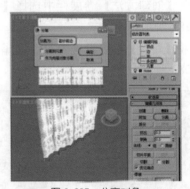

图 6-287　分离对象

(9) 选中分离出的【窗纱底边】对象，按 M 键打开材质编辑器，在弹出的对话框中选择一个新的材质样本球，并将其命名为"窗帘"。在【明暗器基本参数】卷展栏中将阴影模式定义为 Blinn。在【Blinn 基本参数】卷展栏中将【环境光】和【漫反射】的 RGB 值均设置为 237，将【自发光】参数设置为 20，将【不透明度】设置为 95，在【贴图】卷展栏中将【漫反射颜色】的数量设置为 75，然后单击其右侧的【无】按钮，在弹出的对话框中选择【位图】贴图，单击【确定】按钮，再在弹出的对话框中选择随书附带光盘中的 CDROM | Map | u1.jpg 文件，单击【打开】按钮，进入位图设置面板。在【坐标】卷展栏中将【瓷砖】下的 U、V 参

数均设置为1，如图 6-288 所示。然后单击【将材质指定给选定对象】按钮，将材质指定给场景中的"窗纱底边"对象。然后按 F9 键查看渲染效果，如图 6-289 所示。

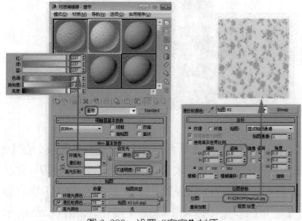

图 6-288　设置"窗帘"材质

图 6-289　查看渲染效果

(10) 在场景中选择"窗纱"和"窗纱底边"对象，在【修改器列表】中选择【UVW 贴图】修改器，在【参数】卷展栏中选择【平面】，选中【对齐】下的 Y 单选按钮，并单击【适配】按钮，如图 6-290 所示。

(11) 选择【创建】　│【图形】　│【线】工具，激活【顶】视图，按 Alt+W 组合键将其最大化显示。参照前面的操作步骤在【顶】视图中创建样条线作为窗帘放样截面图形，将其命名为"窗帘放样截面"并调整其顶点，如图 6-291 所示。

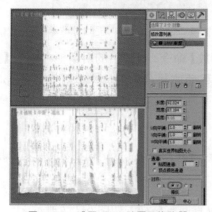

图 6-290　设置【UVW 贴图】修改器

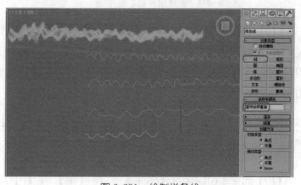

图 6-291　绘制样条线

(12) 选中绘制的窗帘放样截面图形，切换至【层次】面板，单击【轴】按钮，然后单击【调整轴】卷展栏中的【仅影响轴】按钮，然后在【顶】视图中，将其轴调整至右侧，如图 6-292 所示。

(13) 再次单击【仅影响轴】按钮，然后使用【线】工具，在【前】视图中创建样条线，作为窗帘边的放样路径，如图 6-293 所示。

图 6-292　调整轴位置

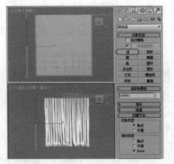

图 6-293　绘制放样路径

(14) 选择窗帘放样路径，选择【创建】 ✱ |【几何体】 ◯ |【复合对象】|【放样】工具，在【创建方法】卷展栏中选择【获取图形】命令，在场景中选择窗帘的放样截面图形，如图 6-294 所示。

(15) 选中窗帘对象，切换至【修改】命令面板，在【修改器列表】中选择【UVW 贴图】修改器，在【参数】卷展栏中选中【平面】单选按钮，在【对齐】选项组中单击【适配】按钮，如图 6-295 所示。

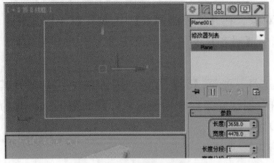

图 6-294　选择放样截面图形

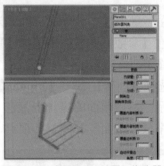

图 6-295　设置【UVW 贴图】修改器

(16) 在堆栈中选择 Loft，在【变形】卷展栏中选择【缩放】命令，在弹出的对话框中单击【插入角点】按钮 ，在编辑线上添加可控制点，再使用【移动控制点】工具 ，调整点的形状和位置，在【蒙皮参数】卷展栏中将【路径步数】参数设置为 15，这样使放样的模型更加平滑，如图 6-296 所示。

提示　　　右击顶点，在弹出的快捷菜单中选择【Bezier-角点】命令。通过调整控制手柄来控制角点的平滑度。

(17) 选中 Loft 中的【图形】，在【前】视图中将其位置向右移动，如图 6-297 所示。

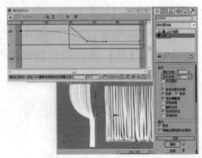

图 6-296　设置缩放

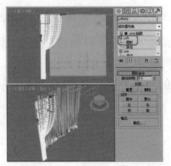

图 6-297　调整窗帘位置

【路径步数】：设置路径图形的步幅，加大它的值使它的弯曲造型更平滑。

【图形步数】：设置图形顶点支架的步幅，加大它的值使模型的外表面更加光滑。

(18) 在堆栈中选择Loft，在【变形】卷展栏中选择【倾斜】命令，在弹出的对话框中使用【移动控制点】工具 ✛，调整点位置，如图 6-298 所示。

(19) 选择【创建】 ✳ |【几何体】 ◯ |【标准基本体】 |【圆环】工具，在【顶】视图中创建一个圆环对象作为窗帘带子，然后使用【选择并均匀缩放】工具 🔲，对图形进行适当缩放，然后调整其到适当位置，如图 6-299 所示。

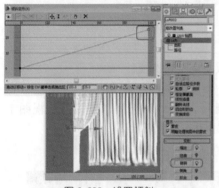

图 6-298　设置倾斜

图 6-299　创建圆环

(20) 选中窗帘对象和圆环，在菜单栏中选择【组】|【组】命令，在弹出的【组】对话框中，将【组名】设置为"窗帘"，然后单击【确定】按钮，如图 6-300 所示。

(21) 选中"窗帘"对象，按 M 键打开材质编辑器，选中【窗帘】材质，然后单击【将材质指定给选定对象】按钮 🔲，将材质指定给场景中的对象。在场景中调整"窗帘"对象的位置，然后按 F9 键查看渲染效果，如图 6-301 所示。

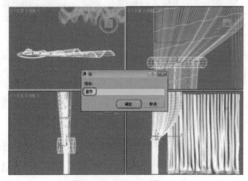

图 6-300　成组对象

图 6-301　查看渲染效果

(22) 激活【前】视图，在工具栏中单击【镜像】按钮 🔳，在弹出的对话框在中选择【镜像轴】为 X，将【偏移】参数设置为 55，在【克隆当前选择】区域中选择【复制】命令，在场景中调整其复制模型的位置，如图 6-302 所示。然后单击【确定】按钮确认。

(23) 选择【创建】 ✳ |【几何体】 ◯ |【标准基本体】 |【圆柱体】工具，在【左】视图

中根据窗帘的大小创建一个适当的圆柱体，然后调整其位置，如图 6-303 所示。

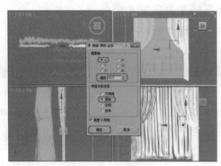

图 6-302　设置镜像

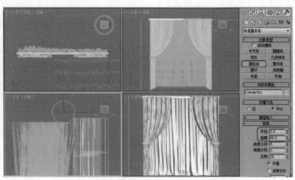

图 6-303　创建圆柱体

(24) 选择【创建】 ☀ |【几何体】 ◯ |【标准基本体】 |【圆环】工具，在【前】视图中根据窗帘的大小创建一个适当的圆环，然后调整其位置，如图 6-304 所示。

(25) 然后复制多个圆环作为窗帘的挂环，然后调整其位置，如图 6-305 所示。

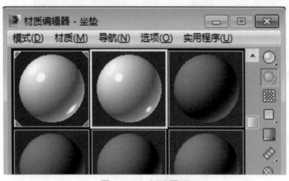

图 6-304　创建圆环

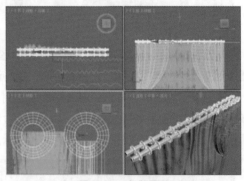

图 6-305　复制圆环

(26) 选择所有的圆柱体和圆环对象，按 M 键打开材质编辑器，选择一个新的材质样本球，并将其命名为"金属"。在【明暗器基本参数】卷展栏中将明暗器类型定义为【金属】。在【金属基本参数】卷展栏中将【环境光】的 RGB 值均设置为 0，将【漫反射】的 RGB 值均设置为255，在【反射高光】参数区域中将【高光级别】和【光泽度】分别设置为 100 和 86。在【贴图】卷展栏中将【反射】后的【数量】参数设置为 70，并单击其通道后的【无】按钮，在弹出的对话框中选择【位图】贴图，在弹出的对话框中选择随书附带光盘中的 CDROM | Map |Metal01.tif 文件，单击【打开】按钮，进入反射通道设置面板。在【坐标】卷展栏中将【模糊偏移】设置为 0.086，如图 6-306 所示。然后单击【将材质指定给选定对象】按钮 ▣，将材质指定给场景中的对象。

(27) 选择【创建】 ☀ |【摄影机】 ▣ |【目标】摄影机工具，在【顶】视图中创建一架目标摄影机，激活【透视】视图，按 C 键将其转换为摄影机视图，将其摄影机放置在模型的正前方，

如图 6-307 所示。

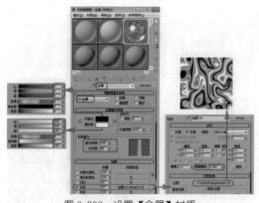

图 6-306　设置【金属】材质

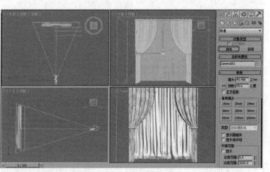

图 6-307　创建摄影机

(28) 选择【创建】 | 【灯光】 | 【标准】 | 【目标聚光灯】工具，在【顶】视图中创建目标聚光灯。在【常规参数】卷展栏中选择【启用】选项，将阴影定义为【光线跟踪阴影】。在【强度 / 颜色 / 衰减】卷展栏中，将【倍增】参数设置为 0.8。在【聚光灯参数】卷展栏中将【聚光区 / 光束】设置为 0.5，将【衰减区 / 区域】设置为 60。在【阴影参数】参数卷展栏中，将【对象阴影】的 RGB 值均设置为 89，将【密度】设置为 0.8，然后在其他视图中调整其位置，如图 6-308 所示。

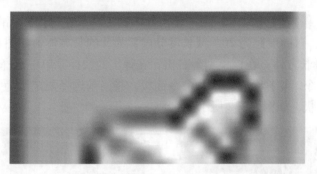

图 6-308　创建目标聚光灯

(29) 选择【创建】 | 【灯光】 | 【天光】工具，在场景中创建天光，在【天光参数】卷展栏中将【倍增】值设置为 0.3，然后调整天光的位置，如图 6-309 所示。最后将场景进行渲染，并将渲染满意的效果和场景进行存储。

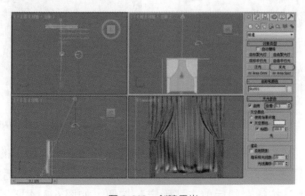

图 6-309　创建天光

案例**课堂** ◆ ▪▪▪▪

案例精讲 071　使用编辑多边形制作装饰盘

✎ **案例文件：** CDROM | Scenes | Cha06 | 使用编辑多边形制作装饰盘 OK.max

🎬 **视频文件：** 视频教学 | Cha06 | 使用编辑多边形制作装饰盘 .avi

制作概述

本案例将使用编辑多边形制作装饰盘。首先使用【长方体】工具创建一个长方体，然后将其转换为可编辑多边形，调整其顶点并对多边形进行挤出，制作支架模型。使用【切角圆柱体】并将其转换为可编辑多边形，将其调整出装饰盘模型，最后合并场景文件。完成后的效果如图 6-310 所示。

图 6-310　装饰盘

学习目标

学会使用可编辑多边形制作模型。

掌握【切角圆柱体】的创建方法。

操作步骤

(1) 选择【创建】☀|【几何体】◉|【长方体】工具，在【前】视图中创建【长度】为 500、【宽度】为 40、【高度】为 20、【长度分段】为 9 的长方体，如图 6-311 所示。

(2) 在场景中选择长方体，在该模型上右击，在弹出的快捷菜单中选择【转换为】|【转换为可编辑多边形】命令，切换至【修改】命令面板，将当前选择集定义为【顶点】，在【前】视图中调整图形的形状，如图 6-312 所示。

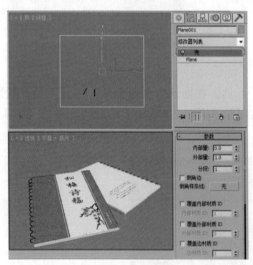

图 6-311　创建长方体

图 6-312　调整顶点

(3) 将当前选择集定义为【多边形】，在场景中选择如图 6-313 所示的多边形。

(4) 在【编辑多边形】卷展栏中单击【挤出】后的 ◯ 按钮，在弹出的对话框中设置【挤出高度】为 45，单击 6 次【应用】按钮，然后单击【确定】按钮，如图 6-314 所示。

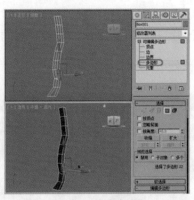

图6-313 选择多边形

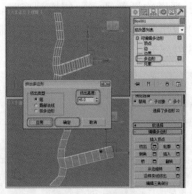

图6-314 设置挤出

(5) 然后将当前选择集定义为【顶点】，在【前】视图中调整模型，如图6-315所示。

(6) 将当前选择集定义为【多边形】，在场景中选择如图6-316所示的多边形。

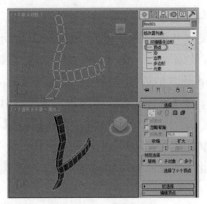

图6-315 调整顶点

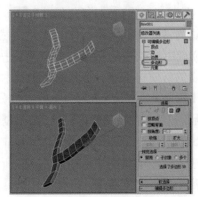

图6-316 选择多边形

(7) 在【编辑多边形】卷展栏中单击【挤出】后的□按钮，在弹出的对话框中设置【挤出高度】为50，单击2次【应用】按钮，然后单击【确定】按钮，如图6-317所示。

(8) 然后将当前选择集定义为【顶点】，在场景中调整顶点，如图6-318所示。

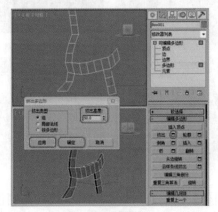

图6-317 设置挤出

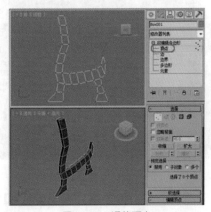

图6-318 调整顶点

(9) 在【细分曲面】卷展栏中选中【使用NURBS细分】复选框，设置【迭代次数】为2，在【左】视图中调整顶点，使模型变宽，如图 6-319 所示。

(10) 退出当前选择集，在场景中复制模型并使用【选择并旋转】工具，旋转复制的模型，如图 6-320 所示。

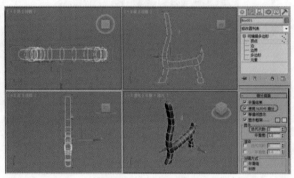

图 6-319　调整模型

图 6-320　复制并旋转模型

(11) 选择【创建】　|【几何体】　|【圆柱体】按钮，在场景中创建【半径】为 5 的圆柱体，设置合适的【高度】，将其作为支架，然后在场景中复制并调整圆柱体，如图 6-321 所示。

(12) 选中场景中的所用对象模型，按 M 键打开材质编辑器，在【材质编辑器】面板中选择一个新的材质样本球，将其命名为"木"。在【Blinn 基本参数】卷展栏中设置【反射高光】组中的【高光级别】和【光泽度】的参数分别为 37、42。在【贴图】卷展栏中单击【漫反射颜色】后的【无】按钮，在弹出的【材质/贴图浏览器】对话框中选择【位图】贴图，单击【确定】按钮，再在弹出的对话框中选择随书附带光盘中 CDROM | Map | muwenlpl02.jpg 文件，单击【打开】按钮，进入贴图层级面板，如图 6-322 所示。然后单击【将材质指定给选定对象】按钮　，将材质指定给场景中的对象。

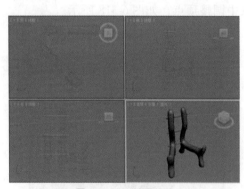

图 6-321　创建圆柱体

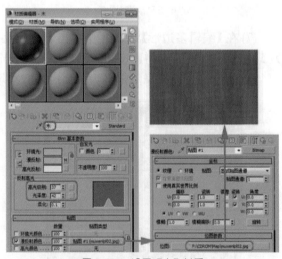

图 6-322　设置【木】材质

(13) 将材质编辑器关闭。选择【创建】　|【几何体】　|【扩展基本体】|【切角圆柱体】按钮，在【左】视图中创建一个【半径】为 260、【高度】为 12、【圆角】为 4、【圆角分段】为 3、【边数】为 40、【端面分段】为 20 的切角圆柱体，如图 6-323 所示。

(14) 在场景中右击切角圆柱体,在弹出的快捷菜单中选择【转换为】|【转换为可编辑多边形】

命令，切换至【修改】命令面板，将当前选择集定义为【顶点】，在【软选择】卷展栏中选中【使用软选择】复选框，设置【衰减】为 500，在【前】视图中选择中间的顶点，并在【前】视图中调整模型，如图 6-324 所示。

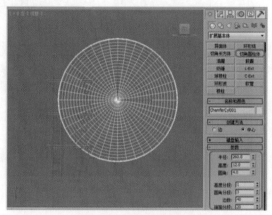

图 6-323 创建切角圆柱体

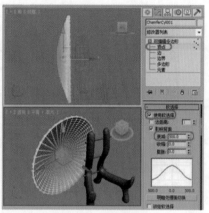

图 6-324 调整模型

(15) 调整模型的效果后，然后取消选中【使用软选择】，退出当前选择集，在场景中调整模型的位置，如图 6-325 所示。

(16) 选中切角圆柱体，按 M 键打开【材质编辑器】，从中选择一个新的材质样本球，将该材质命名为【装饰盘】。在【贴图】卷展栏中单击【漫反射颜色】后的【无】按钮，在弹出的【材质 / 贴图浏览器】对话框中选择【位图】贴图，单击【确定】按钮，再在弹出的对话框中选择随书附带光盘中的 CDROM | Map | 装饰盘 01.jpg 文件，单击【打开】按钮，进入贴图层级面板，如图 6-326 所示。然后单击【将材质指定给选定对象】按钮，将材质指定给场景中的作为装饰盘的切角圆柱体。

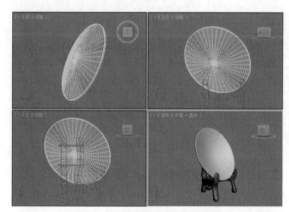

图 6-325 调整装饰盘模型的位置

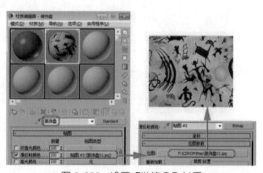

图 6-326 设置【装饰盘】材质

(17) 在场景中选择切角圆柱体，切换至【修改】命令面板，在【修改器列表】中选择【UVW贴图】修改器，在【参数】卷展栏中选中【平面】单选按钮，在【对齐】选项组中单击【适配】按钮，如图 6-327 所示。

(18) 保存场景文件。选择随书附带光盘中的 CDROM | Scences | Cha06 | 使用编辑多边形制作装饰盘 .max 文件，使用 | 【导入】|【合并】命令，选择保存的场景文件，在弹出的对话

框中，单击【打开】按钮。在弹出的【合并】对话框中，选择所有对象，然后单击【确定】按钮，将场景文件合并，调整摄影机的位置，如图 6-328 所示。最后将场景进行渲染，并将渲染满意的效果和场景进行存储。

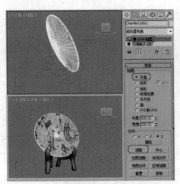

图 6-327 设置【UVW 贴图】修改器

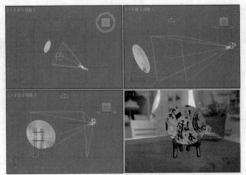

图 6-328 合并场景

第 7 章
室内效果图精研

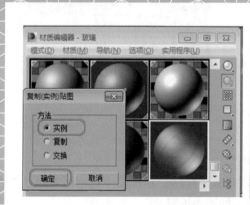

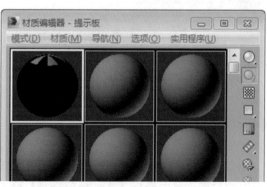

室内效果图是对物体的造型、结构、色彩、质感等诸多因素的忠实表现，真实地再现设计师的创意，从而沟通设计师与观者之间视觉语言的联系，使人们更清楚地了解设计的各项性能、构造、材料、结合方法等之间的关系。本章的制作学习过程可使用户临摹与掌握室内效果图的制作思路与方法，将理论结合实际制作出大众化的简易室内模型。

案例精讲 072 使用二维图形制作客厅

案例文件：CDROM | Scenes | Cha07 | 使用二维图形制作客厅 OK.max

视频文件：视频教学 | Cha07 | 使用二维图形制作客厅 .avi

制作概述

本案例将根据前面所学的知识来介绍客厅的制作，其中包括模型的建立、材质、灯光等设置，通过本案例的学习，可以使读者了解如何制作室内效果图，如图 7-1 所示。

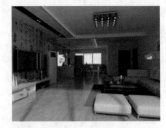

学习目标

学会利用【线】工具绘制客厅轮廓。

图 7-1 客厅

操作步骤

(1) 启动 3ds Max 软件，在菜单栏中选择【自定义】|【单位设置】命令，在弹出的对话框中选中【公制】单选按钮，将单位设置为【毫米】，单击【系统单位设置】按钮，在弹出的对话框中将单位设置为【毫米】，将【与原点之间的距离】设置为 1mm，将【结果精度】设置为 0.0000001192mm，如图 7-2 所示。

(2) 设置完成后，单击 按钮，在弹出的下拉列表中选择【导入】命令，在弹出的对话框中选择随书附带光盘中的 CDROM | Scenes | Cha07 | 客厅 .dwg 素材文件，如图 7-3 所示。

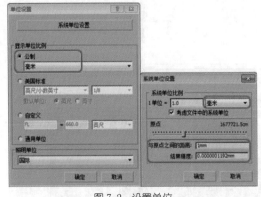

图 7-2 设置单位

图 7-3 选择素材文件

(3) 单击【打开】按钮，再在弹出的对话框中单击【确定】按钮，在视图中选中所有对象并右击，在弹出的快捷菜单中选择【冻结当前选择】命令，如图 7-4 所示。

(4) 选择菜单栏中的【自定义】|【自定义用户界面】命令，在弹出的【自定义用户界面】对话框中，选择【颜色】选项卡，在【元素】下拉列表框中选择【几何体】选项，在下面的列表中选择【冻结】选项，单击颜色右侧的色块，在弹出的【颜色选择器】对话框中将 RGB 值均设置为 72，然后单击【确定】按钮，如图 7-5 所示。

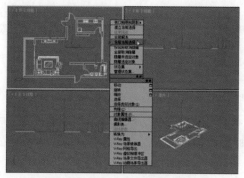

图 7-4 　选择【冻结当前选择】命令　　　　　　　　图 7-5 　设置冻结颜色

(5) 设置完成后，单击【立即应用颜色】按钮，将该对话框关闭，在工具栏中右击【捕捉开关】按钮，在弹出的对话框中切换到【捕捉】选项卡，仅选中【顶点】复选框，切换到【选项】选项卡，选中【捕捉到冻结对象】、【启用轴约束】、【显示橡皮筋】复选框，如图 7-6 所示。

　　　　　　　为了获得最佳效果，请保持【捕捉预览半径】值比【捕捉半径】值多 10 像素或更多。这样就可以在实际发生捕捉之前预览任何捕捉。

通常将【捕捉预览半径】值设置为比【捕捉半径】值高，以便预览发生在捕捉之前。如果试图将【捕捉预览半径】值设置为小于【捕捉半径】值，则 3ds Max 将减小后者以使二者相等。这样就有效地禁用了预览，以便只有捕捉有效。

知识链接

【捕捉半径】：以像素为单位设置光标周围区域的大小，在该区域内捕捉将自动进行。默认设置为 20。

【角度】：该选项用于设置捕捉角度。

【百分比】：当【百分比捕捉】处于活动状态时，设置缩放变换的百分比增量。

【捕捉到冻结对象】：启用该选项后，将启用捕捉到冻结对象。默认设置为禁用状态。该选项也位于【捕捉】快捷菜单中，按住 Shift 的同时右击任何视口，可以进行访问，同时也位于捕捉工具栏中。键盘快捷键为 Alt+F2。

【启用轴约束】：启用此选项并通过【移动 Gizmo】或【轴约束】工具栏使用轴约束移动对象时，会将选定的对象约束为仅沿指定的轴或平面移动。禁用此选项后，将忽略约束，并且可以将捕捉的对象平移任何尺寸。

【显示橡皮筋】：当启用此选项并且移动一个选择时，在原始位置和鼠标位置之间显示橡皮筋线。微调模型时，使用该可视化辅助可提高精确度。默认设置为启用。

---

(6) 设置完成后，关闭该对话框，在工具栏中单击【捕捉开关】按钮³，选择【创建】|【图形】|【线】工具，在视图中绘制墙体，如图 7-7 所示。

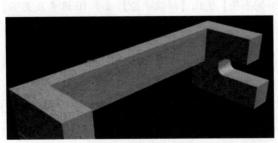

图 7-6 设置捕捉选项

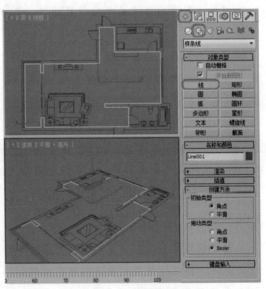

图 7-7 绘制图形

(7) 切换至【修改】命令面板，在修改器列表中选择【挤出】修改器，在【参数】卷展栏中将【数量】设置为 2650，如图 7-8 所示。

(8) 再在修改器列表中选择【法线】修改器，使用其默认参数，如图 7-9 所示。

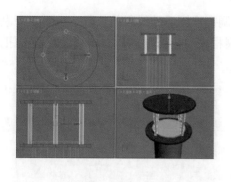

图 7-8　添加【挤出】修改器

图 7-9　添加【法线】修改器

注意

　　【统一法线】对于可编辑多边形对象无效；在应用【法线】修改器之前，请将模型转换为可编辑网格格式，或者应用【网格选择】或【转换为网格】修改器。

　　(9) 在修改器列表中选择【编辑多边形】修改器，将当前视图以线框显示，将当前选择集定义为【边】，在视图中选择如图 7-10 所示的两边。

　　(10) 在【编辑边】卷展栏中单击【连接】右侧的【设置】按钮，在弹出的对话框中将【分段】设置为 2，如图 7-11 所示。

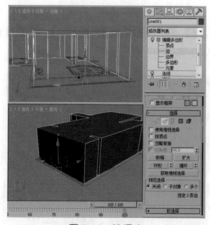

图 7-10　选择边

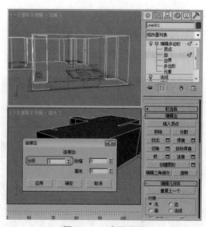

图 7-11　设置分段

(11) 设置完成后，单击【确定】按钮，在视图中调整连接后的线段的位置，如图 7-12 所示。

(12) 继续选中连接后的线段，在【编辑边】卷展栏中单击【连接】右侧【设置】按钮，在弹出的对话框中设置【分段】为 2，如图 7-13 所示。

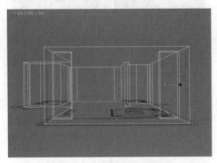

图 7-12 调整线段的位置

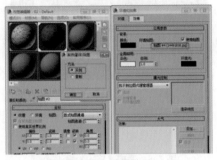

图 7-13 设置分段

(13) 设置完成后，单击【确定】按钮，在视图中调整连接后的线段的位置，效果如图 7-14 所示。

(14) 再次选中两侧的边，在【编辑边】卷展栏中单击【连接】右侧的【设置】按钮，在弹出的对话框中将【分段】设置为 2，如图 7-15 所示。

图 7-14 调整线段的位置

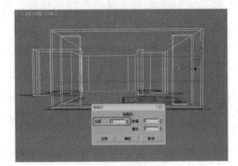

图 7-15 设置分段

(15) 设置完成后，单击【确定】按钮，选中上侧的边，将其向上进行调整，选择下侧的边，在工具栏中右击【选择并移动】工具，在弹出的对话框中将【绝对：世界】选项组中的 Z 设置为 400，如图 7-16 所示。

(16) 在视图中选择调整位置的两条线段，在【编辑边】卷展栏中单击【连接】右侧【设置】按钮，在弹出的对话框中将【分段】设置为 3，如图 7-17 所示。

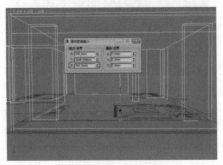

图 7-16 调整线段的位置

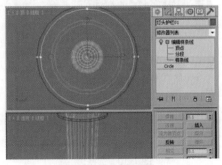

图 7-17 设置分段

(17) 设置完成后，单击【确定】按钮，将当前选择集定义为【多边形】，在视图中选中如图 7-18 所示的多边形。

(18) 在【编辑多边形】卷展栏中单击【挤出】右侧的【设置】按钮，在弹出的对话框中将【挤出高度】设置为 120，如图 7-19 所示。

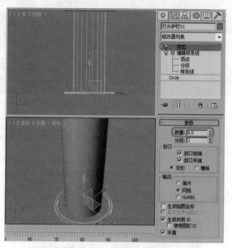

图 7-18　选择多边形

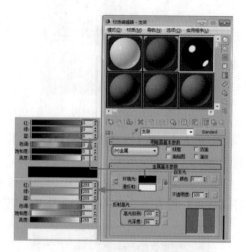

图 7-19　设置挤出高度

(19) 设置完成后，单击【确定】按钮，继续选中该多边形，在【编辑几何体】卷展栏中单击【分离】按钮，如图 7-20 所示。

(20) 关闭当前选择集，选中分离后的对象，按 Alt+Q 组合键孤立当前选择，将当前选择集定义为【多边形】，在【编辑多边形】卷展栏中单击【插入】右侧的【设置】按钮，在弹出的对话框中选中【按多边形】单选按钮，将【插入量】设置为 60，如图 7-21 所示。

图 7-20　分离对象

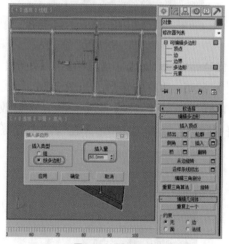

图 7-21　设置插入

(21) 设置完成后，单击【确定】按钮，再在【编辑多边形】卷展栏中单击【挤出】右侧的【设置】按钮，在弹出的对话框中将【挤出高度】设置为 120，如图 7-22 所示。

(22) 设置完成后，单击【确定】按钮，按 Delete 键将当前选择的多边形进行删除，关闭当前选择集，关闭孤立当前选择，如图 7-23 所示。

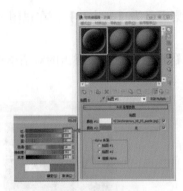

图 7-22　设置挤出高度

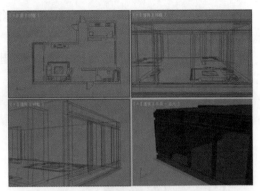

图 7-23　删除多边形后的效果

(23) 选择【创建】|【图形】|【矩形】工具，在【顶】视图中创建一个【长度】、【宽度】分别为 3660、240 的矩形，如图 7-24 所示。

(24) 切换至【修改】命令面板，在修改器列表中选择【挤出】修改器，在【参数】卷展栏中将【数量】设置为 360，并在视图中调整图形的位置，效果如图 7-25 所示。

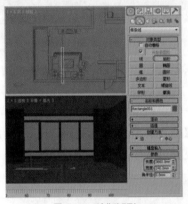

图 7-24　绘制矩形

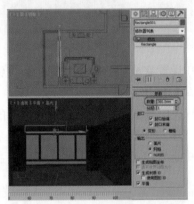

图 7-25　添加【挤出】修改器并调整其位置

(25) 选择【创建】|【图形】|【矩形】工具，在【顶】视图中创建一个【长度】、【宽度】分别为 5215、400 的矩形，如图 7-26 所示。

(26) 切换至【修改】命令面板，在修改器列表中选择【挤出】修改器，在【参数】卷展栏中将【数量】设置为 360，并在视图中调整图形的位置，效果如图 7-27 所示。

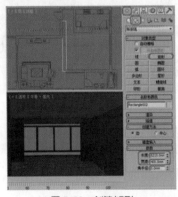

图 7-26　创建矩形

图 7-27　添加【挤出】修改器

(27) 选择【创建】|【图形】|【矩形】工具，在【顶】视图中绘制一个【长度】、【宽度】分别为5200、4740的矩形，并将其命名为"吊顶"，如图7-28所示。

(28) 切换至【修改】命令面板中，在修改器列表中选择【编辑样条线】修改器，将当前选择集定义为【样条线】，在视图中选中样条线，在【几何体】卷展栏中将【轮廓】设置为500，如图7-29所示。

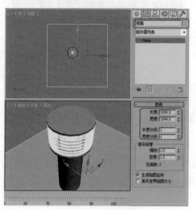
图7-28　创建矩形

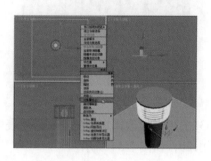
图7-29　为样条线添加轮廓

(29) 在修改器列表中选择【挤出】修改器，在【参数】卷展栏中将【数量】设置为100，如图7-30所示。

(30) 在视图中选中所有对象，将其进行隐藏，选择【创建】|【图形】|【线】工具，在视图中沿室内框架进行绘制，将其命名为"踢脚线"，如图7-31所示。

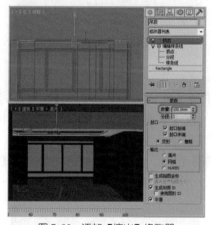
图7-30　添加【挤出】修改器

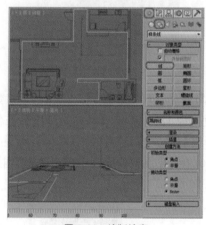
图7-31　绘制轮廓

注意

在绘制框架轮廓时，需要在门的两端添加顶点，这样方便后面的操作。

(31) 切换至【修改】命令面板中，将当前选择集定义为【线段】，使用【优化】按钮，添加多个顶点，在视图中选择门上的线段，如图7-32所示。

(32) 按Delete键将选中的线段删除，将当前选择集定义为【样条线】，在视图中选中所有样条线，在【几何体】卷展栏中将【轮廓】设置为20，如图7-33所示。

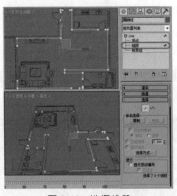

图 7-32　选择线段

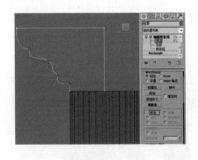

图 7-33　添加轮廓

(33) 关闭当前选择集，在修改器列表中选择【挤出】修改器，在【参数】卷展栏中将【数量】设置为 120，如图 7-34 所示。

(34) 继续选中该对象，将渲染器指定为 V-Ray 渲染器，按 M 键，在弹出的对话框中选择一个材质样本球，将其命名为"踢脚线"，单击 Standard 按钮，在弹出的对话框中选择 VRayMtl 选项，如图 7-35 所示。

图 7-34　添加【挤出】修改器

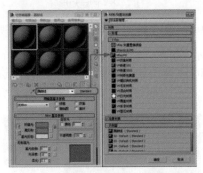

图 7-35　选择 VRayMtl 选项

(35) 单击【确定】按钮，在【基本参数】卷展栏中将【反射】选项组中的【反射】的 RGB 值均设置为 128，单击【高光光泽度】右侧的 L 按钮，将【高光光泽度】设置为 0.75，将【反射光泽度】设置为 0.85，将【细分】设置为 25，如图 7-36 所示。

(36) 在【贴图】卷展栏中单击【漫反射】右侧的【无】按钮，在弹出的对话框中选择【位图】选项，如图 7-37 所示。

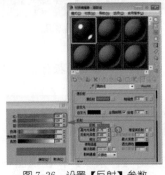

图 7-36　设置【反射】参数

图 7-37　选择【位图】选项

(37) 单击【确定】按钮，在弹出的对话框中选择【黑木纹 .jpg】贴图文件，在【坐标】卷展栏中将【角度】下的 W 设置为 90，将【模糊】设置为 0.01，在【位图参数】卷展栏中选中【裁剪/放置】选项组中的【启用】复选框，将 U、W、V、H 分别设置为 0.728、0.272、0.481、0.519，如图 7-38 所示。

(38) 单击【转到父对象】按钮，在【贴图】卷展栏中单击【反射】右侧的【无】按钮，在弹出的对话框中双击【衰减】选项，在【衰减参数】卷展栏中将【前】的 RGB 值均设置为 0，将【侧】的 RGB 值设置为 215、229、255，将【衰减类型】设置为 Fresnel，将【折射率】设置为 2，如图 7-39 所示。

图 7-38　设置贴图参数

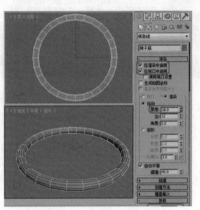

图 7-39　设置衰减参数

(39) 设置完成后，单击【转到父对象】按钮，选中【漫反射】右侧的材质按钮，按住鼠标将其拖曳至【凹凸】右侧的材质按钮上，在弹出的对话框中选中【复制】单选按钮，单击【确定】按钮，如图 7-40 所示。

(40) 设置完成后，将该材质指定给选定对象，在视图中选中窗户，在材质编辑器对话框中选择一个材质样本球，将其命名为"不锈钢"，单击 Standard 按钮，在弹出的对话框中双击 VRayMtl 选项，将【漫反射】选项组中的【漫反射】的 RGB 值均设置为 67，在【基本参数】卷展栏中将【反射】选项组中的【反射】的 RGB 值均设置为 180，单击【高光光泽度】右侧的 L 按钮，将【高光光泽度】设置为 0.85，将【反射光泽度】设置为 0.85，将【细分】设置为 15，如图 7-41 所示。

图 7-40　复制材质

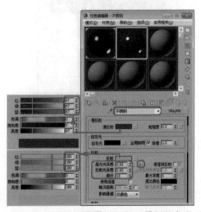

图 7-41　设置【漫反射】和【反射】参数

(41) 在【双向反射分布函数】卷展栏中将双向反射类型设置为【沃德】，在【反射插值】和【折射插值】卷展栏中将【最小比率】、【最大比率】分别设置为–3、0，如图7-42所示。

(42) 在视图中选中"吊顶"、Rectangle001、Rectangle002三个对象，在材质编辑器对话框中选择一个新的材质样本球，将其命名为"黄色乳胶漆"，单击Standard按钮，在弹出的对话框中双击VRayMtl选项，将【漫反射】选项组中的【漫反射】的RGB值设置为245、210、155，在【基本参数】卷展栏中的【反射】选项组中单击【高光光泽度】右侧的█按钮，将【高光光泽度】设置为0.25，将【细分】设置为8，如图7-43所示。

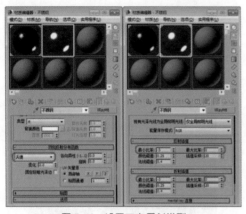
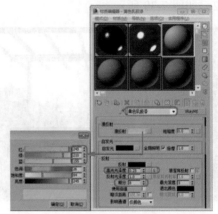

图7-42 设置双向反射类型　　　　　图7-43 设置【漫反射】和【反射】参数

(43) 在【选项】卷展栏中取消选中【跟踪反射】和【雾系统单位比例】复选框，如图7-44所示。

(44) 将设置完成后的材质指定给选定对象，在视图中选中框架，将当前选择集定义为【多边形】，在视图中选择如图7-45所示的多边形，在【多边形：材质ID】卷展栏中将【设置ID】设置为1。

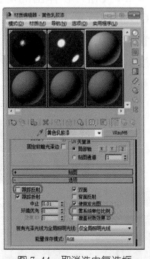
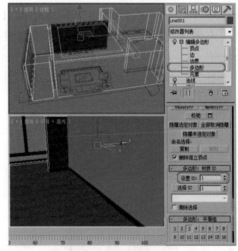

图7-44 取消选中复选框　　　　　图7-45 设置ID1

(45) 在视图中选择除顶、底、和ID1的其他多边形，在【多边形：材质ID】卷展栏中将【设置为ID】设置为2，如图7-46所示。

(46) 在视图中选中顶面的多边形，在【多边形：材质ID】卷展栏中将【设置为ID】设置为3，如图7-47所示。

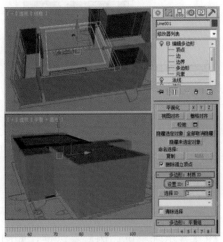

图7-46 设置ID2

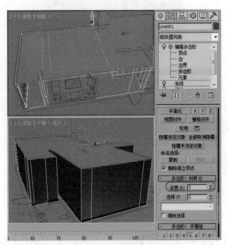

图7-47 设置ID3

(47) 再在视图中选中地面的多边形，在【多边形：材质ID】卷展栏中将【设置为ID】设置为4，如图7-48所示。

(48) 关闭当前选择集，在材质编辑器对话框中选择一个材质样本球，将其命名为"框架"，单击Standard按钮，在弹出的对话框中选择【多维/子对象】选项，如图7-49所示。

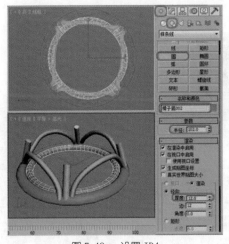

图7-48 设置ID4

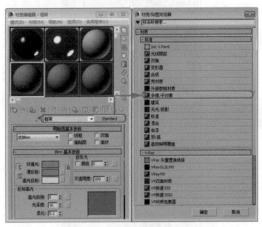

图7-49 选择【多维/子对象】选项

(49) 单击【确定】按钮，在弹出对话框中单击【确定】按钮，在【多维/子对象基本参数】卷展栏中单击【设置数量】按钮，在弹出的对话框中将【材质数量】设置为4，如图7-50所示。

(50) 单击【确定】按钮，单击ID1右侧的材质按钮，将其命名为"电视墙"，单击Standard按钮，在弹出的对话框中双击VRayMtl选项，将【漫反射】选项组中的【漫反射】的RGB值设置为245、210、155，在【基本参数】卷展栏中的【反射】选项组中单击【高光光泽度】右侧的 L 按钮，将【高光光泽度】设置为0.25，将【细分】设置为8，如图7-51所示。

图 7-50　设置材质数量

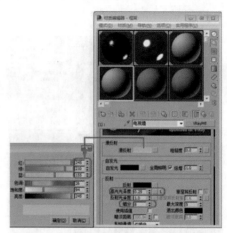

图 7-51　设置【漫反射】和【反射】参数

(51) 在【选项】卷展栏中取消选中【跟踪反射】和【雾系统单位比例】复选框，如图 7-52 所示。

(52) 在【贴图】卷展栏中单击【漫反射】右侧的【无】按钮，在弹出的对话框中双击【位图】选项，在弹出的对话框中选择"中国字画壁纸.jpg"贴图文件，单击【打开】按钮，在【坐标】卷展栏中将【模糊】设置为 0.5，在【位图参数】卷展栏中选中【裁剪/放置】选项组中的【启用】复选框，将 U、W、V、H 分别设置为 0.041、0.941、0、1，如图 7-53 所示。

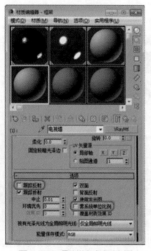

图 7-52　取消选中复选框

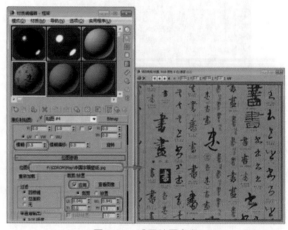

图 7-53　设置贴图参数

(53) 在【贴图】卷展栏中将【凹凸】的【数量】设置为 50，选中【漫反射】右侧的材质按钮，按住鼠标将其拖曳至【凹凸】右侧的材质按钮上，在弹出的对话框中选中【实例】单选按钮，如图 7-54 所示。

(54) 单击【确定】按钮，单击【在视口显示标准贴图】按钮，单击【转到父对象】按钮，在材质编辑器中选择【黄色乳胶漆】材质球，按住鼠标将其拖曳至 ID2 的材质按钮上，在弹出的对话框中选中【复制】单选按钮，如图 7-55 所示。

(55) 单击【确定】按钮，在【多维/子对象基本参数】卷展栏中将【黄色乳胶漆】材质拖曳至 ID3 右侧的材质按钮上，在弹出的对话框中选中【复制】单选按钮，如图 7-56 所示。

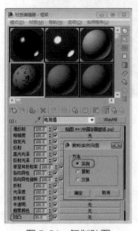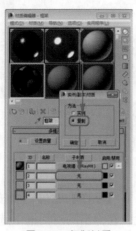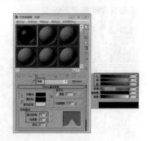

图 7-54　复制贴图　　　　　　图 7-55　复制材质　　　　　　图 7-56　复制材质

(56) 单击【确定】按钮，单击 ID3 右侧的材质按钮，将其命名为"白色乳胶漆"，在【基本参数】卷展栏中将【漫反射】的 RGB 值均设置为 244，如图 7-57 所示。

(57) 在【多维/子对象基本参数】卷展栏中单击 ID4 右侧的材质按钮，在弹出的对话框中双击 VRayMtl 选项，将其命名为"地板"，将【漫反射】选项组中的【漫反射】的 RGB 值设置为 245、210、155，在【基本参数】卷展栏中的【反射】选项组中将【反射】的 RGB 值均设置为 20，单击【高光光泽度】右侧的 L 按钮，将【高光光泽度】设置为 0.85，将【反射光泽度】设置为 0.85，将【细分】设置为 8，在【选项】卷展栏中取消选中【雾系统单位比例】复选框，如图 7-58 所示。

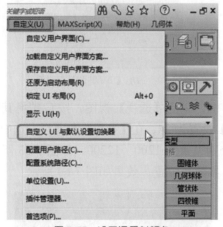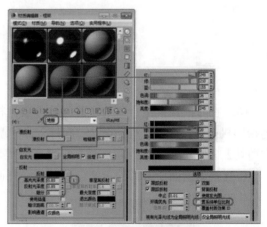

图 7-57　设置漫反射颜色　　　　　　图 7-58　设置基本参数

(58) 在【贴图】卷展栏中单击【漫反射】右侧的材质按钮，在弹出的对话框中双击【位图】选项，再在弹出的对话框中选择"地板.jpg"，单击【打开】按钮，在【坐标】卷展栏中将【模糊】设置为 0.5，图 7-59 所示。

(59) 单击【转到父对象】按钮，在【贴图】卷展栏中单击【反射】右侧的【无】按钮，在弹出的对话框中双击【衰减】选项，在【衰减参数】卷展栏中将【前】的 RGB 值均设置为 0，

387

将【侧】的 RGB 设置为 188、199、221，将【衰减类型】设置为 Fresnel，如图 7-60 所示。

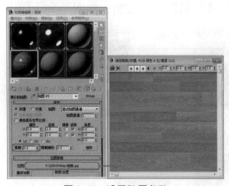

图 7-59　设置贴图参数

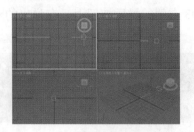

图 7-60　设置衰减参数

(60) 单击【转到父对象】按钮，在【贴图】卷展栏中按住鼠标将【漫反射】右侧的材质按钮拖曳至【凹凸】右侧的材质按钮上，在弹出的对话框中选中【实例】单选按钮，单击【确定】按钮，将【凹凸】右侧的【数量】设置为 20，如图 7-61 所示。

(61) 单击【在视口显示标准贴图】按钮，单击【转到父对象】按钮，将设置完成后的材质指定给选定对象，切换至【修改】命令面板中，在修改器列表中选择【UVW 贴图】修改器，在【参数】卷展栏中单击【长方体】卷展栏，将【长度】、【宽度】、【高度】分别设置为 2600、2800、2652.65，如图 7-62 所示。

图 7-61　复制贴图

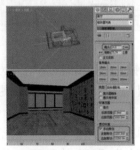

图 7-62　添加【UVW 贴图】修改器

(62) 在【顶】视图合适的位置创建一架目标摄影机，激活【透视】视图，按 C 键将其转换为摄影机视图，将摄影机命名为"客厅"，将【镜头】设置为 24，在【参数】卷展栏中选中【手动剪切】复选框，将【近距剪切】、【远距剪切】分别设置为 1200、12200，如图 7-63 所示。

(63) 根据前面所介绍的方法创建灯光，并调整其参数和位置，效果如图 7-64 所示。

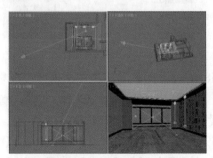

图 7-63　创建摄影机

图 7-64　创建灯光

(64) 按 Shift+C 组合键将摄影机进行隐藏，按 Shift+L 组合键将灯光进行隐藏，单击 按钮，在弹出的下拉列表中选择【导入】|【合并】命令，如图 7-65 所示。

(65) 在弹出的对话框中选择"客厅家具 .max"素材文件，在弹出的对话框中单击【全部】按钮，如图 7-66 所示。

图 7-65　选择【合并】命令

图 7-66　选中合并的对象

(66) 单击【确定】按钮，在视图中调整家具的位置，并根据前面所介绍的方法添加背景图，如 7-67 所示。

(67) 按 F10 键，打开【渲染设置】对话框，在弹出的对话框中选择 V-ray 选项卡，在【V-Ray：：颜色贴图】卷展栏中将【类型】设置为【指数】，如图 7-68 所示。

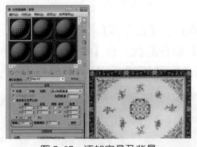

图 7-67　添加家具及背景

图 7-68　设置【V-Ray：：颜色贴图】

(68) 再在该对话框中选中【间接照明】选项卡，在【V-Ray：：间接照明】卷展栏中选中【开】复选框，在【二次反弹】选项组中将【全局照明引擎】设置为【灯光缓存】，在【V-Ray：：发光图 [无名]】卷展栏中将【当前预置】设置为【非常低】，在【V-Ray：：灯光缓存】卷展栏中将【细分】设置为 50，选中【显示计算机相位】复选框，如图 7-69 所示。

(69) 设置完成后，将该对话框关闭，激活摄影机视图，按 F9 键进行渲染，效果如图 7-70 所示。

图 7-69　设置间接照明参数

图 7-70　渲染后的效果

案例精讲 073　使用分离命令制作卧室

✎ 案例文件：CDROM | Scenes | Cha07 | 使用分离命令制作卧室 OK.max

🖌 视频文件：视频教学 | Cha07 | 使用分离命令制作卧室 .avi

制作概述

本例将介绍卧室效果的制作，该例主要是通过创建框架并指定材质，然后创建灯光和设置渲染参数来表现，最后使用 Photoshop 来完善效果，最终效果如图 7-71 所示。

图 7-71　卧室

学习目标

学会创建室内框架并指定材质。

学会创建摄影机和灯光。

操作步骤

(1) 重置一个新的场景文件，在菜单栏中选择【自定义】|【单位设置】命令，在弹出的【单位设置】对话框中选中【显示单位比例】选项组中的【公制】单选按钮，将单位设置为【毫米】，单击【确定】按钮，如图 7-72 所示。

(2) 选择【创建】▓▓|【几何体】▓▓|【标准基本体】|【长方体】工具，在【顶】视图中创建长方体，将其命名为"室内框架"，切换到【修改】命令面板，在【参数】卷展栏中将【长度】、【宽度】、【高度】分别设置为 6000mm、5000mm 和 3000mm，如图 7-73 所示。

图 7-72　设置单位

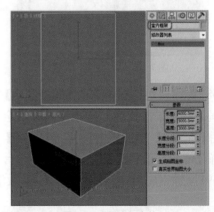

图 7-73　创建长方体

(3) 在创建的"室内框架"对象上右击，在弹出的快捷菜单中选择【转换为】|【转换为可编辑多边形】命令，如图 7-74 所示。

(4) 然后将当前选择集定义为【元素】，按 Ctrl+A 组合键，在【编辑元素】卷展栏中单击【翻转】按钮，如图 7-75 所示。

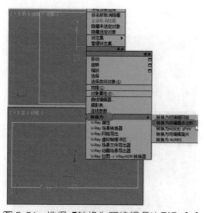

图 7-74　选择【转换为可编辑多边形】命令

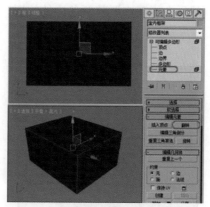

图 7-75　翻转元素

（5）关闭当前选择集，在"室内框架"对象上右击，在弹出的快捷菜单中选择【对象属性】命令，在弹出的【对象属性】对话框中选中【显示属性】选项组中的【背面消隐】复选框，单击【确定】按钮，如图 7-76 所示。

知识链接

　　【背面消隐】：通过指向远离视图方向的法线来切换面的显示方式。启用该选项后，可以透过线框看到背面。只适用于线框视口。默认设置为禁用状态。

（6）确认【室内框架】对象处于选中状态，将当前选择集定义为【边】，在场景中选择如图 7-77 所示的两条边。

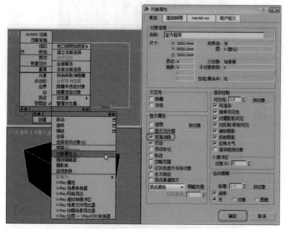

图 7-76　设置对象属性

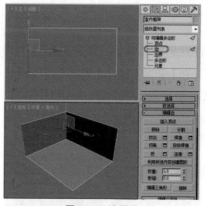

图 7-77　选择边

（7）在【编辑边】卷展栏中单击【连接】右侧的【设置】按钮 ，在弹出的对话框中将【分段】设置为 2，单击【确定】按钮，如图 7-78 所示。

　　　　使用【连接】可以在选定的边之间创建新边。连接对于创建或细化边循环特别有用。只能连接同一多边形上的边。此外，连接不会让新的边交叉。举例来说，如果选择四边形的全部四个边，然后单击【连接】按钮，则只连接相邻边，会生成菱形图案。

(8) 然后在视图中调整两条边的位置，效果如图 7-79 所示。

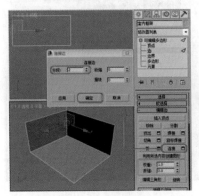
图 7-78　连接边

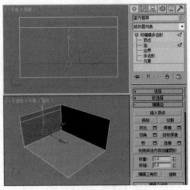
图 7-79　调整边

(9) 再次选择刚才移动的两条边，在【编辑边】卷展栏中单击【连接】右侧的【设置】按钮，在弹出的对话框中将【分段】设置为 2，单击【确定】按钮，如图 7-80 所示。

(10) 然后在视图中调整两条边的位置，效果如图 7-81 所示。

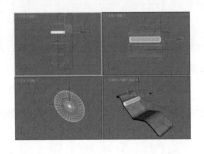
图 7-80　连接边

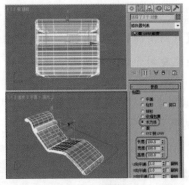
图 7-81　调整边

(11) 然后将当前选择集定义为【多边形】，在视图中选择如图 7-82 所示的多边形。

(12) 在【编辑多边形】卷展栏中单击【挤出】右侧的【设置】按钮，在弹出的对话框中将【挤出高度】设置为 –256mm，单击【确定】按钮，如图 7-83 所示。

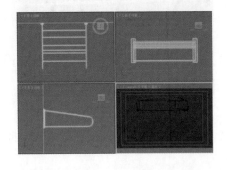
图 7-82　选择多边形

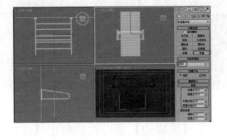
图 7-83　挤出多边形

(13) 在【编辑几何体】卷展栏中单击【分离】按钮，在弹出的【分离】对话框中将【分离为】命名为"玻璃"，单击【确定】按钮，如图 7-84 所示。

(14) 然后在视图中选择底部的多边形，在【编辑几何体】卷展栏中单击【分离】按钮，在弹出的【分离】对话框中将【分离为】命名为"地板"，单击【确定】按钮，如图 7-85 所示。

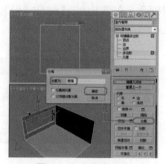
图 7-84 分离多边形

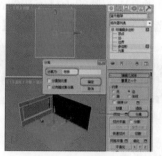
图 7-85 分离地板

(15) 激活【透视】视图，然后单击右下角的【环绕子对象】按钮，在场景中旋转对象，如图 7-86 所示。

(16) 然后选择如图 7-87 所示的多边形，并在【多边形：材质 ID】卷展栏中将【设置 ID】设置为 1。

图 7-86 旋转对象

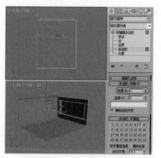
图 7-87 设置 ID1

(17) 在菜单栏中选择【编辑】|【反选】命令，反选多边形，在【多边形：材质 ID】卷展栏中将【设置 ID】设置为 2，如图 7-88 所示。

(18) 关闭当前选择集，确认"室内框架"对象处于选中状态，按 M 键打开【材质编辑器】对话框，选择一个新的材质样本球，将其命名为"墙体"，并单击 Standard 按钮，在弹出的【材质/贴图浏览器】对话框中选择【多维/子对象】材质，单击【确定】按钮，如图 7-89 所示。

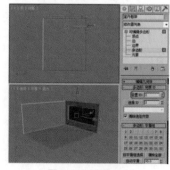
图 7-88 设置 ID2

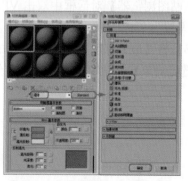
图 7-89 选择【多维/子对象】材质

(19) 在弹出的【替换材质】对话框中选中【将旧材质保存为子材质】单选按钮,单击【确定】按钮,如图 7-90 所示。

(20) 在【多维/子对象基本参数】卷展栏中单击【设置数量】按钮,在弹出的【设置材质数量】对话框中将【材质数量】设置为 2,单击【确定】按钮,如图 7-91 所示。

(21) 单击 ID1 右侧的子材质按钮,然后单击 Standard 按钮,在弹出的【材质/贴图浏览器】对话框中选择 VRayMtl 材质,单击【确定】按钮,如图 7-92 所示。

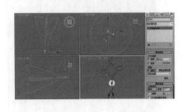

图 7-90　替换材质　　　　图 7-91　设置材质数量　　　　图 7-92　选择 VRayMtl 材质

(22) 在【基本参数】卷展栏中将【漫反射】的 RGB 值设置为 211、222、230,在【反射】选项组中将【反射光泽度】设置为 0.7,将【细分】设置为 3,将【最大深度】设置为 2,如图 7-93 所示。

知识链接

　　【漫反射】:主要来设置材质的表面颜色和纹理贴图。通过单击右侧的色块,可以调整它自身的颜色。单击色块右侧的小按钮,可以选择不同的贴图类型。与标准材质的使用方法相同。

　　【反射光泽度】:这个参数用于设置反射的锐利效果。值为 1 意味着是一种完美的镜面反射效果,随着取值的减小,反射效果会越来越模糊。

　　【细分】:此参数用于控制平滑反射的品质。较小的取值将会加快渲染速度,同时也会导致更多的噪波,较大值则反之。

　　【最大深度】:此参数定义反射能完成的最大次数。当场景中具有大量的反射/折射表面的时候,这个参数要设置得足够大才会产生真实的效果。

(23) 单击【转到父对象】按钮 ，返回上一级,单击 ID2 右侧的子材质按钮,在弹出的【材质/贴图浏览器】对话框中双击 VRayMtl 材质,在【基本参数】卷展栏中将【漫反射】的 RGB 值设置为 230、230、230,在【反射】选项组中将【反射光泽度】设置为 0.7,将【细分】设置为 3,将【最大深度】设置为 2,如图 7-94 所示。单击【转到父对象】按钮 和【将材质指定给选定对象】按钮 ，将材质指定给"室内框架"对象。

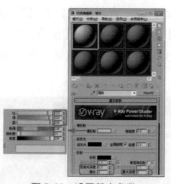

图 7-93　设置基本参数

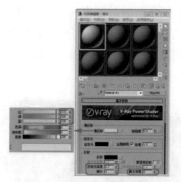

图 7-94　为 ID2 设置材质

(24) 在场景中选择"地板"对象，在【材质编辑器】对话框中选择一个新的材质样本球，将其命名为"地板"，单击 Standard 按钮，在弹出的【材质/贴图浏览器】对话框中选择 VRayMtl 材质，单击【确定】按钮，如图 7-95 所示。

(25) 在【基本参数】卷展栏中，单击【反射】选项组中【高光光泽度】右侧的 L 按钮，并将【高光光泽度】和【反射光泽度】均设置为 0.85，将【细分】设置为 12，如图 7-96 所示。

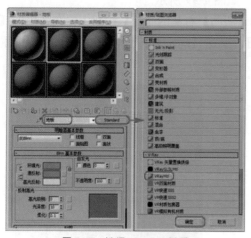

图 7-95　选择 VRayMtl 材质

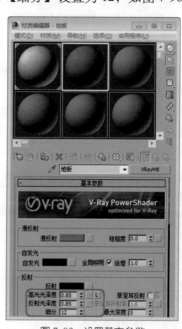

图 7-96　设置基本参数

知识链接

　　【高光光泽度】：此参数用于控制 VRay 材质的高光状态。默认情况下，L（锁定）按钮是被按下的，即【高光光泽度】处于非激活状态。

---

(26) 在【选项】卷展栏中取消选中【雾系统单位比例】复选框，在【贴图】卷展栏中单击【漫反射】右侧的【无】按钮，在弹出的【材质/贴图浏览器】对话框中选择【位图】贴图，单击【确定】按钮，如图 7-97 所示。

(27) 在弹出的对话框中打开随书附带光盘中的 11122311.jpg 素材文件，在【坐标】卷展栏中将【瓷砖】下的 U、V 分别设置为 2，在【位图参数】卷展栏中选中【裁剪 / 放置】选项组中的【应用】复选框，并单击【查看图像】按钮，在弹出的对话框中通过调整控制柄来指定裁剪区域，如图 7-98 所示。

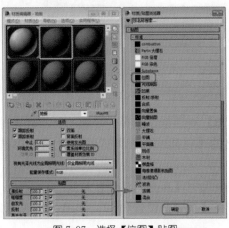

图 7-97　选择【位图】贴图

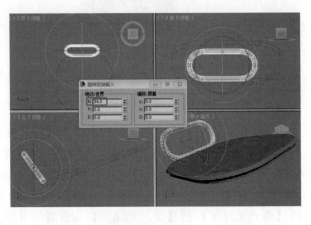

图 7-98　设置贴图

(28) 单击【转到父对象】按钮，在【贴图】卷展栏中将【漫反射】右侧的贴图按钮拖曳到【反射光泽】右侧的【无】按钮上，在弹出的【复制 (实例) 贴图】对话框中选中【实例】单选按钮，单击【确定】按钮，并将【反射光泽】设置为 25，如图 7-99 所示。

(29) 然后将【漫反射】右侧的贴图按钮拖曳到【凹凸】右侧的【无】按钮上，在弹出的【复制 (实例) 贴图】对话框中选中【实例】单选按钮，单击【确定】按钮，并将【凹凸】设置为 15，如图 7-100 所示。

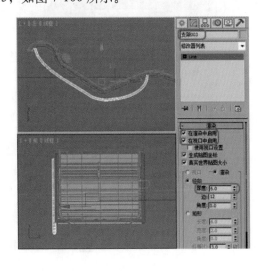

图 7-99　复制贴图

图 7-100　再次复制贴图

(30) 在【贴图】卷展栏中单击【反射】右侧的【无】按钮，在弹出的【材质 / 贴图浏览器】对话框中选择【衰减】贴图，单击【确定】按钮，如图 7-101 所示。

(31) 在【衰减参数】卷展栏中将【侧】的 RGB 值设置为 96、105、120，将【衰减类型】设置为 Fresnel，如图 7-102 所示。

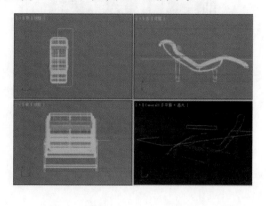

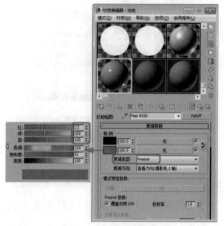

图 7-101　选择【衰减】贴图

图 7-102　设置衰减参数

(32) 单击【转到父对象】按钮，在【反射插值】卷展栏中将【最小比率】和【最大比率】分别设置为 –3 和 0，在【折射插值】卷展栏中将【最小比率】和【最大比率】分别设置为 –3 和 0，如图 7-103 所示。单击【将材质指定给选定对象】按钮，将材质指定给"地板"对象。

(33) 在场景中选择"玻璃"对象，在【材质编辑器】对话框中选择一个新的材质样本球，将其命名为"玻璃"，单击 Standard 按钮，在弹出的对话框中选择 VRayMtl 材质，单击【确定】按钮，如图 7-104 所示。

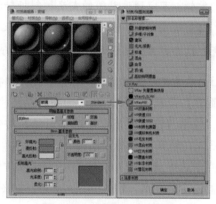

图 7-103　设置参数

图 7-104　选择 VRayMtl 材质

(34) 在【基本参数】卷展栏中，将【漫反射】的 RGB 值设置为 114、127、138，在【反射】选项组中将【反射】的 RGB 值均设置为 239，并单击【高光光泽度】右侧的按钮，将【高光光泽度】设置为 0.85，将【反射光泽度】设置为 0.9，选中【菲涅耳反射】复选框，如图 7-105 所示。

(35) 在【折射】选项组中将【折射】的 RGB 值均设置为 242，将【折射率】设置为 1.5，选中【影响阴影】复选框，将【影响通道】设置为【颜色 +Alpha】，如图 7-106 所示。

图 7-105　设置参数

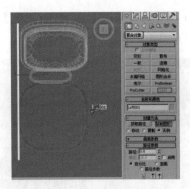

图 7-106　设置参数

知识链接

　　【反射】：材质的反射效果是靠颜色控制的，颜色越白反射越亮，颜色越黑反射越弱。而这里选择的颜色则是反射出的颜色，和反射的强度是分开计算的。单击右侧的按钮，可以使用贴图的灰度来控制反射的强弱。颜色分为色度和灰度，灰度是控制反射的强弱，色度是控制反射出什么颜色。

　　【菲涅耳反射】：选中此复选框，反射的强度将取决于物体表面的入射角，自然界中有一些材质（如玻璃）的反射就是这种方式。不过要注意的是这个效果还受材质的折射率影响。

　　【折射】：材质的折射效果是靠颜色控制的，颜色越白物体越透明，进入物体内部产生折射的光线也就越多；颜色越黑物体越不透明，进入物体内部产生折射的光线也就越少；单击右侧的按钮，可以通过贴图的灰度控制折射的效果。

　　【影响阴影】：这个选项将导致物体投射透明阴影，透明阴影的颜色取决于折射颜色和雾颜色。这个效果仅在使用 VRay 自己的灯光和阴影类型的时候有效。

　　(36)在【双向反射分布函数】卷展栏中将双向反射设置为【沃德】，将【各向异性】设置为0.4，将【旋转】设置为-82，在【选项】卷展栏中取消选中【雾系统单位比例】复选框，如图 7-107 所示。单击【将材质指定给选定对象】按钮█，将材质指定给场景中的"玻璃"对象。

　　(37) 在场景中选择"地板"对象，在修改器列表中选择【UVW 贴图】修改器，在【参数】卷展栏中选中【贴图】选项组中的【长方体】单选按钮，将【长度】、【宽度】、【高度】分别设置为 1000mm、1000mm、1mm，如图 7-108 所示。

图 7-107　设置参数

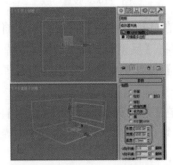

图 7-108　添加【UVW 贴图】修改器

(38) 选择【创建】 |【图形】 ▰ |【样条线】|【矩形】工具，在【顶】视图中创建矩形，将其命名为"踢脚线"，切换到【修改】命令面板，在【参数】卷展栏中将【长度】、【宽度】分别设置为 6000mm、5000mm，如图 7-109 所示。

(39) 在修改器列表中选择【编辑样条线】修改器，将当前选择集定义为【分段】，在【顶】视图中选择右侧的线段，如图 7-110 所示。

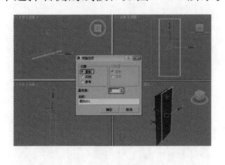

图 7-109　创建踢脚线

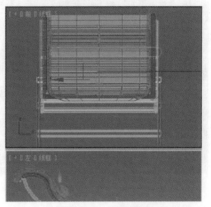

图 7-110　选择线段

(40) 按 Delete 键将其删除，关闭当前选择集，然后在修改器列表中选择【挤出】修改器，在【参数】卷展栏中将【数量】设置为 120mm，并在视图中调整其位置，如图 7-111 所示。

(41) 确认"踢脚线"对象处于选中状态，按 M 键打开【材质编辑器】对话框，选择一个新的材质样本球，将其命名为"踢脚线"，单击 Standard 按钮，在弹出的【材质/贴图浏览器】对话框中双击 VRayMtl 材质，然后在【基本参数】卷展栏中将【漫反射】的 RGB 值均设置为235，单击【反射】选项组中【高光光泽度】右侧的 ■ 按钮，将【高光光泽度】设置为 0.6，将【反射光泽度】设置为 0.5，将【细分】设置为 10，如图 7-112 所示。

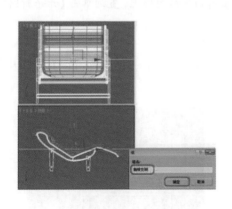

图 7-111　设置挤出数量

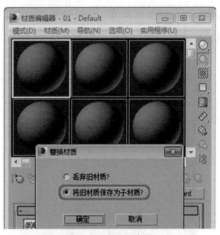

图 7-112　设置参数

(42) 在【贴图】卷展栏中单击【反射】右侧的【无】按钮，在弹出的【材质/贴图浏览器】对话框中双击【衰减】材质，然后在【衰减参数】卷展栏中将【侧】的 RGB 值设置为 205、223、255，将【衰减类型】设置为 Fresnel，如图 7-113 所示。单击【转到父对象】按钮 和【将材质指定给选定对象】按钮 ，将材质指定给"踢脚线"对象。

(43) 选择【创建】 ❈ |【图形】 ⏣ |【样条线】|【矩形】工具，在【前】视图中创建一个矩形，切换到【修改】命令面板，在【参数】卷展栏中将【长度】和【宽度】分别设置为 1820mm、4168mm，如图 7-114 所示。

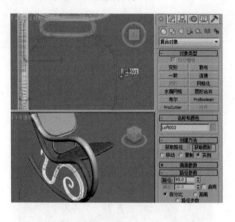

图 7-113　设置衰减参数

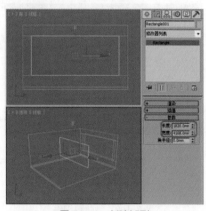

图 7-114　创建矩形

(44) 确认新创建的矩形处于选择状态，在【创建】命令面板中取消选中【开始新图形】复选框，使用【矩形】工具在【前】视图中创建一个矩形，如图 7-115 所示。

> **知识链接**
>
> 　　【开始新图形】：图形可以包含单条样条线，或者是包含多条样条线的复合图形。使用【开始新图形】按钮以及【对象类型】卷展栏上的复选框可以控制图形中的样条线数。【开始新图形】按钮旁边的复选框决定了何时创建新图形。启用该选项之后，3ds Max 会对创建的每条样条线都创建一个新图形对象。禁用该选项之后，样条线会添加到当前图形上，直到单击【开始新图形】按钮。

(45) 切换到【修改】命令面板，将当前选择集定义为【线段】，然后在【前】视图中调整矩形，调整后的效果如图 7-116 所示。

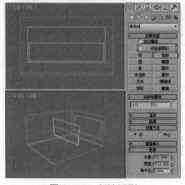

图 7-115　创建矩形

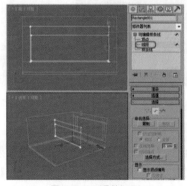

图 7-116　调整矩形

(46) 选择【创建】 |【图形】 |【样条线】 |【矩形】工具，取消选中【开始新图形】复选框，在【前】视图继续创建矩形，切换到【修改】命令面板，将当前选择集定义为【线段】，然后在【前】视图中调整矩形，调整后的效果如图 7-117 所示。

(47) 关闭当前选择集，在修改器列表中选择【挤出】修改器，在【参数】卷展栏中将【数量】设置为 100mm，并在视图中调整其位置，效果如图 7-118 所示。

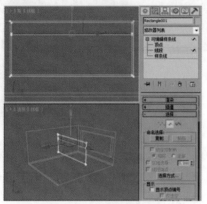

图 7-117　创建并调整矩形

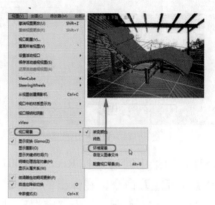

图 7-118　设置挤出数量

(48) 选择【创建】 |【图形】 |【样条线】 |【矩形】工具，在【前】视图中创建一个矩形，切换到【修改】命令面板，在【参数】卷展栏中将【长度】和【宽度】分别设置为 1826mm 和 750mm，如图 7-119 所示。

(49) 在修改器列表中选择【编辑样条线】修改器，将当前选择集定义为【样条线】，在视图中单击选择样条线，在【几何体】卷展栏中将【轮廓】设置为 55mm，按 Enter 键确认，并在视图中调整其位置，如图 7-120 所示。

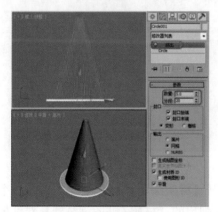

图 7-119　创建矩形

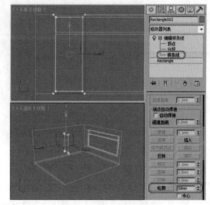

图 7-120　设置轮廓

(50) 关闭当前选择集，在修改器列表中选择【挤出】修改器，在【参数】卷展栏中将【数量】设置为 50mm，并在视图中调整其位置，如图 7-121 所示。

(51) 在【前】视图中按住 Shift 键沿 X 轴移动复制新创建的矩形，在弹出的对话框中选中【实例】单选按钮，单击【确定】按钮，如图 7-122 所示。

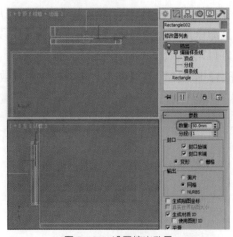

图 7-121　设置挤出数量

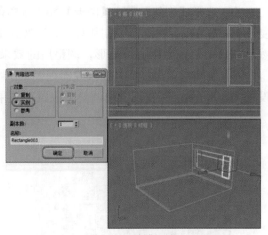

图 7-122　复制对象

(52) 在场景中同时选择 Rectangle001、Rectangle002 和 Rectangle003 对象，在菜单栏中选择【组】|【组】命令，在弹出的【组】对话框中将【组名】命名为"窗框"，单击【确定】按钮，如图 7-123 所示。并为【窗框】对象指定【踢脚线】材质。

(53) 选择【创建】 |【几何体】 |【长方体】工具，在【顶】视图中创建一个长方体，将其命名为"顶"，切换到【修改】命令面板，在【参数】卷展栏中将【长度】、【宽度】和【高度】分别设置为 6000mm、5000mm 和 100mm，并在视图中调整其位置，如图 7-124 所示。

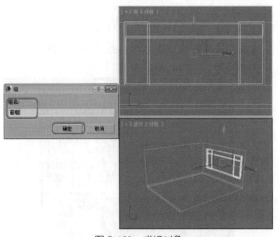

图 7-123　成组对象

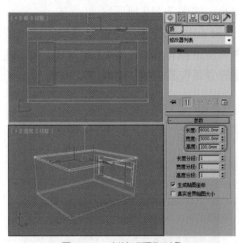

图 7-124　创建【顶】对象

(54) 确认"顶"对象处于选中状态，按 M 键打开【材质编辑器】对话框，选择一个新的材质球，将其命名为"顶"，单击 Standard 按钮，在弹出的【材质 / 贴图浏览器】对话框中双击 VRayMtl 材质，在【基本参数】卷展栏中将【漫反射】的 RGB 值均设置为 230，在【反射】选项组中将【反射光泽度】设置为 0.7，将【细分】设置为 3，将【最大深度】设置为 2，如图 7-125 所示。单击【将材质指定给选定对象】按钮 ，将材质指定给【顶】对象。

(55) 选择【创建】 |【摄影机】 |【标准】|【目标】工具，在【顶】视图中创建摄影机，激活【透视】视图，按 C 键将其转换为摄影机视图，切换到【修改】命令面板，在【参数】卷展栏中将【镜头】设置为 23.5，并在其他视图中调整摄影机的位置，如图 7-126 所示。

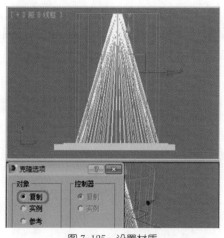

图 7-125　设置材质

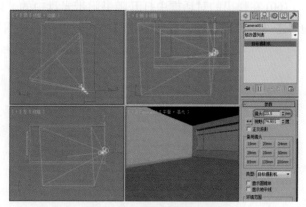

图 7-126　创建并调整摄影机

(56) 使用【选择并旋转】工具 ，在【前】视图中沿 X 轴旋转摄影机，效果如图 7-127 所示。

(57) 然后在摄影机上右击，在弹出的快捷菜单中选择【应用摄影机校正修改器】命令，如图 7-128 所示。

(58) 然后在【2 点透视校正】卷展栏中将【数量】、【方向】分别设置为 2.999 和 60，如图 7-129 所示。

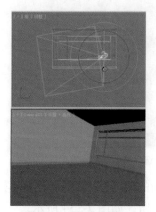

图 7-127　旋转摄影机

图 7-128　选择【应用摄影机校正
修改器】命令

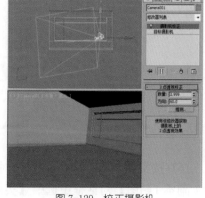

图 7-129　校正摄影机

知识链接

　　【摄影机校正】修改器在摄影机视图中使用两点透视。默认情况下，摄影机视图使用三点透视，其中垂直线看上去在顶点上汇聚。在两点透视中，垂直线保持垂直。

　　【数量】：设置两点透视的校正数量。默认值为 0。

　　【方向】：设置偏移方向。默认值为 90。大于 90 设置方向向左偏移校正。小于 90 设置方向向右偏移校正。

　　【推测】：单击以使【摄影机校正】修改器设置第一次推测数量值。

(59) 单击 ▶ 按钮，在弹出的下拉列表中选择【导入】|【合并】命令，如图 7-130 所示。

(60) 在弹出的对话框中打开随书附带光盘中的"卧室家具.max"文件，再在弹出的对话框中单击【全部】按钮，然后单击【确定】按钮，如图 7-131 所示。

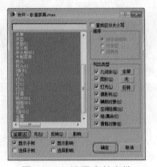

图 7-130　选择【合并】命令　　　　　　　　图 7-131　选择合并文件

(61) 即可将选择的对象合并到场景中，效果如图 7-132 所示。

(62) 按 8 键弹出【环境和效果】对话框，在【公用参数】卷展栏中单击【背景】选项组中的【无】按钮，在弹出的【材质 / 贴图浏览器】对话框中选择【渐变】贴图，单击【确定】按钮，如图 7-133 所示。

图 7-132　合并文件后的效果　　　　　　　　图 7-133　选择【渐变】贴图

(63) 按 M 键打开【材质编辑器】对话框，将环境贴图按钮拖曳到新的材质球上，在弹出的【实例 (副本) 贴图】对话框中选中【实例】单选按钮，单击【确定】按钮，如图 7-134 所示。

(64) 在【渐变参数】卷展栏中将【颜色 #1】的 RGB 值设置为 180、206、255，将【颜色 #2】的 RGB 值设置为 210、226、255，将【颜色 #3】的 RGB 值设置为 255、191、135，如图 7-135 所示。

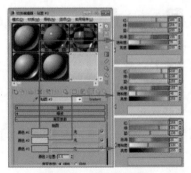

图 7-134　复制环境贴图　　　　　　　　　　图 7-135　设置渐变颜色

(65) 选择【创建】|【灯光】|VRay|【VR 灯光】工具，在【前】视图中创建一个灯光，切换到【修改】命令面板，在【参数】卷展栏中，将【强度】选项组中的【倍增器】设置为 22，将【颜色】的 RGB 值设置为 145、184、255，如图 7-136 所示。

(66) 在【大 小】选 项 组 中 将【1/2 长】和【1/2 宽】分 别 设 置 为 4182.714mm 和 4821.479mm，在【选项】选项组中选中【不可见】复选框，在【采样】选项组中将【细分】设置为 15，如图 7-137 所示。

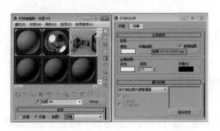

图 7-136　创建灯光并设置强度

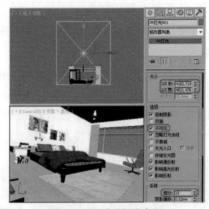

图 7-137　设置灯光参数

(67) 在工具栏中选择【选择并旋转】工具，在【左】视图中旋转灯光，然后使用【选择并移动】工具移动其位置，调整后的效果如图 7-138 所示。

(68) 选择【创建】|【灯光】|【标准】|【目标平行光】工具，在【顶】视图中创建目标平行光，切换到【修改】命令面板，在【常规参数】卷展栏中，选中【阴影】选项组中的【启用】复选框，将阴影模式定义为【VRay 阴影】，在【强度／颜色／衰减】卷展栏中将【倍增】设置为 1.5，将右侧颜色的 RGB 值设置为 255、140、55，在【平行光参数】卷展栏中将【聚光区／光束】和【衰减区／区域】分别设置为 1500mm 和 1502mm，选中【矩形】单选按钮，并在其他视图中调整其位置，如图 7-139 所示。

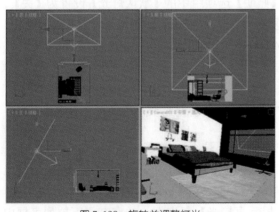

图 7-138　旋转并调整灯光

图 7-139　创建并调整目标平行光

(69) 在菜单栏中选择【视图】|【视口配置】命令，弹出【视口配置】对话框，选择【照明和阴影】选项卡，在【照亮场景方法】选项组中选中【默认灯光】和【2 个灯光】单选按钮，然后单击【确定】按钮，如图 7-140 所示。

知识链接

【场景灯光】：（默认值）使用场景中的灯光对象照亮视口。

【默认灯光】：使用默认灯光照亮视口。如果场景中没有灯光，则将自动使用默认照明，即使选择【场景灯光】也是如此。有时，在场景中创建的照明可能会使对象在视口中难以显现。使用默认照明可以在均匀的照明状态下显示对象。可以使用一个或两个灯光。默认情况下，3ds Max 使用一个默认灯光。

【1个灯光】：（默认值）在自然照明损失很小的情况下提供重画速度提高 20% 的过肩视角光源。

【2个灯光】：提供更自然的照明，但是会降低视口性能。

---

(70) 按 F10 键打开【渲染设置】对话框，选择 V-Ray 选项卡，在【V-Ray：：帧缓冲区】卷展栏中选中【启用内置帧缓冲区】复选框，如图 7-141 所示。

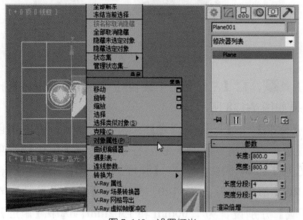

图 7-140　设置灯光

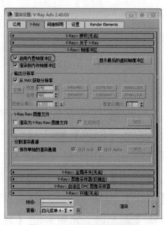

图 7-141　设置帧缓冲区

(71) 在【V-Ray：：全局开关】卷展栏中，将【照明】选项组中的【默认灯光】设置为【关】，选中【材质】选项组中的【全局照明过滤贴图】复选框，在【V-Ray：：图像采样器】卷展栏中，将【抗锯齿过滤器】选项组中的过滤器设置为 Mitchell-Netravali，如图 7-142 所示。

知识链接

【默认灯光】：当场景中不存在灯光物体或禁止全局灯光的时候，该命令可启动或禁止 3ds Max 默认灯光的使用。

(72) 选择【间接照明】选项卡，在【V-Ray：：间接照明】选项组中选中【开】复选框，在【二次反弹】选项组中将【全局照明引擎】设置为【灯光缓存】，在【V-Ray：：发光图】卷展栏中，选中【选项】选项组中的【显示计算相位】和【显示直接光】复选框，并在右侧下拉列表框中选择【显示新采样为亮度】选项，如图 7-143 所示。

【V-Ray：：间接照明】选项组中的【开】复选框用于决定是否计算场景中的间接光照明。

【显示计算相位】：选中此选项的时候，VRay 在计算发光贴图的时候将显示发光贴图的通道。这使得用户可以在最终渲染完成前对间接照明有一个基本掌握。它被启用的时候，会减慢渲染计算的速度，特别是在渲染大图像的时候。

【显示直接光】：此选项只在【显示计算相位】复选框被选中的时候才能被激活。它将促使 VRay 在计算发光贴图的时候，显示初级漫射反弹除了间接照明外的直接照明。

(73) 在【V-Ray：：灯光缓存】卷展栏中将【计算参数】选项组中的【细分】设置为 1200，然后选中【显示计算相位】复选框，如图 7-144 所示。

图 7-142　设置全局开关和图像采样器

图 7-143　设置间接照明

图 7-144　设置灯光缓存

(74) 在场景中激活摄影机视图，然后选择【公用】选项卡，在【公用参数】卷展栏中，将【输出大小】选项组中的【宽度】和【高度】分别设置为 1200 和 750，如图 7-145 所示。

图 7-145　设置输出大小

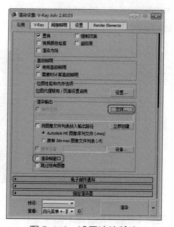
图 7-146　设置渲染输出

(75) 在【渲染输出】选项组中取消选中【渲染帧窗口】复选框，并单击【文件】按钮，如图 7-146 所示。

(76) 在弹出的【渲染输出文件】对话框中选择文件的输出位置，并为其命名，将【保存类型】设置为 TIF，单击【保存】按钮，在弹出的【TIF 图像控制】对话框中单击【确定】按钮，如图 7-147 所示。

(77) 然后在【渲染设置】对话框中单击【渲染】按钮，对摄影机视图进行渲染，渲染完成后的效果如图 7-148 所示。

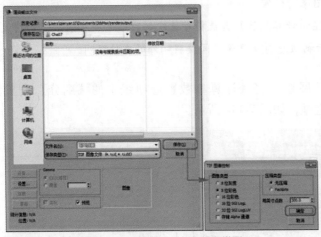

图 7-147 设置输出路径和保存类型

图 7-148 渲染后的效果

(78) 启动 Photoshop 软件，按 Ctrl+O 组合键，在弹出的对话框中打开渲染完成后的"卧室效果 .tif"文件，在菜单栏中选择【图像】|【调整】|【亮度 / 对比度】命令，如图 7-149 所示。

(79) 弹出【亮度 / 对比度】对话框，将【对比度】设置为 50，单击【确定】按钮，效果如图 7-150 所示。

(80) 按 Ctrl+O 组合键，在弹出的对话框中打开随书附带光盘中的"植物 001.psd"素材文件，如图 7-151 所示。

图 7-149 选择【亮度 / 对比度】命令

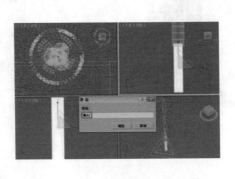

图 7-150 调整对比度

图 7-151 打开的素材文件

(81) 使用【移动工具】 将打开的素材文件拖曳至"卧室效果"场景中，按 Ctrl+T 组合键执行【自由变换】命令，配合 Shift 键调整其大小，调整完成后按 Enter 键确认，并在文档中调整其位置，如图 7-152 所示。

(82) 按 Ctrl+O 组合键，在弹出的对话框中打开随书附带光盘中的"植物 002.psd"素材文件，如图 7-153 所示。

图 7-152　调整后的效果

图 7-153　打开的素材文件

(83) 在菜单栏中选择【图像】|【图像旋转】|【水平翻转画布】命令，即可水平翻转打开的素材文件，效果如图 7-154 所示。

(84) 使用【移动工具】将打开的素材文件拖曳至"卧室效果"场景中，按 Ctrl+T 组合键执行【自由变换】命令，配合 Shift 键调整其大小，调整完成后按 Enter 键确认，并在文档中调整其位置，如图 7-155 所示。

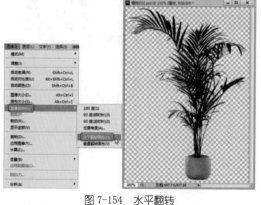

图 7-154　水平翻转

图 7-155　调整素材文件

(85) 在工具箱中选择【磁性套索工具】，在工具选项栏中将【对比度】设置为 100%，将【频率】设置为 100，然后在文档中绘制选区，如图 7-156 所示。

(86) 按 Delete 键删除选区内的对象，然后按 Ctrl+D 组合键取消选区，效果如图 7-157 所示。

图 7-156　绘制选区

图 7-157　删除选区对象

(87) 在菜单栏中选择【文件】|【存储为】命令，在弹出的对话框中选择文件的存储路径，输入【文件名】为"卧室的制作 OK"，将【格式】设置为 psd，单击【保存】按钮，如图 7-158 所示。在弹出的提示对话框中单击【确定】按钮即可。

(88) 再次选择菜单栏中的【文件】|【存储为】命令，在弹出的对话框中选择文件的存储路径，输入【文件名】为"卧室的制作"，将【格式】设置为 jpg，单击【保存】按钮，弹出【JPEG 选项】对话框，将【品质】设置为 12，单击【确定】按钮，即可将效果保存，如图 7-159 所示。

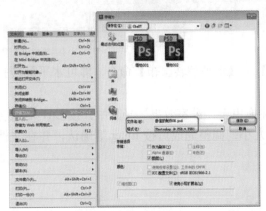

图 7-158　保存场景

图 7-159　保存效果

第 8 章
效果图的后期处理

本章重点

从实用性角度来将讲，从 3ds Max 中渲染输出的效果并不成熟，一般三维软件在处理环境氛围和制作真实配景时，效果总是不能令人非常满意。所以，需要由 Photoshop 软件进行最后的修改处理。本章将介绍有关效果图后期处理的诸多技术以及技巧。

案例精讲 074 修改渲染输出中的错误照射

案例文件：CDROM | Scenes | Cha08 | 修改渲染输出中的错误照射 OK.psd

视频文件：视频教学 | Cha08 | 修改渲染输出中的错误照射 .avi

制作概述

下面将讲解如何对错误照射的效果图进行更改，其中 Photoshop 软件是最常用的修改工具之一，其中主要应用了【亮度 / 对比度】和【渐变工具】，完成后的效果如图 8-1 所示。

图 8-1 修改渲染输出中的错误照射

学习目标

学会如何修改错误照射的效果图。

操作步骤

(1) 启动 Photoshop CC 软件后，打开随书附带光盘中的 CDROM | Scenes | Cha08 | 错误照射 .jpg 文件，如图 8-2 所示。

(2) 选择【背景】图层，按 Ctrl+J 组合键对【背景】图层进行复制，选择【图层 1】，在菜单栏中选择【图像】|【调整】|【亮度 / 对比度】命令，弹出【亮度 / 对比度】对话框，将【亮度】和【对比度】分别设为 20、–4，单击【确定】按钮，如图 8-3 所示。

图 8-2 打开素材文件

图 8-3 调整亮度和对比度

在实际操作过程中为了防止操作错误的发生，可以对每一步的操作新建图层，这样可以提高工作效率并防止错误的发生。

知识链接

【亮度 / 对比度】可以对某一图层上的图像或选区的亮度和对比度进行调整，达到想要的效果。

(3) 选择【图层 1】并对其进行复制，在工具选项栏中选择【多边形套索工具】对文档中错误的部分绘制选区，如图 8-4 所示。

(4) 在工具箱中选择【渐变工具】，单击工具选项栏中的渐变条，弹出【渐变编辑器】，将第一个色标的颜色设为 #c7b59a，在 50% 位置添加一个色标并将其颜色设为 #fef5ec，将第三个色标的颜色设为 #c6b59b，对选区位置填充渐变色，按 Ctrl+D 取消选区，查看效果如图 8-5 所示。

图 8-4　绘制选区

图 8-5　填充渐变色后的效果

在对选区填充颜色时，可以从选区的左边向右拖动鼠标，进行填充，不同位置拖动鼠标其完成的效果也不同。

(5) 设置完成后对场景文件进行保存。

案例精讲 075　灯光照射的材质错误

 案例文件：CDROM | Scenes | Cha08 | 灯光照射的材质错误 OK.psd

视频文件：视频教学 | Cha08 | 灯光照射的材质错误 .avi

制作概述

当场景渲染完成后会发现灯光效果不是很好或错误的照射角度，本节将讲解如何修改灯光照射的材质错误。完成后的效果如图 8-6 所示。

学习目标

学会如何修改灯光照射材质错误。

掌握【减淡】工具的使用。

图 8-6　修改后的效果

操作步骤

(1) 启动 Photoshop 软件，打开 CDROM | Scenes | Cha08 | 灯光照射的材质错误 .jpg 文件，查看效果，如图 8-7 所示。

(2) 选择【背景】图层，按 Ctrl+J 组合键对【背景】图层进行复制，选择【图层 1】，在工具箱中选择【多边形套索工具】对材质错误的部分绘制选区，如图 8-8 所示。

(3) 按 Shift+F6 组合键，弹出【羽化选区】对话框，将【羽化半径】设为 5 像素，单击【确定】按钮，查看效果，如图 8-9 所示。

图 8-7　打开素材文件

图 8-8　绘制选区

图 8-9　羽化选区

提示　　在绘制选区时，根据灯光照射的错误区域，可以使用不同的绘制选区工具，如【磁性套索工具】、【套索工具】、【矩形选框工具】等。

(4) 在菜单栏中选择【图像】|【调整】|【亮度/对比度】命令，弹出【亮度/对比度】对话框，将【亮度】和【对比度】分别设为 64、0，按 Ctrl+D 组合键取消选区，效果如图 8-10 所示。

(5) 此时发现选区外有很多黑边，使用【减淡】工具，在工具选项栏中将【曝光度】设为15，对黑边区域进行减淡，完成后的效果如图 8-11 所示。

(6) 继续使用【多边形套索工具】绘制选区，按 Ctrl+J 组合键新建【图层 2】，并对【图层 2】选区填充 #fcbc62，将其图层模式设为【柔光】，取消选区查看效果，如图 8-12 所示。

图 8-10　调整亮度/对比度

图 8-11　减淡后的效果

图 8-12　新建图层并设置

提示　　使用【羽化】命令除了可以用 Shift+F6 组合键外，还可以在菜单栏中执行【选择】|【修改】|【羽化】命令进行。

知识链接

　　【减淡】工具可以改变图像特定区域的曝光度，使图像变亮。

(7) 选择所有的图层，按 Ctrl+Shift+Alt+E 组合键盖印图层，如图 8-13 所示。

(8) 选择【图层 3】，在菜单栏中执行【亮度/对比度】命令，在弹出的对话框中将【亮度】和【对比度】分别设为 47、27，查看效果如图 8-14 所示。

图 8-13　盖印图层

图 8-14　完成后的效果

案例精讲 076　色相与饱和度的调整

 案例文件：CDROM | Scenes | Cha08 | 色相与饱和度的调整 OK.psd

 视频文件：视频教学 | Cha08 | 色相与饱和度的调整 .avi

制作概述

当作品渲染输出时，如果发现其色彩和明亮度不协调，可以利用 Photoshop 软件中的【色相和饱和度】对其进行调整，完成后的效果如图 8-15 所示。

学习目标

学会如何对图像的色相和饱和度进行调整。

图 8-15　调整完成后的效果

操作步骤

(1) 启动 Photoshop 软件后，打开随书附带光盘中的 CDROM | Scenes | Cha08 | 色相与饱和度的调整 .jpg，如图 8-16 所示。

(2) 打开【图层】面板，选择【背景】图层，按 Ctrl+J 组合键对其进行复制，复制出【图层 1】，执行【图像】|【调整】|【亮度 / 对比度】命令，将【亮度】和【对比度】分别设为 52、0，如图 8-17 所示。

图 8-16　打开的素材文件

图 8-17　设置亮度 / 对比度

(3) 对【图层 1】进行复制，选择【图层 1 拷贝】图层，在菜单栏中执行【图像】|【调整】|【色相 / 饱和度】命令，弹出【色相 / 饱和度】对话框，将【色相】、【饱和度】和【明度】分别设为 16、–45、7，单击【确定】按钮，如图 8-18 所示。

(4) 设置色相 / 饱和度后的效果如图 8-19 所示。

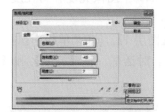

图 8-18　调整色相 / 饱和度

图 8-19　查看效果

知识链接

【色相和饱和度】可以调整图像中特定颜色范围的色相、饱和度和亮度，或者同时调整图像中的所有颜色。

(5) 继续选择【图层 1 拷贝】图层，按 Ctrl+M 组合键，弹出【曲线】对话框，对曲线进行调整，将【输出】和【输入】分别设为 130、108，如图 8-20 所示。

(6) 单击【确定】按钮，查看效果，对场景文件进行保存，如图 8-21 所示。

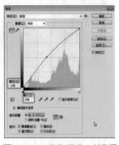

图 8-20 【曲线】对话框

图 8-21 最终效果

案例精讲 077 图像亮度和对比度的调整

案例文件：CDROM | Scenes | Cha08 | 图像亮度和对比度的调整 OK.psd

视频文件：视频教学 | Cha08 | 图像亮度和对比度的调整 .avi

制作概述

本例将讲解如何对过暗的图像进行修正，其中主要是调节其亮度和对比度，完成后的效果如图 8-22 所示。

学习目标

学会调整图像的亮度和对比度。

图 8-22 调整完成后的效果

操作步骤

(1) 启动 Photoshop 软件后，打开 CDROM | Scenes | Cha08 | 图像亮度和对比度的调整 .jpg 文件，如图 8-23 所示。

(2) 选择【背景】图层对其进行复制，选择复制后的【图层 1】，在菜单栏中执行【图像】|【调整】|【亮度 / 对比度】命令，弹出【亮度 / 对比度】对话框，将【亮度】和【对比度】分别设为 60、39，如图 8-24 所示。

图 8-23 打开的素材文件

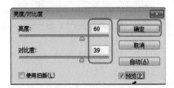

图 8-24 设置亮度和对比度

【亮度/对比度】命令主要用来调整图像的亮度和对比度。

　　在实际操作过程中虽然可以使用【色阶】和【曲线】命令来调整图像的亮度和对比度，但这两个命令用起来比较复杂，而使用【亮度/对比度】命令可以更简单直观的完成亮度和对比度的调整。

(3) 单击【确定】按钮，查看效果如图 8-25 所示。

(4) 选择【图层 1】并对其进行复制，选择【图层 1 拷贝】图层，在【图层】面板中将图层模式设为【柔光】，将【不透明度】设为 50%，如图 8-26 所示。

图 8-25　查看效果

图 8-26　设置图层模式和不透明度

(5) 选择所有的图层，按 Shift+Ctrl+Alt+E 组合键对图像进行盖印，如图 8-27 所示。

(6) 设置完成后，对场景文件进行保存，完成后的效果如图 8-28 所示。

图 8-27　盖印图层

图 8-28　完成后的效果

案例精讲 078　窗外景色的添加

 案例文件：CDROM | Scenes | Cha08 | 窗外景色的添加 OK.psd

 视频文件：视频教学 | Cha08 | 窗外景色的添加 .avi

制作概述

本例将介绍如何对效果图的窗外添加配景，其中主要应用了剪贴蒙版。完成后的效果如图 8-29 所示。

学习目标

学会如何对素材图像添加窗外景色。

掌握剪贴蒙版的应用。

图 8-29　窗外景色的添加效果

操作步骤

(1) 启动 Photoshop 软件后，打开随书附带光盘中的 CDROM | Scenes | Cha08 | 窗外景色的添加 .jpg 文件，如图 8-30 所示。

(2) 在工具箱中选择【多边形套索工具】，绘制选区，如图 8-31 所示。

图 8-30　打开的素材文件

图 8-31　绘制选区

(3) 按 Ctrl+J 组合键，对选区进行复制，然后打开随书附带光盘中的 CDROM | Map | G17b. jpg 文件，并将其拖至文档中，并适当对其进行放大，如图 8-32 所示。

(4) 选择【图层 2】并右击，在弹出的快捷菜单中选择【创建剪贴蒙版】命令，查看效果，如图 8-33 所示。

图 8-32　添加素材文件

图 8-33　查看效果

知识链接

【剪贴蒙版】由两部分组成，即基层和内容层，剪贴蒙版可以使某个图层的内容遮盖其上方的图层，遮盖效果由底部图层或基地层决定。

(5) 选择所有的图层，按 Shift+Ctrl+Alt+E 组合键对图像进行盖印，如图 8-34 所示。

(6) 选择【图层 3】，打开【亮度 / 对比度】对话框，将【亮度】和【对比度】分别设为 70、0，查看效果，如图 8-35 所示。

图 8-34　盖印图层

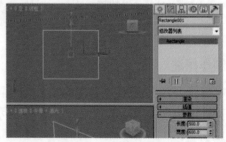

图 8-35　完成后的效果

案例精讲 079　水中倒影

案例文件：CDROM | Scenes | Cha08 | 水中倒影 .psd

视频文件：视频教学 | Cha08 | 水中倒影 .avi

制作概述

本例将讲解如何制作逼真的水中倒影，其中主要应用了【波纹】滤镜使图像呈现波纹状态。完成后的效果如图 8-36 所示。

学习目标

学会如何制作水中的倒影。

掌握波纹效果的添加。

图 8-36　水中倒影效果

操作步骤

(1) 启动 Photoshop 软件后，打开随书附带光盘中的 CDROM | Scenes | Cha08 | 水中倒影 .jpg 文件，如图 8-37 所示。

(2) 选择【背景】图层，按 Ctrl+J 组合键，选择【图层 1】，使用【多边形套索工具】，绘制出水面的轮廓选区，如图 8-38 所示。

图 8-37　打开的素材文件

图 8-38　绘制选区

(3) 在菜单栏中执行【图像】|【调整】|【色相/饱和度】命令，弹出【色相/饱和度】对话框，将【色相】、【饱和度】和【明度】分别设为 –24、14、35，单击【确定】按钮，如图 8-39 所示。

(4) 确认选区处于选择状态，按 Ctrl+J 组合键复制选区，复制出【图层 2】将选区取消，继续使用多边形绘制出楼的大体轮廓区域，然后按 Ctrl+J 组合键对选区进行复制，按 Ctrl+T 组合键对其进行垂直变换，完成后的效果如图 8-40 所示。

图 8-39　【色相/饱和度】对话框

图 8-40　复制图层

(5) 在【图层】面板中选择【图层2】和【图层3】并对其进行合并，如图8-41所示。

 合并图层的方法可以选择要合并的图层，单击鼠标右键，在弹出的快捷菜单中选择【合并图层】命令或【合并可见图层】命令，也可以按 Ctrl+E 组合键或按 Ctrl+Shift+E 组合键进行合并。

(6) 在菜单栏中执行【滤镜】|【扭曲】|【波纹】命令，弹出【波纹】对话框，将【数量】设为 100，将【大小】设为【大】，如图8-42所示。

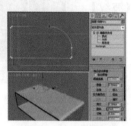

图 8-41　合并图层

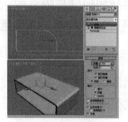

图 8-42　设置波纹

知识链接

　　【波纹滤镜】可以在图像上创建波状起伏的图案，产生波纹的效果。

(7) 打开随书光盘中的 CDROM | Map | 海水 .jpg 文件，并将其拖至文档中，如图8-43所示。

(8) 对【图层4】添加【剪贴蒙板】，并将其【不透明度】设为50%，完成后的效果如图8-44所示。

图 8-43　添加素材

图 8-44　完成后的效果

案例精讲 080　倒影的制作

案例文件：CDROM | Scenes | Cha08 | 倒影的制作 OK.psd

视频文件：视频教学 | Cha08 | 倒影的制作 .avi

制作概述

　　模型制作完成后，为了体现其真实性可以对其添加倒影。本章节将讲解如何对人物添加倒影，完成后的效果如图8-45所示。

学习目标

　　学会如何制作人物的倒影。

图 8-45　倒影的制作

操作步骤

(1) 启动 Photoshop 软件后,打开随书附带光盘中的 CDROM | Scenes | Cha08 | 倒影的制作.psd 文件,如图 8-46 所示。

(2) 打开【图层】面板,选择【人物 1】图层,并对其进行复制,如图 8-47 所示。

图 8-46 打开的素材文件

图 8-47 复制图层

(3) 选择【人物 1 拷贝】图层,按 Ctrl+T 组合键,然后在文档窗口右击,在弹出的快捷菜单中选择【垂直翻转】命令,对人物的图像适当缩短,如图 8-48 所示。

提示　　　选择某一图层后,按 Ctrl+T 组合键可以对其进行任意变形或旋转,在制作阴影效果中是最为常用的命令。

(4) 打开【图层】面板,选择【人物 1 拷贝】图层,将其【不透明度】设为 23%,如图 8-49 所示。

图 8-48 调整位置和大小

图 8-49 完成后的效果

(5) 在【图层】面板中选择【人物 4】图层,并对其进行复制,按 Ctrl+T 组合键调整大小和位置,如图 8-50 所示。

(6) 选择【人物 4 拷贝】图层,将其【不透明度】设为 23%,查看效果,如图 8-51 所示。

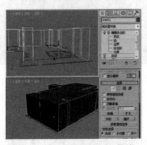

图 8-50 复制图层并调整

图 8-51 查看效果

(7) 选择【人物 3】图层,并对其进行复制,按 Ctrl+T 组合键调整大小和位置,如图 8-52 所示。

(8) 打开【图层】面板,选择【人物 3 拷贝】图层,将其【不透明度】设为 30%,查看效果,如图 8-53 所示。

图 8-52　调整位置及大小

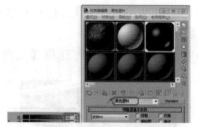

图 8-53　完成后的效果

案例精讲 081　光效

 案例文件：CDROM | Scenes | Cha08 | 光效 OK.psd

 视频文件：视频教学 | Cha08 | 光效 .avi

制作概述

本章将讲解如何对效果图添加光效效果，其中主要应用了选区的羽化，完成后的效果如图 8-54 所示。

学习目标

学会如何对对象添加光效。

图 8-54　光效效果

操作步骤

(1) 启动 Photoshop 软件后，打开随书附带光盘中的 CDROM | Scenes | Cha08 | 光效 .psd 文件，如图 8-55 所示。

(2) 在【图层】面板中选择【创建新图层】按钮新建一个图层，将新建的图层命名为"光晕外 01"，并将其调整至【光晕 02】图层的下方，在工具栏中选择【多边形套索工具】，在工具选项栏中将【羽化】值设置为 0px，在场景中选取天花板的外侧灯池，如图 8-56 所示。

图 8-55　打开的素材文件

图 8-56　绘制选区

知识链接

羽化选区可以使选区边界模糊，这种模糊方式将边缘的图像像素丢失，可以使边缘选区细化。

(3) 确定选区处于选择状态，在工具箱中将背景色设置为【白色】，按 Ctrl+Delete 组合键为选区填充背景色，如图 8-57 所示。按 Ctrl+D 组合键取消选择。

(4) 选择工具箱中的【多边形套索】工具，在工具选项栏中将【羽化】值设置为 25px，在场景中选择"光晕外 01"的内侧区域，如图 8-58 所示。

图 8-57　填充白色

图 8-58　绘制选区

(5) 确定选区处于选择状态，按 Delete 键将选取的区域删除，如图 8-59 所示。按 Ctrl+D 组合键取消选择。

(6) 在【图层】面板新建一个图层，并将新建的图层命名为"光晕内 01"，在工具箱中选择【多边形套索】工具 ，在工具属性栏中将【羽化】参数设置为 0px，在场景中内侧的小灯池内创建选区，将背景颜色设置为【白色】，并按 Ctrl+Delete 组合键将选区填充为背景颜色，如图 8-60 所示。

图 8-59　调整后的效果

图 8-60　创建选区

(7) 再在工具箱中选择【多边形套索】工具，在工具选项栏中将【羽化】参数设置为 25px，再在"光晕内 01"区域的内侧创建一个选区，如图 8-61 所示。

(8) 确定选区处于选择状态，按 Delete 键将选区删除，形成光晕效果，如图 8-62 所示。

图 8-61　创建选区

图 8-62　完成后的效果

案例精讲 082　室外建筑中的人物阴影

✐ 案例文件：CDROM | Scenes | Cha08 | 室外建筑中的人物阴影 OK.psd

◉ 视频文件：视频教学 | Cha08 | 室外建筑中的人物阴影 .avi

制作概述

效果图渲染完成后，为了增加其逼真性，需要对其适当添加人物，本章节将讲解如何对人物添加背影，其中主要应用了 Photoshop 软件中的任意变形工具和图层不透明度的应用，完成后的效果如图 8-63 所示。

图 8-63　窗外景色的添加效果

学习目标

学会如何对室外人物添加阴影。

操作步骤

(1) 启动 Photoshop 软件后，打开随书附带光盘中的 CDROM | Scenes | Cha08 | 室外建筑中人物的阴影 .psd 文件，如图 8-64 所示。

(2) 打开【图层】面板，选择【人物 1】图层，按 Ctrl+J 组合键对其进行复制，如图 8-65 所示。

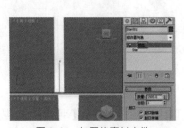

图 8-64　打开的素材文件

图 8-65　复制图层

(3) 选择【人物 1】图层，按 Ctrl+T 组合键，在文档中右击，在弹出的快捷菜单中选择【斜切】命令，对对象进行调整，如图 8-66 所示。

(4) 按 Enter 键确认变换，然后将【人物 1】图层载入选区，并对选区填充黑色，如图 8-67 所示。

图 8-66　调整图层

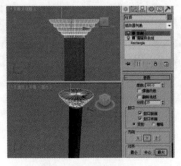

图 8-67　填充黑色

提示 需要注意的是人物阴影和倒影的区别，一般在室外对人物设置其阴影，通过对其填充黑色，然后调整透明度得到阴影效果。

(5) 在【图层】面板中选择【人物1】图层，将其【不透明度】设为30%，查看效果如图8-68所示。

(6) 选择【人物2】图层，并对其进行复制，选择【人物2拷贝】图层，使用【斜切】对其进行自由变换，如图8-69所示。

图8-68 查看效果

图8-69 斜切后的效果

(7) 将【人物2】图层载入选区，对其填充黑色，将其【不透明度】设为30%，完成后的效果如图8-70所示。

(8) 使用同样的方法对其他人物的阴影进行设置，完成后的效果如图8-71所示。

图8-70 查看效果

图8-71 完成后的效果

案例精讲 083　植物倒影

案例文件：CDROM | Scenes | Cha08 | 植物倒影 OK.psd

视频文件：视频教学 | Cha08 | 植物倒影 .avi

制作概述

本例将讲解如何制作植物的倒影，其制作过程和人物的倒影相似，其中主要应用了任意变形工具。完成后的效果如图8-72所示。

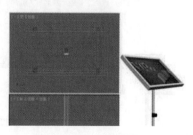

图8-72 植物倒影

学习目标

学会如何创建植物的倒影。

操作步骤

(1) 启动 Photoshop 软件后，打开随书附带光盘中的 CDROM | Scenes | Cha08 | 植物阴影 .psd 文件，如图 8-73 所示。

(2) 打开素材会发现其中两盆植物没有阴影，打开【图层】面板选择【花】图层，按 Ctrl+J 组合键对其进行复制，选择复制的图层，按 Ctrl+T 组合键，对其进行垂直反转，进行适当的缩小，如图 8-74 所示。

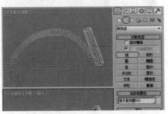
图 8-73　打开的素材文件

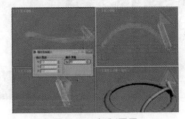
图 8-74　复制图层

复制图层的方法除了按 Ctrl+J 组合键外，还可以将需要复制的图层，拖动到【创建新图层】按钮上，也可以单击鼠标右键，在弹出的快捷菜单中选择【复制图层】命令。

(3) 在【图层】面板中将【花拷贝】图层的【不透明度】设为 20%，查看效果如图 8-75 所示。

(4) 选择【花 2】图层对其进行复制，选择【花 2 拷贝】图层，按 Ctrl+T 组合键对其进行垂直反转和适当缩小，如图 8-76 所示。

图 8-75　调整【不透明度】

图 8-76　复制图层

(5) 选择【花 2 拷贝】图层，将其【不透明度】设为 20%，如图 8-77 所示。

(6) 设置完成后对场景文件进行保存，完成后的效果如图 8-78 所示。

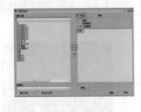
图 8-77　设置不透明度

图 8-78　完成后的效果

第 9 章
室外环境模型的表现

本章重点

◆ 使用编辑样条线修改器制作售货亭
◆ 使用挤出修改器制作户外休闲椅
◆ 使用弯曲修改器制作户外躺椅
◆ 使用【编辑网格】修改器制作户外秋千
◆ 使用车削修改器制作户外壁灯
◆ 使用二维图形制作户外休闲座椅
◆ 使用挤出修改器制作户外健身器材

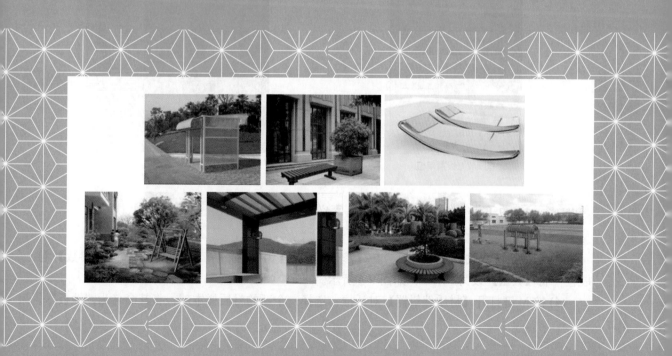

本章将通过室外环境模型的实例介绍如何使用 3ds Max 创建和修改模型。本章将通过几个实例来介绍模型的制作，包含了日常生活中较为常见的众多物体，例如售货亭、休闲椅、户外秋千等模型的制作

案例精讲 084　使用编辑样条线修改器制作售货亭

> 案例文件：CDROM | Scenes | Cha09 | 使用编辑样条线修改器制作售货亭 OK.max
>
> 视频文件：视频教学 | Cha09 | 使用编辑样条线修改器制作售货亭 .avi

制作概述

本例将讲解如何制作售货亭，其中主要应用了【线】、【挤出】、【编辑样条线】修改器。完成后的效果如图 9-1 所示。

学习目标

学会如何制作售货亭。

图 9-1　售货亭

操作步骤

(1) 启动软件后重置场景，在菜单栏中选择【自定义】|【单位设置】命令，弹出【单位设置】对话框，选中【公制】单选按钮，并在其下方的下拉列表框中选择【毫米】选项，单击【确定】按钮，如图 9-2 所示。

(2) 选择【创建】 ※ |【图形】 ⚙ |【线】工具，在【顶】视图中创建闭合的样条曲线，并将其命名为【地板】，如图 9-3 所示。

图 9-2　设置单位

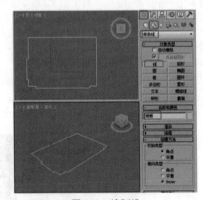

图 9-3　绘制线

 提示　为了使制作的对象符合实际，可以对单位进行调整。

(3) 切换到【修改】命令面板，在【修改器列表】中选择【挤出】修改器，在【参数】卷展栏中将【数量】设为50mm，如图 9-4 所示。

(4) 按 M 键打开【材质编辑器】对话框，选择一个新的材质样本球，将其命名为"地板"。

在【明暗器基本参数】卷展栏中将明暗器类型定义为Phong，在【Phong基本参数】卷展栏中将【环境光】和【漫反射】的RGB值设为255、238、203，如图9-5所示。

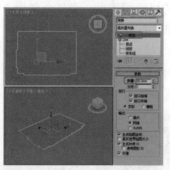

图9-4　添加【挤出】修改器

图9-5　设置材质参数

　　(5) 打开【贴图】卷展栏，单击【漫反射颜色】右侧的【无】按钮，在打开的【材质／贴图浏览器】对话框中选择【位图】贴图，单击【确定】按钮。再在打开的对话框中选择随书附带光盘中的 CDROM | Map | B0000570.JPG 文件，单击【打开】按钮，在【坐标】卷展栏中使用默认设置，单击【转到父对象】按钮 ，如图9-6所示。

　　(6) 在【贴图】卷展栏中将【反射】右侧的【数量】设为20，然后单击后面的【无】按钮，在弹出的【材质／贴图浏览器】对话框中双击【平面镜】贴图，在【平面镜参数】卷展栏中选中【应用于带ID的面】复选框。设置完成后，单击【转到父对象】按钮 和【将材质指定给选定对象】按钮 ，将材质指定给"地板"对象，如图9-7所示。

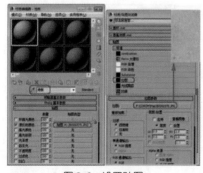

图9-6　设置贴图

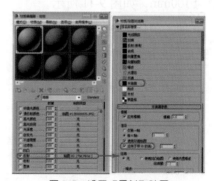

图9-7　设置【反射】贴图

　　(7) 选择【创建】 |【几何体】 |【长方体】工具，在【顶】视图中创建一个【长度】、

【宽度】、【高度】、【长度分段】和【宽度分段】分别为2931mm、4247mm、0.1mm、5和7的长方体,将其命名为"地板线",如图9-8所示。

(8) 按M键打开【材质编辑器】对话框,选择一个新的材质样本球,将其命名为"地板线"。在【明暗器基本参数】卷展栏中选中【线框】复选框,在【Blinn基本参数】卷展栏中将【环境光】和【漫反射】的RGB值均设为0,在【扩展参数】卷展栏【线框】选项组中将【大小】设为0.3,如图9-9所示。设置完成后,单击【将材质指定给选定对象】按钮▥,将材质指定给"地板线"对象。

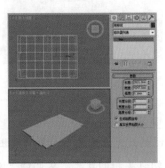

图9-8 绘制长方体

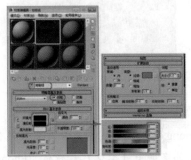

图9-9 设置【地板线】材质

知识链接

　　【线框】:以网格线框的方式来渲染对象,它只能表现出对象的线架结构,对于线框的粗细,可以通过【扩展参数】中的【线框】项目来调节,【尺寸】值确定它的粗细,可以选择【像素】和【单位】两种单位,如果选择【像素】为单位,对象无论远近,线框的粗细都将保持一致;如果选择【单位】为单位,将以3ds Max内部的基本单元作为单位,会根据对象离镜头的远近而发生粗细变化。如果需要更优质的线框,可以对对象使用结构线框修改器。

(9) 选择【创建】※|【图形】◎|【矩形】工具,在【顶】视图中创建一个【长度】和【宽度】为2935mm和4125mm的矩形,将其命名为"墙基",如图9-10所示。

(10) 切换到【修改】命令面板,在【修改器列表】中选择【编辑样条线】修改器,将当前选择集定义为【样条线】,按Ctrl+A组合键选择所有的样条线,然后在【几何体】卷展栏中将【轮廓】设为100mm,如图9-11所示。

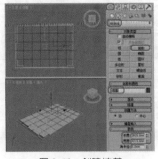

图9-10 创建墙基

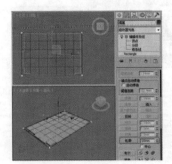

图9-11 设置轮廓

(11) 将当前选择集定义为【顶点】,在【几何体】卷展栏中单击【优化】按钮,然后在样条线上单击添加多个顶点，如图 9-12 所示。

(12) 再次单击【优化】按钮，将其关闭，然后将当前选择集定义为【分段】，在场景中将不需要的线段删除，效果如图 9-13 所示。

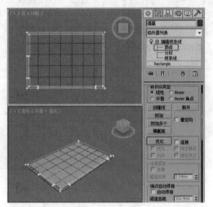
图 9-12 添加顶点

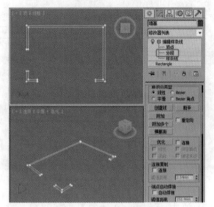
图 9-13 删除多余的线段

(13) 再次将当前选择集定义为【顶点】，在【几何体】卷展栏中单击【连接】按钮，在场景中将断开的顶点连接在一起，如图 9-14 所示。

(14) 关闭当前选择集，在【修改器列表】中选择【挤出】修改器，在【参数】卷展栏中将【数量】设为 450mm，如图 9-15 所示。

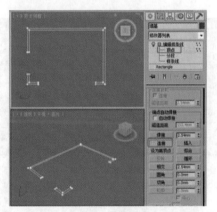
图 9-14 连接顶点

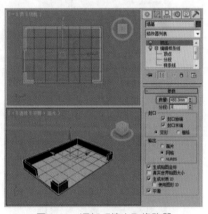
图 9-15 添加【挤出】修改器

(15) 在【修改器列表】中选择【UVW 贴图】修改器，在【参数】卷展栏中选中【贴图】选项组中的【长方体】单选按钮，然后在【对齐】选项组中单击【适配】按钮，如图 9-16 所示。

(16) 按 M 键打开【材质编辑器】对话框，选择一个新的材质样本球，将其命名为【墙基】。在【明暗器基本参数】卷展栏中将明暗器类型定义为 Phong，在【贴图】卷展栏中单击【漫反射颜色】右侧的【无】按钮，在弹出的【材质／贴图浏览器】对话框中双击【位图】贴图，再在弹出的对话框中选择随书附带光盘中的 CDROM | Map | 0704STON.jpg 文件，单击【打开】按钮，在【坐标】卷展栏中将【瓷砖】下的 U 值设为 1.7，在【位图参数】卷展栏中选中【裁剪／放置】区域中的【应用】复选框，并将 U、V、W、H 值分别设为 0、0.157、1 和 0.339，如图 9-17 所示。

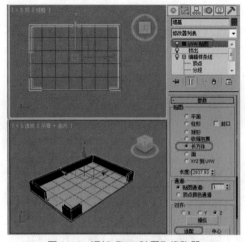

图 9-16　添加【UVW 贴图】修改器

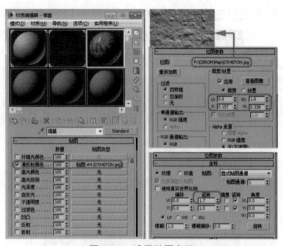

图 9-17　设置贴图参数

(17) 单击【转到父对象】按钮 ，在【贴图】卷展栏中，拖动【漫反射颜色】右侧的贴图按钮到【凹凸】右侧的【无】按钮上，在弹出的【复制 (实例) 贴图】对话框中选中【实例】单选按钮，然后单击【确定】按钮，即可复制贴图，如图 9-18 所示。设置完成后，单击【将材质指定给选定对象】按钮 ，将材质指定给"墙基"对象。

(18) 在场景中适当调整一下"墙基"的位置，效果如图 9-19 所示。

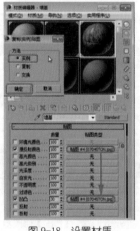

图 9-18　设置材质

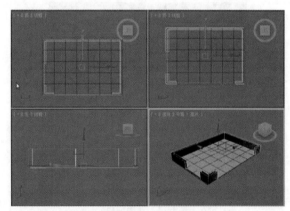

图 9-19　调整位置

(19) 按 Ctrl+A 组合键选择所有的对象，单击【显示】按钮 ，进入【显示】命令面板，在【冻结】卷展栏中单击【冻结选定对象】按钮，如图 9-20 所示。

　　　　　　　将某一对象冻结后，将不能对此对象进行编辑，防止设计过程中无意地对其进行修改。

(20) 选择【创建】 ｜【几何体】 ｜【长方体】工具，在【顶】视图中创建一个【长度】、【宽度】、【高度】、【长度分段】和【宽度分段】分别为 100mm、100mm、3800mm、1 和 1 的长方体，将其命名为"主体骨架 - 前左"，如图 9-21 所示。

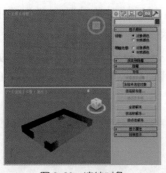

图 9-20　冻结对象

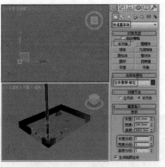

图 9-21　创建长方体

(21) 复制 3 个"主体骨架 - 前左"对象，为它们命名，并将其放置到其他三个角上，如图 9-22 所示。

(22) 选择【创建】 ※ |【几何体】 ◎ |【长方体】工具，在【顶】视图中创建一个【长度】、【宽度】和【高度】为 2800mm、100mm 和 100mm 的长方体，将其命名为"主体骨架 - 横撑右"，如图 9-23 所示。

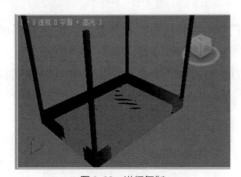

图 9-22　进行复制

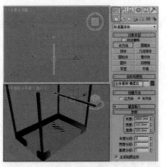

图 9-23　创建"主体骨架 - 横撑右"

(23) 选择【创建】 ※ |【几何体】 ◎ |【长方体】工具，在【顶】视图中创建一个【长度】、【宽度】和【高度】为 1250mm、100mm 和 100mm 的长方体，将其命名为"主体骨架 - 横撑左"并调整位置，如图 9-24 所示。

(24) 选择【创建】 ※ |【几何体】 ◎ |【长方体】工具，在【顶】视图中创建一个【长度】、【宽度】和【高度】为 180mm、100mm 和 3800mm 的长方体，将其命名为"主体骨架 - 门框前 001"，如图 9-25 所示。

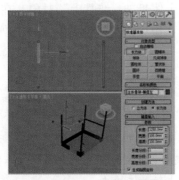

图 9-24　创建"主体骨架 - 横撑左"

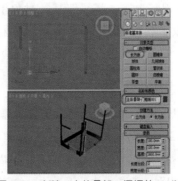

图 9-25　创建"主体骨架 - 门框前 001"

(25) 复制一个"主体骨架 - 门框前 001"对象，将复制后的对象重新命名为"主体骨架 - 门框前 002"，然后在视图中调整其位置，如图 9-26 所示。

(26) 再次复制一个"主体骨架 - 门框前 001"对象，将复制后的对象重新命名为"主体骨架 - 门框左 001"，将"主体骨架 - 门框左 001"对象在【顶】视图中沿 Z 轴旋转 –90°，并调整其位置，效果如图 9-27 所示。

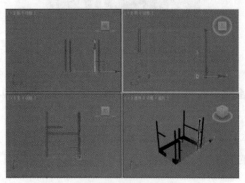

图 9-26　复制对象

图 9-27　复制对象

(27) 使用前面介绍的方法，选择"主体骨架 - 门框左 001"对象进行复制，将复制后的对象重新命名为"主体骨架 - 门框左 002"，然后在视图中调整其位置，如图 9-28 所示。

(28) 单击【显示】按钮 🔲，进入【显示】命令面板，在【冻结】卷展栏中单击【按名称解冻】按钮，在弹出的【解冻对象】对话框中选择【墙基】，单击【解冻】按钮，如图 9-29 所示。

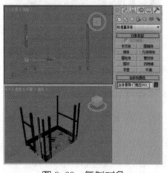

图 9-28　复制对象

图 9-29　选择解冻对象

(29) 即可解冻"墙基"对象，复制一个"墙基"对象，并将新复制的对象重新命名为"主体骨架 - 墙基上"，将"墙基"对象重新冻结。选择"主体骨架 - 墙基上"对象，在【修改】命令面板中右击【UVW 贴图】修改器，在弹出的快捷菜单中选择【删除】命令，如图 9-30 所示。

知识链接

　　【UVW 贴图】修改器控制在对象曲面上如何显示贴图材质和程序材质。贴图坐标指定如何将位图投影到对象上。UVW 坐标系与 XYZ 坐标系相似。位图的 U 和 V 轴对应于 X 和 Y 轴。对应于 Z 轴的 W 轴一般仅用于程序贴图。可在【材质编辑器】对话框中将位图坐标系切换到 VW 或 WU，在这些情况下，位图被旋转和投影，以使其与该曲面垂直。

(30) 选择【编辑样条线】修改器，将【当前】选择集定义为【顶点】，并在场景中对"主体骨架 - 墙基上"对象进行调整，如图 9-31 所示。

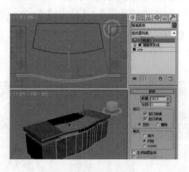

图 9-30　删除贴图

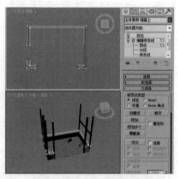

图 9-31　调整顶点

(31) 关闭当前选择集，选择【挤出】修改器，在【参数】卷展栏中将【数量】更改为 100mm，并在视图中调整"主体骨架 - 墙基上"对象的位置，效果如图 9-32 所示。

(32) 选择【创建】 ※ |【图形】 ❷ |【矩形】工具，在【顶】视图中创建一个【长度】和【宽度】分别为 3105mm 和 4300mm 的矩形，将其命名为"主体骨架 - 顶 001"，如图 9-33 所示。

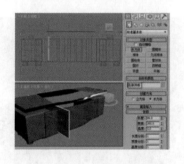

图 9-32　添加【挤出】修改器

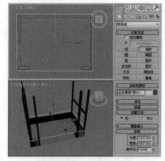

图 9-33　绘制矩形

(33) 切换到【修改】命令面板，在【修改器列表】中选择【编辑样条线】修改器，将当前选择集定义为【样条线】，按 Ctrl+A 组合键选择所有的样条线，然后在【几何体】卷展栏中将【轮廓】设为 230mm，如图 9-34 所示。

(34) 关闭当前选择集，在【修改器列表】中选择【挤出】修改器，在【参数】卷展栏中将【数量】设为 100mm，并在视图中调整"主体骨架 - 顶 001"对象的位置，效果如图 9-35 所示。

图 9-34　设置轮廓

图 9-35　添加【挤出】修改器

(35) 复制一个"主体骨架 - 顶 001"对象，将复制后的对象重新命名为"主体骨架 - 顶 002"，然后将其放置在"主体骨架 - 顶 001"对象的下方，如图 9-36 所示。

(36) 在场景中选择所有的主体骨架对象，然后在菜单栏中选择【组】|【成组】命令，弹出【组】对话框，在该对话框中输入【组名】为"主体骨架"，单击【确定】按钮，如图 9-37 所示。

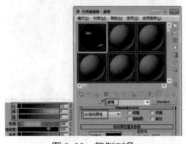

图 9-36　复制对象　　　　　　　　　　　　图 9-37　创建组

(37) 按 M 键打开【材质编辑器】对话框，选择一个新的材质样本球，将其命名为"主体骨架"，在【Blinn 基本参数】卷展栏中将【环境光】和【漫反射】的 RGB 值设为 255、255、255，如图 9-38 所示。设置完成后，单击【将材质指定给选定对象】按钮，将材质指定给"主体骨架"对象。

(38) 选择主体骨架，并将其冻结，如图 9-39 所示。

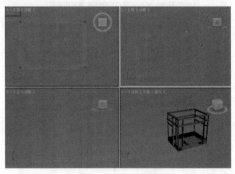

图 9-38　设置主体骨架材质　　　　　　　　图 9-39　冻结对象

(39) 选择【创建】　|【几何体】　|【长方体】工具，在【顶】视图中创建一个【长度】、【宽度】和【高度】分别为 20mm、3870mm 和 20mm 的长方体，然后在其他视图中调整其位置，如图 9-40 所示。

(40) 复制多个新创建的长方体，效果如图 9-41 所示。

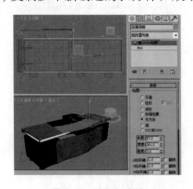

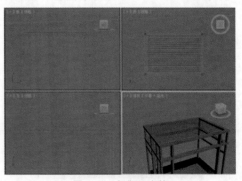

图 9-40　绘制长方体　　　　　　　　　　　图 9-41　复制长方体

(41) 选择【创建】 ■ |【几何体】 ■ |【长方体】工具，在【左】视图中创建一个【长度】、【宽度】和【高度】为20mm、2706mm和20mm的长方体，然后在其他视图中调整其位置，如图9-42所示。

(42) 复制多个新创建的长方体，效果如图9-43所示。

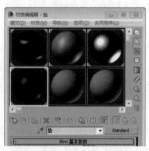

图9-42　创建长方体

图9-43　复制长方体

(43) 根据前面介绍的方法，制作其他栅格对象，效果如图9-44所示

(44) 然后按Ctrl+A组合键选择所有的对象，在菜单栏中选择【组】|【成组】命令，弹出【组】对话框，在该对话框中输入【组名】为"栅格"，单击【确定】按钮，如图9-45所示。

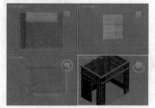

图9-44　制作栅格对象

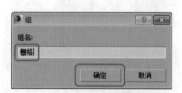

图9-45　创建【栅格】组

(45) 按M键打开【材质编辑器】对话框，选择一个新的材质样本球，将其命名为"金属"，在【明暗器基本参数】卷展栏中将明暗器类型定义为【金属】，在【金属】基本参数卷展栏中将【环境光】的RGB值均设为0，将【漫反射】的RGB值均设为190，将【反射高光】区域中的【高光级别】和【光泽度】分别设为100和80，如图9-46所示。

(46) 打开【贴图】卷展栏，单击【反射】右侧的【无】按钮，在弹出的【材质/贴图浏览器】对话框中双击【位图】贴图，再在弹出的对话框中选择随书附带光盘中的CDROM | Map | HOUSE2.jpg文件，单击【打开】按钮，在【坐标】卷展栏中将【模糊偏移】设为0.1，如图9-47所示。设置完成后，单击【转到父对象】按钮 ■ 和【将材质指定给选定对象】按钮 ■ ，将材质指定给"栅格"对象。

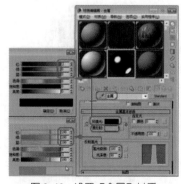

图9-46　设置【金属】材质

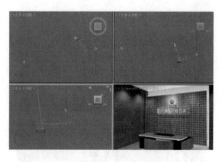

图9-47　设置【反射】贴图

知识链接

　　【金属明暗器】选项是一种比较特殊的渲染方式，专用于金属材质的制作，可以提供金属所需的强烈反光。它取消了【高光反射】色彩的调节，反光点的色彩仅依据于【漫反射】色彩和灯光的色彩。

　　(47) 选择【创建】 ✳ |【几何体】 ⬡ |【长方体】工具，在【左】视图中创建一个【长度】、【宽度】和【高度】分别为 3250mm、2850mm 和 5mm 的长方体，将其命名为"玻璃右"，然后在其他视图中调整其位置，如图 9-48 所示。

　　(48) 按 M 键打开【材质编辑器】对话框，选择一个新的材质样本球，将其命名为"玻璃"，在【Blinn 基本参数】卷展栏中将【环境光】和【漫反射】的 RGB 值设为 63、80、69，将【高光反射】的 RGB 值均设为 255，将【不透明度】设为 40，将【反射高光】区域中的【高光级别】和【光泽度】分别设为 116 和 42，如图 9-49 所示。

图 9-48　创建玻璃右

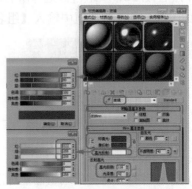

图 9-49　创建【玻璃】材质

　　(49) 打开【贴图】卷展栏，将【不透明度】右侧的【数量】设为 25，然后单击【无】按钮，在弹出的【材质／贴图浏览器】对话框中选择【光线跟踪】贴图，单击【确定】按钮，然后在【光线跟踪器参数】卷展栏中选中【跟踪模式】选项组中的【反射】单选按钮，如图 9-50 所示。

　　(50) 单击【转到父对象】按钮 ⬆，在【贴图】卷展栏中，将【反射】右侧的【数量】设为 25，然后拖动【不透明度】右侧的贴图按钮到【反射】右侧的【无】按钮上，在弹出的【复制（实例）贴图】对话框中选中【实例】单选按钮，然后单击【确定】按钮，即可复制贴图，如图 9-51 所示。设置完成后，单击【将材质指定给选定对象】按钮 ⬈。

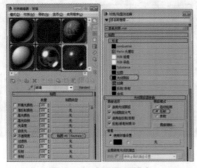

图 9-50　设置不透明度

图 9-51　复制贴图

(51) 用同样的方法，在场景中创建其他玻璃对象，并将【玻璃】材质赋予创建的玻璃对象，如图 9-52 所示。

(52) 将所有的玻璃对象进行编组并进行冻结，选择【创建】 ❂ |【图形】 ⬡ |【线】工具，在【左】视图中创建直线并进行调整，并将其命名为"卷帘门"，如图 9-53 所示。

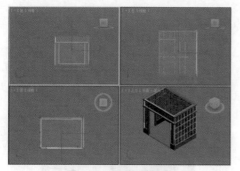

图 9-52　创建玻璃对象

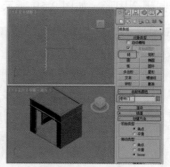

图 9-53　创建曲线

(53) 切换至【修改】命令面板，将当前选择集定义为【样条线】，按 Ctrl+A 键选择所有的样条线，然后在【几何体】卷展栏中将【轮廓】设为 2mm，如图 9-54 所示。

(54) 关闭当前选择集，在【修改器列表】中选择【挤出】修改器，在【参数】卷展栏中将【数量】设为 3000mm，如图 9-55 所示。

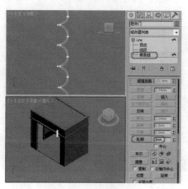

图 9-54　设置轮廓

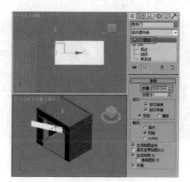

图 9-55　添加【挤出】修改器

(55) 对创建的"卷帘门"对象进行调整，如图 9-56 所示。

(56) 复制一个"卷帘门"对象，将复制后的对象重新命名为"卷帘门左"，并将"卷帘门左"对象在【顶】视图中沿 Z 轴旋转 180°，如图 9-57 所示。

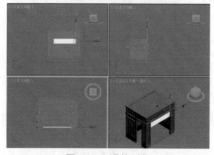

图 9-56　调整对象

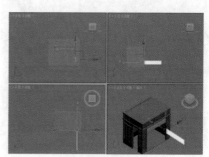

图 9-57　复制对象

(57) 确定"卷帘门左"对象处于选中状态，切换至【修改】命令面板，选择【挤出】修改器，在【参数】卷展栏中将【数量】更改为1100mm，并在其他视图中调整其位置，如图9-58所示。然后将【金属】材质赋予创建的卷帘门对象。

(58) 将创建的"卷帘门"对象进行冻结，选择【创建】 ✳ |【图形】 🔾 |【线】工具，在【左】视图中绘制闭合图形，如图9-59所示。

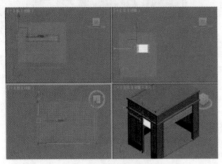
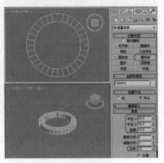

图9-58　调整位置并赋予材质　　　　　　　　　图9-59　绘制图形

(59) 对绘制的图像进行复制，并在视图中调整位置，如图9-60所示。

(60) 同时选择新绘制的3个闭合图形，切换至【修改】命令面板，在【修改器列表】中选择【挤出】修改器，在【参数】卷展栏中将【数量】设为4256mm，可以根据绘制不同的图形设置不同数量，如图9-61所示。

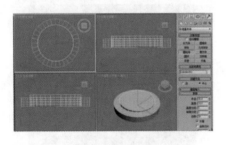
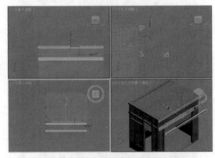

图9-60　复制对象　　　　　　　　　　图9-61　添加【挤出】修改器

(61) 选择【创建】 ✳ |【图形】 🔾 |【弧】工具，在【左】视图中绘制圆弧，如图9-62所示。

(62) 切换到【修改】命令面板，在【修改器列表】中选择【挤出】修改器，在【参数】卷展栏中将【数量】设为20mm，如图9-63所示。

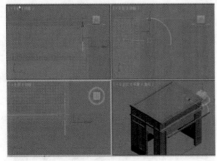
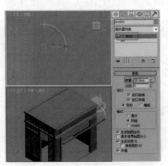

图9-62　绘制圆弧　　　　　　　　　　图9-63　添加【挤出】修改器

(63) 选择【创建】 |【几何体】 ◯ |【长方体】工具，在【左】视图中创建一个【长度】、【宽度】和【高度】分别为611.917mm、20mm和20mm的长方体，其中长度可以根据不同图形对象进行设置不同的数量，这里将【长度】设为611.917即可达到效果，如图9-64所示。

(64) 使用同样的方法，在场景中创建其他长方体和圆弧对象，如图9-65所示。

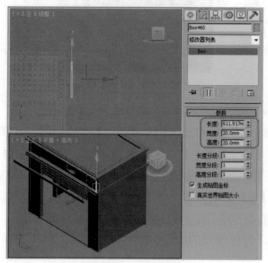

图9-64 创建长方体

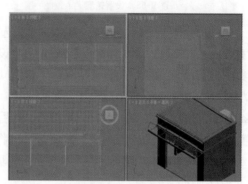

图9-65 绘制对象

(65) 选择所有新创建的闭合图形、圆弧和长方体，在菜单栏中选择【组】|【成组】命令，弹出【组】对话框，在该对话框中输入【组名】为"遮阳骨架"，单击【确定】按钮，如图9-66所示。即可将选择的对象成组，然后将【金属】材质赋予创建的"遮阳骨架"对象。

(66) 选择【创建】 |【图形】 ◯ |【弧】工具，在【左】视图中绘制圆弧，将其命名为"遮阳玻璃罩"，如图9-67所示。

图9-66 成组对象

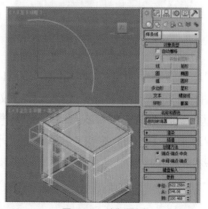

图9-67 绘制圆弧

(67) 切换至【修改】命令面板，在【修改器列表】中选择【编辑样条线】修改器，将当前选择集定义为【样条线】，按Ctrl+A组合键选择所有的样条线，然后在【几何体】卷展栏中将【轮廓】设为9mm，如图9-68所示。

(68) 关闭当前选择集，在【修改器列表】中选择【挤出】修改器，在【参数】卷展栏中将【数量】设为4225.5mm，如图9-69所示。

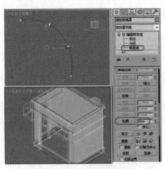

图 9-68　设置轮廓

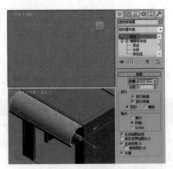

图 9-69　添加【挤出】修改器

(69) 按 M 键打开【材质编辑器】对话框，选择一个新的材质样本球，将其命名为"遮阳玻璃罩"，在【Blinn 基本参数】卷展栏中将【不透明度】设为 85，将【反射高光】区域中的【高光级别】和【光泽度】分别设为 5 和 25，打开【贴图】卷展栏，单击【漫反射颜色】右侧的【无】按钮，在弹出的【材质 / 贴图浏览器】对话框中双击【位图】贴图，再在弹出的对话框中选择随书附带光盘中的 CDROM | Map | 玻璃 .jpg 文件，单击【打开】按钮。然后在【坐标】卷展栏中将【角度】下的 W 值设为 90。设置完成后，单击【转到父对象】按钮 和【将材质指定给选定对象】按钮 ，如图 9-70 所示。

(70) 选择创建的"遮阳骨架"和"遮阳玻璃罩"进行位置的调整，将制作好的对象进行保存，如图 9-71 所示。

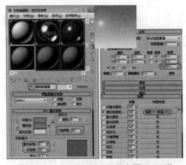

图 9-70　创建【遮阳玻璃罩】材质

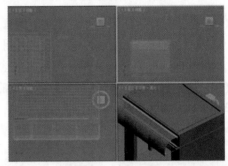

图 9-71　调整位置

(71) 打开随书附带光盘中的 CDROM | Scenes | Cha09 | 售货亭的制作背景 .Max 文件，单击系统图标，在弹出的下拉列表中选择【文件】|【导入】|【合并】命令，弹出【合并文件】对话框，选择 CDROM | Scenes | Cha09 | 售货亭的制作 .max 文件，如图 9-72 所示。

(72) 单击【打开】按钮，在弹出的对话框中单击【全部】按钮，然后再单击【确定】按钮，如图 9-73 所示。

图 9-72　合并文件

图 9-73　选择合并文件

(73) 选择导入的所有文件进行编组，并适当调整位置，如图 9-74 所示。

(74) 激活【摄影机】视图，对其进行渲染查看效果，如图 9-75 所示。

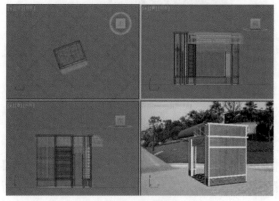

图 9-74　调整位置

图 9-75　完成后的效果

案例精讲 085　使用挤出修改器制作户外休闲椅

案例文件：CDROM | Scenes | Cha09 | 使用挤出修改器制作户外休闲椅 OK.max

视频文件：视频教学 | Cha09 | 使用挤出修改器制作户外休闲椅 .avi

制作概述

户外休闲椅是户外供路人休息的一种产品。随着时代的发展，户外休闲椅已经步入大多数中小城市，成为城市的一道亮丽风景线，为人们带来了便利，使环境更加和谐。本例将介绍如何制作户外休闲椅，效果如图 9-76 所示。

图 9-76　户外休闲椅

学习目标

学会如何制作户外休闲椅。

掌握【线】、【长方体】工具的使用，以及【挤出】修改器和【UVW 贴图】修改器的使用。

操作步骤

(1) 启用 3ds Max 2014 软件，新建一个空白场景，选择【创建】|【图形】|【样条线】，在【对象类型】卷展栏中选择【线】工具，激活【左】视图，在该视图中创建一个如图 9-77 所示的轮廓。并将其命名为"支架"。

(2) 切换至【修改】命令面板 ，在【修改器列表】中选择【挤出】修改器，在【参数】卷展栏中将【数量】设置为 2000，如图 9-78 所示。

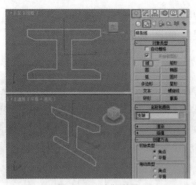

图 9-77　绘制截面

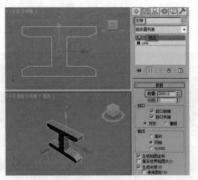

图 9-78　添加【挤出】修改器

（3）激活【左】视图，选择【创建】|【几何体】|【标准基本体】|【长方体】工具，在【左】视图中创建一个长方体，在【参数】卷展栏中将【长度】设置为 1250、【宽度】设置为 2000、【高度】设置为 –38250，并将其重命名为"横枨"，在视图中调整其位置，如图 9-79 所示。

（4）调整完成后，在视图中选择"支架"对象，激活【前】视图，使用【选择并移动】工具 ✛，按住 Shift 键的同时向右进行拖曳，至"横枨"适当位置处释放鼠标，打开【克隆选项】对话框，在【对象】区域下选中【复制】单选按钮，将【副本数】设置为 1，如图 9-80 所示。

图 9-79　绘制长方体

图 9-80　对对象进行复制

（5）激活【顶】视图，在场景中选择"横枨"对象，按 Shift 键的同时沿 Y 轴向上拖曳，打开【克隆选项】对话框，在【对象】区域下选中【复制】按钮，将【副本数】设置为 1，如图 9-81 所示。

（6）激活【左】视图，选择【创建】|【几何体】工具，在【对象类型】卷展栏中选择【长方体】工具，在该视图中创建一个长方体，在【参数】卷展栏中将【长度】设置为 1250、【宽度】设置为 12500、【高度】设置为 –1550，并将其重命名为"横木"，如图 9-82 所示。

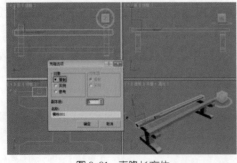

图 9-81　克隆长方体

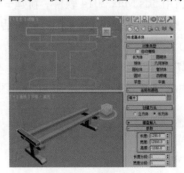

图 9-82　创建长方体

(7) 在场景中选择"横木"对象，在视图中将其调整至合适的位置，激活【顶】视图，在【顶】视图中按住 Shift 键的同时沿 X 轴拖曳，至合适的位置后释放鼠标，在弹出的对话框中将【副本数】设置为 18，如图 9-83 所示。

(8) 在场景中选择所有的对象，在菜单栏中选择【组】|【成组】命令，弹出【组】对话框，在该对话框中将其命名为"休闲椅"，如图 9-84 所示。

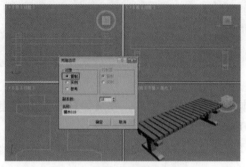

图 9-83　选择【复制】单选按钮

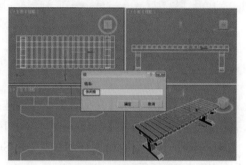

图 9-84　将对象成组

(9) 确认"休闲椅"对象处于被选择的状态下，切换至【修改】命令面板，在【修改器】列表中选择【UVW 贴图】修改器，在【参数】卷展栏中选择【长方体】选项，将【长度】设置为 12663、【宽度】设置为 38538、【高度】设置为 10337，如图 9-85 所示。

(10) 按 M 键，打开【材质编辑器】对话框，选择一个空白材质球，将其重命名为"休闲椅"，在【明暗器基本参数】卷展栏中将类型设置为 Blinn，将【Blinn 基本参数】卷展栏下的【高光级别】设置为 29、【光泽度】设置为 30，如图 9-86 所示。

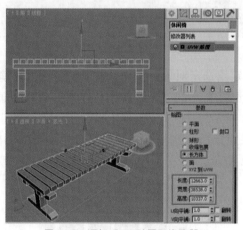

图 9-85　添加【UVW 贴图】修改器

图 9-86　设置参数

(11) 展开【贴图】卷展栏，单击【漫反射颜色】右侧的【无】按钮，在弹出的对话框中选择【位图】选项，单击【打开】按钮，在弹出的对话框中选择随书附带光盘中的 CDROM | Map | 017chen.jpg 文件，如图 9-87 所示。

(12) 单击【打开】按钮，然后单击【转到父对象】按钮，在该对话框中单击【将材质指定给选定对象】按钮，然后单击【在视口中显示标准贴图】按钮，即可为场景中的对象赋予材质，如图 9-88 所示。

图 9-87　选择位图

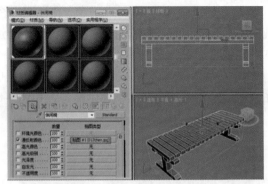

图 9-88　将材质指定给选定对象

(13) 选择【创建】|【几何体】|【标准基本体】|【平面】工具，在【顶】视图中创建平面，将【长度】、【宽度】分别设置为 69814、65000，如图 9-89 所示。

(14) 选择一个空白的材质样本球，单击 Standard 按钮，在弹出的对话框中选择【无光/投影】选项，如图 9-90 所示。

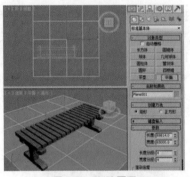

图 9-89　创建平面

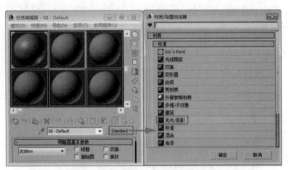

图 9-90　选择【无光／投影】选项

(15) 确定平面处于选择状态，单击【将材质指定给选定对象】按钮，按 8 键打开【环境和效果】卷展栏，选择【环境】选项卡，单击【环境贴图】下的【无】按钮，在弹出的对话框中选择【位图】选项，单击【确定】按钮，如图 9-91 所示。

(16) 弹出【选择位图图像文件】对话框，在该对话框中选择随书附带光盘中的 CDROM | Map | 10017987.jpg，单击【打开】按钮，如图 9-92 所示。

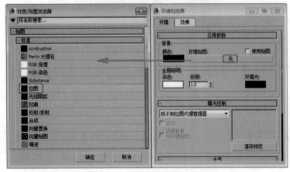

图 9-91　选择【位图】选项

图 9-92　【选择位图图像文件】对话框

(17) 单击【打开】按钮，然后将其拖曳至一个空白的材质样本球上，在弹出的对话框中选中【实例】单选按钮，单击【确定】按钮，然后在【坐标】卷展栏中将【贴图】设置为【屏幕】，如图 9-93 所示。

(18) 激活【透视】视图，在菜单栏中选择【视图】|【视口背景】|【环境背景】命令，对【透视】视图渲染一次观看效果，如图 9-94 所示。

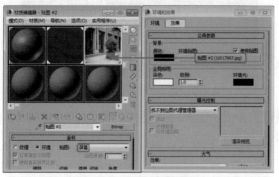

图 9-93 设置环境背景

图 9-94 渲染效果

(19) 选择【创建】|【摄影机】|【目标】，在【顶】视图中创建摄影机，然后激活【透视】视图，在视图中调整摄影机的位置，如图 9-95 所示。

(20) 选择【创建】|【灯光】|【目标聚光灯】工具，在【顶】视图中创建目标聚光灯，在各个视图中调整目标聚光灯的位置，如图 9-96 所示。

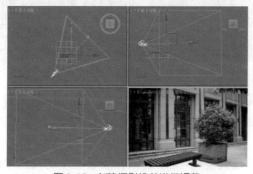

图 9-95 创建摄影机并进行调整

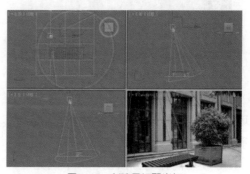

图 9-96 创建目标聚光灯

(21) 进入【修改】命令面板，在【常规参数】卷展栏中选中【阴影】选项组中的【启用】复选框，将阴影类型设置为【光线跟踪阴影】，展开【阴影参数】卷展栏，将【密度】设置为 0.2，在【聚光灯参数】卷展栏中选中【泛光灯】复选框，在【强度 / 颜色 / 衰减】卷展栏中将【倍增】设置为 0.5，如图 9-97 所示。然后在各个视图中调整灯光的位置，如图 9-98 所示。

图 9-97 设置参数

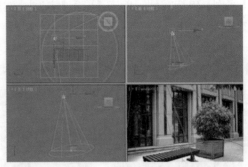

图 9-98 调整灯光的位置

(22) 创建完成后，再次创建一个聚光灯，在【强度/颜色/衰减】卷展栏中将【倍增】设置为 0.4，如图 9-99 所示。然后调整灯光的位置，如图 9-100 所示。

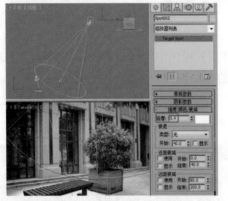

图 9-99 再创建一盏目标聚光灯

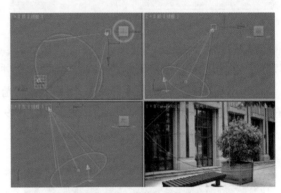

图 9-100 调整灯光的位置

(23) 选择【创建】|【灯光】|【标准】，在【对象类型】卷展栏中选择【泛光灯】工具，在场景中创建一个泛光灯，并将其【强度/颜色/衰减】卷展栏中的【倍增】设置为 0.2，如图 9-101 所示。

(24) 使用同样的方法创建一个泛光灯，并将其【强度/颜色/衰减】卷展栏中的【倍增】设置为 0.4，然后在场景中调整泛光灯的位置，如图 9-102 所示。

图 9-101 创建泛光灯并进行调整

图 9-102 调整泛光灯

(25) 至此，户外休闲椅就制作完成了，激活【摄影机】视图，对该视图进行渲染即可。

案例精讲 086　使用弯曲修改器制作户外躺椅

案例文件：CDROM | Scenes | Cha09 | 使用弯曲修改器制作户外躺椅 OK.max

视频文件：视频教学 | Cha09 | 使用弯曲修改器制作户外躺椅 .avi

制作概述

本例将介绍户外躺椅的制作。户外躺椅制作时，主要应用【编辑样条线】、【弯曲】、【挤出】、【倒角】等工具对图形进行编辑和修改，最后通过使用【天光】和【泛光灯】工具来表现最终效果，完成后的效果如图 9-103 所示。

图 9-103　户外躺椅

学习目标

学会如何制作户外躺椅。

掌握【编辑样条线】、【弯曲】、【挤出】、【倒角】工具的使用。

操作步骤

(1) 选择【创建】 ※ |【图形】 ◎ |【样条线】|【矩形】工具，在【顶】视图中绘制一个矩形，在【名称和颜色】卷展栏中将其命名为"躺椅支架"，将【参数】卷展栏中的【长度】、【宽度】、【角半径】分别设置为 90、210、10，在【渲染】卷展栏中选中【在渲染中启用】和【在视口中启用】复选框，并将【径向】下的【厚度】设置为 5，如图 9-104 所示。

(2) 选择【修改】按钮，单击【修改器列表】，在弹出的列表中选择【编辑样条线】修改器，将选择集定义为【分段】，在视口中选择水平的线段，在【几何体】卷展栏中，将【拆分】后的数值设置为 100，并单击【拆分】按钮，设置完成后将【分段】关闭，效果如图 9-105 所示。

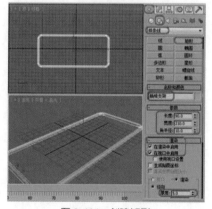

图 9-104　创建矩形

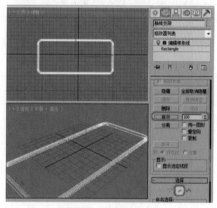

图 9-105　设置拆分参数

(3) 选择【修改】按钮，在【修改器列表】中选择【弯曲】修改器，选中 Bend，在【参数】卷展栏中将【弯曲】下的【角度】设置为 –55，将【弯曲轴】设置为 X，设置完成后将 Bend 关闭，效果如图 9-106 所示。

(4) 在工具栏中选择【材质编辑器】按钮，在弹出的【材质编辑器】对话框中选择一个新

的材质样本球，并将其名称设置为"金属"，在【明暗器基本参数】卷展栏中选择【金属】，在【金属基本参数】卷展栏中单击 按钮将其状态关闭，将【环境光】设置为黑色，将【漫反射】设置为白色，将【反射高光】下的【高光级别】设置为100，将【光泽度】设置为80，在【贴图】卷展栏中单击【反射】后面的【无】按钮，在弹出的【材质/贴图浏览器】对话框中选择【位图】选项，在弹出的对话框中选择随书附带光盘中的 CDROM | Map | BXG.jpg 文件。进入到【反射】层次级，将【输出】卷展栏中的【输出量】设置为1.2，设置完成后，单击【转到父对象】按钮，单击【将材质指定该选定对象】按钮，将设置的材质指定给"躺椅支架"对象，效果如图 9-107 所示。

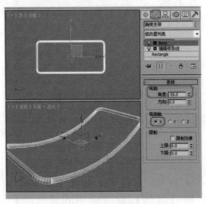

图 9-106　设置【弯曲】参数

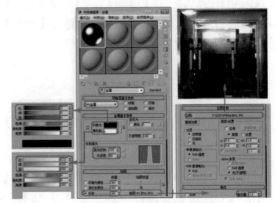

图 9-107　设置金属材质

(5) 激活【前】视图，在工具栏中选择【选择并旋转】和【角度捕捉切换】工具，对刚刚绘制的躺椅支架，沿 Z 轴旋转 –5°，效果如图 9-108 所示。

(6) 选择【创建】|【图形】|【样条线】|【线】工具，在【前】视图中绘制一条线段，将其命名为"躺椅垫"，在【渲染】卷展栏中取消选中【在渲染中启用】和【在视口中启用】复选框，效果如图 9-109 所示。

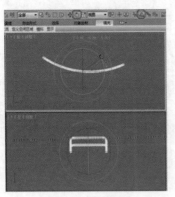

图 9-108　旋转图形

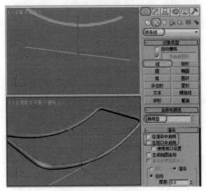

图 9-109　创建线段

(7) 单击【修改】按钮，进入到【修改】命令面板，将当前选择集设置为【顶点】，并运用【优化】和【平滑】命令将线段进行调整，效果如图 9-110 所示。

(8) 将当前选择集定义为【样条线】，在【几何体】卷展栏中将【轮廓】设置为0.33，效果如图 9-111 所示。

图 9-110　调整顶点

图 9-111　设置轮廓

(9) 选择【修改】|【修改器列表】|【挤出】修改器，在【参数】卷展栏中将【数量】设置为 70，并使用【选择并移动】工具，将其移动到适当位置，效果如图 9-112 所示。

(10) 选择【创建】|【图形】|【样条线】|【矩形】命令，在【顶】视图中创建矩形，并将其命名为"躺椅枕"，在【参数】卷展栏中将【长度】、【宽度】、【角半径】分别设置为65、35、5，如图 9-113 所示。

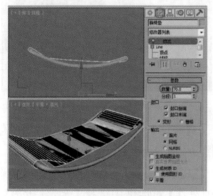

图 9-112　设置【挤出】参数

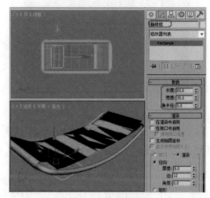

图 9-113　创建矩形

(11) 选择【修改】|【修改器列表】|【倒角】修改器，在【倒角值】卷展栏中将【级别 1】选项组中的【高度】和【轮廓】分别设置为 0.5 和 0.2，选中【级别 2】复选框，将【级别 2】选项组中的【高度】设置为 2，选中【级别 3】复选框，将【级别 3】中的【高度】和【轮廓】分别设置为 0.5、–0.2，设置完成后使用【选择并移动】工具将其移动到适当位置，使用【选择并旋转】工具，将其进行旋转，效果如图 9-114 所示。

(12) 在工具栏中选择【材质编辑器】按钮，在【材质编辑器】对话框中选择一个新的材质样本球，并将其命名为"布料"，在【贴图】卷展栏中，单击【漫反射颜色】后面的【无】按钮，打开【材质 / 贴图浏览器】对话框，选择【衰减】选项，进入漫反射颜色层级面板，在【衰减参数】卷展栏中将【前：侧】选项组中前颜色块的 RGB 值设置为 255、152、0，在【混合曲线】中创建【点】，并移动其位置，然后返回【父级材质面板】，单击【将材质指定给选定对象】按钮，将材质指定给场景中的"躺椅垫"和"躺椅枕"对象，如图 9-115 所示。

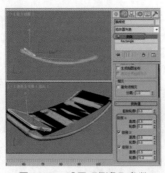

图 9-114　设置【倒角】参数

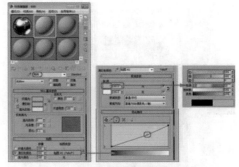

图 9-115　设置材质

(13) 使用同样的方法再绘制一个躺椅效果，如图 9-116 所示。

(14) 选择【创建】|【摄影机】|【标准】|【目标】工具，在【顶】视图中的物体的右下方创建摄影机，并将其【镜头】设置为 28，在【前】视图中调整摄影机的位置，效果如图 9-117 所示。按 C 键将【透视】图转换为【摄影机】视图，按 Shift+F 组合键为【摄影机】视图添加安全框。

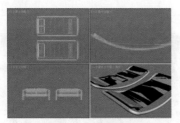

图 9-116　绘制躺椅

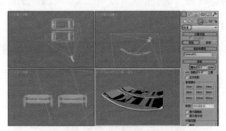

图 9-117　创建摄影机

(15) 选择【创建】|【几何体】|【标准基本体】|【平面】工具，在【顶】视图中创建一个【长度】为 800、【宽度】为 800 的平面，效果如图 9-118 所示。

(16) 在工具栏中选择【材质编辑器】，在弹出的【材质编辑器】对话框中选择一个新的材质样球，单击 Standard 按钮，在弹出的【材质/贴图浏览器】对话框中选择【无光/投影】贴图，单击【将材质指定给选定对象】按钮，将材质指定给场景中的平面对象，效果如图 9-119 所示。

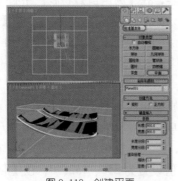

图 9-118　创建平面

图 9-119　设置材质

(17) 选择【创建】|【灯光】|【标准】|【天光】工具，在【顶】视图中创建天光，在【前】视图中调整灯光的位置，如图 9-120 所示。

(18) 按 F10 键，弹出【渲染设置】对话框，切换至【高级照明】选项卡，在【选择高级照

明】卷展栏中将照明类型定义为【光跟踪器】，在【参数】卷展栏中将【光线 / 采样】设置为
350，将【附加环境光】的 RGB 值均设置为 29，如图 9-121 所示。

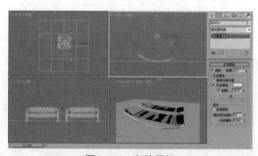

图 9-120 创建天灯

图 9-121 设置【高级照明】参数

(19) 选择【创建】|【灯光】|【标准】|【泛光灯】工具，在【顶】视图中创建一盏泛光灯，
在【强度 / 颜色 / 衰减】卷展栏中将【倍增】设置为 0.3，在【前】视图中调整灯光的位置，如图 9-122
所示。

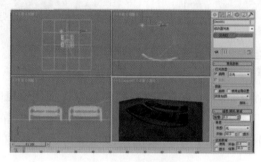

图 9-122 创建泛光灯

案例精讲 087 使用编辑网格修改器制作户外秋千

✎ 案例文件：CDROM | Scenes | Cha09 | 使用编辑网格修改器制作户外秋千 OK.max

💿 视频文件：视频教学 | Cha09 | 使用编辑网格修改器制作户外秋千 .avi

制作概述

本例将介绍如何使用【编辑网格】修改器制作户外秋千。
在制作户外秋千时，主要使用【线】、【圆】、【切角长方体】、
【切角圆柱体】等工具创建图形，再使用【编辑网格】等修改
器对图形进行编辑和修改，最后使用【目标聚光灯】和【泛光
灯】来表现最终效果。完成后的效果如图 9-123 所示。

学习目标

图 9-123 户外秋千

学会如何使用【编辑网格】修改器制作户外秋千。
掌握【编辑网格】、【镜像】等工具的使用。

操作步骤

(1) 在菜单栏中选择【自定义】|【单位设置】命令，在弹出的【单位设置】对话框中选中
【公制】单选按钮，并将单位设置为【厘米】，效果如图 9-124 所示。

(2) 选择【创建】|【几何体】|【长方体】工具，在【左】视图中创建一个【长度】为
200cm、【宽度】为 7cm、【高度】为 7cm 的长方体，并将其命名为"支架 1"，如图 9-125 所示。

图 9-124 设置单位设置

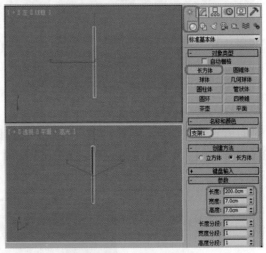

图 9-125 创建长方体

(3) 切换到【修改】命令面板，在【修改器列表】中选择【编辑网格】修改器，将当前选
择集定义为【顶点】，在工具栏中选择上面的一组点，在工具栏中右击【选择并移动】工具，
在弹出的对话框中将【偏移：屏幕】下的 X 的参数设置为 80，如图 9-126 所示将点沿着 X 轴
移动 80cm。

(4) 在【左】视图中选择"支架 1"对象，在工具栏中选择【镜像】工具，在弹出的对话中将【镜
像轴】设置为 X，将【偏移】参数设置为 142cm，在【克隆当前选择】区域中选中【复制】单
选按钮，单击【确定】按钮，在【顶】视图中调整模型的位置，如图 9-127 所示。

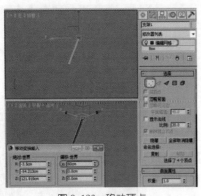

图 9-126 移动顶点

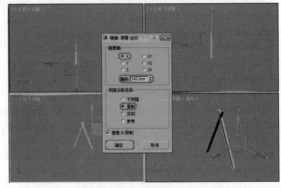

图 9-127 镜像长方体

(5) 选择【创建】|【几何体】|【长方体】工具，在【左】视图中创建一个【长度】为
2cm、【宽度】为 112cm、【高度】为 2cm 的长方体，并将其命名为"支架横"，如图 9-128 所示。

(6) 在场景中选择"支架横"对象，切换到【修改】命令面板，在【修改器列表】中选择【编

辑网格】修改器，将当前选择集定义为【顶点】，在【顶】视图和【左】视图中调整点的位置，如图 9-129 所示。

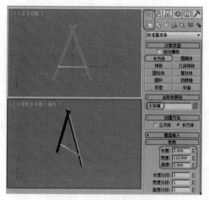

图 9-128　创建长方体

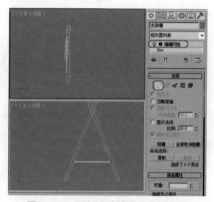

图 9-129　添加【编辑网格】修改器

(7) 选择【创建】|【几何体】|【扩展基本体】|【切角长方体】工具，在【左】视图中创建一个【长度】为 9.0cm、【宽度】为 5.0cm、【高度】为 198.0cm、【圆角】为 2.0cm 的切角长方体，并将其【长度分段】设置为 3、【宽度分段】设置为 3、【高度分段】设置为 1、【圆角分段】设置为 4，然后在场景中调整其位置，将其命名为"摇椅上"，如图 9-130 所示。

(8) 在场景中选择两个支架和"支架横"对象，并将它们成组，激活【左】视图，然后在工具栏中选择【镜像】工具，在弹出的对话框中选择【镜像轴】为 Z，将【偏移】参数设置为 195cm，在【克隆当前选择】选项组中选中【复制】单选按钮，单选【确定】按钮，并在【顶】视图中适当地调整其位置，如图 9-131 所示。

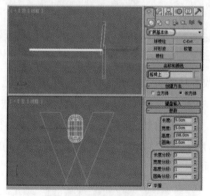

图 9-130　创建切角长方体

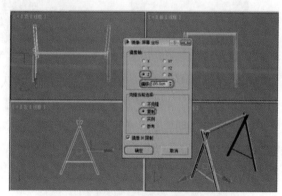

图 9-131　镜像复制图形

(9) 接下来为摇椅制作挂钩，选择【创建】|【图形】|【线】和【圆】工具，在场景中创建可渲染的样条线，并设置其【厚度】，然后再调整它们相应的位置，如图 9-132 所示。

(10) 选择【创建】|【几何体】|【扩展基本体】|【切角圆柱体】工具，在【顶】视图中创建一个【半径】为 1.6、【高度】为 8、【圆角】为 0.2、【圆角分段】为 3、【边数】为 30、【端面分段】为 2 的切角圆柱体，作为挂钩的中心部分，如图 9-133 所示。

(11) 然后复制之前绘制的挂钩上半部分，制作挂钩的下半部分，完成后的效果如图 9-134 所示。最后可以将挂钩对象成组，命名为"挂钩"，以便于操作。

(12) 选择【创建】|【图形】|【线】工具，在【左】视图中创建一个支架的截面图形，

将其命名为"秋千架"，并切换到【修改】命令面板，在【修改器列表】中选择【挤出】修改器，在【参数】卷展栏中将【数量】参数设置为7.0cm，如图9-135所示。

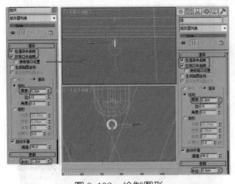

图9-132　绘制图形

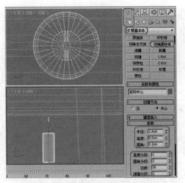

图9-133　创建切角圆柱体

（13）选择【创建】|【几何体】|【扩展基本体】|【切角长方体】工具，在【左】视图中创建一个【长度】为7cm、【宽度】为82cm、【高度】为7cm、【圆角】为0.2cm、【圆角分段】为4的切角长方体，并将其命名为"秋千支架横"，如图9-136所示。

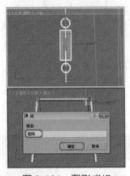

图9-134　图形成组

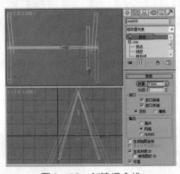

图9-135　创建闭合线

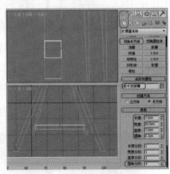

图9-136　创建切角长方体

（14）在场景中选择"秋千支架横"对象，进入【修改】命令面板，在【修改器列表】中选择【编辑网格】修改器，将当前选择集定义为【顶点】，在场景中调整点的位置，如图9-137所示。

（15）选择【创建】|【几何体】|【扩展基本体】|【切角长方体】工具，在【顶】视图中创建【长度】为7.0cm、【宽度】为130.0cm、【高度】为2.0cm、【圆角】为0.3cm的切角长方体，再对其进行复制作为秋千的座，如图9-138所示。

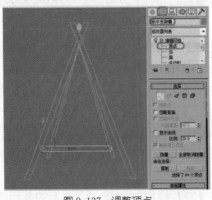

图9-137　调整顶点

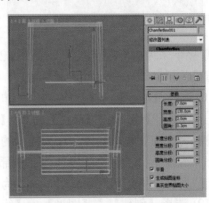

图9-138　添加【编辑网格】修改器

(16) 在场景中选择所有作为秋千座的切角长方体，并将它们成组，在【左】视图中使用【选择并旋转】工具旋转摇椅的角度，并使用【选择并移动】工具调整其位置，选择"秋千支架横"复制出"秋千支架横 001"对象并在场景中调整好其形状及位置，如图 9-139 所示。

(17) 然后使用【切角长方体】工具创建"靠背竖"对象，并对其施加【编辑网格】修改器，将当前选择集定义为【顶点】，对顶点进行调整并复制模型，并调整好其位置，形成如图 9-140 所示的效果。

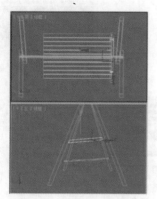

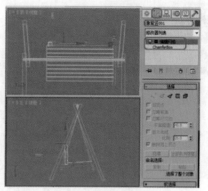

图 9-139　选择并复制对象　　　　　　　　　图 9-140　创建切角长方体

(18) 使用制作"座"的方法制作出"靠背"的效果，如图 9-141 所示。

(19) 将"秋千架"、"秋千支架横"和"秋千支架横 001"成组，命名为"秋千侧支架"，再选择上面制作的"挂钩"，对两者进行复制，并在场景中调整好其位置。最后再使用创建的球体作为"秋千"的装饰钉，如图 9-142 所示。

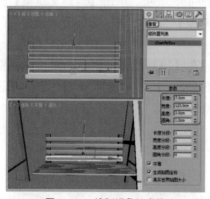

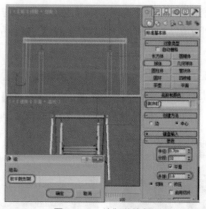

图 9-141　绘制切角长方体　　　　　　　　　图 9-142　绘制装饰钉

(20) 在场景中选择除"挂钩"和"装饰钉"以外的对象，在工具栏中单击【材质编辑器】工具打开【材质编辑器】面板，选择一个新的材质样本球，并将其命名为"木秋千"，在【贴图】卷展栏中选择【漫反射颜色】通道后面的【无】按钮，在弹出的【材质/贴图浏览器】对话框中选择【位图】贴图，单击【确定】按钮，再在打开的对话框中选择随书附带光盘中的 CDROM | Map | 赤扬杉 -9.JPG 文件，单击【打开】按钮，进入漫反射颜色贴图通道，单击【转到父对象】按钮，回到父级材质面板，再单击【将材质指定给选定对象】按钮，将材质指定给场景中的选择对象，效果如图 9-143 所示。

(21) 在场景中选择"挂钩"和"装饰钉"对象，在材质面板中选择一个新的材质样本球，并将其命名为"挂钩/装饰钉"，在【明暗器基本参数】卷展栏中将阴影模式定义为【金属】，在【金属基本参数】卷展栏中将【环境光】的 RGB 值均设置为 0，将【漫反射】的 RGB 值均设置为 255，将【反射高光】区域中的【高光级别】和【光泽度】参数分别设置为 100 和 80，如图 9-144 所示。

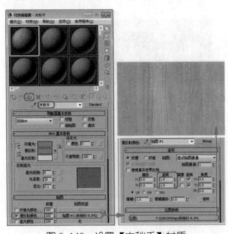

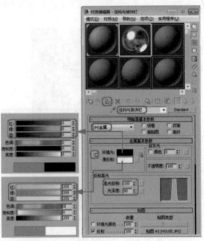

图 9-143 设置【木秋千】材质 图 9-144 设置【挂钩/装饰钉】材质

(22) 在【贴图】卷展栏中选择【反射】通道后面的【无】按钮，在弹出的【材质/贴图浏览器】对话框中选择【位图】贴图，单击【确定】按钮，再在弹出的对话框中选择随书附带光盘中的 CDROM | Map | HOUSE.JPG 文件，单击【打开】按钮，进入漫反射颜色贴图层级。在【坐标】卷展栏中将【模糊偏移】参数设置为 0.086，如图 9-145 所示，单击【转到父对象】按钮，返回到父级材质面板，并再单击【将材质指定给选定对象】按钮，将材质指定给场景中的选择对象。

(23) 选择【创建】|【摄影机】|【目标】工具，在【顶】视图中创建一架目标摄影机，并在其他视图中调整其位置，在【参数】卷展栏中将【镜头】参数设置为 42，激活【透视】视图，并按 C 键将其转换为【摄影机】视图，如图 9-146 所示。

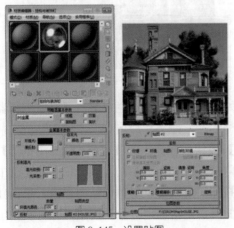

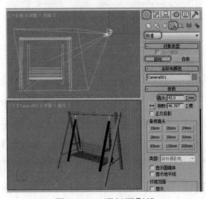

图 9-145 设置贴图 图 9-146 添加摄影机

(24) 选择【创建】|【灯光】|【目标聚光灯】工具，在【顶】视图中创建一盏目标聚光灯，来照亮场景，并在【左】视图中调整其角度，在【常规参数】卷展栏中选中【阴影】下的【启用】复选框，并把阴影设置为【光线跟踪阴影】，在【强度/颜色/衰减】卷展栏中将【倍增】参数设置为 1，根据图 9-147 所示进行设置。

(25) 使用【长方体】工具，创建【长度】为 400cm、【宽度】为 350cm、【高】为 1cm 的地面，在工具栏中单击【材质编辑器】按钮，在打开的对话框中单击 Standard 按钮，在弹出的【材质/贴图浏览器】对话框中选择【无光/投影】材质，使用默认属性，单击【将材质指定给选定对象】按钮，将绘制的材质指定给绘制的长方体，如图 9-148 所示。

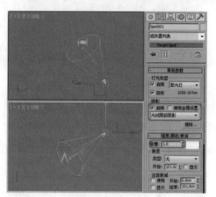

图 9-147　创建目标聚光灯

图 9-148　创建长方体并设置材质

(26) 使用【灯光】中的【泛光】在视图中创建一个泛光灯，取消选中【常规参数】卷展栏中【阴影】下的【启用】复选框，将【强度/颜色/衰减】卷展栏中的【倍增】设置为 0.2，并使用【选择并移动】工具对其进行移动，效果如图 9-149 所示。

(27) 继续使用【泛光】工具在视图中创建泛光灯，取消选中【常规参数】卷展栏中【阴影】下的【启用】复选框，单击【排除】按钮，在弹出的对话框中，选择左侧的 Box001 并单击中间的 >> 按钮，将其转移到右侧，设置完成后单击【确定】按钮，在【强度/颜色/衰减】卷展栏中将【倍增】设置为 0.5，如图 9-150 所示。

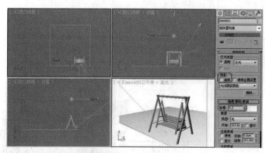

图 9-149　创建泛光灯

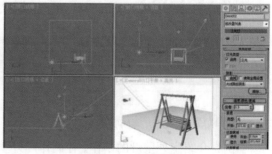

图 9-150　创建泛光灯

(28) 再次使用【泛光】工具在视图中创建泛光灯，取消选中【常规参数】卷展栏中【阴影】下的【启用】复选框，单击【排除】按钮，在弹出的对话框中，选择左侧的除 Box001 之外的所有模型，并单击中间的 >> 按钮，将其转移到右侧，设置完成后单击【确定】按钮，将【强度/颜色/衰减】卷展栏中将【倍增】设置为 0.5，如图 9-151 所示。

(29) 按 8 键，弹出【环境和效果】对话框，在【公用参数】卷展栏中单击【环境贴图】下

的【无】按钮，在弹出的【材质/贴图浏览器】对话框中选择【位图】选项，在弹出的对话框中选择随书附带光盘中的 CDROM | MAP | 0013-1.jpg 文件，在工具栏中单击【材质编辑器】按钮，在弹出的【材质编辑器】对话框中选择一个新的材质样本球，将【环境和效果】中的贴图拖曳到刚选择的材质样本球上，并将【坐标】卷展栏中的【贴图】设置为【屏幕】，如图 9-152 所示。

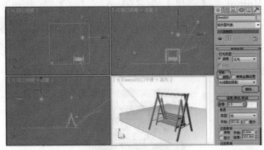

图 9-151 创建泛光灯

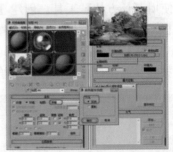

图 9-152 添加环境贴图

(30) 将秋千的所有模型选中并成组，命名为"户外秋千"，再在工具栏中单击【选择并移动】工具，选择"户外秋千"模型，将其整体进行适当的调整，效果如图 9-153 所示。

(31) 激活【摄影机】视图，在工具栏中单击【渲染产品】按钮，将绘制的模型进行渲染，效果如图 9-154 所示。

图 9-153 将模型成组并移动

图 9-154 完成后的效果

案例精讲 088 使用车削修改器制作户外壁灯

> ✍ 案例文件：CDROM | Scenes | Cha09 | 使用车削修改器制作户外壁灯 OK.max
>
> 🎬 视频文件：视频教学 | Cha09 | 使用车削修改器制作户外壁灯 .avi

制作概述

本例将介绍户外壁灯的制作。在制作户外壁灯时，主要使用【线】、【长方体】等工具绘制图形，使用【车削】、【网格平滑】等修改器对绘制的图形进行编辑和修改，最后使用【目标聚光灯】和【泛光】来表现最终效果，完成后的效果如图 9-155 所示。

图 9-155 户外壁灯

学习目标

学会如何使用【车削】修改器制作户外壁灯。

掌握【车削】、【网格平滑】等修改器的使用。

操作步骤

(1) 在工具栏中右击【捕捉开关】按钮，在弹出的对话框中选中【栅格点】复选框，并长按【捕捉开关】按钮，将【捕捉开关】切换至 2.5 按钮，如图 9-156 所示。

(2) 激活【顶】视图，选择【创建】|【图形】|【线】工具，在【顶】视图中结合【捕捉开关】绘制一条闭合线段，在【名称和颜色】卷展栏中将其命名为"灯座"，如图 9-157 所示。

图 9-156　设置捕捉

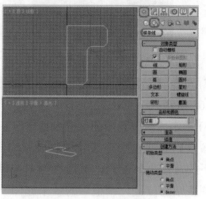

图 9-157　创建闭合图形

(3) 单击【修改】按钮，进入【修改】命令面板，在【修改器列表】中选择【车削】修改器，在【参数】卷展栏中将【分段】设置为 45，选择【方向】区域下的 Y 按钮，并单击【对齐】区域下的【最小】按钮，完成后的效果如图 9-158 所示。

(4) 激活【左】视图，选择【创建】|【图形】|【线】工具，在【左】视图中结合【捕捉开关】绘制一条线段，作为灯口的截面图形，在【名称和颜色】卷展栏中将其命名为"灯口"，如图 9-159 所示。

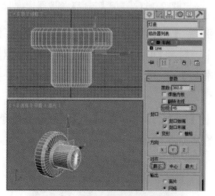

图 9-158　添加【车削】修改器

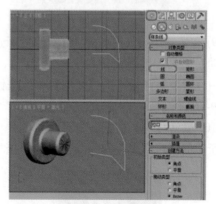

图 9-159　创建线段

(5) 在场景中确定灯口的截面图形处于选择状态，单击【修改】按钮，进入【修改】命令面板，在【修改器列表】中选择【车削】修改器，在【参数】卷展栏中将【分段】设置为 38，选择【方向】区域下的 Y 按钮，并单击【对齐】区域下的【最小】按钮，旋转出灯口的形状，并适当调整其位置，完成后的效果如图 9-160 所示。

(6) 再在【修改器列表】中选择【网格平滑】修改器,使用系统默认的参数即可,为场景中的"灯口"对象添加平滑效果,如图 9-161 所示。

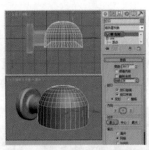

图 9-160　添加【车削】修改器

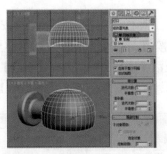

图 9-161　添加【网格平滑】修改器

(7) 再在【左】视图中灯口的下方绘制一条如图所示的线段,并将其命名为"灯罩 1",如图 9-162 所示。

(8) 单击【修改】按钮,进入【修改】命令面板,在【修改器列表】中选择【车削】修改器,在【参数】卷展栏中将【分段】设置为38,选择【方向】区域下的 Y 按钮,并单击【对齐】区域下的【最小】按钮,然后将当前选择集定义为【轴】,使用工具栏中的【选择并移动】工具,调整轴的位置,调整后的效果如图 9-163 所示。

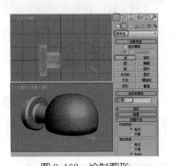

图 9-162　绘制图形

图 9-163　添加【车削】修改器

(9) 在场景中确定"灯罩 1"对象处于选择状态,激活【左】视图,使用工具栏中的【选择并移动】工具,并配合键盘上的 Shift 键,将"灯罩 1"对象向下移动复制,在弹出的对话框中选中【对象】区域下的【复制】单选按钮,将【副本数】设置为2,然后单击【确定】按钮,如图 9-164 所示。

(10) 激活【左】视图,选择【创建】|【图形】|【线】工具,在【左】视图中创建一个如图所示的闭合图形,并将其命名为"挡板 1",如图 9-165 所示。

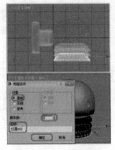

图 9-164　复制图形

图 9-165　绘制闭合图形

(11) 在场景中确定"挡板1"对象处于选择状态，单击【修改】按钮，进入【修改】命令面板，在 Line 中将当前选择集定义为【顶点】，然后使用工具栏中的【选择并移动】工具调整它的形状，调整后的效果如图 9-166 所示。

(12) 再在【修改器列表】中选择【挤出】修改器，在【参数】卷展栏中将【数量】设置为 3，设置"挡板1"的厚度，如图 9-167 所示。

图 9-166　偏移点

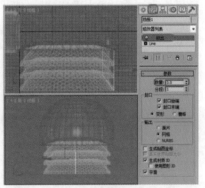

图 9-167　添加【挤出】修改器

(13) 确定"挡板 01"对象仍处于选择状态，激活【顶】视图，单击【层次】按钮，进入层次面板。单击【轴】按钮，在【调整轴】卷展栏中单击【仅影响轴】按钮，然后选择工具栏中的【选择并移动】工具，在【顶】视图中，将轴心点调整至灯口的中央，调整完成后再次单击【仅影响轴】按钮，使其恢复原状如图 9-168 所示。

(14) 调整完轴心点后在菜单栏中选择【工具】|【阵列】命令，弹出【阵列】对话框，在该对话框中将【增量】选项组中【旋转】的 Z 轴参数设置为 90，然后将【阵列维度】选项组中【数量】的 1D 值设置为 4，最后单击【确定】按钮进行阵列复制，复制后的效果如图 9-169 所示。

图 9-168　移动轴位置

图 9-169　阵列复制

(15) 在场景中选择创建的所有模型，在工具栏中单击【材质编辑器】按钮，打开【材质编辑器】对话框，选择一个新的材质样本球，并将其命名为"金属"，在【明暗器基本参数】卷展栏中将阴影模式定义为 Blinn，选择【双面】选项。在【Blinn 基本参数】卷展栏中将【环境光】和【漫反射】的 RGB 值均设置为 85，将【高光反射】的 RGB 值设置为 201、201、197，将【自发光】设置为 50，在【反射高光】区域中将【高光级别】和【光泽度】分别设置为 107 和 26，如图 9-170所示。

(16) 在【贴图】卷展栏中选择【折射】后的【数量】设置为10，并单击通道后的【无】按钮，在弹出的对话框中选择【位图】贴图，单击【确定】按钮，再在弹出的对话框中选择随书附带光盘中的 CDROM | Map | 黄金 02.jpg 文件，单击【打开】按钮，进入反射设置通道。在【坐标】卷展栏中选中【环境】单选按钮，将环境【贴图】设置为【收缩包裹环境】，将【瓷砖】下的 U、V 参数均设置为0.5。单击【转到父对象】按钮回到主材质面板，并单击【将材质指定给选定对象】按钮，将材质指定给场景中的模型，效果如图 9-171 所示。

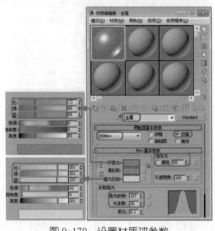
图 9-170　设置材质球参数

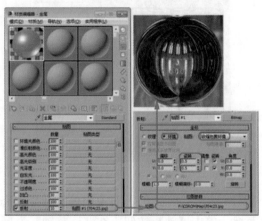
图 9-171　设置贴图

(17) 激活【前】视图，选择【创建】|【图形】|【线】工具，在【前】视图中绘制一条如图所示的闭合图形作为灯的截面图形，并将其命名为"灯"，如图 9-172 所示。

(18) 单击【修改】按钮，进入【修改】命令面板，在【修改器列表】中选择【车削】修改器，在【参数】卷展栏中将【分段】设置为45，选择【方向】区域下的 Y 按钮，并单击【对齐】区域下的【最小】按钮，车削出灯的形状，如图 9-173 所示。

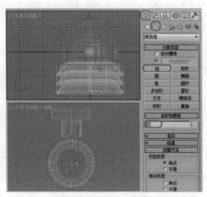
图 9-172　创建闭合图形

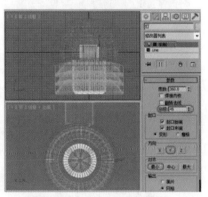
图 9-173　添加【车削】修改器

(19) 在场景中选择"灯"对象，在工具栏中选择【材质编辑器】工具，在弹出的对话框中选择一个新的材质样本球，并将其命名为"灯"，在【明暗器基本参数】卷展栏中将阴影模式定义为 Phong，选中【双面】复选框。在【Phong 基本参数】卷展栏中将【自发光】参数设置为80，将【环境光】和【漫反射】的 RGB 值均设置为255，在【反射高光】区域中将【高光级别】和【光泽度】设置为18和43。在【扩展参数】卷展栏中将选中【内】单选按钮，将【数量】参数设置为4，单击【将材质指定给选定对象】按钮，将材质指定给场景中的"灯"模型，如

图 9-174 所示。

(20) 首先为场景创建与背景融合的"底板"，选择【创建】|【几何体】|【标准基本体】|【长方体】工具，在【前】视图中创建长方体，将长方体的颜色设置为白色，在【参数】卷展栏中将【长度】设置为 800、【宽度】设置为 800、【高度】设置为 10，并在场景中调整其位置，如图 9-175 所示。

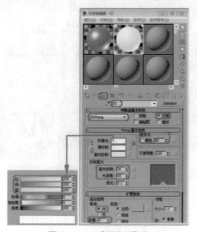

图 9-174　设置材质球

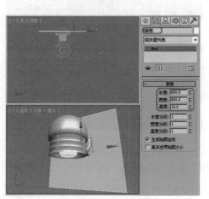

图 9-175　创建长方体

(21) 激活【顶】视图，选择【创建】|【摄影机】命令，在【对象类型】卷展栏中选择【目标】摄影机，在【顶】视图的右下方创建一架摄影机，在【参数】卷展栏中将【镜头】大小设置为 28，激活【透视】视图，然后按 C 键，将【透视】视图转换为 Camera01 视图，如图 9-176 所示。

(22) 选择【创建】|【灯光】|【标准】|【目标聚光灯】工具，在场景中创建目标聚光灯，作为场景的主光源，在【常规参数】卷展栏中选中【阴影】下的【启用】复选框，将阴影设置为【光线跟踪阴影】。在【强度/颜色/衰减】卷展栏中将【倍增】设置为 0.5，将【聚光灯参数】卷展栏下的【聚光束/光束】设置为 80、【衰减区/区域】设置为 82，如图 9-177 所示。

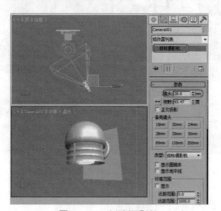

图 9-176　创建摄影机

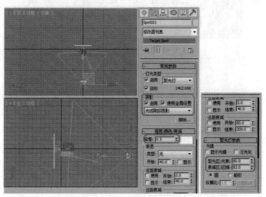

图 9-177　创建目标聚光灯

(23) 选择【创建】|【灯光】|【泛光】工具，在场景中创建泛光灯，将阴影设置为【光线跟踪阴影】，在【强度/颜色/衰减】卷展栏中将【倍增】设置为 0.5，如图 9-178 所示。

(24) 选择【创建】|【灯光】|【泛光】工具，在场景中创建泛光灯，选中【阴影】下的【启

用】复选框将阴影设置为【光线跟踪阴影】，单击【排除】按钮，在弹出的对话框选中【包含】复选框，将左侧的【底板】移动到右侧，设置完成后单击【确定】按钮，在【强度／颜色／衰减】卷展栏中将【倍增】设置为 0.2，如图 9-179 所示。

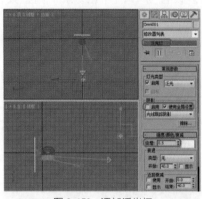
图 9-178　添加泛光灯

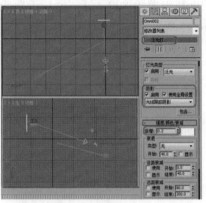
图 9-179　添加泛光灯

(25) 设置完成后，按 8 键，在弹出的对话框中单击【环境贴图】下的【无】按钮，在弹出的【材质／贴图浏览器】对话框中选择【位图】按钮，选择随书附带光盘中的 CDROM | Map | 0008.jpg 文件，打开【材质编辑器】对话框，将【环境和效果】中的【环境贴图】拖动至【材质编辑器】中的新的材质样本球中，这时会弹出【实例（副本）贴图】对话框，选中【方法】下的【实例】单选按钮并单击【确定】按钮，再在【材质编辑器】中将【坐标】卷展栏中的【贴图】设置为【屏幕】，效果如图 9-180 所示。

(26) 打开【材质编辑器】选择一个新的材质样本球，单击 Standard 按钮，在弹出的【材质／贴图浏览器】对话框中选择【无光／投影】材质，其参数使用默认参数即可，单击【将材质指定个选定对象】按钮，将材质指定给"底板"，效果如图 9-181 所示。

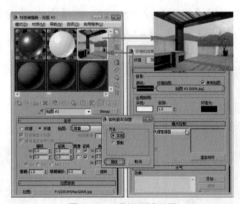
图 9-180　添加环境贴图

图 9-181　添加材质

案例精讲 089　使用二维图形制作户外休闲座椅

 案例文件：CDROM | Scenes | Cha09 | 使使用二维图形制作户外休闲座椅 OK.max

 视频文件：视频教学 | Cha09 | 使用二维图形制作户外休闲座椅 .avi

制作概述

休闲椅是小区以及公共场所的基本组成部分，具有朴实自然的感觉。休闲椅有很多类型，既有经过简单砍制的粗糙原木凳椅，也有工艺复杂的鲁泰斯长椅。在室外建筑效果图中，经常要表现一些公共场所，所以此处我们讲述一个以休闲椅和花池造型作为组成的造型制作方法，其效果如图 9-182 所示。

图 9-182　户外休闲座椅

学习目标

利用管状体制作中心花池。

利用矩形制作木板和座椅支架。

使用【Hair 和 Fur(WSM)】修改器制作小草。

利用【植物】工具制作树木。

操作步骤

(1) 选择【创建】 | 【几何体】 | 【标准基本体】 | 【管状体】工具，在【顶】视图中创建一个【半径 1】、【半径 2】、【高度】、【高度分段】、【端面分段】、【边数】分别为 580、700、500、1、1、26 的管状体，将它命名为"中心花池"，如图 9-183 所示。

知识链接

【边】：按照边来绘制管状体。通过移动鼠标可以更改中心位置。

【中心】：从中心开始绘制管状体。

【半径 1】：用于设置管状体的外部半径。

【半径 2】：用于设置内部半径。

【高度】：设置沿着中心轴的维度。负数值将在构造平面下面创建管状体。

【高度分段】：设置沿着管状体主轴的分段数量。

【端面分段】：设置围绕管状体顶部和底部的中心的同心分段数量。

【边数】：设置管状体周围边数。启用【平滑】复选框时，较大的数值将着色和渲染为真正的圆。禁用【平滑】复选框时，较小的数值将创建规则的多边形对象。

【平滑】：启用此复选框后（默认设置），将管状体的各个面混合在一起，从而在渲染视图中创建平滑的外观。

【启用切片】：启用该复选框后，可以删除一部分管状体的周长。默认设置为禁用状态。当创建切片后，如果禁用【启用切片】复选框，则将重新显示完整的管状体。

【切片起始位置】、【切片结束位置】：设置从局部 X 轴的零点开始围绕局部 Z 轴的度数。

【生成贴图坐标】：生成将贴图材质应用于管状体的坐标。默认设置为启用。

【真实世界贴图大小】：控制应用于该对象的纹理贴图材质所使用的缩放方法。

---

(2) 切换至【修改】命令面板，在【修改器列表】中选择【UVW 贴图】修改器，在【参数】卷展栏中选择【长方体】贴图方式，并将【长度】、【宽度】和【高度】均设置为 1000，如图 9-184

所示。

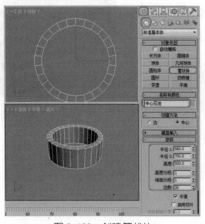

图 9-183　创建管状体

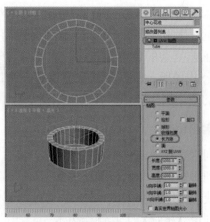

图 9-184　添加【UVW 贴图】修改器

(3) 继续选中该对象，按 M 键，在弹出的对话框中选择一个材质样本球，将其命名为"中心花池"，在【Blinn 基本参数】卷展栏中将【反射高光】选项组中的【高光级别】和【光泽度】都设置为 0，如图 9-185 所示。

(4) 在【贴图】卷展栏中单击【漫反射颜色】右侧的【无】按钮，在弹出的对话框中双击【位图】选项，在弹出的对话框中选择"花刚岩 7.JPG"贴图文件，单击【打开】按钮，如图 9-186 所示。

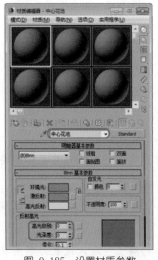

图 9-185　设置材质参数

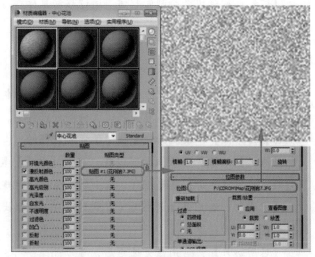

图 9-186　添加贴图文件

(5) 将设置完成后的材质指定给选定对象，选择【创建】❋ |【图形】|【矩形】工具，在【顶】视图中创建一个【长度】、【宽度】分别为 350、69 的矩形，将其命名为"木板 001"，如图 9-187 所示。

(6) 切换至【修改】命令面板，在【修改器列表】中选择【编辑样条线】修改器，将当前选择集定义为【顶点】，在视图中调整顶点的位置，效果如图 9-188 所示。

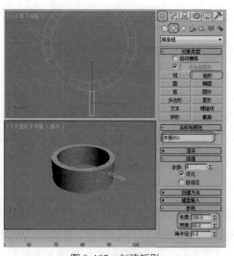

图 9-187 创建矩形

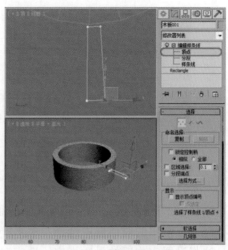

图 9-188 调整顶点的位置

(7) 关闭当前选择集，在【修改器列表】中选择【挤出】修改器，在【参数】卷展栏中将【数量】设置为 20，如图 9-189 所示。

(8) 激活【顶】视图，切换至【层次】命令面板，在【调整轴】卷展栏中单击【仅影响轴】按钮，在工具栏中单击【对齐】按钮，在【顶】视图中选择"中心花池"对象，在弹出的对话框中选中【对齐位置(屏幕)】下方的【X 位置】、【Y 位置】、【Z 位置】复选框，并选中【当前对象】与【目标对象】选项组中的【轴点】单选按钮，如图 9-190 所示。

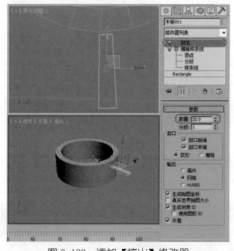

图 9-189 添加【挤出】修改器

图 9-190 使用对齐工具调整轴

(9) 设置完成后，单击【确定】按钮，再在【调整轴】卷展栏中单击【仅影响轴】按钮，即可完成轴的调整，切换至【修改】命令面板，在【修改器列表】中选择【UVW 贴图】修改器，在【参数】卷展栏中选中【长方体】单选按钮，如图 9-191 所示。

(10) 继续选中该对象，按 M 键，在弹出的对话框中选择一个材质样本球，将其命名为"木板"，在【Blinn 基本参数】卷展栏中将【反射高光】选项组中的【高光级别】和【光泽度】分别设置为 19、9，如图 9-192 所示。

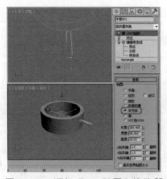

图 9-191　添加【UVW 贴图】修改器

图 9-192　设置 Blinn 基本参数

　　(11) 在【贴图】卷展栏中单击【漫反射颜色】右侧的【无】按钮，在弹出的对话框中双击【位图】选项，在弹出的对话框中选择"木 4.JPG"贴图文件，单击【打开】按钮，如图 9-193 所示。

　　(12) 将设置完成后的材质指定给选定对象，激活【顶】视图，在菜单栏中选择【工具】|【阵列】命令，如图 9-194 所示。

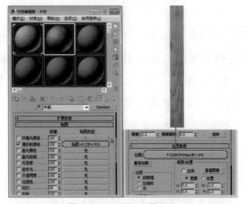

图 9-193　添加贴图文件

图 9-194　选择【阵列】命令

　　(13) 在弹出的对话框中将【增量】选项组中的 Z 旋转设置为 6.8，将【阵列维度】选项组中的 1D 右侧的数量设置为 53，如图 9-195 所示。

　　(14) 设置完成后，单击【确定】按钮，即可完成阵列，在视图中调整木板的位置，效果如图 9-196 所示。

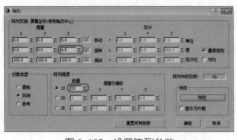

图 9-195　设置阵列参数

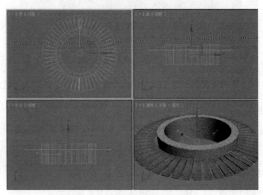

图 9-196　阵列后的效果

(15) 选择【创建】 ❉ |【图形】 ⬡ |【圆】工具，在【顶】视图中以"中心花池"的中心为基点，绘制一个半径为810的圆形，将其命名为"支撑外面"，如图9-197所示。

(16) 切换至【修改】命令面板，在【修改器列表】中选择【编辑样条线】修改器，将当前选择集定义为【样条线】，在视图中选中该样条线，在【几何体】卷展栏中将【轮廓】设置为–60，如图9-198所示。

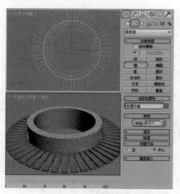

图9-197 绘制圆形

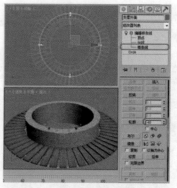

图9-198 选中样条线并设置【轮廓】

(17) 继续选中该样条线，在【几何体】卷展栏中将【轮廓】设置为–180，如图9-199所示。

(18) 继续选中该样条线，在【几何体】卷展栏中将【轮廓】设置为–240，如图9-200所示。

图9-199 设置轮廓

图9-200 设置轮廓

(19) 关闭当前选择集，在【修改器列表】中选择【挤出】修改器，在【参数】卷展栏中将【数量】设置为20，如图9-201所示。

(20) 选中挤出后的对象，在视图中调整该对象的位置，调整后的效果如图9-202所示。

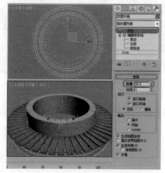

图9-201 添加【挤出】修改器

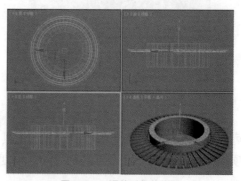

图9-202 调整对象的位置

(21) 选择【创建】 ❋ |【图形】 ◎ |【矩形】工具，在【前】视图中绘制一个【长度】、【宽度】都为 300 的矩形，并将其重新命名为"休闲椅支架 001"，如图 9-203 所示。

(22) 切换至【修改】命令面板，在【修改器列表】中选择【编辑样条线】修改器，将当前选择集定义为【顶点】，进入【几何体】卷展栏，并选择【优化】按钮，然后在矩形图形上添加部分顶点，最后依照图 9-204 所示对当前所添加的顶点进行调整。

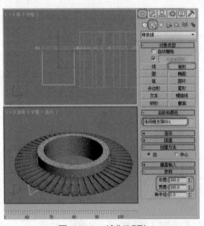

图 9-203　绘制矩形

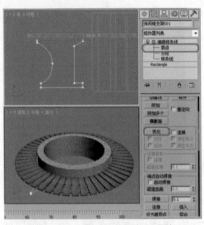

图 9-204　添加顶点并进行调整

(23) 在【修改器列表】中选择【挤出】修改器，在【参数】卷展栏中将【数量】设置为30，如图 9-205 所示。

(24) 激活【顶】视图，切换至【层次】命令面板，在【调整轴】卷展栏中单击【仅影响轴】按钮，在工具栏中单击【对齐】按钮，在【顶】视图中选择"中心花池"对象，在弹出的对话框中选中【对齐位置(屏幕)】下方的【X 位置】、【Y 位置】、【Z 位置】复选框，并选中【当前对象】与【目标对象】选项组中的【轴点】单选按钮，如图 9-206 所示。

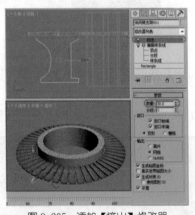

图 9-205　添加【挤出】修改器

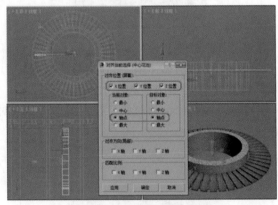

图 9-206　对齐对象

(25) 设置完成后，单击【确定】按钮，再在【调整轴】卷展栏中单击【仅影响轴】按钮，即可完成轴的调整，在菜单栏中选择【工具】|【阵列】命令，在弹出的对话框中将【增量】选项组中的 Z 旋转设置为 60，将【阵列维度】选项组中的 1D 右侧的数量设置为 6，如图 9-207所示。

(26) 设置完成后，单击【确定】按钮，即可完成阵列，效果如图 9-208 所示。

图 9-207　设置阵列参数

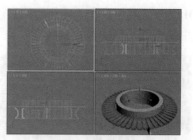

图 9-208　阵列后的效果

(27) 在视图中选择支撑外面和所有的休闲椅支架，按 M 键，在弹出的对话框中选择一个材质样本球，将其命名为"金属"，在【金属基本参数】卷展栏中将锁定的【环境光】 的 RGB 值设置为 41、52、83；将【漫反射】的 RGB 值均设置为 131；将【反射高光】区域下的【高光级别】和【光泽度】均设置为 80，如图 9-209 所示。

(28) 设置完成后，将材质指定给选定对象，选择【创建】 ❖ |【几何体】 ◎ |【标准基本体】|【圆柱体】工具，在【顶】视图中以【中心花池】的轴心为基点，绘制一个【半径】、【高度】分别为 580、0.1 的圆柱体，将其命名为"草地"，将颜色设置为绿色，如图 9-210 所示。

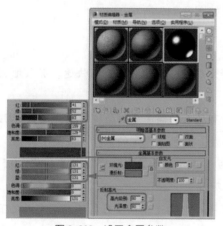

图 9-209　设置金属参数

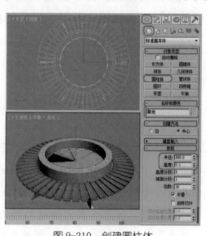

图 9-210　创建圆柱体

(29) 在视图中调整该对象的位置，切换至【修改】命令面板，在【修改器列表】中选择【Hair 和 Fur(WSM)】修改器，在【常规参数】卷展栏中将【剪切长度】设置为 59，在【材质参数】卷展栏中将【梢颜色】的 RGB 值设置为 12、187、0，将【根颜色】的 RGB 值设置为 0、44、5，如图 9-211 所示。

知识链接

　　【Hair 和 Fur】修改器是【Hair 和 Fur】功能的核心所在。该修改器可应用于要生长头发的任意对象，既可为网格对象也可为样条线对象添加。如果对象是网格对象，则头发将从整个曲面生长出来，除非选择了子对象。如果对象是样条线对象，头发将在样条线之间生长。

　　　　　　　【Hair 和 Fur】仅在【透视】和【摄影机】视图中渲染。如果尝试渲染正交视图，则 3ds Max 会显示一条警告，说明不会出现毛发。

(30) 选择【创建】 ✳ |【几何体】 ◯ |【AEC 扩展】 |【植物】工具, 在【收藏的植物】卷展栏中单击【一般的橡树】选项, 在【顶】视图中单击, 创建植物, 如图 9-212 所示。

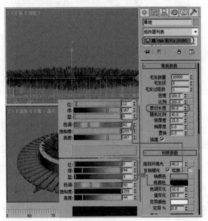

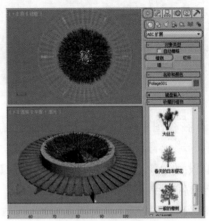

图 9-211　添加【Hair 和 Fur(WSM)】修改器　　　　　图 9-212　创建植物

(31) 切换至【修改】命令面板, 在【参数】卷展栏中将【高度】设置为 1159, 将【种子】设置为 2517224, 在视图中调整该对象的位置, 效果如图 9-213 所示。

知识链接

植物可产生各类种植对象, 如树种。3ds Max 将生成网格表示方法, 以快速、有效地创建漂亮的植物。

【高度】: 控制植物的近似高度。3ds Max 将对所有植物的高度应用随机的噪波系数。因此, 在视口中所测量的植物实际高度并不一定等于在【高度】参数中指定的值。

【密度】: 控制植物上叶子和花朵的数量。值为 1 表示植物具有全部的叶子和花; 0.5 表示植物具有一半的叶子和花; 0 表示植物没有叶子和花。

【修剪】: 只适用于具有树枝的植物。删除位于一个与构造平面平行的不可见平面之下的树枝。值为 0 表示不进行修剪; 值为 0.5 表示根据一个比构造平面高出一半高度的平面进行修剪; 值为 1 表示尽可能修剪植物上的所有树枝。3ds Max 从植物上修剪何物取决于植物的种类。如果是树干, 则永不会进行修剪。

【种子】: 介于 0 与 16、777、215 之间的值, 表示当前植物可能的树枝变体、叶子位置以及树干的形状与角度。

【生成贴图坐标】: 对植物应用默认的贴图坐标。默认设置为启用。

【显示】选项组: 用于控制植物的叶子、果实、花、树干、树枝和根的显示。选项是否可用取决于所选的植物种类。例如, 如果植物没有果实, 则 3ds Max 将禁用选项。禁用选项会减少所显示的顶点和面的数量。

【视口树冠模式】选项组: 在 3ds Max 中, 植物的树冠是覆盖植物最远端(如叶子或树枝和树干的尖端)的一个壳。该术语源自"森林树冠"。如果要创建很多的植物并希望优化显示性能, 则可使用以下合理的参数。

【未选择对象时】：未选择植物时以树冠模式显示植物。

【始终】：始终以树冠模式显示植物。

【从不】：从不以树冠模式显示植物。

【详细程度等级】选项组：用于控制 3ds Max 渲染植物的方式。

【低】：以最低的细节级别渲染植物树冠。

【中】：对减少了面数的植物进行渲染。3ds Max 减少面数的方式因植物而异，但通常的做法是删除植物中较小的元素，或减少树枝和树干中的面数。

【高】：以最高的细节级别渲染植物的所有面。

 应在创建多个植物之前设置参数。这样不仅可以避免显示速度减慢，还可以减少必须对植物进行的编辑工作。

(32) 选中视图中的所有对象，在菜单栏中选择【组】|【组】命令，在弹出的对话框中将【组名】设置为"休闲座椅001"，根据前面所介绍的方法创建一个无光投影背景，并添加"公园背景.jpg"作为背景图，如图 9-214 所示。

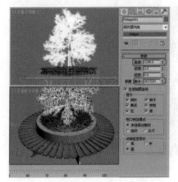

图 9-213　设置植物参数并调整其位置

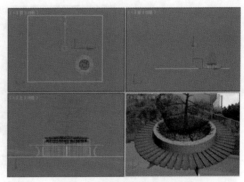

图 9-214　创建地面并添加背景

(33) 在视图中选择"休闲座椅001"，在【顶】视图中按住 Shift 键对该对象进行复制，效果如图 9-215 所示。

(34) 选择【创建】|【摄影机】|【目标】工具，在视图中创建摄影机，激活【透视】视图，按 C 键将其转换为【摄影机】视图，在其他视图中调整摄影机位置，效果如图 9-216 所示。

图 9-215　复制对象

图 9-216　创建摄影机

(35) 选择【创建】▓|【灯光】◁|【标准】|【天光】工具,在【顶】视图中创建天光,切换到【修改】命令面板,在【天光参数】卷展栏中选中【投射阴影】复选框,如图 9-217 所示。

图 9-217　创建天光

(36) 选择【创建】▓|【灯光】◁|【标准】|【泛光】工具,在【顶】视图中创建泛光灯,并在其他视图中调整灯光的位置,切换至【修改】命令面板,在【常规参数】卷展栏中选中【阴影】选项组中的【使用全局设置】复选框,将阴影类型设置为【光线跟踪阴影】,在【强度 / 颜色 / 衰减】卷展栏中将【倍增】设置为 0.15,如图 9-218 所示。

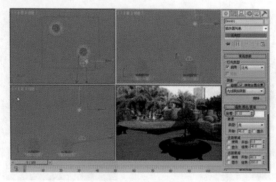

图 9-218　创建泛光灯

案例精讲 090　使用挤出修改器制作户外健身器材

制作概述

本例将介绍健身器材的制作,其效果如图 9-219 所示。健身器材随着人们生活质量的提高,出现在众多的居民住宅区中,而当前在我们工作中如大型住宅小区中也较为常见。通过本例的学习,让读者了解健身器材的制作方法,同时通过学习掌握到一些基本工具的应用技巧以及物体组合的思路。

图 9-219　户外健身器材

学习目标

学会如何制作户外健身器材。

掌握几何体工具的使用以及【挤出】修改器、【阵列】工具的使用。

操作步骤

(1) 运行 3ds Max 2014 软件，选择菜单栏中的【自定义】|【单位设置】命令，在弹出的【单位设置】对话框中，选中【显示单位比例】区域下的【公制】单选按钮，并将其设为【厘米】，设置完成后，单击【确定】按钮，如图 9-220 所示。

(2) 选择【创建】 ※ |【图形】 ② |【矩形】工具，在【左】视图中创建一个【长度】、【宽度】、【角半径】分别为 1.8cm、4.5cm、0.834cm 的矩形，并将该矩形重新命名为"滚筒横板 001"，如图 9-221 所示。

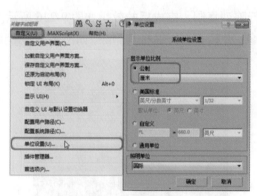

图 9-220　设置单位

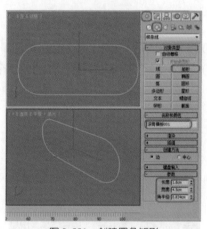

图 9-221　创建圆角矩形

(3) 切换至【修改】命令面板，在【修改器列表】中选择【挤出】修改器，在【参数】卷展栏中将【数量】设置为 180cm，如图 9-222 所示。

(4) 切换至【层次】面板，在【调整轴】卷展栏中，单击【移动 / 旋转 / 缩放】区域下的【仅影响轴】按钮，然后单击【选择并移动】按钮，并在【左】视图沿 Y 轴向下方调整轴心点，如图 9-223 所示。

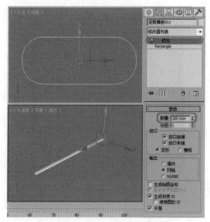

图 9-222　添加【挤出】修改器

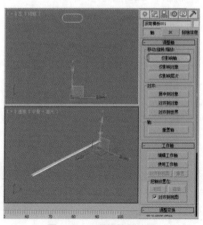

图 9-223　调整轴的位置

（5）调整完成后，再在【调整轴】卷展栏中单击【仅影响轴】按钮，将其关闭，选择菜单栏中的【工具】|【阵列】命令，如图 9-224 所示。

（6）在弹出的【阵列】对话框中将【增量】选项组中的 Z 旋转设置为 20，将【阵列维度】区域下的【数量】的 1D 设置为 18，如图 9-225 所示。

图 9-224 选择【阵列】命令　　　　　　　　　　　　图 9-225 设置阵列参数

（7）设置完成后，单击【确定】按钮，即可进行阵列复制，完成后的效果如图 9-226 所示。

（8）在【左】视图中选择位于底端的 3 个矩形对象，并按 Delete 键将其删除，如图 9-227 所示。

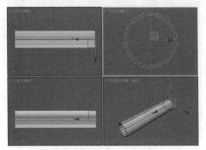

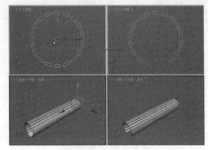

图 9-226 阵列复制后的效果　　　　　　　　　　　　图 9-227 删除对象

（9）选择【创建】 ※ |【图形】 ⊙ |【圆】工具，在【左】视图中沿"滚筒横板"的内边缘创建一个【半径】为 15.8cm 的圆形，并将其重新命名为"滚筒支架圆 001"，如图 9-228 所示。

（10）切换至【修改】命令面板，在【修改器】列表中选择【编辑样条线】修改器，将当前选择集定义为【样条线】，然后在【几何体】卷展栏中单击【轮廓】按钮，并将【轮廓】设置为 1cm，如图 9-229 所示。

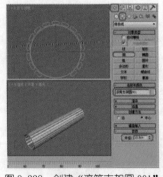

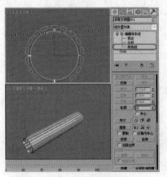

图 9-228 创建"滚筒支架圆 001"　　　　　　　　　　图 9-229 设置轮廓

(11) 设置完成后，关闭当前选择集，在【修改器列表】中选择【挤出】修改器，在【参数】卷展栏中将【数量】设置为6cm，并在【前】视图中将其移动至滚筒横板的左侧，如图9-230所示。

(12) 在工具栏中选择【选择并移动】工具，按住Shift键在【前】视图中沿X轴向右进行移动，在弹出的对话框中将【副本数】设置为2，如图9-231所示。

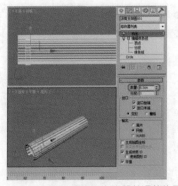
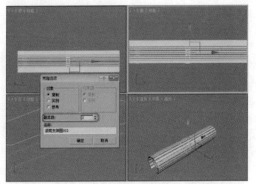

图9-230　添加【挤出】修改器并调整位置　　　　　图9-231　设置副本数

(13) 设置完成后，单击【确定】按钮，即可完成复制，效果如图9-232所示。

(14) 选择"滚筒支架圆001"对象，按Ctrl+V组合键，在弹出的对话框中选中【复制】单选按钮，将其命名为"滚筒支架左"，如图9-233所示。

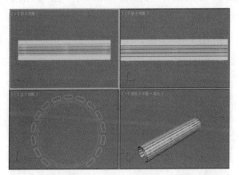
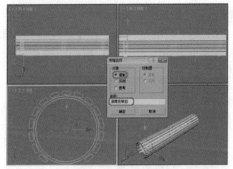

图9-232　复制对象后的效果　　　　　　　　　图9-233　复制对象

(15) 设置完成后，单击【确定】按钮，在【修改】命令面板中选择【挤出】修改器，右击鼠标，在弹出的快捷菜单中选择【删除】命令，如图9-234所示。

(16) 将当前选择集定义为【样条线】，在【左】视图中选择内侧的圆形，按Delete键将其删除，如图9-235所示。

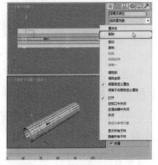
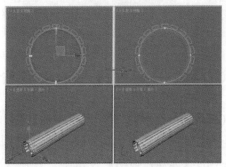

图9-234　选择【删除】命令　　　　　　　　　图9-235　删除样条线

(17) 将当前选择集定义为【顶点】,择【几何体】卷展栏中的【优化】按钮,在【左】视图中位于滚筒横板底端开口处添加两个节点,如图 9-236 所示。

(18) 单击【优化】按钮,将其关闭,将当前选择集定义为【分段】,并将添加两个节点的线段删除,如图 9-237 所示。

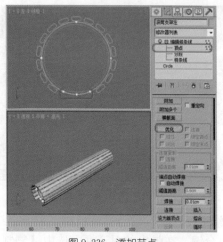
图 9-236　添加节点

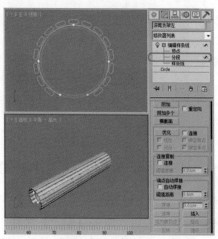
图 9-237　删除线段

(19) 继续将当前选择集定义为【样条线】修改器,在视图中选择样条曲线,在【几何体】卷展栏中将【轮廓】设置为 –3.3cm,如图 9-238 所示。

(20) 关闭当前选择集,在【修改器列表】中选择【挤出】修改器,在【参数】卷展栏中将【数量】设置为 1cm,在【前】视图中调整该对象的位置,如图 9-239 所示。

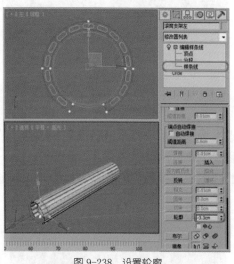
图 9-238　设置轮廓

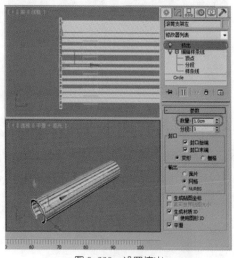
图 9-239　设置挤出

(21) 单击工具栏中的【选择并移动】按钮✛,在前视图中选择"滚筒支架左"并进行复制,将新复制的对象重新命名为"滚筒支架右",并将其移动至滚筒横板的右侧,如图 9-240 所示。

(22) 选择【创建】✲|【几何体】◎|【圆柱体】工具,在【顶】视图中创建一个半径、高和高度分段分别为 2cm、27cm 和 1 的圆柱体,将它命名为"滚筒结构架竖 001",单击工具栏中的【选择并移动】按钮✛,并在【左】视图中将该对象沿 Y 轴进行移动,移动后的效

果如图 9-241 所示。

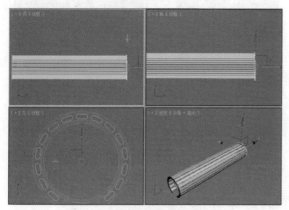

图 9-240　复制并调整对象的位置

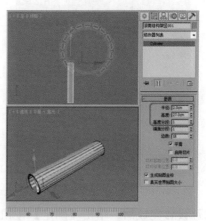

图 9-241　绘制对象并进行移动

(23) 选择"滚筒支架圆 001"对象，按 Ctrl+V 组合键，对其进行复制，为了便于后面要进行的布尔运算，可将新复制的对象重新命名一个容易识别的名称"1111"，然后在编辑堆栈中打开【编辑样条线】修改器，将当前选择集定义为【样条线】，选择位于内侧的样条线，并将其删除，其效果如图 9-242 所示。

(24) 关闭当前选择集，选择"滚筒结构架竖 001"对象，选择【创建】 ※ |【几何体】 ◎ |【复合对象】 |【布尔】工具，然后在【拾取布尔】参数卷展栏中选择拾取操作对象 B 按钮，按 H 键，在打开的【拾取对象】对话框中选择前面新复制的 1111 对象，如图 9-243 所示。

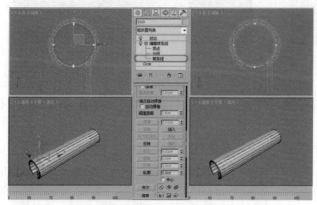

图 9-242　删除内侧样条线

图 9-243　选择对象

(25) 单击【拾取】按钮，即可完成对选中对象的布尔运算，完成后的效果如图 9-244 所示。

(26) 在【左】视图中选择"滚筒结构架竖 001"对象，在工具栏中单击【镜像】按钮 ，在弹出的对话框中选中【复制】单选按钮，并调整【偏移】文本框的参数，如图 9-245 所示。

提示　　由于调整滚筒横板轴的位置不同，所以阵列后的大小也会有所不同，所以此处需要读者自行设置【偏移】参数。

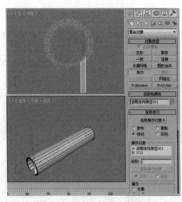

图 9-244　进行布尔运算

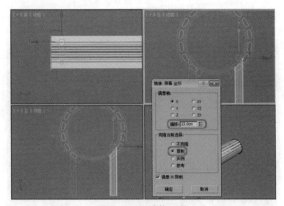

图 9-245　镜像对象

(27) 设置完成后，单击【确定】按钮，镜像后的效果如图 9-246 所示。

(28) 选择两个滚筒结构架竖对象，在【前】视图中沿 X 轴向右进行复制，复制后的效果如图 9-247 所示。

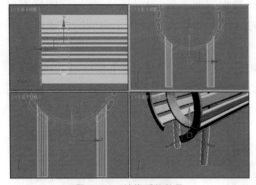

图 9-246　镜像后的效果

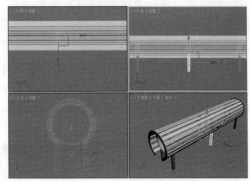

图 9-247　复制对象后的效果

(29) 选择【创建】 |【几何体】 |【圆柱体】工具，在【前】视图中创建一个半径为 2.2cm、高度为 90cm 的圆柱体，在场景中调整其位置，并为其命名为"滚筒结构架 001"，如图 9-248 所示。

(30) 创建完成后，再次选择"滚筒结构架 001"，对其进行复制，其效果如图 9-249 所示。

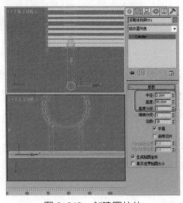

图 9-248　创建圆柱体

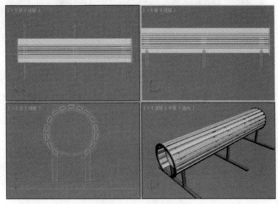

图 9-249　复制对象

(31) 选择【创建】✲|【几何体】◎|【圆柱体】工具，在【左】视图中再次创建"滚筒结构架"，将其【半径】设置为3cm、【高度】设置为167cm，并在视图中调整其位置，如图9-250所示。

(32) 在视图中选中所有对象，按M键，在弹出的对话框中选择一个材质样本球，将其命名为"滚筒材质"，在【Blinn基本参数】卷展栏中单击【环境光】右侧的🔲按钮将其解锁，并将【环境光】的RGB值设置为24、16、78，将【漫反射】的RGB值设置为92、144、248，将【自发光】设置为28，将【反射高光】区域下的【高光级别】和【光泽度】分别设置为66、25，设置完成后，单击【将材质指定给选定对象】按钮🔲，将材质指定给选定的对象，如图9-251所示。

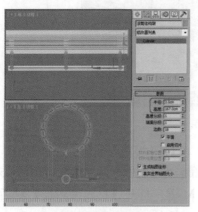

图9-250 再次创建圆柱体

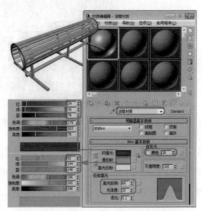

图9-251 设置并指定材质

(33) 选择【创建】✲|【图形】◎|【线】工具，在【左】视图中绘制一条线段，并将其重新命名为"滚筒扶手001"，然后在【渲染】卷展栏中选中【在渲染中启用】和【在视口中启用】复选框，并将【厚度】设置为3cm，如图9-252所示。

(34) 在视图中选择"滚筒扶手001"，打开材质编辑器，选择一个新的材质球，并将当前材质重新命名为"滚筒扶手"，在【Blinn基本参数】卷展栏中单击【环境光】左侧的🔲按钮将其解锁，并将【环境光】的RGB值设置为56、55、18，将【漫反射】的RGB值设置为219、218、103，将【反射高光】区域下的【高光级别】和【光泽度】分别设置为50、46，完成设置后单击【将材质指定给选定对象】按钮🔲，将材质指定给选定的对象，如图9-253所示。

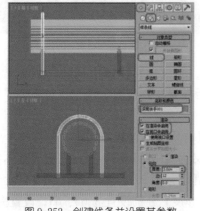

图9-252 创建线条并设置其参数

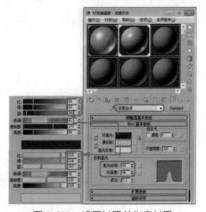

图9-253 设置材质并指定材质

(35) 在视图中选择"滚筒扶手001"，单击工具栏中的【选择并移动】按钮 ✤ ，在【前】视图中对该对象进行复制，并调整其位置，效果如图 9-254 所示。

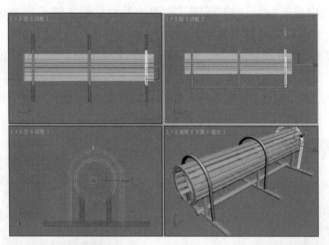

图 9-254　复制对象

(36) 选择【创建】 ❄ |【几何体】 ◎ |【圆柱体】工具，在【顶】视图中创建一个【半径】、【高度】和【高度分段】分别为5cm、90cm 和 5 的圆柱体，将其命名为"器械支架001"，如图 9-255 所示。

(37) 创建完成后，在场景中调整其位置，然后按 M 键，打开【材质编辑器】对话框，并将材质样本球中的【滚筒材质】赋予当前对象，如图 9-256 所示。

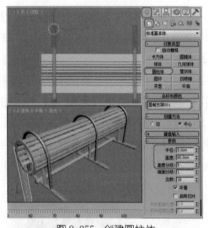

图 9-255　创建圆柱体

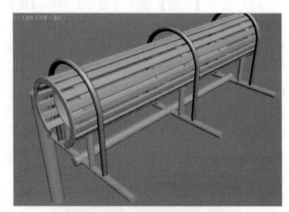

图 9-256　赋予材质后的效果

(38) 选择【创建】 ❄ |【几何体】 ◎ |【球体】，在【顶】视图中创建一个【半径】为 5cm 的球体，将其命名为"器械支架饰球001"，最后在【左】视图中调整该对象至"器械支架001"对象的上方，如图 9-257 所示。

(39) 在视图中选择"器械支架饰球001"，打开【材质编辑器】对话框，选择一个新的材质球，在【明暗器基本参数】卷展栏中将阴影模式定义为【(M)金属】，在【金属基本参数】卷展栏中将锁定的【环境光】和【漫反射】的 RGB 值设置为 228、83、83，将【自发光】设置为 24，将【反射高光】区域下的【高光级别】和【光泽度】分别设置为 65、63，设置完成后，将材质指定给选定对象，如图 9-258 所示。

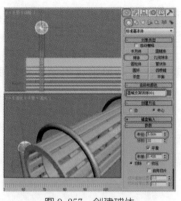

图 9-257　创建球体

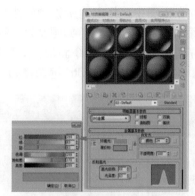

图 9-258　设置并指定材质

(40) 选择【创建】※|【几何体】○|【圆柱体】工具，在【顶】视图中创建一个【半径】、【高度】和【高度分段】分别为 6cm、10cm 和 1 的圆柱体，将其命名为"器械脚 - 套管 001"，如图 9-259 所示。

(41) 创建完成后，在场景中调整该对象的位置，调整后的效果如图 9-260 所示。

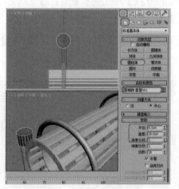

图 9-259　创建圆柱体

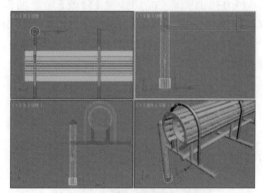

图 9-260　创建圆柱体

(42) 为其指定材质，选择【创建】※|【图形】○|【矩形】工具，在【顶】视图中绘制一个【长度】、【宽度】分别为 20.0cm、22.0cm 的矩形，并将其重新命名为"器械脚 - 底垫 001"，在【渲染】卷展栏中取消选中【在渲染中启用】和【在视口中启用】复选框，如图 9-261 所示。

(43) 在视图中调整该对象的位置，然后在矩形的 4 个边角处创建 4 个半径为 1.5 的圆形，在视图中调整其位置，效果如图 9-262 所示。

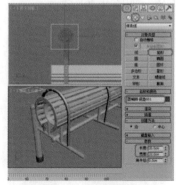

图 9-261　绘制矩形

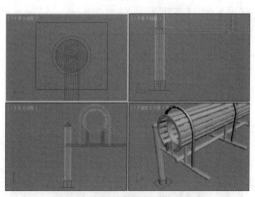

图 9-262　创建圆形并调整其位置

(44) 在视图中选择上面所绘制的矩形并右击，在弹出的快捷菜单中选择【转换为】|【转换为可编辑样条线】命令，如图 9-263 所示。

(45) 切换至【修改】命令面板，在【几何体】卷展栏中单击【附加多个】按钮，在弹出的【附加多个】对话框中，按住 Ctrl 键选择如图 9-264 所示的对象，然后单击【附加】按钮即可。

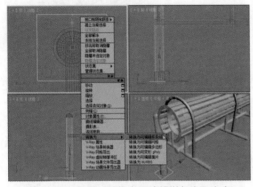

图 9-263　选择【转换为可编辑样条线】命令

图 9-264　选择附加对象

(46) 附加完成后，切换至【修改】命令面板，在【修改器列表】中选择【挤出】修改器，在【参数】卷展栏中将【数量】设置为 2cm，为其指定材质并调整其位置，效果如图 9-265 所示。

(47) 在视图中选择如图 9-266 所示的对象，将选中的对象进行成组，并将组名称设置为"器械支架"。

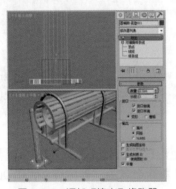

图 9-265　添加【挤出】修改器

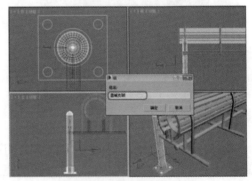

图 9-266　选择对象并进行成组

(48) 成组完成后，对成组后的对象进行复制，并调整其位置，效果如图 9-267 所示。

(49) 选择【创建】 ✳ |【几何体】 ◯ |【长方体】工具，在【顶】视图中创建一个【长度】、【宽度】和【高度】分别为 206cm、319cm 和 1cm 的长方体，如图 9-268 所示。

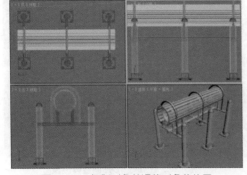

图 9-267　复制对象并调整对象的位置

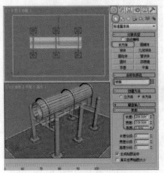

图 9-268　创建长方体

(50) 继续选中该对象并右击,在弹出的快捷菜单中选择【对象属性】命令,在弹出的对话框中选中【透明】复选框,如图 9-269 所示。

(51) 单击【确定】按钮,继续选中该对象,按 M 键打开【材质编辑器】对话框,在该对话框中选择一个材质样本球,将其命名为"地面",单击 Standard 按钮,在弹出的对话框中选择【无光 / 投影】选项,如图 9-270 所示。

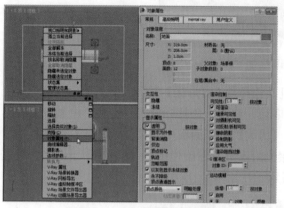

图 9-269 选中【透明】复选框

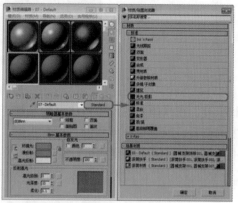

图 9-270 选择【无光 / 投影】选项

(52) 单击【确定】按钮,将该材质指定给选定对象即可,按 8 键弹出【环境和效果】对话框,在【公用参数】卷展栏中单击【无】按钮,在弹出的【材质 / 贴图浏览器】对话框中双击【位图】贴图,再在弹出的对话框中打开随书附带光盘中的"草坪 .jpg"素材文件,如图 9-271 所示。

(53) 然后在【环境和效果】对话框中将环境贴图拖曳至新的材质样本球上,在弹出的【实例 (副本) 贴图】对话框中选中【实例】单选按钮,并单击【确定】按钮,然后在【坐标】卷展栏中,将【贴图】设置为【屏幕】,如图 9-272 所示。

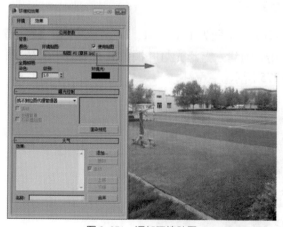

图 9-271 添加环境贴图

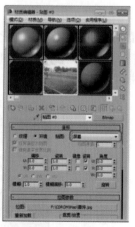

图 9-272 设置贴图

(54) 激活【透视】视图,按 Alt+B 组合键,在弹出的对话框中选中【使用环境背景】单选按钮,单击【确定】按钮,选择【创建】 | 【摄影机】 | 【目标】工具,在视图中创建摄影机,激活【透视】视图,按 C 键将其转换为【摄影机】视图,在其他视图中调整摄影机位置,效果如图 9-273 所示。

图 9-273　创建摄影机并调整其位置

(55) 按 Shift+C 组合键隐藏场景中的摄影机，选择 ✦ |【灯光】◥ |【标准】 |【目标聚光灯】工具，在【顶】视图中按住鼠标左键进行拖动，创建一个目标聚光灯，然后调整灯光在场景中的位置，继续选择创建的目标聚光灯，在【修改】命令面板中的【常规参数】卷展栏中，选中【阴影】区域下的【启用】复选框；在【聚光灯参数】卷展栏中将【聚光区 / 光束】、【衰减区 / 区域】分别设置为 7、80，如图 9-274 所示。

图 9-274　创建目标聚光灯

(56) 在【阴影参数】卷展栏中将【颜色】的 RGB 值设置为 141、141、141，选择 ✦ |【灯光】◥ |【标准】 |【泛光】工具，在【顶】视图中单击，创建一盏泛光灯并调整其在场景中的位置，在修改器面板中将【倍增】设置为 0.5，如图 9-275 所示。

图 9-275　创建泛光灯

(57) 至此，户外健身器材就制作完成了，对完成后的场景进行渲染并保存即可。

第 10 章
建筑外观的表现

本章重点

◆ 使用挤出修改器制作廊架
◆ 使用线工具制作景观墙
◆ 使用附加命令制作凉亭
◆ 使用样条线绘制木桥

本章将讲解建筑外观的制作方法。在制作之前需要先对模型进行全面的分析，在制作时才能思路清晰并顺利地完成模型的创建。

案例精讲 091 使用挤出修改器制作廊架

案例文件：CDROM | Scenes | Cha10 | 使用挤出修改器制作廊架 OK.max

视频文件：视频教学 | Cha10 | 使用挤出修改器制作廊架 .avi

制作概述

廊架在园林小品中最为常见。本例将讲解如何制作廊架，其中主要应用了【挤出】修改器、【编辑样条线】修改器和阵列工具进行制作，完成后的效果如图 10-1 所示。

图 10-1 廊架效果

学习目标

学会如何利用修改器制作廊架。

掌握【挤出】、【编辑样条线】修改器的应用。

操作步骤

(1) 进入 3ds Max 软件后，选择创建 |【图形】|【样条线】|【圆】工具，在【顶】视图中创建一个【半径】为 1000 的圆并将其命名为"参考圆"，在制作过程中通过【参考圆】制作出廊架的大体结构，如图 10-2 所示。

(2) 选择【创建】|【图形】|【矩形】工具，在【左】视图中【参考圆】的一边创建一个【长度】、【宽度】和【角半径】分别为 20、100、10 的矩形，并将其命名为"座 01"，如图 10-3 所示。

图 10-2 绘制圆

图 10-3 绘制矩形

(3) 选择上一步创建的矩形，并对其添加【挤出】修改器，在【参数】卷展栏中将【数量】设置为 20，并在【顶】视图中将其放置到【参考圆】的一边，如图 10-4 所示。

(4) 在【修改器列表】中选择【UVW 贴图】修改器，在【贴图】区域中选中【长方体】单选按钮，将【长度】、【宽度】和【高度】均设置为 150，如图 10-5 所示。

图 10-4 添加【挤出】修改器

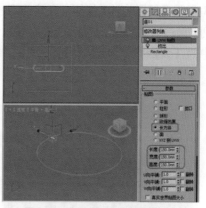

图 10-5 添加【UVW 贴图】修改器

(5) 按 M 键打开材质编辑器，选择一个新的材质样本球，并将其命名为"廊架座"。在【明暗器基本参数】卷展栏中，将阴影模式定义为 Blinn。在【贴图】卷展栏中选择【漫反射颜色】右侧的【无】贴图按钮，在弹出的【材质/贴图浏览器】对话框中选择【位图】贴图，单击【确定】按钮，再在打开的对话框中选择随书附带光盘中的 CDROM | Map | 木 4.JPG 文件，单击【打开】按钮，进入漫反射颜色通道，如图 10-6 所示。单击【转到父对象】按钮，回到父级材质面板并将材质指定给场景中的"座 01"对象。

(6) 在工具栏中右击【捕捉开关】按钮，在弹出的【栅格和捕捉设置】对话框中，选中【轴心】复选框，然后关闭对话框，如图 10-7 所示。

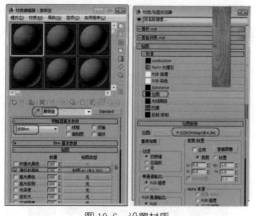

图 10-6 设置材质

图 10-7 设置捕捉

> 知识链接
>
> 【栅格和捕捉设置】对话框上的控件确定当通过单击 3D 捕捉切换激活捕捉时使用的捕捉设置。调整这些捕捉设置的任何一个不会自动启用捕捉。

(7) 在场景中选择"座 01"对象，进入【层次】面板，选择【轴】按钮选项，在【调整轴】卷展栏中单击【仅影响轴】按钮，在工具栏中选择工具，并单击按钮打开三维捕捉，在场景中将"座 01"对象的坐标轴拖动到【参考圆】对象的位置后会出现一个三维捕捉的形状，然后释放鼠标，可以看到坐标在【参考圆】的中心位置，如图 10-8 所示。

(8) 单击【仅影响轴】按钮，将其关闭，在场景中选择"座01"对象，在菜单栏中选择【工具】|
【阵列】命令，在弹出的对话框中将【数量】下的Z轴【旋转】参数设置为2，将【阵列维度】
区域中的【数量】|1D 参数设置为20，单击【确定】按钮，如图10-9 所示。

图 10-8　调整轴

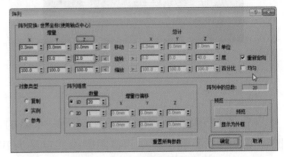

图 10-9　设置阵列参数

 提示
　　　　阵列一般都是根据轴点位置进行阵列，所以首先对对象的轴点进行设置，设置轴点
可以在【层次】面板中进行。

(9) 在场景中选择【参考圆】对象，按 Ctrl+V 组合键复制对象，在弹出的对话框中将【名称】
命名为"支柱01"，单击【确定】按钮，如图10-10所示。

(10) 选择"支柱01"对象，选择在【修改器列表】中选择【编辑样条线】修改器，将当前
选择集定义为【顶点】，在【几何体】卷展栏中选择【优化】按钮，在场景中"支柱01"对
象上添加两个控制点，如图10-11 所示的位置。

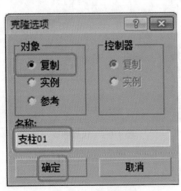

图 10-10　复制对象

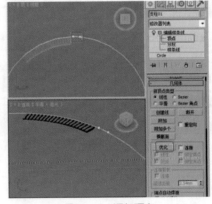

图 10-11　添加顶点

(11) 关闭选择集，重新将选择集定义为【分段】，将除了添加的两点中间的线段以外全部
选中，并按 Delete 键将其删除，如图10-12 所示。

(12) 关闭选择集，将选择集重新定义为【样条线】，在【几何体】卷展栏中将其【轮廓】
设置为 100 并按 Enter 键，如图10-13 所示。

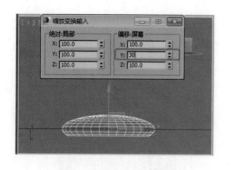

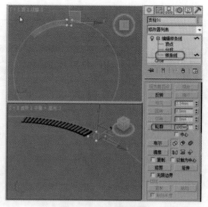

图 10-12　删除多余的线段

图 10-13　设置轮廓

（13）关闭选择集，选择【修改器列表】|【挤出】修改器，在【参数】卷展栏中将【数量】设置为 600，如图 10-14 所示。

（14）在【修改器列表】中选择【UVW 贴图】修改器，在【参数】卷展栏中将【贴图】样式定义为【长方体】选项，将【长度】、【宽度】和【高度】分别设置为 100、100、160，如图 10-15 所示。

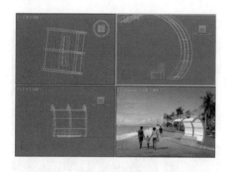

图 10-14　添加【挤出】修改器

图 10-15　添加【UVW 贴图】修改器

（15）打开材质编辑器，选择一个新的材质样本球，将其命名为"支柱"。在【明暗器基本参数】卷展栏中，将阴影模式定义为 Blinn。在【Blinn 基本参数】卷展栏中，将【反射高光】区域中的【高光级别】和【光泽度】分别设置为 5、25。在【贴图】卷展栏中选择【漫反射】颜色通道右侧的【无】按钮，在打开的【材质/贴图浏览器】对话框中选择【位图】贴图，再在弹出的对话框中选择 CDROM | Map | BR027.JPG 文件，单击【打开】按钮，进入【漫反射颜色】通道，保持默认值，如图 10-16 所示。

（16）单击【转到父对象】按钮，返回父级材质，选择【漫反射颜色】通道后的【贴图类型】按钮，并将其拖曳到【凹凸】后面的【无】按钮，在弹出的对话框中选中【实例】单选按钮，单击【确定】按钮，将【凹凸】通道右侧的【数量】参数设置为 120，将材质指定给选定对象，如图 10-17 所示。

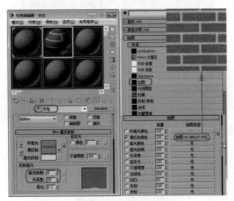

图 10-16　设置贴图参数

图 10-17　复制贴图

(17) 选择【创建】|【图形】|【弧】工具，在【顶】视图中【座】的位置处创建一个【半径】为1020、【从】为88、【到】为135的弧，将其命名为"廊架座底01"，如图10-18所示。

(18) 选择创建的弧并对其添加【编辑样条线】修改器，将当前选择集定义为【样条线】，在【几何体】卷展栏中将【轮廓】参数设置为60并单击Enter键，设置出"廊架座底01"的轮廓，如图10-19所示。

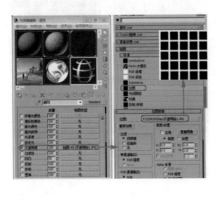

图 10-18　绘制弧

图 10-19　设置轮廓

　　　创建弧形样条线时，可以使用鼠标在步长之间平移和环绕视口。要平移视口，请按住鼠标中键或鼠标滚轮进行拖动。要环绕视口，请同时按住Alt键和鼠标中键（或鼠标滚轮）进行拖动。

(19) 关闭选择集，选择【修改器列表】|【挤出】修改器，在【参数】卷展栏中将【数量】设置为20，将"廊架座"的材质赋予"廊架底座01"，如图10-20所示。

(20) 选择【创建】|【几何体】|【长方体】工具，在【顶】视图中创建一个【长度】、【宽度】和【高度】分别为45、75、120的长方体，并将其命名为"座支架01"，将其颜色设置为白色，如图10-21所示。

(21) 在【顶】视图中选择"座支架01"对象，在工具栏中使用【选择并移动】工具，在场景中将其调整到"廊架底座01"的一边，再按住Shift键将其移动复制到"廊架底座01"的另一边，并使用【选择并旋转】工具对其进行旋转，如图10-22所示。

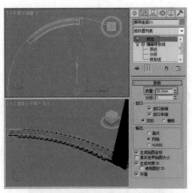

图 10-20　添加【挤出】修改器

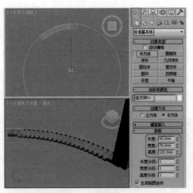

图 10-21　创建长方体

(22) 选择【创建】|【图形】|【矩形】工具，在【左】视图中创建一个矩形，将其命名为"顶支架 01"，然后进入修改器面板中，选择【修改器列表】|【编辑样条线】修改器，将当前选择集定义为【顶点】，并将其调整至如图 10-23 所示的形状。

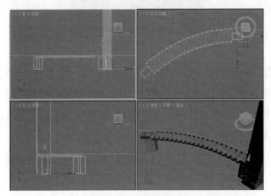

图 10-22　复制长方体

图 10-23　调整顶点

(23) 关闭选择集，并重新将选择集定义为【样条线】，在【几何体】卷展栏中将【轮廓】设置为 15 并按 Enter 键，设置出"顶支架 01"的【轮廓】，并再对其进行修改，如图 10-24 所示。

(24) 关闭选择集，选择【修改器列表】|【挤出】修改器，在【参数】卷展栏中将【数量】设置为 20，然后在工具栏中选择【选择并旋转】工具，旋转"顶支架 01"的角度，如图 10-25 所示。

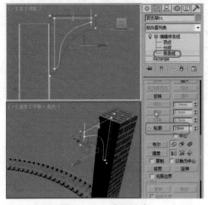

图 10-24　设置轮廓

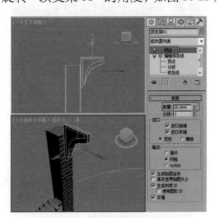

图 10-25　添加【挤出】修改器

(25) 选择【修改器列表】|【UVW 贴图】修改器，在【参数】卷展栏中将【贴图】样式定义为【长方体】，将【长度】、【宽度】和【高度】均设置为150，并将"廊架座"材质指定给场景中的"顶支架 01"对象，如图 10-26 所示。

(26) 在场景中选择除"参考圆"以外的模型，在菜单栏中选择【组】|【成组】命令，在弹出的对话框中将【组名】命名为"廊架 01"，单击【确定】按钮，如图 10-27 所示。

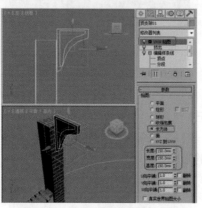
图 10-26　添加【UVW 贴图】修改器

图 10-27　创建"廊架 01"组

(27) 在场景中选择"廊架 01"组对象，进入【层次】面板，单击【轴】按钮，在【调整轴】卷展栏中单击【仅影响轴】按钮，然后在工具栏中选择【选择并移动】工具，并单击　按钮，打开三维捕捉按钮，在【顶】视图中将坐标轴拖曳到"参考圆"的位置处时会出现捕捉中心点，释放鼠标，将坐标轴放置到"参考圆"的中心位置，如图 10-28 所示。

(28) 再次单击【仅影响轴】按钮，在菜单栏中选择【工具】|【阵列】命令，在弹出的对话框中将【数量】下的 Z 轴【旋转】参数设置为 48，将【阵列维度】区域中的【数量】|1D 参数设置为 4，如图 10-29 所示。

图 10-28　调整轴的中心点

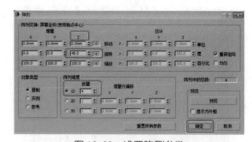
图 10-29　设置阵列参数

　　　　　　使用【阵列维度】组中的项可以创建一维、二维和三维阵列。例如，即使在场景中占用的是三维空间，五个对象排成一行也是一维阵列。五行三列的对象阵列是二维阵列，五行三列两层的对象阵列是三维阵列。

(29) 在场景中可以看到边上少一个"支柱"和"顶支架"对象，在场景中随便选择一个组，将其解组并在工具栏中选择【选择并旋转】工具，在场景中移动复制"支柱"和"顶支架"对象，并在工具栏中选择【选择并旋转】工具，旋转其角度，如图10-30所示。

(30) 在场景中选择"参考圆"对象，按Ctrl+V组合键，复制对象，在弹出的对话框中将复制对象的【名称】命名为"廊架顶01"，单击【确定】按钮，如图10-31所示。

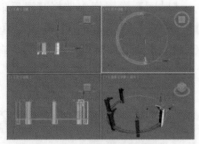

图10-30 进行复制后的效果

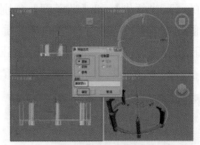

图10-31 进行复制

(31) 进入【修改】命令面板，在【修改器列表】中选择【编辑样条线】修改器，将当前选择集定义为【顶点】，在【几何体】卷展栏中选择【优化】按钮，在"廊架顶01"上添加调节点，如图10-32所示。

(32) 关闭选择集，将当前选择集定义为【分段】，在场景中将廊架上方以外的"廊架顶01"对象的线段选中并删除，如图10-33所示。

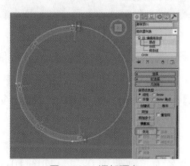

图10-32 添加顶点

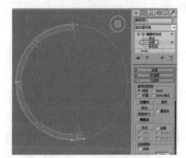

图10-33 删除多余的分段

(33) 关闭选择集，再重新将当前选择集定义为【样条线】，在【几何体】卷展栏中将【轮廓】设置为60并按Enter键，设置出"廊架顶01"对象的【轮廓】，如图10-34所示。

(34) 关闭选择集，选择【修改器列表】|【挤出】修改器，在【参数】卷展栏中将【数量】设置为150，在【左】视图中将"廊架顶01"对象放置到"支柱"对象的上方，如图10-35所示。

图10-34 设置轮廓

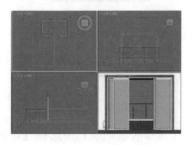

图10-35 添加【挤出】修改器

(35) 选择【修改器列表】|【UVW 贴图】修改器,在【参数】卷展栏中将【贴图】样式定义为【长方体】,将【长度】、【宽度】和【高度】均设置为 200,如图 10-36 所示。

(36) 打开材质编辑器,选择一个新的材质样本球,并将其命名为"廊架顶"。在【明暗器基本参数】卷展栏中,将阴影模式定义为 Blinn。在【Blinn 基本参数】卷展栏中,将【反射高光】区域中的【高光级别】和【光泽度】分别设置为 5、25。【贴图】卷展栏中选择【漫反射颜色】通道右侧的【无】按钮,在弹出的【材质 / 贴图浏览器】对话框中选择【位图】贴图,单击【确定】按钮,再在打开的对话框中选择随书附带光盘中的 CDROM | Map | 砖墙 .JPG 文件,单击【打开】按钮,进入漫反射通道,保持默认值,如图 10-37 所示。

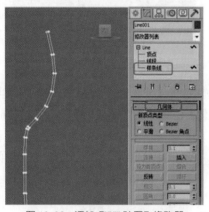

图 10-36 添加【UVW 贴图】修改器

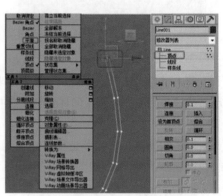

图 10-37 设置贴图

(37) 单击【转到父对象】按钮,返回到父级材质面板,选择【漫反射颜色】通道右侧的【贴图类型】按钮,并将其拖曳到【凹凸】通道右侧的【无】按钮,在弹出的对话框中选中【实例】单选按钮,单击【确定】按钮,并将【凹凸】的【数量】设置为 70,最后单击【转到父对象】按钮,将材质指定给场景中的"廊架顶 01"对象,如图 10-38 所示。

(38) 选择【创建】|【图形】|【弧】工具。在场景中"廊架顶 01"对象的上方创建一个【半径】为 957、【从】为 86、【到】为 280 的弧,并将其命名为"廊架顶 02",如图 10-39 所示。

图 10-38 复制贴图

图 10-39 绘制弧

(39) 在【修改器列表】中选择【编辑样条线】修改器,将当前选择集定义为【样条线】,在【几何体】卷展栏中将【轮廓】设置为 50 并按 Enter 键,设置出"廊架顶 02"对象的【轮廓】,如图 10-40 所示。

(40) 关闭选择集，选择【修改器列表】|【挤出】修改器，在【参数】卷展中将【数量】设置为70，如图10-41所示。

图10-40　设置轮廓

图10-41　添加【挤出】修改器

(41) 在【修改器列表】中选择【UVW贴图】修改器，在【参数】卷展栏中将【贴图】样式定义为【长方体】，将【长度】、【宽度】和【高度】均设置为150，如图10-42所示。

(42) 打开材质编辑器，选择"廊架座"材质并将其指定给场景中的"廊架顶02"对象，并对其移动位置，完成后的效果如图10-43所示。

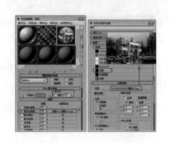

图10-42　添加【UVW贴图】修改器

图10-43　赋予材质并调整位置

(43) 选择【创建】|【图形】|【矩形】工具，在【左】视图中创建一个【长度】和【宽度】分别为40、300的矩形，并将其命名为"顶03"，如图10-44所示。

(44) 在【修改器列表】中选择【编辑样条线】修改器，将当前选择集定义为【顶点】，在【几何体】卷展栏中选择【优化】按钮，在"顶03"对象上添加一个点，并对其进行调整，如图10-45所示。

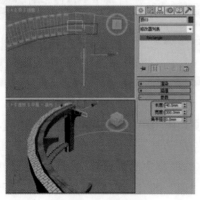

图10-44　绘制矩形

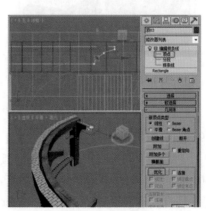

图10-45　进行调整

CG设计案例课堂

(45) 关闭【优化】按钮，并关闭选择集，选择【修改器列表】|【挤出】修改器，在【参数】卷展栏中将【数量】设置为35，并在【顶】视图中将其调整到"顶03"对象的位置处，如图10-46所示。

(46) 选择【UVW贴图】修改器进行添加，在【参数】卷展栏中将【贴图】样式定义为【长方体】，将【长度】、【宽度】和【高度】均设置为150，如图10-47所示。打开材质编辑器，选择"廊架座"材质，将其指定给场景中的"顶03"对象。

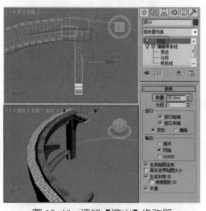

图 10-46　添加【挤出】修改器

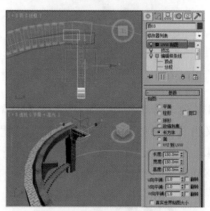

图 10-47　添加【UVW贴图】修改器

(47) 在场景中选择"顶03"对象，进入【层次】面板，单击【轴】按钮，在【调整轴】卷展栏中单击【仅影响轴】按钮，在工具栏中选择【选择并移动】工具，并单击 3 按钮打开三维捕捉，在场景中将坐标轴拖动到"参考圆"的位置处会出现捕捉中心点，释放鼠标，将坐标轴放置到"参考圆"的中心位置，如图10-48所示。

(48) 在菜单栏中选择【工具】|【阵列】命令，在弹出的对话框中将【数量】下的Z轴【旋转】参数设置为7，将【阵列维度】区域中的【数量】下的1D参数设置为29，单击【确定】按钮，如图10-49所示。

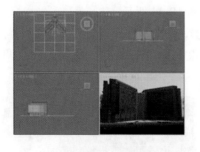

图 10-48　设置轴位置

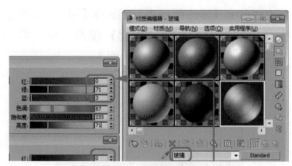

图 10-49　设置阵列参数

(49) 选择【创建】|【图形】|【弧】工具，在【顶】视图中的中间位置创建一条【半径】为797、【从】为86、【到】为284的弧，并将其命名为"顶"，如图10-50所示。

(50) 选择【编辑样条线】修改器进行添加，将当前选择集定义为【样条线】，在【几何体】卷展栏中将【轮廓】设置为40并按Enter键，设置出"顶"的【轮廓】，如图10-51所示。

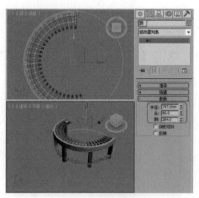

图 10-50 绘制弧

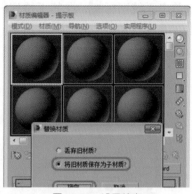

图 10-51 设置轮廓

(51) 关闭选择集，选择【修改器列表】|【挤出】修改器，在【参数】卷展栏中将【数量】设置为 30，在【左】视图中将其调整到"顶"对象的位置，如图 10-52 所示。

(52) 选择【修改器列表】 |【UVW 贴图】修改器，在【参数】卷展栏中将【贴图】样式定义为【长方体】，将【长度】、【宽度】和【高度】均设置为 150，并对其赋予"廊架座"材质，如图 10-53 所示。

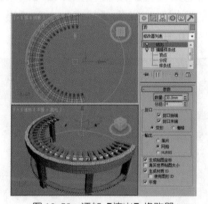

图 10-52 添加【挤出】修改器

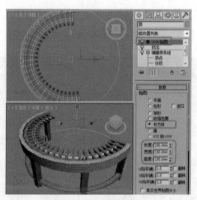

图 10-53 赋予材质

(53) 将参考线进行隐藏，选择所有廊架对象，进行编组，并将其命名为"廊架"，如图 10-54 所示。

(54) 将制作好的场景进行保存，并重置，打开随书附带光盘中的 CDROM | Scenes | Cha14 | 廊架背景，如图 10-55 所示。

图 10-54 进行编组

图 10-55 打开背景素材

(55) 单击系统图标 ，在其下拉列表中选择【导入】|【合并】命令，弹出【合并】对话框，选择制作的廊架文件，如图 10-56 所示。

(56) 在弹出的【合并】对话框中选择"廊架"对象，单击【确定】按钮，如图 10-57 所示。

图 10-56　选择合并命令　　　　　　　　　　　　　　　　图 10-57　选择合并对象

(57) 选择导入的"廊架"对象，调整位置和角度，如图 10-58 所示。

(58) 激活【摄影机】视图，在工具选项栏中单击【渲染设置】按钮 ，弹出【渲染设置】对话框，将【时间输出】设为【单帧】，在【要渲染的区域】定义为【裁剪】，对【摄影机】视图进行裁剪，然后单击【渲染】按钮进行渲染，如图 10-59 所示。

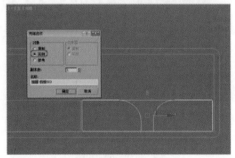
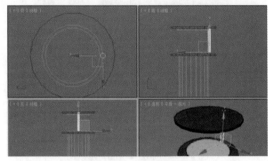

图 10-58　调整位置　　　　　　　　　　　　　　　　图 10-59　进行渲染设置

(59) 渲染完成后对场景文件进行另存。

案例精讲 092　使用线工具制作景观墙

> 案例文件：CDROM | Scenes | Cha10 | 使用线工具制作景观墙 OK.max
>
> 视频文件：视频教学 | Cha10 | 使用线工具制作景观墙 .avi

制作概述

本例将介绍一个景观墙的制作方法。在本例的制作中，景观墙是由简单的几何体或线框经过编辑组合而成，完成后的效果如图 10-60 所示。

学习目标

学会景观墙的制作方法。

图 10-60　景观墙

掌握复杂模型的制作技巧与方法。

操作步骤

(1) 选择【创建】 ■ |【图形】 ■ |【矩形】工具，在【顶】视图中创建一个【长度】和【宽度】分别为1000、5338的矩形，将其命名为"基层墙体001"，如图10-61所示。

(2) 切换至【修改】命令面板，为其添加【编辑样条线】修改器，并将当前选择集定义为【样条线】，在【几何体】卷展栏中将【轮廓】设置为150并按Enter键，如图10-62所示。

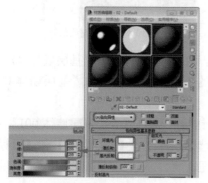

图 10-61　绘制矩形

图 10-62　设置轮廓

(3) 关闭当前选择集，在【修改器列表】中添加【挤出】修改器，在【参数】卷展栏中将【数量】设置为260，如图10-63所示。

(4) 继续添加【UVW贴图】修改器，在【参数】卷展栏中将【贴图】样式定义为【长方体】，将【长度】、【宽度】和【高度】分别设置为380、350、260，如图10-64所示。

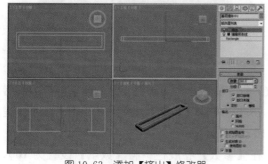

图 10-63　添加【挤出】修改器

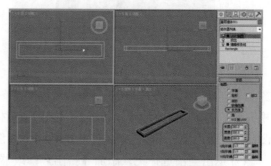

图 10-64　添加【UVW贴图】修改器

(5) 选中创建的模型对象，按M键打开材质编辑器，选择一个新的材质样本球，将其命名为"基墙"。在【明暗基本参数】卷展栏中，将【反射高光】区域中的【高光级别】和【光泽度】分别设置为5、25。在【贴图】卷展栏中选择【漫反射颜色】通道右侧的【无】按钮，在弹出的【材质/贴图浏览器】对话框中选择【位图】贴图，单击【确定】按钮，在打开的对话框中选择随书附带光盘中的 CDROM | Map | CON1-18.JPG 文件，并进入【漫反射颜色】通道。然后单击【转到父对象】按钮 ■ ，返回父级材质层级，选择【漫反射颜色】通道右侧的贴图，将其拖曳到【凹凸】通道右侧的【无】按钮上，在弹出的对话框中选中【实例】单选按钮，单击【确定】按钮，如图10-65所示。然后单击【将材质指定给选定对象】按钮 ■ ，将设置好的材质指定给场景中的"基层墙体001"对象，如图10-66所示。

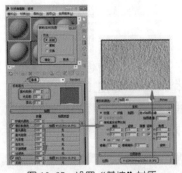
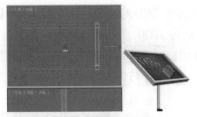

图 10-65　设置"基墙"材质　　　　　　　　　　图 10-66　查看材质效果

(6) 选择【创建】 ※ |【图形】 ▧ |【矩形】工具，在【顶】视图中"基层墙体 001"位置处创建一个【长度】和【宽度】分别为 1140、5483 的矩形，将其命名为"基层墙体 002"，如图 10-67 所示。

(7) 选中"基层墙体 002"对象，单击【对齐】按钮 ▨，然后单击"基层墙体 001"对象。在弹出的对话框中选中【对齐位置】区域下的 3 个复选框，再选中【当前对象】和【目标对象】区域下的【中心】单选按钮，最后单击【确定】按钮，将"基层墙体 002"对象与"基层墙体 001"的中心对齐，如图 6-68 所示。

图 10-67　绘制矩形　　　　　　　　　　　　　图 10-68　对齐矩形

(8) 选中"基层墙体 002"对象，切换至【修改】命令面板，为其添加【编辑样条线】修改器，并将当前选择集定义为【样条线】，在【几何体】卷展栏中将【轮廓】设置为 160 并按 Enter 键，设置出"基层墙体 002"对象的轮廓效果，如图 10-69 所示。

(9) 退出当前选择集，添加【挤出】修改器，在【参数】卷展栏中将【数量】设置为 100，然后在【前】视图中将"基层墙体 002"对象移动到"基层墙体 001"对象的上方，如图 10-70 所示。

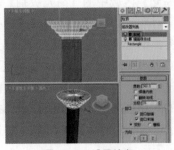

图 10-69　设置轮廓　　　　　　　　　　　　　图 10-70　设置【挤出】并调整模型位置

(10) 在【修改器列表】中选择【UVW 贴图】修改器，在【参数】卷展栏中将【贴图】样式定义为【长方体】，将【长度】、【宽度】和【高度】分别设置为 380、350、260，如图 10-71 所示。

(11) 打开材质编辑器，选择【基墙】材质，并将其指定给场景中的"基层墙体 002"对象，效果如图 10-72 所示。

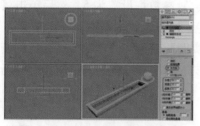

图 10-71　添加【UVW 贴图】修改器

图 10-72　指定【基墙】材质

(12) 选择【创建】 ❋ |【图形】 ◎ |【矩形】工具，在【前】视图中基层墙体的中间位置创建一个【长度】和【宽度】分别为 2600、2000 的矩形，将其命名为"中墙"，如图 10-73 所示。使用【对齐】按钮 ■ 进行对齐。

(13) 取消选中【开始新图形】，再次选择【矩形】工具，在【前】视图中创建一个【长度】和【宽度】均为 280 的矩形，如图 10-74 所示。

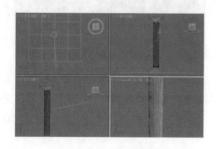

图 10-73　绘制矩形

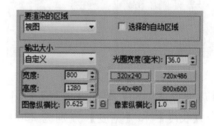

图 10-74　绘制矩形

(14) 切换至【修改】命令面板，将当前选择集定义为【样条线】，在工具栏中选择 ❋ 工具，在【前】视图中选择小矩形，并按住 Shift 键移动复制 8 个小矩形，并调整小矩形的位置，如图 10-75 所示。

(15) 关闭选择集，添加【挤出】修改器，在【参数】卷展栏中将【数量】设置为 200，然后调整"中墙"对象的位置，如图 10-76 所示。

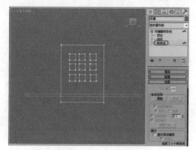

图 10-75　复制小矩形

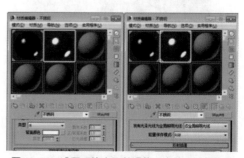

图 10-76　设置【挤出】并调整"中墙"对象位置

(16) 选中"中墙"对象,打开材质编辑器,选择一个新的材质样本球,并将其命名为"中墙"。在【明暗基本参数】卷展栏中将【反射高光】区域中的【高光级别】和【光泽度】分别设置为 5、25。在【贴图】卷展栏中选择【漫反射颜色】通道右侧的【无】按钮,在弹出的【材质 / 贴图浏览器】对话框中选择【位图】贴图,单击【确定】按钮,在弹出的对话框中选择随书附带光盘中的 CDROM | Map | CON1.JPG 文件,单击【打开】按钮。并进入【漫反射颜色】贴图通道,在【坐标】卷展栏中,将【瓷砖】下的 U、V 参数均设置为 5。然后单击【转到父对象】按钮，返回父级材质层级,选择【漫反射颜色】通道右侧的贴图,将其拖曳到【凹凸】通道右侧的【无】按钮上,在弹出的对话框中选中【实例】单选按钮,单击【确定】按钮,如图 10-77 所示。然后单击【将材质指定给选定对象】按钮，将设置好的材质指定给场景中的【中墙】对象,如图 10-78 所示。

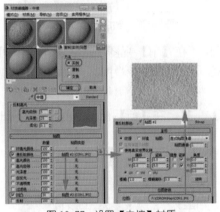

图 10-77　设置【中墙】材质

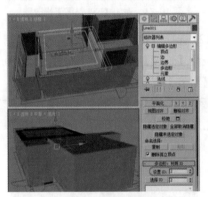

图 10-78　查看材质效果

(17) 选择【创建】　|【图形】　|【矩形】工具,在【前】视图"中墙"对象的右侧创建一个【长度】和【宽度】分别为 2280、2390 的矩形,将其命名为"右侧铁丝网边 001",然后调整矩形的位置,如图 10-79 所示。

(18) 切换至【修改】命令面板,为其添加【编辑样条线】修改器,并将当前选择集定义为【顶点】,在【几何体】卷展栏中选择【优化】按钮,在【前】视图中为"右侧铁丝网边 01"添加如图 10-80 所示的两个调节点,选择左侧的 3 个点并右击,在弹出的快捷菜单中选择【角点】,命令,如图 10-80 所示。

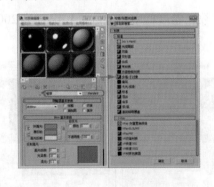

图 10-79　绘制矩形并调整其位置

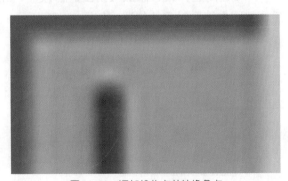

图 10-80　添加优化点并转换角点

(19) 在【前】视图中调整顶点的位置，如图 10-81 所示。

(20) 将当前选择集定义为【分段】，在【前】视图中选择如图 10-80 所示的两条线段并按 Delete 键将其删除，如图 10-82 所示。

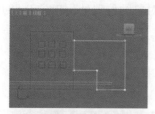

图 10-81　调整顶点位置

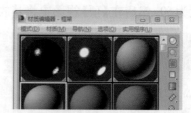

图 10-82　删除线段

(21) 将当前选择集定义为【样条线】，选中样条线，在【几何体】卷展栏中将【轮廓】设置为 70，并按 Enter 键设置出"右侧铁丝网边 01"对象的【轮廓】，将其颜色设置为白色，如图 10-83 所示。

(22) 退出当前选择集，在【修改器列表】中选择【挤出】修改器，在【参数】卷展栏中将【数量】设置为 50，然后调整其位置，如图 10-84 所示。

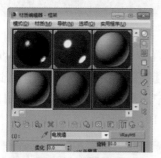

图 10-83　设置轮廓

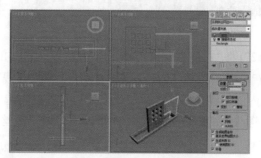

图 10-84　设置【挤出】并调整其位置

(23) 选择【创建】 | 【图形】 | 【矩形】工具，在【前】视图中"右侧铁丝网边 001"对象内侧创建一个【长度】和【宽度】分别为 2018、2250 的矩形，将其命名为"右侧铁丝网边 002"，如图 10-85 所示。

(24) 切换至【修改】命令面板，添加【编辑样条线】修改器，将当前选择集定义为【顶点】，在【几何体】卷展栏中选择【优化】按钮，参照前面的操作步骤，再为"右侧铁丝网边 002"矩形添加优化点，选择左下角的三个点并右击，在弹出的对话框中选择【角点】命令，然后调整角点的位置，如图 10-86 所示。

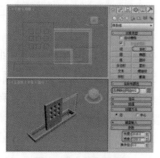

图 10-85　绘制矩形

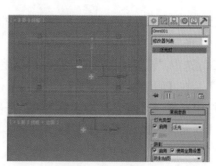

图 10-86　调整顶点

(25) 对点进行调整，再将当前选择集定义为【样条线】，在【几何体】卷展栏中将【轮廓】参数设置为80，并按Enter键确认，设置出"右侧铁丝网边002"对象的轮廓，如图10-87所示。

(26) 退出选择集，在【修改器列表】中选择【挤出】修改器，在【参数】卷展栏中将【数量】设置为50，然后在【顶】视图中将其放置到"右侧铁丝网边001"对象的位置处，如图10-88所示。

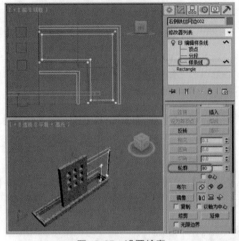

图 10-87　设置轮廓

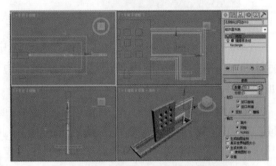

图 10-88　设置【挤出】并调整其位置

(27) 将"右侧铁丝网边002"右侧的颜色色块的RGB值设置为255、255、0，如图10-89所示。

(28) 然后选择【创建】 | 【图形】 | 【线】工具，在【前】视图中"右侧铁丝网边002"对象内侧创建一条斜线，在【渲染】卷展栏中选中【在渲染中启用】和【在视口中启用】复选框，将【厚度】设置为20，并将其命名为"铁丝网"，如图10-90所示。

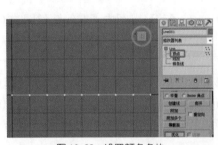

图 10-89　设置颜色色块

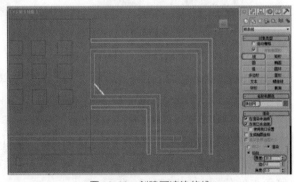

图 10-90　创建可渲染的线

(29) 取消选中【开始新图形】复选框，在【前】视图中创建多条可渲染的样条线，如图10-91所示。

(30) 选中"铁丝网"对象，打开材质编辑器，选择一个新的材质样本球，并将其命名为"金属01"。在【明暗器基本参数】卷展栏中，将明暗器类型定义为【金属】。在【金属基本参数】卷展栏中，将【环境光】均设置为0；将【漫反射】颜色均设置为255，将【反射高光】区域中的【高光级别】和【光泽度】分别设置为130、89，如图10-92所示。

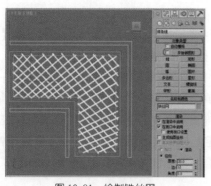

图 10-91　绘制铁丝网

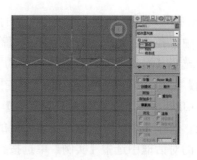

图 10-92　设置 "铁丝网" 材质

(31) 在【贴图】卷展栏中，选择【反射】通道右侧的【无】按钮，在弹出的【材质 / 贴图浏览器】对话框中选择【位图】贴图，单击【确定】按钮，再在弹出的对话框中选择随书附带光盘中的 CDROM | Map | CHROMIC.JPG 文件，单击【打开】按钮，进入【漫反射颜色】通道，如图 10-93 所示。然后单击【将材质指定给选定对象】按钮████，将设置好的材质指定给场景中的 "铁丝网" 对象，如图 10-94 所示。

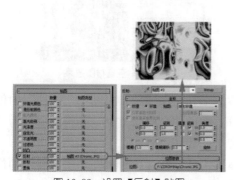

图 10-93　设置【反射】贴图

图 10-94　查看材质效果

(32) 选择【创建】████|【几何体】████|【长方体】工具，在【顶】视图中创建一个【长度】、【宽度】和【高度】分别为 500、500、2280 的长方体并将其命名为 "立柱"，如图 10-95 所示。

(33) 选择 "立柱" 对象，切换至【修改】命令面板，添加【UVW 贴图】修改器，在【参数】卷展栏中将【贴图】样式定义为【长方体】，将【长度】、【宽度】和【高度】均设置为 800，如图 10-96 所示。

图 10-95　创建长方体

图 10-96　添加【UVW 贴图】修改器

(34) 打开材质编辑器，选择一个新的材质样本球，将其命名为"立柱"。在【Blinn 基本参数】卷展栏中，将【反射高光】区域中的【高光级别】和【光泽度】分别设置为 5、25。在【贴图】区域中选择【漫反射颜色】通道右侧的【无】按钮，打开【材质 / 贴图浏览器】对话框，选择【位图】贴图，单击【确定】按钮，在打开的对话框中选择随书附带光盘中的 CDROM | Map | 砖墙 06.JPG 文件，进入【漫反射颜色】通道。然后单击【转到父对象】按钮 ，返回父级材质层级，选择【漫反射颜色】通道右侧的贴图，将其拖曳到【凹凸】通道右侧的【无】按钮上，在弹出的对话框中选中【实例】单选按钮，单击【确定】按钮，如图 10-97 所示。然后单击【将材质指定给选定对象】按钮 ，将设置好的材质指定给场景中的【立柱】对象，如图 10-98 所示。

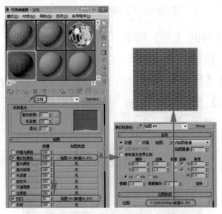

图 10-97　设置"立柱"材质

图 10-98　查看材质效果

(35) 选择【创建】 |【几何体】 |【长方体】工具，在【顶】视图中"立柱"的位置创建一个【长度】、【宽度】和【高度】分别为 380、380、400 的长方体，并将其命名为"立柱 001"，并将其颜色设置为白色，然后调整其位置，如图 10-99 所示。

(36) 选择【创建】 |【几何体】 |【长方体】工具，在【顶】视图中"立柱"的位置创建一个【长度】、【宽度】和【高度】分别为 500、500、300 的长方体，并将其命名为"立柱 002"，并将其颜色设置为白色，然后调整其位置，如图 10-100 所示。

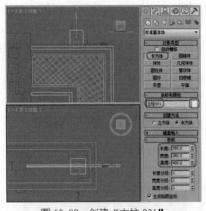

图 10-99　创建"立柱 001"

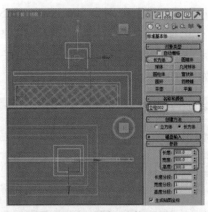

图 10-100　创建"立柱 002"

(37) 选择【创建】 |【几何体】 |【长方体】工具，在【顶】视图中"立柱"的位置创建一个【长度】、【宽度】和【高度】分别为 600、50、1500 的长方体，并将其命名为"立

柱 003"，并将其颜色设置为白色，然后调整其位置，如图 10-101 所示。

(38) 选择【创建】 ※ |【几何体】 ▊ |【长方体】工具，在【顶】视图中"立柱"的位置创建一个【长度】、【宽度】和【高度】分别为 500、500、50 的长方体，并将其命名为"立柱 004"，并将其颜色设置为白色，然后调整其位置，如图 10-102 所示。

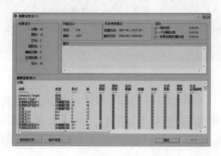

图 10-101 创建"立柱 003"

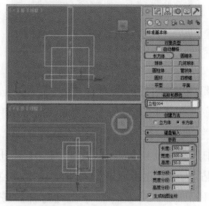

图 10-102 创建"立柱 004"

(39) 在场景中选中墙体右侧的对象，然后在菜单栏中选择【组】|【组】命令，在弹出的对话框中将【组名】命名为"右侧墙体"，单击【确定】按钮，如图 10-103 所示。

(40) 在【前】视图中选择"右侧墙体"对象，在工具栏中选择【镜像】工具 ▨，在弹出的对话框中选择【镜像轴】为 X，将【偏移】设置为 -4450，在【克隆当前选择】区域中选中【复制】单选按钮，单击【确定】按钮，如图 10-104 所示。

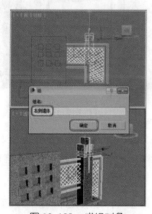

图 10-103 成组对象

图 10-104 镜像对象

(41) 选择场景中的所有对象，在菜单栏中选择【组】|【组】命令，在弹出的对话框中将【组名】命名为"景观墙 001"，单击【确定】按钮。在工具拦中选择【选择并移动】工具 ⊕，在【前】视图中选择"景观墙 001"对象，并按住 Shift 键，沿着 X 轴移动复制"景观墙 002"对象，如图 10-105 所示。

(42) 选择【创建】 ※ |【图形】 ▬ |【线】工具，在【渲染】卷展栏中选中【在渲染中启用】和【在视口中启用】复选框，将【厚度】参数设置为 50，在场景中景观墙之间创建多条如图 10-106 所示的直线。

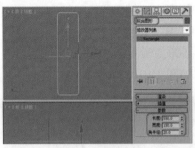

图 10-105 复制"景观墙 001"对象

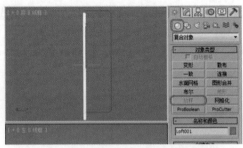

图 10-106 创建直线

(43) 选中创建的所有直线，打开材质编辑器，选择一个新的材质样本球，将其命名为"金属 02"。在【明暗器基本参数】卷展栏中，将明暗器类型设置为【金属】。在【金属基本参数】卷展栏中，将【反射高光】区域中的【高光级别】和【光泽度】均设置为 80。在【贴图】卷展栏中选择【反射】通道右侧的【无】按钮，在弹出的对【材质/贴图浏览器】对话框中选择【位图】贴图，单击【确定】按钮，然后再在打开的对话框中选择随书附带光盘中的 CDROM | Map | HOUSE.JPG 文件，单击【打开】按钮。进入【反射】通道后，在【坐标】区域中将【模糊偏移】参数设置为 0.096，如图 10-107 所示。然后单击【将材质指定给选定对象】按钮，将设置好的材质指定给场景中的对象，如图 10-108 所示。

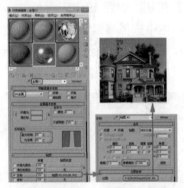

图 10-107 设置"金属 02"材质

图 10-108 查看材质效果

(44) 保存场景文件。选择随书附带光盘中的 CDROM | Scences | Cha10 | 使用线工具制作景观墙 .max 文件，使用 ▶ |【导入】|【合并】命令，选择保存的场景文件，在弹出的对话框中单击【打开】按钮。在弹出的【合并】对话框中，选择所有对象，然后单击【确定】按钮，将场景文件合并，调整模型和摄影机的位置，如图 10-109 所示。最后将场景进行渲染，如图 10-110 所示，然后将渲染满意的效果和场景进行存储。

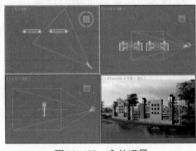

图 10-109 合并场景

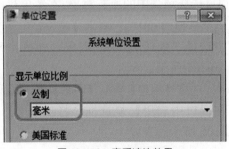

图 10-110 查看渲染效果

案例精讲 093　　使用附加命令制作凉亭

✎ 案例文件：CDROM | Scenes | Cha10 | 使用附加命令制作凉亭 OK.max

🎬 视频文件：视频教学 | Cha10 | 使用附加命令制作凉亭 .avi

制作概述

本例将介绍凉亭的制作，其主要是通过在多边形和矩形的基础上进行添加修改器而制作完成的，完成后的效果如图 10-111 所示。

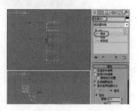

学习目标

学会使用二维对象和修改器制作凉亭。

学会使用多边形和【挤出】修改器制作草坪。

图 10-111　凉亭

操作步骤

(1) 选择【创建】▓ |【图形】▓ |【样条线】|【多边形】工具，在【顶】视图中创建多边形，将其命名为"围栏 001"，切换到【修改】命令面板，在【参数】卷展栏中将【半径】设置为 65，将【边数】设置为 6，如图 10-112 所示。

(2) 确认"围栏 001"对象处于选择状态，按 Ctrl+V 组合键，弹出【克隆选项】对话框，在【对象】选项组中选中【复制】单选按钮，并将其命名为"围栏"，单击【确定】按钮，如图 10-113 所示。

图 10-112　创建"围栏 001"对象　　　　　　　图 10-113　复制"围栏"对象

(3) 选择复制后的"围栏"对象，切换至【修改】命令面板，在【参数】卷展栏中将【半径】设置为 70，如图 10-114 所示。

(4) 然后在【修改器列表】中选择【编辑样条线】修改器，在【几何体】卷展栏中单击【附加】按钮，在场景中单击选择"围栏 001"对象，将其附加在一起，如图 10-115 所示。

知识链接

【附加】：将场景中的其他样条线附加到所选样条线。直接单击要附加到当前选定的样条线对象的对象即可。要附加到的对象也必须是样条线。

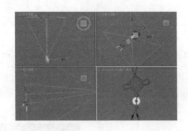 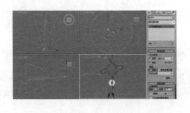

图 10-114　设置参数　　　　　　　　　　　　　图 10-115　附加对象

　　(5) 在【修改器列表】中选择【倒角】修改器，在【倒角值】卷展栏中将【级别 1】下的【高度】设置为 35，选中【级别 2】复选框，将【高度】和【轮廓】分别设置为 1、−0.2，如图 10-116 所示。

　　(6) 选择【创建】 ❋ |【图形】 ❋ |【样条线】|【多边形】工具，在【顶】视图中创建多边形，将其命名为"底面"，切换到【修改】命令面板，在【参数】卷展栏中将【半径】设置为 70，将【边数】设置为 6，如图 10-117 所示。

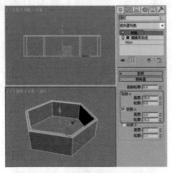 

图 10-116　添加【倒角】修改器　　　　　　　　图 10-117　创建"底面"对象

　　(7) 确认创建的"底面"对象处于选择状态，在【修改器列表】中选择【挤出】修改器，在【参数】卷展栏中将【数量】设置为 1，并在视图中调整其位置，如图 10-118 所示。

　　(8) 在场景中选择"围栏"对象，在【修改器列表】中选择【编辑网格】修改器，在【编辑几何体】卷展栏中单击【附加】按钮，然后在场景中选择"底面"对象，将它们附加在一起，如图 10-119 所示。

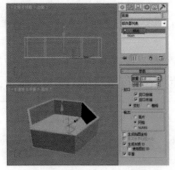 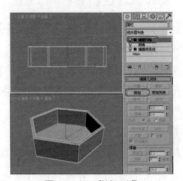

图 10-118　为"底面"对象添加【挤出】修改器　　　图 10-119　附加对象

(9) 再在【修改器列表】中选择【UVW 贴图】修改器，在【参数】卷展栏中选中【长方体】单选按钮即可，如图 10-120 所示。

(10) 选择【创建】 |【图形】 |【样条线】|【多边形】工具，在【顶】视图中创建多边形，将其命名为"草坪"，切换到【修改】命令面板，在【参数】卷展栏中将【半径】设置为 65，将【边数】设置为 6，如图 10-121 所示。

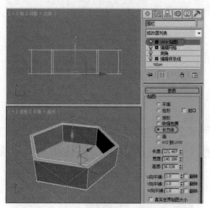

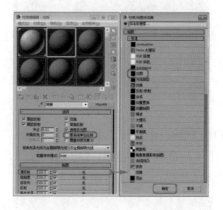

图 10-120　添加【UVW 贴图】修改器　　　　　图 10-121　创建"草坪"对象

(11) 然后在【修改器列表】中选择【挤出】修改器，在【参数】卷展栏中将【数量】设置为 34，并在视图中调整其位置，效果如图 10-122 所示。

(12) 再在【修改器列表】中选择【UVW 贴图】修改器，在【参数】卷展栏中选中【平面】单选按钮即可，如图 10-123 所示。

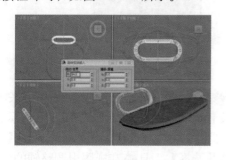

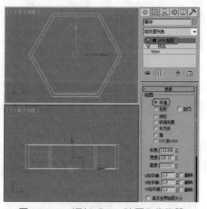

图 10-122　为【草坪】对象添加【挤出】修改器　　　图 10-123　添加【UVW 贴图】修改器

(13) 激活【左】视图，选择【创建】 |【图形】 |【样条线】|【矩形】工具，在视图中创建一个矩形，将其命名为"木头 001"，切换到【修改】命令面板，在【参数】卷展栏中将【长度】设置为 6、【宽度】设置为 2.5、【角半径】设置为 1，如图 10-124 所示。

(14) 在【修改器列表】中选择【挤出】修改器，在【参数】卷展栏中将【数量】设置为 80，然后在视图中调整其位置，如图 10-125 所示。

(15) 激活【前】视图，选择"木头 001"对象，在按住 Shift 键的同时沿 Y 轴向上拖动鼠标，拖动至合适位置后释放鼠标，弹出【克隆选项】对话框，在【对象】选项组中选中【复制】单选按钮，将【副本数】设置为 4，单击【确定】按钮，如图 10-126 所示。

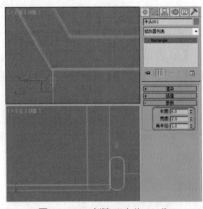

图 10-124　创建"木头 001"

图 10-125　添加【挤出】修改器

(16) 在场景中选择"木头 001"对象，在【修改器列表】中选择【编辑网格】修改器，在【编辑几何体】卷展栏中单击【附加】按钮，在视图中选择新复制的对象，将其附加在一起，如图 10-127 所示。

图 10-126　复制对象

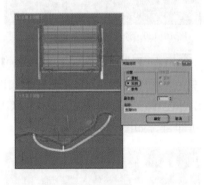

图 10-127　附加对象

(17) 然后在【修改器列表】中选择【UVW 贴图】修改器，在【参数】卷展栏中选中【长方体】单选按钮，将【长度】、【宽度】和【高度】分别设置为 35、22、80，如图 10-128 所示。

(18) 切换至【层次】命令面板，在【调整轴】卷展栏中单击【仅影响轴】按钮，在【对齐】选项组中单击【居中到对象】按钮，然后使用【移动并选择】工具 ✥ 在视图中调整轴的位置，如图 10-129 所示。再次单击【仅影响轴】按钮，将其关闭。

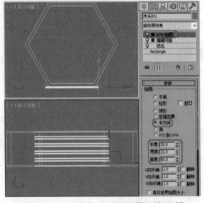

图 10-128　添加【UVW 贴图】修改器

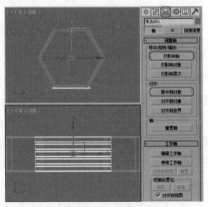

图 10-129　调整轴

(19) 激活【顶】视图，在菜单栏中选择【工具】|【阵列】命令，打开【阵列】对话框，在【增量】选项区域下将 Z 方向的【旋转】设置为 120，在【阵列维度】选项组中将 1D 数量设置为 3，单击【确定】按钮，如图 10-130 所示。

(20) 阵列后的效果如图 10-131 所示。

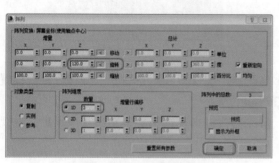

图 10-130　设置阵列参数

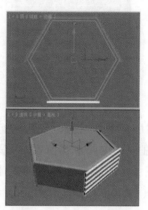

图 10-131　阵列后的效果

(21) 在【顶】视图中选择"木头 001"对象，按 Ctrl+V 组合键，在弹出的对话框中选中【复制】单选按钮，并单击【确定】按钮，如图 10-132 所示。

(22) 确定复制出的"木头 004"对象处于选中状态，在工具栏中右击【选择并旋转】工具 ，打开【旋转变换输入】对话框，在【绝对：世界】选项区域中将 Z 设置为 30，如图 10-133 所示。

图 10-132　【克隆选项】对话框

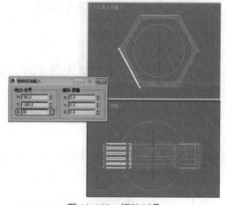

图 10-133　旋转对象

(23) 设置完成后关闭【旋转变换输入】对话框，然后结合前面介绍的方法，阵列"木头 004"对象，完成后的效果如图 10-134 所示。

(24) 选择【创建】 |【图形】 |【样条线】|【矩形】工具，在【左】视图中创建一个矩形，将其命名为"横木 001"，切换到【修改】命令面板，在【参数】卷展栏中将【长度】设置为 4、【宽度】设置为 6.5、【角半径】设置为 1，如图 10-135 所示。

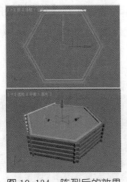

图 10-134 阵列后的效果

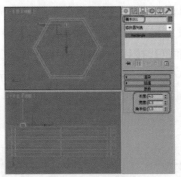

图 10-135 创建 "横木 001"

(25) 然后在【修改器列表】中选择【挤出】修改器，在【参数】卷展栏中将【数量】设置为 95，并在视图中调整其位置，效果如图 10-136 所示。

(26) 在【修改器列表】中选择【编辑网格】修改器，将当前选择集定义为【顶点】，在视图中调整顶点位置，如图 10-137 所示。

图 10-136 添加【挤出】修改器

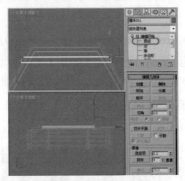

图 10-137 调整顶点位置

(27) 关闭当前选择集，确认创建的 "横木 001" 对象处于选择状态，激活【顶】视图，在按住 Shift 键的同时沿 Y 轴向上拖动鼠标，拖动至合适位置后释放鼠标，弹出【克隆选项】对话框，在【对象】选项组中选中【复制】单选按钮，将【副本数】设置为 2，单击【确定】按钮，如图 10-138 所示。

(28) 然后在场景中使用【选择并均匀缩放】工具 来缩放复制后的对象，并使用【选择并移动】工具 来调整位置，效果如图 10-139 所示。

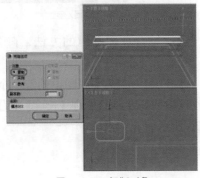

图 10-138 复制对象

图 10-139 调整对象

(29) 在场景中选择"横木001"对象，在【修改器列表】中选择【编辑网格】修改器，在【编辑几何体】卷展栏中单击【附加】按钮，在场景中选择复制的横木对象，如图10-140所示。

(30) 附加完成后，在【修改器列表】中选择【UVW贴图】修改器，在【参数】卷展栏中选中【长方体】单选按钮，将【长度】和【宽度】分别设置为29、22，如图10-141所示。

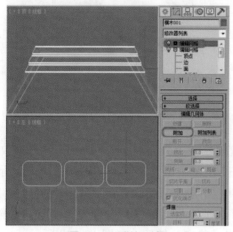
图 10-140　附加对象

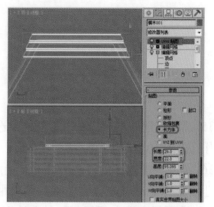
图 10-141　添加【UVW 贴图】修改器

(31) 切换至【层次】命令面板，在【调整轴】卷展栏中单击【仅影响轴】按钮，在【对齐】选项组中单击【居中到对象】按钮，然后在视图中调整轴的位置，如图10-142所示。再次单击【仅影响轴】按钮，将其关闭。

(32) 激活【顶】视图，在菜单栏中选择【工具】|【阵列】命令，打开【阵列】对话框，在【增量】选项区域下将Z方向的【旋转】设置为120，在【阵列维度】选项组中将1D数量设置为3，单击【确定】按钮，如图10-143所示。

图 10-142　调整轴位置

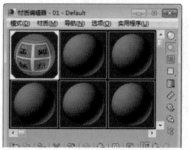
图 10-143　设置阵列参数

(33) 阵列后的效果如图10-144所示。

(34) 选择【创建】　|【几何体】　|【长方体】工具，在【顶】视图中绘制一个长方体，将其命名为"支柱001"，切换到【修改】命令面板，在【参数】卷展栏中将【长度】设置为5、【宽度】设置为5、【高度】设置为250，如图10-145所示。

图 10-144　阵列后的效果

图 10-145　创建"支柱 001"对象

(35) 确认创建的"支柱 001"对象处于选择状态，在【修改器列表】中选择【编辑网格】修改器，并将当前选择集定义为【顶点】，在【前】视图和【左】视图中调整顶点，效果如图 10-146 所示。

(36) 关闭当前选择集，激活【左】视图，在工具栏中单击【镜像】工具，打开【镜像：屏幕 坐标】对话框，在【镜像轴】选项组中选择 X 选项，将【偏移】设置为 –6，在【克隆当前选择】选项组中选中【复制】单选按钮，然后单击【确定】按钮，如图 10-147 所示。

图 10-146　调整顶点位置

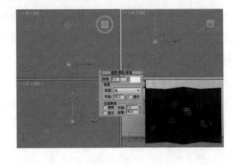

图 10-147　镜像对象

(37) 然后激活【顶】视图，在该视图中选择"支柱 001"和"支柱 002"对象，在工具栏中选择【镜像】工具，打开【镜像：屏幕 坐标】对话框，在【镜像轴】选项组中选择 X 选项，将【偏移】设置为 –6，在【克隆当前选择】选项组中选中【复制】单选按钮，单击【确定】按钮，如图 10-148 所示。

(38) 在场景中选择镜像完成后的 4 个长方体，在菜单栏中选择【组】|【组】命令，在弹出的对话框中将其命名为"支柱"，设置完成后单击【确定】按钮，如图 10-149 所示。

(39) 在场景中选择"支柱"对象，并在视图中调整其位置，效果如图 10-150 所示。

(40) 选择【创建】▇ |【几何体】◎ |【长方体】工具，在【顶】视图中绘制一个长方体，将其命名为"木板 001"，切换到【修改】命令面板，在【参数】卷展栏中将【长度】设置为12、【宽度】设置为 6、【高度】设置为 3，如图 10-151 所示。

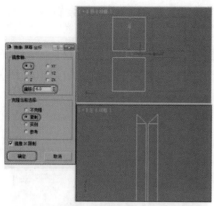

图 10-148　镜像对象

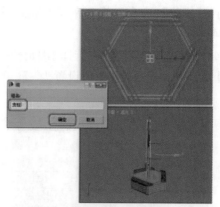

图 10-149　成组对象

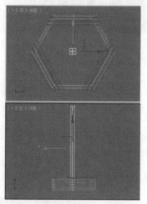

图 10-150　调整"支柱"对象的位置

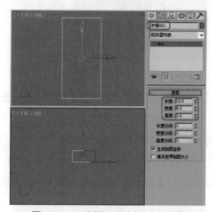

图 10-151　创建"木板 001"对象

(41) 使用同样的方法，再次创建一个长方体，将其命名为"木板 002"，并将其【长度】设置为 6、【宽度】设置为 12、【高度】设置为 3，如图 10-152 所示。

(42) 创建完成后，使用【选择并移动】工具 ✥ 调整木板对象的位置。激活【前】视图，在按住 Shift 键的同时向上拖曳，拖曳至合适位置后释放鼠标，在弹出的对话框中使用默认设置，单击【确定】按钮即可，如图 10-153 所示。

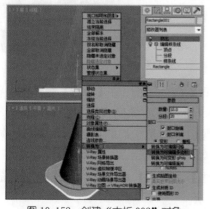

图 10-152　创建"木板 002"对象

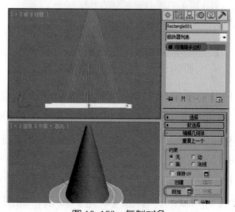

图 10-153　复制对象

(43) 选择【创建】 ❋ |【图形】 ◎ |【样条线】|【矩形】工具，在【顶】视图中创建一个矩形，

切换到【修改】命令面板，在【参数】卷展栏中将【长度】和【宽度】都设置为180，如图10-154所示。

(44) 在【修改器列表】中选择【编辑样条线】修改器，将当前选择集定义为【样条线】，在【几何体】卷展栏中将【轮廓】值设置为 –7，单击【轮廓】按钮，为其添加轮廓，如图10-155所示。

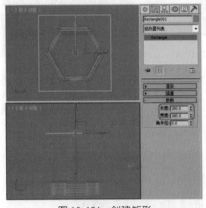

图 10-154 创建矩形

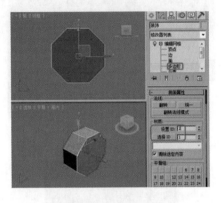

图 10-155 添加轮廓

(45) 关闭当前选择集，在【修改器列表】中选择【挤出】修改器，在【参数】卷展栏中将【数量】设置为 6，如图10-156所示。

(46) 确认创建的矩形处于选中状态，激活【前】视图，在按住 Shift 键的同时使用【选择并移动】工具拖曳鼠标，拖曳至合适位置后释放鼠标，打开【克隆选项】对话框，在【对象】选项组中选中【复制】单选按钮，将【副本数】设置为5，单击【确定】按钮，如图10-157所示。

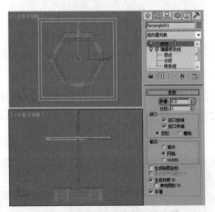

图 10-156 添加【挤出】修改器

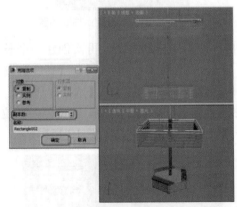

图 10-157 复制对象

(47) 选择克隆后的 Rectangle006 对象，切换到【修改】命令面板，在【参数】卷展栏中将【数量】设置为 2，将 Rectangle005、Rectangle004 和 Rectangle003 对象的【数量】均设置为 4，选择 Rectangle002 对象，将其【数量】设置为 5，并在视图中调整它们的位置，完成后的效果如图10-158所示。

(48) 然后选择 6 个矩形对象，在菜单栏中选择【组】|【组】命令，在弹出的对话框中将其命名为"顶"，单击【确定】按钮，如图10-159所示。

(49) 确认"顶"对象处于选中状态，在【修改器列表】中选择 FFD 2×2×2 修改器，将当前选择集定义为【控制点】，选择工具栏中的【选择并移动】工具 ✥，将其控制点调整至如图 10-160 所示的效果。

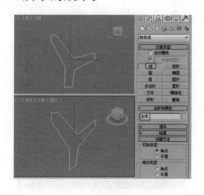

图 10-158　更改挤出参数

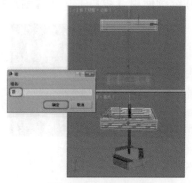

图 10-159　成组对象

(50) 在视图中适当调整"顶"对象的位置，然后选择【创建】❋ |【图形】 ⊙ |【样条线】|【矩形】工具，在【顶】视图中绘制一个与"顶"对象外侧轮廓同样大的矩形，并将其重命名为"边"，如图 10-161 所示。

图 10-160　调整控制点

图 10-161　创建矩形

(51) 切换至【修改】命令面板，在【修改器列表】中选择【编辑样条线】修改器，将当前选择集定义为【样条线】，在【几何体】卷展栏中将【轮廓】设置为 7，如图 10-162 所示。

(52) 关闭当前选择集，然后在【修改器列表】中选择【挤出】修改器，在【参数】卷展栏中将【数量】设置为 6，并在场景中调整其位置，如图 10-163 所示。

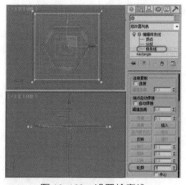

图 10-162　设置轮廓线

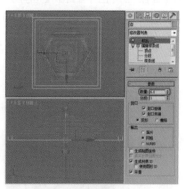

图 10-163　设置挤出

(53) 选择【创建】 ✧ |【图形】 ⊙ |【样条线】|【线】工具，在【前】视图中绘制封闭的线段，将其命名为"支撑"，如图 10-164 所示。

(54) 继续使用【线】工具在【前】视图中绘制"支撑 001"对象，效果如图 10-165 所示。

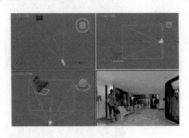

图 10-164　绘制"支撑"对象

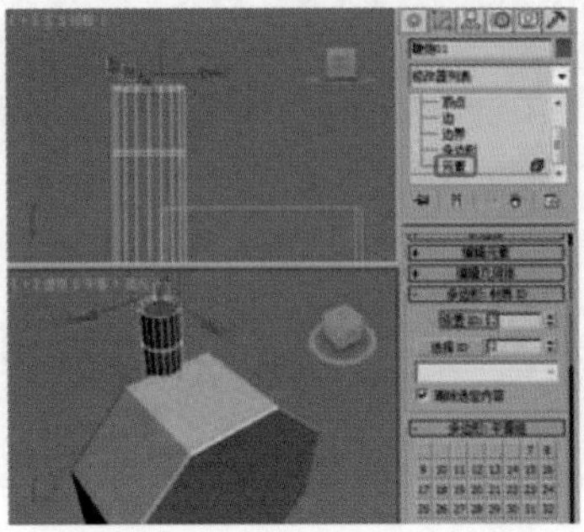

图 10-165　绘制"支撑 001"对象

(55) 选择创建的"支撑"对象，切换至【修改】命令面板，在【几何体】卷展栏中单击【附加】按钮，在场景中单击拾取"支撑 001"对象，将其附加在一起，如图 10-166 所示。

(56) 在场景中调整"支撑"对象的位置，然后在【修改器列表】中选择【挤出】修改器，在【参数】卷展栏中将【数量】设置为 6，如图 10-167 所示。

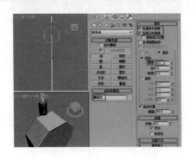
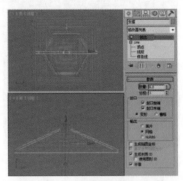

图 10-166　附加对象

图 10-167　添加【挤出】修改器

(57) 设置完成后，激活【顶】视图，选择创建的"支撑"对象，按 Ctrl+V 组合键，在弹出的对话框中选中【复制】单选按钮，然后单击【确定】按钮，如图 10-168 所示。

(58) 然后在工具栏中右击【选择并旋转】工具 ↻，打开【旋转变换输入】对话框，在【绝对：世界】选项组中将 Z 值设置为 –90，并按 Enter 键确认该操作，如图 10-169 所示。

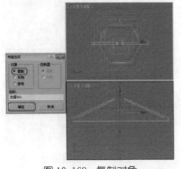
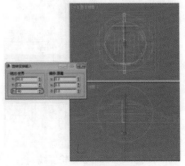

图 10-168　复制对象

图 10-169　旋转对象

(59) 关闭【旋转变换输入】对话框，然后在场景中调整复制后的对象的位置。选择【创建】【图形】、【样条线】|【线】工具，在【前】视图中绘制封闭的线段，将其命名为"长支撑"，如图 10-170 所示。

(60) 继续使用【线】工具在【前】视图中绘制"长支撑 001"对象，效果如图 10-171 所示。

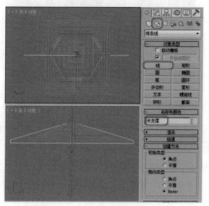

图 10-170　绘制"长支撑"对象

图 10-171　绘制"长支撑 001"对象

(61) 确认"长支撑"对象处于选择状态，切换至【修改】命令面板，在【几何体】卷展栏中单击【附加】按钮，在场景中单击拾取"长支撑 001"对象，将其附加在一起，如图 10-172 所示。

(62) 在【修改器列表】中选择【挤出】修改器，在【参数】卷展栏中将【数量】设置为 6，如图 10-173 所示。

图 10-172　附加对象

图 10-173　添加【挤出】修改器

(63) 激活【顶】视图，在工具栏中右击【选择并旋转】工具，打开【旋转变换输入】对话框，在【绝对：世界】选项组中将 Z 值设置为 45，并按 Enter 键确认该操作，如图 10-174 所示。

(64) 关闭【旋转变换输入】对话框，使用【选择并移动】工具在视图中调整"长支撑"对象的位置，然后按 Ctrl+V 组合键，在弹出的对话框中选中【复制】单选按钮，并单击【确定】按钮，如图 10-175 所示。

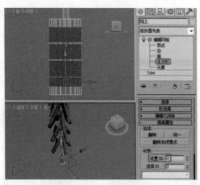

图 10-174　旋转对象

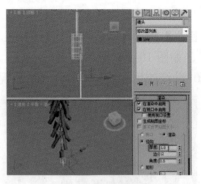

图 10-175　复制对象

(65) 然后在工具栏中右击【选择并旋转】工具，打开【旋转变换输入】对话框，在【绝对：世界】选项组中将 Z 值设置为 135，并按 Enter 键确认该操作，如图 10-176 所示。

(66) 关闭【旋转变换输入】对话框，然后在场景中调整复制后的对象的位置。在场景中选择除"草坪"以外的所有对象，在菜单栏中选择【组】|【组】命令，在弹出的对话框中设置【组名】为"凉亭"，单击【确定】按钮，如图 10-177 所示。

图 10-176　旋转对象

图 10-177　成组对象

(67) 确定"凉亭"对象处于选择状态，按 M 键打开【材质编辑器】对话框，选择一个新的材质样本球，将其命名为"凉亭"，在【贴图】卷展栏中单击【漫反射颜色】右侧的【无】按钮，在弹出的【材质/贴图浏览器】对话框中选择【位图】贴图，单击【确定】按钮，如图 10-178 所示。

(68) 在弹出的对话框中打开随书附带光盘中的 a-d-160.jpg 素材文件，在【坐标】卷展栏中使用默认参数，直接单击【转到父对象】按钮和【将材质指定给选定对象】按钮，将材质指定给"凉亭"对象，如图 10-179 所示。

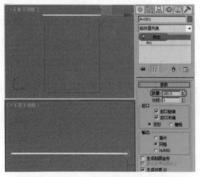

图 10-178　选择【位图】贴图

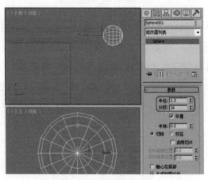

图 10-179　指定材质

(69) 在场景中选择"草坪"对象，在【材质编辑器】对话框中选择一个新的材质样本球，将其命名为"草坪"，在【Blinn 基本参数】卷展栏中将【环境光】和【漫反射】的 RGB 值设置为 0、199、14，将【自发光】设置为 100，将【不透明度】设置为 80，如图 10-180 所示。

(70) 在【贴图】卷展栏中单击【漫反射颜色】右侧的【无】按钮，在弹出的【材质/贴图浏览器】对话框中双击【位图】贴图，再在弹出的对话框中打开随书附带光盘中的 Shrubg.jpg 素材文件，在【位图参数】卷展栏中选中【裁剪/放置】选项组中的【应用】复选框，并单击右侧的【查看图像】按钮，在弹出的对话框中通过调整控制柄来指定裁剪区域，如图 10-181 所示。调整完成后，单击【转到父对象】按钮 和【将材质指定给选定对象】按钮 ，将材质指定给【草坪】对象。

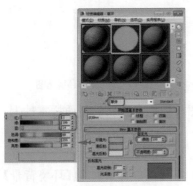

图 10-180　设置 Blinn 基本参数

图 10-181　调整裁剪区域

(71) 选择【创建】 |【几何体】 |【标准基本体】|【平面】工具，在【顶】视图中创建平面，切换到【修改】命令面板，在【参数】卷展栏中，将【长度】和【宽度】都设置为 260，如图 10-182 所示。

(72) 右击创建的平面对象，在弹出的快捷菜单中选择【对象属性】命令，弹出【对象属性】对话框，在【显示属性】选项组中选中【透明】复选框，单击【确定】按钮，效果如图 10-183 所示。

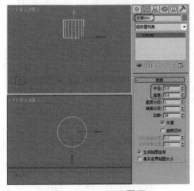

图 10-182　创建平面

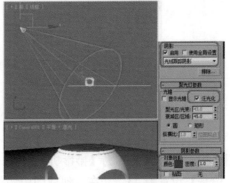

图 10-183　设置对象属性

(73) 确定创建的平面对象处于选中状态，按 M 键打开【材质编辑器】对话框，激活一个新的材质样本球，并单击 Standard 按钮，在弹出的【材质/贴图浏览器】对话框中双击【无光/投影】材质，然后打开【无光/投影基本参数】卷展栏，在【阴影】选项组中，将【颜色】的 RGB 值均设为 127，如图 10-184 所示。单击【将材质指定给选定对象】按钮 ，将材质指定给平面对象。

(74) 按 8 键弹出【环境和效果】对话框，在【公用参数】卷展栏中单击【无】按钮，在弹出的【材质／贴图浏览器】对话框中双击【位图】贴图，再在弹出的对话框中打开随书附带光盘中的"凉亭背景.JPG"素材文件，如图 10-185 所示。

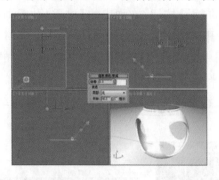
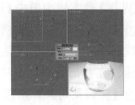

图 10-184　设置材质　　　　　　　　　　　　图 10-185　选择环境贴图

(75) 然后在【环境和效果】对话框中，将环境贴图按钮拖曳至新的材质样本球上，在弹出的【实例（副本）贴图】对话框中选中【实例】单选按钮，并单击【确定】按钮，然后在【坐标】卷展栏中，将贴图设置为【屏幕】，如图 10-186 所示。

(76) 激活【透视】视图，在菜单栏中选择【视图】｜【视口背景】｜【环境背景】命令，即可在【透视】视图中显示环境背景，如图 10-187 所示。

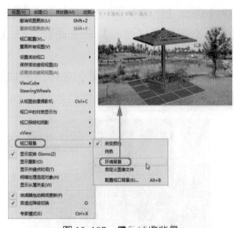

图 10-186　拖曳贴图　　　　　　　　　　　图 10-187　显示环境背景

(77) 选择【创建】■｜【摄影机】■｜【目标】工具，在视图中创建摄影机，激活【透视】视图，按 C 键将其转换为【摄影机】视图，切换到【修改】命令面板，在【参数】卷展栏中，将【镜头】设置为 43，并在其他视图中调整摄影机位置，效果如图 10-188 所示。

(78) 选择【创建】■｜【灯光】■｜【标准】｜【天光】工具，在【顶】视图中创建天光，切换到【修改】命令面板，在【天光参数】卷展栏中选中【投射阴影】复选框，如图 10-189 所示。至此，凉亭就制作完成了，将场景文件保存即可。

图 10-188　创建并调整摄影机

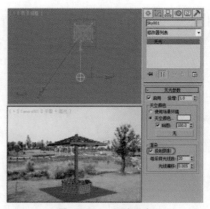

图 10-189　创建天光

案例精讲 094　使用样条线绘制木桥

制作概述

本例将介绍如何使用样条线绘制木桥。首先利用【线】、【矩形】工具绘制桥的截面，然后利用【挤出】修改器制作三维效果，最后将设置好的材质指定给对象，效果如图 10-190 所示。

图 10-190　绘制木桥

学习目标

学会如何使用样条线绘制木桥。

掌握【线】、【矩形】工具、【挤出】修改器的使用。

操作步骤

(1) 启动软件后，选择【创建】|【图形】|【线】工具，在工具栏中单击【捕捉开关】按钮，激活【顶】视图，然后在【顶】视图中绘制图形，将其命名为"桥面"，如图 10-191 所示。

(2) 再次单击【捕捉开关】按钮，进入【修改】命令面板，在【修改器列表】中选择【挤出】修改器，在【参数】卷展栏中将【数量】设置为 120，如图 10-192 所示。

(3) 选择【创建】|【图形】|【矩形】工具，在【顶】视图中绘制矩形，在【参数】卷展栏中将【长度】、【宽度】分别设置为 900、700，如图 10-193 所示。

(4) 进入【修改】命令面板，在【修改器列表】中选择【挤出】修改器，在【参数】卷展栏中将【挤出】设置为 –120，如图 10-194 所示。

图 10-191　使用【线】工具绘制图形

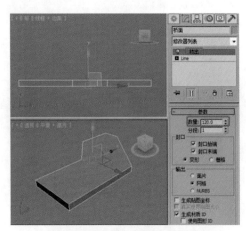

图 10-192　添加【挤出】修改器

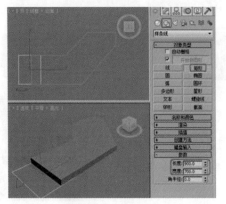

图 10-193　创建矩形

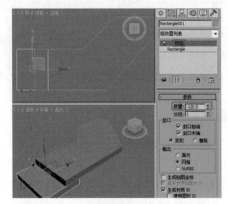

图 10-194　为矩形添加【挤出】修改器

(5) 使用同样的方法在【顶】视图中绘制矩形，将【长度】、【宽度】分别设置为 500、900，然后为绘制的矩形添加【挤出】修改器，然后将【数量】设置为−120，效果如图 10-195 所示。

(6) 选择【矩形】工具，在【顶】视图中创建【矩形】，在【参数】卷展栏中将【长度】、【宽度】均设置为 100，如图 10-196 所示。

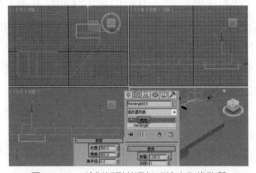

图 10-195　绘制矩形并添加【挤出】修改器

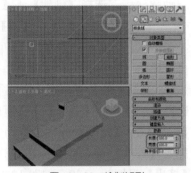

图 10-196　绘制矩形

(7) 进入【修改】命令面板，为对象添加【挤出】修改器，在【参数】卷展栏中将【数量】设置为 360，然后在视图中调整其位置，如图 10-197 所示。

(8) 使用【选择并移动】工具，按住 Shift 键在【顶】视图中沿 X 方向进行拖动，释放鼠标，弹出【克隆选项】对话框，在该对话框中选中【实例】单选按钮，将【副本数】设置为5，然后单击【确定】按钮，如图10-198所示。

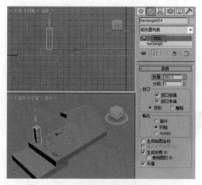

图 10-197　添加【挤出】修改器

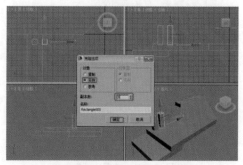

图 10-198　【克隆选项】对话框

(9) 单击【确定】按钮，使用【选择并移动】工具在各个视图中调整对象的位置，效果如图 10-199 所示。然后使用【线】工具，在【渲染】卷展栏中选中【在渲染中启用】和【在视口中启用】复选框，并将【厚度】设置为10，绘制线段将复制的长方体进行连接。

(10) 按 F10 键打开【渲染设置】对话框，在【公用】选项卡中展开【指定渲染器】卷展栏，单击【产品级】右侧的[...]按钮，在弹出的对话框中选择 V-Ray Ady2.40.03 选项，单击【确定】按钮，如图 10-200 所示。

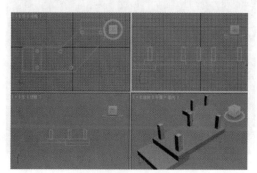

图 10-199　调整对象

图 10-200　选择渲染器

知识链接

　　【指定渲染器】卷展栏显示指定给产品级和 ActiveShade 类别的渲染器，也显示【材质编辑器】中的示例窗。

(11) 按 M 键打开【材质编辑器】对话框，在该对话框中单击【获取材质】按钮，在弹出的对话框中单击【材质/贴图浏览器选项】按钮，在弹出下拉菜单中选择【打开材质库】命令，在弹出的对话框中选择随书附带光盘中的 CDROM | Scenes | Cha10 | 桥.mat 文件，如图 10-201 所示。

(12) 单击【打开】按钮，然后展开【桥】卷展栏，将"桥"、"桥索"拖曳至空白的材质样本球上，然后在场景中选择"桥面"、Rectangle002~ Rectangle008 对象，然后单击【将材质指定给选定对象】按钮，选择 Line002~Line005 对象，选择"桥索"材质球，然后单击【将材质指定给选定对象】按钮，然后激活【透视】视图并对该视图进行渲染一次，效果如图10-202所示。

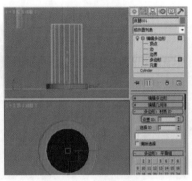

图10-201　选择"桥"

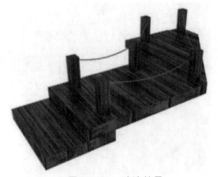

图10-202　渲染效果

(13) 选择【桥面】对象，进入【修改】命令面板，选择【UVW贴图】修改器，选中【长方体】单选按钮，将【长度】、【宽度】、【高度】分别设置为1601、2603、120，如图10-203所示。

(14) 使用同样的方法为其他长方体添加【UVW贴图】修改器，然后选择【创建】|【摄影机】|【目标】工具，在【顶】视图中创建目标摄影机，然后将【透视】视图转换为【摄影机】视图，在其他视图中调整摄影机的位置，如图10-204所示。

图10-203　添加【UVW贴图】修改器

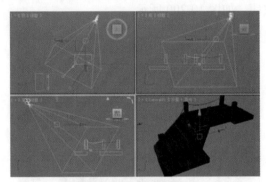

图10-204　创建摄影机

(15) 选择【创建】|【灯光】|Vray|【VR环境灯光】，然后在【顶】视图中创建灯光，进入【修改】命令面板，在【Vray环境灯光参数】卷展栏中将【颜色】RGB值设置为249、249、208，然后调整灯光的位置，如图10-205所示。

(16) 激活【摄影机】视图，按F9键对其进行快速渲染，效果如图10-206所示。

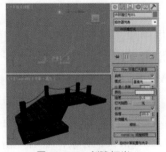

图10-205　创建灯光

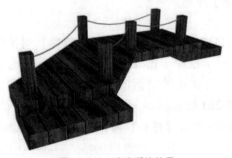

图10-206　渲染后的效果

第 11 章
灯光与摄影机设置技法与应用

本章重点

◆ 三光源的模拟设置
◆ 建筑日景灯光设置
◆ 建筑夜景灯光设置
◆ 室内摄影机
◆ 室外摄影机
◆ 室内日光灯的模拟
◆ 筒灯灯光的表现

光线是画面视觉信息与视觉造型的基础，没有光便无法体现物体的形状与质感。摄影机好比人的眼睛，通过对摄影机的调整可以决定视图中物体的位置和尺寸，影响到场景对象的数量及创建方法。本章将介绍灯光的技法与应用，其中包括三光源的模拟设置、景物灯光的模拟，建筑日景和夜景的设置以及摄影机的创建等。在本章中通过灯光的设置，用户可以掌握灯光的基本创建及调整技巧。

案例精讲 095　三光源的模拟设置

　案例文件：CDROM | Scenes | Cha11 | 三光源的模拟设置 OK.max

　视频文件：视频教学 | Cha11 | 三光源的模拟设置 .avi

制作概述

本例将介绍三光源的模拟设置的制作。本例主要使用【目标聚光灯】、【泛光】等灯光来创建灯光效果，通过使用【目光聚光灯】和【泛光灯】来表现最终效果，完成后的效果如图 11-1 所示。

图 11-1　三光源的模拟设置效果

学习目标

学会三光源的模拟设置的制作。

掌握【目标聚光灯】、【泛光】等灯光的使用。

操作步骤

(1) 启动 3ds Max 软件，选择【文件】|【打开】命令，在弹出的对话框中选择随书附带光盘中的 CDROM | Scenes | Cha11 | 三光源的模拟设置 .max 文件，如图 11-2 所示。

(2) 选择【创建】|【灯光】|【目标聚光灯】工具，在【顶】视图中创建一盏目标聚光灯，在【常规参数】卷展栏中选中【启用】复选框，将阴影模式定义为【光线跟踪阴影】，在【聚光灯参数】卷展栏中将【聚光区 / 光束】和【衰减区 / 区域】分别设置为 0.5 和 80，在【阴影参数】卷展栏中将【对象阴影】选项组中的【密度】值设置为 0.55，然后在场景中调整灯光的位置，如图 11-3 所示。

> **知识链接**
>
> 当添加目标聚光灯时，3ds Max 将自动为该摄影机指定注视控制器，灯光目标对象指定为【注视】目标。您可以使用【运动】面板上的控制器设置将场景中的任何其他对象指定为【注视】目标。

图 11-2　打开的素材文件

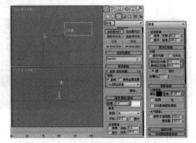

图 11-3　创建目标聚光灯

(3) 选择【泛光】工具，在【顶】视图中创建泛光灯，在【常规参数】卷展栏中取消选中【阴影】选项组中【启用】复选框；在【强度/颜色/衰减】卷展栏中将【倍增】设置为1，并在场景中调整灯光的位置，如图11-4所示。

(4) 继续选择【泛光】工具，在【前】视图中创建泛光灯，在【常规参数】卷展栏中取消选中【阴影】选项组中【启用】复选框，在【强度/颜色/衰减】卷展栏中将【倍增】设置为0.5，并在场景中调整灯光的位置，如图11-5所示。

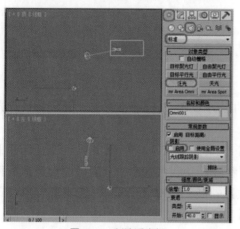

图11-4　创建泛光灯

图11-5　创建泛光灯

(5) 确定新创建的【泛光】处于选择状态，单击【常规参数】卷展栏中的【排除】按钮，在弹出的对话框中将【物体】排除该灯光的照射，如图11-6所示。

(6) 至此三光源的模拟设置制作完成了，按F9键渲染场景，将完成后的场景文件和效果进行存储，效果如图11-7所示。

图11-6　设置灯光排除

图11-7　完成后的效果

案例精讲 096　建筑日景灯光设置

案例文件：CDROM | Scenes | Cha11 | 建筑日景灯光设置 OK.max

视频文件：视频教学 | Cha11 | 建筑日景灯光设置 .avi

制作概述

本例将介绍建筑日景灯光设置的制作，在制作过程中，主要使用【目标平行光】、【泛光】等灯光来创建灯光效果，完成后的效果如图 11-8 所示。

图 11-8　建筑日景灯光效果

学习目标

学会如何使用灯光设置来创建建筑日景。

掌握【目标平行光】、【泛光】等灯光的使用。

操作步骤

(1) 运行 3ds Max 软件后打开随书附带光盘中的 CDROM | Scenes | Cha11 | 建筑日景灯光的创建 .max 文件，如图 11-9 所示。

(2) 选择【创建】|【灯光】|【目标平行光】工具，在【顶】视图中创建一盏目标平行光，并在其他视图中调整其位置和角度。在【常规参数】卷展栏中选中【启用】复选框，将阴影模式定义为【光线跟踪阴影】。在【平行光参数】卷展栏中将【聚光区 / 光束】参数设置为 2500，将【衰减区 / 区域】参数设置为 2502，如图 11-10 所示。

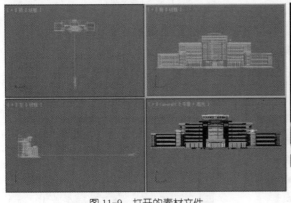

图 11-9　打开的素材文件

图 11-10　创建目标平行光

知识链接

当添加目标平行光时，3ds Max 会自动为其指定注视控制器，且灯光目标对象指定为【注视】目标。您可以使用【运动】面板上的控制器设置将场景中的任何其他对象指定为【注视】目标。

(3) 选择【泛光】工具，在【顶】视图中创建一盏泛光灯，在【强度 / 颜色 / 衰减】卷展栏中将【倍增】参数设置为 0.6，如图 11-11 所示。

(4) 至此，建筑日景灯光设置制作完成了。按 F9 键渲染场景，将完成后的场景文件和效果进行存储。

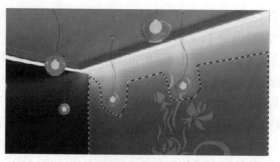

图 11-11　创建泛光灯

案例精讲 097　建筑夜景灯光设置

案例文件：CDROM | Scenes | Cha11 | 建筑夜景灯光设置 OK.max

视频文件：视频教学 | Cha11 | 建筑夜景灯光设置 .avi

制作概述

本例将介绍建筑夜景灯光设置的制作。在制作壁灯时，主要使用【泛光】等灯光的创建，来表现室外建筑夜景效果，完成后的效果如图 11-12 所示。

图 11-12　建筑夜景灯光设置

学习目标

学会如何使用灯光设置来创建建筑夜景。

操作步骤

(1) 运行 3ds Max 软件后打开随书附带光盘中的 CDROM | Scenes | Cha11 建筑夜景灯光的创建 .max 文件，如图 11-13 所示。

(2) 选择【创建】|【灯光】|【泛光】工具，在【顶】视图中创建一盏泛光灯，在【常规参数】卷展栏中取消选中【阴影】选项组中【启用】复选框，在【强度 / 颜色 / 衰减】卷展栏下将【倍增】设置为 1.5，将灯光颜色的 RGB 值设置为 255、222、175，在【远距衰减】区域中选中【使用】复选框，将【开始】参数设置为 700、【结束】设置为 850；在【高级效果】卷展栏中将【柔化漫反射边】参数设置为 50，并在场景中调整灯光的位置，如图 11-14 所示。

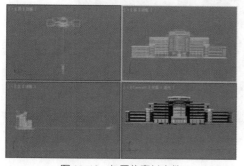

图 11-13　打开的素材文件

图 11-14　创建泛光灯

(3) 选择【创建】|【灯光】|【标准】|【泛光】工具，在【顶】视图中创建一盏泛光灯，在【常规参数】卷展栏中取消选中【阴影】选项组中下【启用】复选框，在【强度/颜色/衰减】卷展栏中将【倍增】值设置为1，将灯光颜色的 RGB 值设置为200、174、137，在【远距衰减】选项组中选中【使用】复选框，将【开始】参数设置为700、【结束】设置为850；在【高级效果】卷展栏中将【柔化漫反射边】参数设置为50，并在场景中调整灯光的位置，然后选择工具箱中的【选择并均匀缩放】工具和【选择并旋转】工具，在场景中缩放灯光照射范围的形状大小并旋转灯光，如图 11-15 所示。

(4) 继续选择【泛光】工具，在【顶】视图中创建灯光，在【常规参数】卷展栏中将阴影模式定义为【光线跟踪阴影】，在【强度/颜色/衰减】卷展栏下将【倍增】值设置为1.0，将灯光颜色的 RGB 值设置为250、202、132，然后在场景中调整灯光的位置，如图 11-16 所示。

图 11-15　创建泛光灯

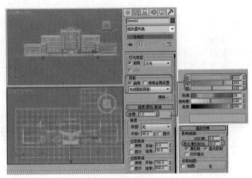

图 11-16　创建泛光灯

(5) 确定新创建的泛光灯处于选择状态，选择工具箱中的【选择并移动】工具，配合 Shift 键，在【前】视图中将其向左移动，在弹出的对话框中选中【复制】单选按钮，单击【确定】按钮，选中【远距衰减】中的【使用】复选框，将【开始】和【结束】分别是为700、850，然后选择设置好的灯光向右进行复制，如图 11-17 所示。

(6) 继续选择【泛光】工具，在【顶】视图中创建一盏泛光灯，在【常规参数】卷展栏中取消选中【启用】复选框；在【强度/颜色/衰减】卷展栏中将【倍增】参数设置为1.0，将灯光颜色的 RGB 值设置为250、230、191；在【远距衰减】选项组中选中【使用】复选框，将【开始】设置为700、【结束】设置为850；然后在场景中调整灯光的位置，最后配合工具箱中的【选择并均匀缩放】工具，在场景中缩放灯光照射范围的形状大小，如图 11-18 所示。

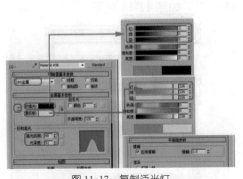

图 11-17　复制泛光灯

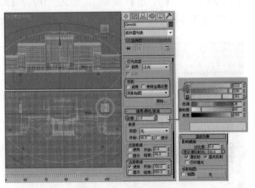

图 11-18　创建泛光灯

(7) 同样在【顶】视图中创建泛光灯，在【常规参数】卷展栏中取消选中【启用】复选框；将灯光颜色的 RGB 值设置为 50、42、34，在【远距衰减】选项组中选中【使用】复选框，将【开始】设置为 700、【结束】设置为 850，然后使用工具箱中的【选择并均匀缩放】工具和【选择并旋转】工具，对灯光的照射范围进行调整，完成后的效果如图 11-19 所示。

(8) 继续选择【泛光】工具，在【顶】视图中创建一盏泛光灯，在【常规参数】卷展栏中取消选中【启用】复选框；在【强度 / 颜色 / 衰减】卷展栏中将【倍增】参数设置为 1，将灯光颜色的 RGB 值设置为 250、210、152；在【远距衰减】选项组中选中【使用】复选框，将【开始】参数设置为 700、【结束】设置为 850；然后在场景中调整灯光的位置，最后配合工具箱中的【选择并均匀缩放】工具，在场景中缩放灯光照射范围的形状大小，如图 11-20 所示。

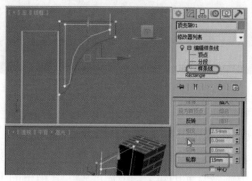

图 11-19　创建泛光灯

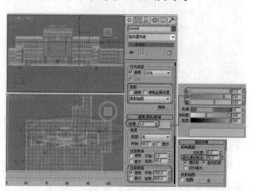

图 11-20　创建泛光灯

(9) 确定新创建的泛光灯处于选择状态，选择工具箱中的【选择并移动】工具，配合 Shift 键，在【前】视图中将其向左移动，在弹出的对话框中选中【复制】单选按钮，单击【确定】按钮，将灯光进行复制，如图 11-21 所示。

(10) 绘制完成后，在工具栏中选择【选择并移动】工具，将绘制的所有泛光灯向下进行调整，如图 11-22 所示。

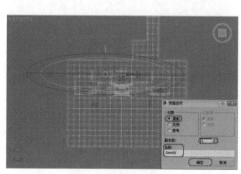

图 11-21　复制泛光灯

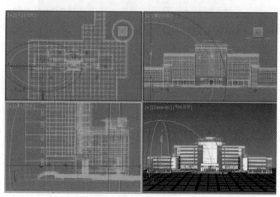

图 11-22　下调泛光灯

(11) 继续选择【泛光】工具，在【顶】视图中创建一盏泛光灯，在【常规参数】卷展栏中取消选中【启用】复选框；在【强度 / 颜色 / 衰减】卷展栏中将【倍增】参数设置为 1，将灯光颜色的 RGB 值设置为 122、140、200；在【远距衰减】选项组中选中【使用】复选框，将【开始】参数设置为 700、【结束】设置为 850；然后在场景中调整灯光的位置，最后配合工具箱中的【选择并均匀缩放】工具，在场景中缩放灯光照射范围的形状大小，如图 11-23 所示。

(12) 确定新创建的泛光灯处于选择状态，选择工具箱中的【选择并移动】工具，配合 Shift 键，在【前】视图中将其向左移动，在弹出的对话框中选中【实例】单选按钮，单击【确定】按钮，将灯光进行复制，如图 11-24 所示。

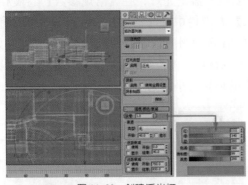

图 11-23　创建泛光灯

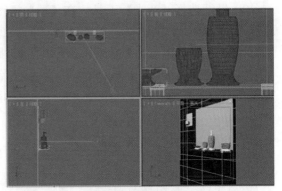

图 11-24　复制泛光灯

(13) 继续选择【泛光】工具，在【顶】视图中创建一盏泛光灯，在【常规参数】卷展栏中取消选中【启用】复选框；在【强度/颜色/衰减】卷展栏中将【倍增】参数设置为 –3.0，将灯光颜色的 RGB 值设置为 250、210、152；在【远距衰减】选项组中选中【使用】复选框，将【开始】参数设置为 700、【结束】设置为 850；然后在场景中调整灯光的位置，最后配合工具箱中的【选择并均匀缩放】工具，在场景中缩放灯光照射范围的形状大小，如图 11-25 所示。

(14) 确定新创建的灯光处于选择状态，单击【修改】按钮，进入【修改】命令面板，在【常规参数】卷展栏中单击【排除】按钮，在弹出的对话框中选中【包含】单选按钮，单击【确定】按钮，如图 11-26 所示。

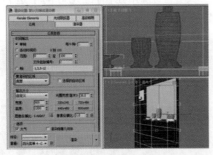

图 11-25　创建泛光灯

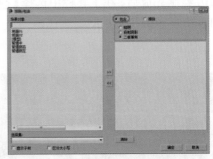

图 11-26　选中【包含】单选按钮

(15) 确定新创建的泛光灯处于选择状态，选择工具箱中的【选择并移动】工具，配合 Shift 键，在【前】视图中将其向左上方移动，在弹出的对话框中选中【复制】单选按钮，单击【确定】按钮，将灯光进行复制，如图 11-27 所示。

(16) 选择【泛光】工具，在【前】视图中创建一盏泛光灯，在【常规参数】卷展栏中取消选中【启用】复选框；在【强度/颜色/衰减】卷展栏中将【倍增】参数设置为 1.2，将灯光颜色的 RGB 值设置为 219、204、173；在【远距衰减】选项组中选中【使用】复选框，将【开始】参数设置为 700、【结束】设置为 850；然后在场景中调整灯光的位置，最后配合工具箱中的【选择并均匀缩放】工具，在场景中缩放灯光照射范围的形状大小，如图 11-28 所示。

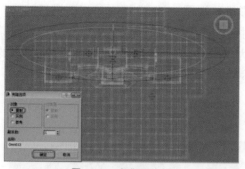

图 11-27　复制泛光灯

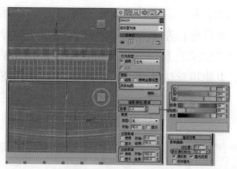

图 11-28　创建泛光灯

　　(17) 选择【泛光】工具，在【顶】视图中视图的右上方创建一盏泛光灯，并在其他视图中调整其位置，在【常规参数】卷展栏中取消选中【启用】复选框；在【强度/颜色/衰减】卷展栏中将【倍增】参数设置为 1，将其 RGB 值均设置为 15，如图 11-29 所示。

　　(18) 选择【泛光】工具，在【顶】视图中创建一盏泛光灯，并在其他视图中调整其位置，在【常规参数】卷展栏中取消选中【启用】复选框；在【强度/颜色/衰减】卷展栏中将【倍增】设置为 1，将其 RGB 值设置为 19、22、25，如图 11-30 所示。

图 11-29　创建泛光灯

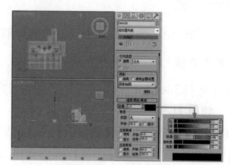

图 11-30　创建泛光灯

　　(19) 选择【泛光】工具，在【顶】视图的下方创建一盏泛光灯，并在其他视图中调整其位置，在【常规参数】卷展栏中取消选中【启用】复选框；在【强度/颜色/衰减】卷展栏中将【倍增】参数设置为 1，将其 RGB 值均设置为 60，如图 11-31 所示。

　　(20) 确定新创建的灯光处于选择状态，选择工具箱中的【选择并移动】工具，配合 Shift 键，在【前】视图中将其向上方移动，在弹出的对话框中选中【实例】单选按钮，单击【确定】按钮，将灯光进行复制，如图 11-32 所示。

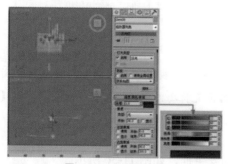

图 11-31　创建泛光灯

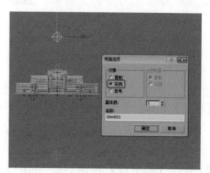

图 11-32　创建泛光灯

(21) 至此，夜景灯光创建完成了，激活【摄影机】视图，按 F9 键对该视图进行渲染，渲染完成后选择左上角的【保存】按钮，在弹出的对话框中选择一个所要保存的路径，并将其命名为"建筑夜景"，将【保存类型】的格式定义为 Targa，单击【保存】按钮，再在弹出的对话框中使用默认选项即可，单击【确定】按钮。然后将完成后的场景文件保存。

案例精讲 098　室内摄影机

 案例文件：CDROM | Scenes | Cha11 | 室内摄影机 OK.max

 视频文件：视频教学 | Cha11 | 室内摄影机 .avi

制作概述

本例将介绍室内摄影机的创建，主要通过对摄影机的创建和对摄影机参数的设置来表现室内装修的整体效果，完成后的效果如图 11-33 所示。

图 11-33　室内摄影机效果

学习目标

学会如何使用摄影机来表现室内装修效果。

操作步骤

(1) 运行 3ds Max 软件后打开随书附带光盘中的 CDROM | Scenes | Cha11 | 室内摄影机 .max 文件，如图 11-34 所示。

(2) 选择【创建】|【摄影机】|【目标】工具，在【顶】视图中创建摄影机，在场景中调整摄影机的位置，并将【透视】视图转换为【摄影机】视图，如图 11-35 所示。

图 11-34　打开的素材文件

图 11-35　创建摄影机

> 知识链接
>
> 　　当添加目标摄影机时，3ds Max 将自动为该摄影机指定注视控制器，摄影机目标对象指定为【注视】目标。您可以使用【运动】面板上的控制器设置将场景中的任何其他对象指定为【注视】目标。

(3) 激活【摄影机】视图，按 Shift+F 组合键添加安全框，如图 11-36 所示。

(4) 选择摄影机，单击【修改】按钮，进入【修改】命令面板，在【参数】卷展栏中将【镜头】参数设置为 20.373，并在场景中调整摄影机的位置，如图 11-37 所示。

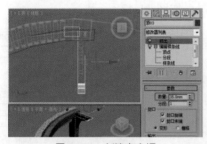

图 11-36　创建安全框

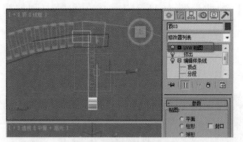

图 11-37　设置摄影机参数

(5) 至此室内摄影机添加完成了，激活【摄影机】视图，按 F9 键进行渲染，并将完成后的场景文件和效果进行存储。

案例精讲 099　室外摄影机

✍　案例文件：CDROM | Scenes | Cha11 | 室外摄影机 OK.max

🎬　视频文件：视频教学 | Cha11 | 室外摄影机 .avi

制作概述

本例将介绍室外摄影机的创建，主要通过对摄影机的创建和对摄影机参数的设置来表现室外建筑的整体效果，完成后的效果如图 11-38 所示。

学习目标

图 11-38　室外摄影机效果

学会如何使用摄影机来表现室外建筑效果。

操作步骤

(1) 按 Ctrl+O 组合键，在打开的对话框中选择随书附带光盘中的 CDROM | Scene | Cha11 | 室外摄影机 .max 文件，单击【打开】按钮，如图 11-39 所示。

(2) 选择【创建】|【摄影机】|【目标】工具，在【顶】视图中创建摄影机，在场景中调整摄影机的位置，并将【透视】视图转换为【摄影机】视图，如图 11-40 所示。

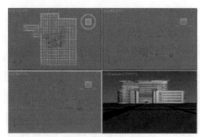

图 11-39　打开的素材文件

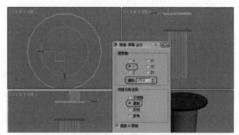

图 11-40　创建摄影机

(3) 激活【摄影机】视图，按 Shift+F 组合键添加安全框，如图 11-41 所示。

(4) 选择摄影机，单击【修改】按钮，进入【修改】命令面板，在【参数】卷展栏中将【镜头】参数设置为 16.217，并在场景中调整摄影机的位置，如图 11-42 所示。

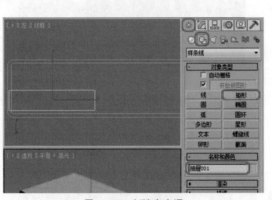

图 11-41　创建安全框

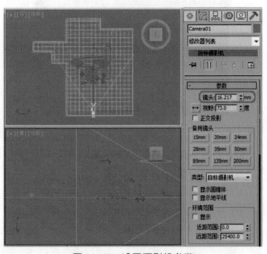

图 11-42　设置摄影机参数

(5) 至此室外摄影机添加完成了，激活【摄影机】视图，按 F9 键进行渲染，并将完成后的场景文件和效果进行存储。

案例精讲 100　室内日光灯的模拟

✏️　案例文件：CDROM | Scenes | Cha11 |室内日光灯的模拟 OK.max

🎬　视频文件：视频教学 | Cha11 |室内日光灯的模拟 .avi

制作概述

本例主要是为一套简单的室内效果图场景进行日光效果的模拟，完成后的效果如图 11-43 所示。

学习目标

创建目标聚光灯作为主光。
创建泛光灯作为辅助光。

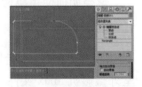

图 11-43　室内日光灯的模拟

操作步骤

(1) 按 Ctrl+O 组合键，打开"室内日光灯的模拟 .max"素材文件，如图 11-44 所示。

(2) 选择【创建】 ☀️ |【灯光】 🔦 |【标准】 |【目标聚光灯】工具，在【顶】视图中创建一盏目标聚光灯，切换到【修改】命令面板，在【常规参数】卷展栏中选中【阴影】选项组中的【启用】复选框，将阴影模式定义为【光线跟踪阴影】，在【强度／颜色／衰减】卷展栏中将【倍增】设置为 0.7，并将其右侧色块的 RGB 值均设置为 201，并在场景中调整灯光的位置，如图 11-45 所示。

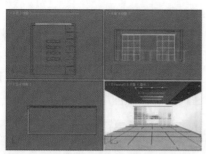

图 11-44　打开的素材文件

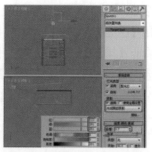

图 11-45　创建灯光并调整参数

(3) 然后在【聚光灯参数】卷展栏中将【聚光区 / 光束】和【衰减区 / 区域】分别设置为 0.5、62.4，如图 11-46 所示。

(4) 使用【目标聚光灯】工具在【顶】视图中创建一盏目标聚光灯，切换到【修改】命令面板，在【强度 / 颜色 / 衰减】卷展栏中将【倍增】设置为 0.5，并将其右侧色块的 RGB 值均设置为 211，在【聚光灯参数】卷展栏中将【聚光区 / 光束】和【衰减区 / 区域】分别设置为 0.5、31，并选中【矩形】单选按钮，然后在场景中调整灯光的位置，如图 11-47 所示。

图 11-46　调整聚光灯参数

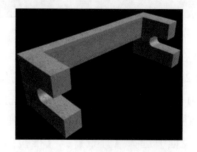

图 11-47　创建目标聚光灯并调整参数

(5) 继续在【顶】视图中创建目标聚光灯，切换到【修改】命令面板，在【强度 / 颜色 / 衰减】卷展栏中将【倍增】设置为 0.4，在【聚光灯参数】卷展栏中将【聚光区 / 光束】和【衰减区 / 区域】分别设置为 0.5、24.7，然后在场景中调整灯光的位置，如图 11-48 所示。

(6) 选择【创建】 | 【灯光】 | 【标准】 | 【泛光】工具，在【顶】视图中创建泛光灯，切换到【修改】命令面板，在【常规参数】卷展栏中单击【排除】按钮，弹出【排除 / 包含】对话框，在左侧列表框中选择【背景】、【推拉门左玻璃】、【推拉门左玻璃 01】和【阳台护栏玻璃】，单击 >> 按钮，即可排除选择对象的照射，然后单击【确定】按钮，如图 11-49 所示。

图 11-48　创建目标聚光灯并调整参数

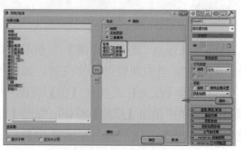

图 11-49　排除对象

（7）然后在场景中调整泛光灯的位置，效果如图 11-50 所示。

（8）使用【泛光】工具在【顶】视图中创建泛光灯，切换到【修改】命令面板，在【常规参数】卷展栏中单击【排除】按钮，弹出【排除／包含】对话框，选中【包含】单选按钮，并在左侧列表框中选择【地板】、【地板线】、【地板阳台】、【推拉门左】和【推拉门左 01】，单击 按钮，则灯光只照射选择的对象，然后单击【确定】按钮，如图 11-51 所示。

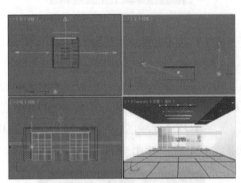

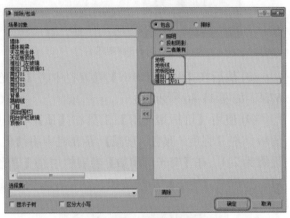

图 11-50　调整泛光灯位置　　　　　　　　　　　图 11-51　设置包含对象

（9）在【强度／颜色／衰减】卷展栏中将【倍增】设置为 0.7，并将其右侧色块的 RGB 值均设置为 255，然后在场景中调整灯光的位置，如图 11-52 所示。

（10）使用【泛光】工具在【顶】视图中创建泛光灯，切换到【修改】命令面板，在【常规参数】卷展栏中单击【排除】按钮，弹出【排除／包含】对话框，选中【排除】单选按钮，在左侧列表框中选择【背景】、【推拉门左玻璃】和【推拉门左玻璃 01】，单击 >> 按钮，即可排除选择对象的照射，然后单击【确定】按钮，如图 11-53 所示。

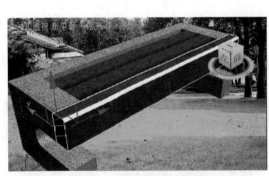

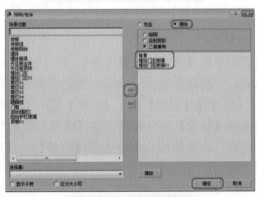

图 11-52　调整倍增值和灯光颜色　　　　　　　　图 11-53　设置排除对象

（11）在【强度／颜色／衰减】卷展栏中将【倍增】右侧色块的 RGB 值设置为 254、247、238，然后在场景中调整灯光的位置，如图 11-54 所示。

（12）使用【泛光】工具在【顶】视图中创建泛光灯，切换到【修改】命令面板，在【常规参数】卷展栏中单击【排除】按钮，弹出【排除／包含】对话框，在左侧列表框中选择【背景】、【推拉门左玻璃】、【推拉门左玻璃 01】、【阳台护栏玻璃】和【[阳台围栏]】，单击 按钮，即可排除选择对象的照射，然后单击【确定】按钮，如图 11-55 所示。

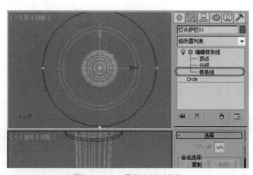

图 11-54 调整灯光颜色

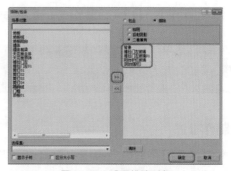

图 11-55 设置排除对象

(13) 在【强度 / 颜色 / 衰减】卷展栏中将【倍增】设置为 0.2，并将其右侧色块的 RGB 值均设置为 211，然后在场景中调整灯光的位置，如图 11-56 所示。

(14) 继续使用【泛光】工具在【顶】视图中创建泛光灯，切换到【修改】命令面板，在【常规参数】卷展栏中单击【排除】按钮，弹出【排除 / 包含】对话框，选中【包含】单选按钮，并在左侧列表框中选择【推拉门左玻璃】和【推拉门左玻璃 01】，单击 按钮，则灯光只照射选择的对象，然后单击【确定】按钮，如图 11-57 所示。

图 11-56 调整倍增值和灯光颜色

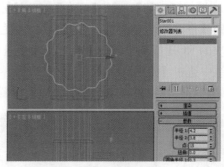

图 11-57 设置包含对象

(15) 在【强度 / 颜色 / 衰减】卷展栏中将【倍增】设置为 0.5，然后在场景中调整灯光的位置，如图 11-58 所示。

(16) 至此，室内日光灯效果制作完成了，对【摄影机】视图进行渲染，渲染完成后的效果如图 11-59 所示。然后将完成后的场景文件和效果进行存储。

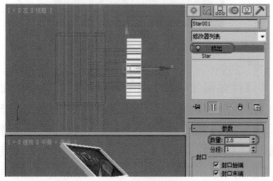

图 11-58 设置倍增值

图 11-59 室内日光灯效果

案例精讲 101　筒灯灯光的表现

案例文件：CDROM | Scenes | Cha11 | 筒灯灯光的表现 OK.max

视频文件：视频教学 | Cha11 | 筒灯灯光的表现 .avi

制作概述

本例将介绍在室内效果图中筒灯灯光照射及投影的制作方法，完成后的效果如图 11-60 所示。

学习目标

使用泛光灯模拟灯光照射效果。

使用目标聚光灯模拟灯光投。

图 11-60　筒灯灯光的表现

操作步骤

(1) 按 Ctrl+O 组合键，打开"筒灯灯光的表现 .max"素材文件，如图 11-61 所示。

(2) 选择【创建】 ◈ |【灯光】 ◙ |【标准】 |【泛光】工具，在【顶】视图中创建泛光灯，切换到【修改】命令面板，在【强度 / 颜色 / 衰减】卷展栏中将【倍增】设置为 1，并将其右侧色块的 RGB 值均设置为 170，在【衰退】选项组中选中【显示】复选框，在【远距衰减】选项组中选中【使用】和【显示】复选框，将【开始】和【结束】分别设置为 40、500，在【高级效果】卷展栏中将【柔化漫反射边】设置为 50，如图 11-62 所示。

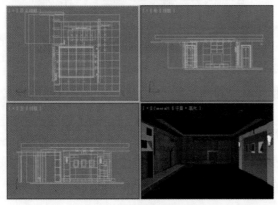

图 11-61　打开的素材文件

图 11-62　设置泛光灯参数

(3) 然后在场景中调整泛光灯的位置，如图 11-63 所示。

(4) 选择【创建】 ▦ |【灯光】 ◙ |【标准】 |【目标聚光灯】工具，在【顶】视图中创建一盏目标聚光灯，切换到【修改】命令面板，在【常规参数】卷展栏中选中【阴影】选项组中的【启用】复选框，将阴影模式定义为【阴影贴图】，在【强度 / 颜色 / 衰减】卷展栏中将【倍增】右侧色块的 RGB 值均设置为 100，在【衰退】选项组中将【开始】设置为 1016，并选中【显示】复选框，在【远距衰减】选项组中选中【使用】和【显示】复选框，将【开始】和【结束】分别设置为 40、76200，如图 11-64 所示。

图 11-63 调整泛光灯位置

图 11-64 创建灯光并设置参数

(5) 在【聚光灯参数】卷展栏中将【聚光区 / 光束】和【衰减区 / 区域】分别设置为 0.5 和 75，在【高级效果】卷展栏中将【柔化漫反射边】设置为 50，在【阴影贴图参数】卷展栏中将【大小】设置为 800，将【采样范围】设置为 15，然后在场景中调整灯光的位置，如图 11-65 所示。

(6) 在场景中选择创建的泛光灯和目标聚光灯，在【顶】视图中配合 Shift 键将其向下移动复制，在弹出的对话框中选中【实例】单选按钮，将【副本数】设置为 2，单击【确定】按钮，如图 11-66 所示。

图 11-65 设置灯光参数

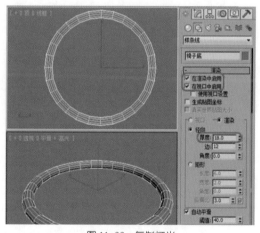

图 11-66 复制灯光

(7) 继续使用【目标聚光灯】工具在【顶】视图中创建目标聚光灯，并在场景中调整灯光的位置，如图 11-67 所示。

(8) 选择新创建的目标聚光灯，在【顶】视图中配合 Shift 键将其向下移动复制，在弹出的对话框中选中【实例】单选按钮，将【副本数】设置为 2，单击【确定】按钮，如图 11-68 所示。至此，筒灯灯光效果就制作完成了，对【摄影机】视图进行渲染，然后将完成后的场景文件和效果进行存储。

CG 设计案例课堂

图 11-67 创建目标聚光灯

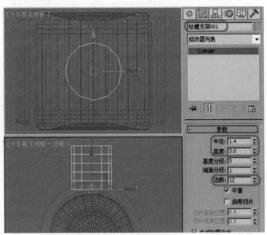

图 11-68 复制灯光

第 12 章
室外日景及夜景效果图的后期处理

本章重点

- ◆ 室外日景效果图的后期处理
- ◆ 创建灯光并输出图像
- ◆ 夜景素材的添加与设置

本章将主要介绍如何制作室外夜景效果图的后期处理，首先在 3ds Max 中为建筑物添加灯光，然后利用 Photoshop 为建筑物添加配景，来衬托出夜景效果。

案例精讲 102　室外日景效果图的后期处理

 案例文件：CDROM | Scenes| Cha12 | 室外日景效果图的后期处理 .psd

 视频文件：视频教学 | Cha12 | 室外日景效果图的后期处理 .avi

制作概述

本例将详细讲解如何制作室外日景效果，其中主要详细讲解了添加天空、抠取主体建筑、添加主体建筑以及调整主体建筑的亮度等，完成后的效果如图 12-1 所示。

图 12-1　日景效果

学习目标

掌握室外日景效果图的后期处理的操作步骤。

操作步骤

由于篇幅有限，日景效果图后期处理的具体操作步骤不再细讲，可参考本系列中的《Photoshop CC 图像处理课堂》。

案例精讲 103　创建灯光并输出图像

 案例文件：CDROM | Scenes| Cha12 | 夜景 OK

 视频文件：视频教学 | Cha12 | 创建灯光并输出图像 .avi

制作概述

本节主要讲解如何对外景建筑物创建灯光，其中主要应用了目标聚光灯和泛光灯，完成后的效果如图 12-2 所示。

图 12-2　外景建筑灯光

学习目标

学会如何对外景建筑创建灯光。

操作步骤

（1）启动软件后打开随书附带光盘中的 CDROM | Scenes | Cha12 | 夜景 .max 文件，如图 12-3 所示。

（2）选择【创建】|【灯光】|【标准】|【目标聚光灯】工具，在【顶】视图中创建目标聚光灯，并将其命名为"灯 1"，如图 12-4 所示。

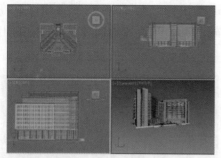

图 12-3　打开的素材文件

图 12-4　创建目标聚光灯

知识链接

聚光灯像闪光灯一样投影聚焦的光束，这是在剧院中或椅灯下的聚光区。目标聚光灯使用可移动目标对象指向灯光。

(3) 切换到【修改】命令面板，在【常规参数】卷展栏中选中【阴影】下的【启动】复选框，在【强度 / 颜色 / 衰减】卷展栏中将【倍增】设为 0.6，将灯光颜色的 RGB 值设为 233、252、255，如图 12-5 所示。

(4) 切换到【聚光灯参数】卷展栏中，将【聚光区 / 光束】设为 1，将【衰减区 / 区域】设为 50，如图 12-6 所示。

图 12-5　设置灯的参数

图 12-6　设置聚光灯参数

(5) 选择创建的聚光灯，在视图中调整其位置，如图 12-7 所示。

(6) 选择创建的"灯 1"对象，在【顶】视图中，按 Shift 键，沿 X 轴向右拖动，复制出另一盏聚光灯，如图 12-8 所示。

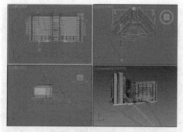

图 12-7　调整位置

图 12-8　复制聚光灯

(7) 选择复制的聚光灯，在【常规参数】卷展栏中取消选中【阴影】下的【启用】复选框，在【强度/颜色/衰减】卷展栏中，将灯光颜色的RGB值设为254、255、232，如图12-9所示。

(8) 继续选择"灯1"对象，激活【顶】视图，按住Shift键沿X轴向右移动，复制出另一盏聚光灯，如图12-10所示。

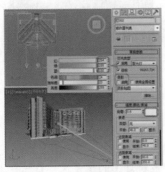

图 12-9　修改灯的参数

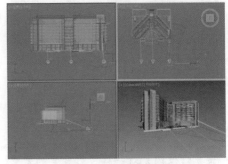

图 12-10　复制聚光灯

(9) 选择上一步复制的聚光灯，切换到【修改】命令面板，在【常规参数】卷展栏中取消选中【阴影】组中的【启用】复选框，如图12-11所示。

(10) 选择【创建】|【灯光】|【标准】|【泛光】工具，在【顶】视图中创建一盏泛光灯，并调整其位置，如图12-12所示。

图 12-11　取消阴影的选择

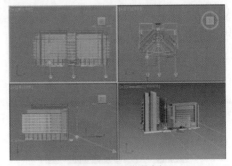

图 12-12　创建泛光灯

(11) 切换到【修改】命令面板，在【强度/颜色/衰减】卷展栏中，将【倍增】设为1，将灯光颜色的RGB值设为白色，如图12-13所示。

(12) 激活【摄影机】视图，进行渲染，效果如图12-14所示。

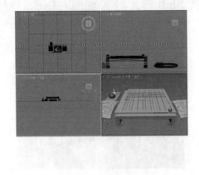

图 12-13　设置泛光灯

图 12-14　查看渲染效果

(13) 在【渲染帧】窗口单击【保存图像】按钮，弹出【保存图像】对话框，设置一个合适的名称，将【保存类型】设为【Targa 图像文件】，单击【保存】按钮，弹出【Targa 图像控制】对话框，保存默认值，单击【确定】按钮，如图 12-15 所示。

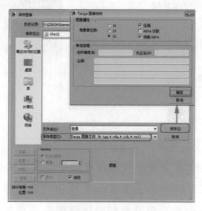

图 12-15　保存图像

知识链接

Targa (TGA) 格式是 Truevision 为其视频板而开发。该格式支持 32 位真彩色，即 24 位彩色和一个 alpha 通道，通常用作真彩色格式。

Targa 文件广泛用于渲染静止图像并将静止图像序列渲染到录像机。

案例精讲 104　夜景素材的添加及设置

案例文件：CDROM|Scenes| Cha12 | 室外夜景效果图的后期处理 .psd

视频文件：视频教学 | Cha12 | 室外夜景效果图的后期处理 .avi

制作概述

本章将详细讲解如何利用 Photoshop 软件制作夜景效果，其中主要讲解了添加天空、抠取主体建筑、添加主体建筑以及调整主体建筑的亮度等，完成后的效果如图 12-16 所示。

学习目标

掌握夜景效果图的制作方法。

图 12-16　夜景效果

操作步骤

(1) 启动 Photoshop 软件后，按 Ctrl+N 组合键弹出【新建】对话框，将【宽度】和【高度】分别设为 110 厘米、50 厘米，如图 12-17 所示。

(2) 将背景图层填充为黑色，打开随书附带光盘中的 CDROM | Scenes | Cha12 | 背景 .png 文

件，将其拖至到文档中并调整位置，如图 12-18 所示。

图 12-17　新建文档

图 12-18　添加背景素材

知识链接

使用计算机模拟现实世界中真实场景而制作出的图形图像被称为计算机建筑效果图。

计算机建筑效果图是建筑设计师向业主展示其作品的设计意图、空间环境、材质质感的一种重要手段。它根据设计师的构思，利用准确的透视图和高度的制作技巧，将三维空间转换为具有立体感的画面，可达到建筑商品的真实效果。计算机建筑效果图的制作不同于传统的手绘建筑效果图，它是随着计算机技术的发展而出现的一种新的建筑绘图方式。

建筑业是一个古老的行业，在人类社会中，却一直都占据着相当重要的位置。这个行业发展到今天，从设计到表现都发生了很多变化，随着计算机硬件的发展与软件应用技术的提高，当然也毫不例外地成为制作建筑效果图最强有力的工具。

用计算机绘制的建筑效果图越来越多地出现在各种设计方案的竞标、汇报以及房产商的广告中，同时也成为设计师展现自己作品、吸引业主，获取设计项目的重要手段。

---

(3) 打开"楼 .png"文件，拖至到文档中并调整位置，如图 12-19 所示。

(4) 打开"植物 1.png"文件，拖至到文档中并调整位置，如图 12-20 所示。

图 12-19　添加素材文件

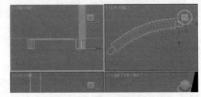

图 12-20　添加素材文件

(5) 打开上一节输出的夜景效果文件，利用选取楼的轮廓，将其拖至到文档中，按 Ctrl+T 组合键调整大小及位置，完成后的效果如图 12-21 所示。

(6) 打开"铺装 .png"文件，拖至到文档中并调整位置，如图 12-22 所示。

图 12-21　添加夜景素材

图 12-22　添加铺装素材

(7) 使用同样的方法将其他背景植物添加到文档中，如图 12-23 所示。

(8) 在工具箱中选择【移动】工具，在工具选项栏中选中【自动选择】复选框，并将其选择类型设为【图层】，如图 12-24 所示。

图 12-23　添加其他配景

图 12-24　设置自动选择

(9) 在场景中选择人物图层，在菜单栏中执行【图像】|【调整】|【亮度 / 对比度】命令，在弹出的【亮度 / 对比度】对话框中将【亮度】调整为 –70，如图 12-25 所示。

(10) 将人物和汽车所在的图层进行隐藏，然后在铺装图层上方新建一个图层，在工具箱中选择【多边形套索工具】，在工具选项栏中将【羽化】设为 0，围绕铺装的区域绘制选区，如图 12-26 所示。

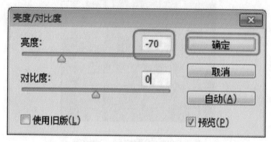

图 12-25　设置亮度

图 12-26　绘制选区

(11) 对创建的选区填充白色，按 Ctrl+D 组合键取消选区的选择，如图 12-27 所示。

(12) 继续选择【多边形套索工具】，在工具选项栏中将【羽化】设为 10，在场景中绘制选区，然后按 Delete 键将选区填充的颜色删除，如图 12-28 所示。

图 12-27　填充白色

图 12-28　绘制选区

(13) 按 Ctrl+D 组合键取消选区，并将隐藏的图层显示。在【图层】面板中，选择最上面的图层，按 Shift+Ctrl+Alt+E 组合键，进行盖印图层，打开【图层】面板，单击【创建新的填充和调整图层】按钮，在弹出的快捷菜单中选择【色彩平衡】，选择【阴影】选项，进行如图 12-29 所示的设置。

(14) 选择【中间调】选项，进行如图 12-30 所示的设置。

图 12-29　设置色调阴影

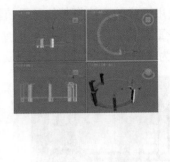

图 12-30　设置中间调

(15) 切换到【高光】选项，进行如图 12-31 所示的设置。

(16) 按 Shift+Ctrl+Alt+E 组合键，进行盖印图层，在【图层】面板中单击【创建新的填充和调整图层】按钮，在其弹出的快捷菜单中选择【亮度 / 对比度】选项，将【亮度】和【对比度】分别设为 –22、–20，如图 12-32 所示。

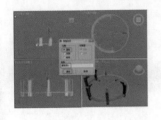

图 12-31　设置高光

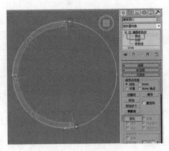

图 12-32　设置亮度 / 对比度

(17) 设置完成后对场景文件进行保存即可。

第 13 章
雪景效果制作

本章将制作一个复杂的雪景效果图，主要涉及了地面的处理、背景天空的设置、雪地的制作、远近景的植物的设置及调整等几个方面。在这个练习中读者可以掌握雪景效果图的制作技巧与方法。

案例精讲 105　图像的编辑与处理

> 案例文件：无
>
> 视频文件：视频教学 | Cha13 | 图像的编辑与处理 .avi

制作概述

任何效果图在制作之前，都需要进行统一进行规划和构思，同时也需要对图像文件进行编辑处理。在当前这幅雪景效果图中同样也离不开图像的编辑与处理。

学习目标

学会新建文档和如何调整文档的亮度与对比度。

操作步骤

(1) 运行 Photoshop CC，选择【文件】|【新建】命令，在【新建】对话框中设置文件【宽度】为 3000 像素、【高度】为 1600 像素，单击【确定】按钮，如图 13-1 所示。

(2) 下面将进行处理建筑图片，打开随书附带光盘中的"建筑外观 .tga"文件。选择【选择】|【载入选区】命令，在弹出的【载入选区】对话框中单击【确定】按钮。可以看到建筑被选中，按 Ctrl+C 组合键，将选中的图像拷贝，如图 13-2 所示。

图 13-1　【新建】对话框

图 13-2　将图像载入选区

　　　选择【文件】菜单下的【新建】命令，将出现【新建】窗口。在【新建】窗口中，你可以设定文件名、长宽尺寸及图形的分辨率，一般为 72 像素，在制作封面时为 300 像素，在制作招贴画时为每英寸 170 像素左右，在【颜色模式】项中可以设定文件类型。

(3) 按 Ctrl+V 组合键将建筑粘贴到新建的文档中，在【图层】面板中将粘贴的新图层【图层 1】命名为"主建筑"，如图 13-3 所示。

(4) 选择【图像】|【调整】命令，在弹出的【亮度 / 对比度】对话框中，将【亮度】设置为 30，将【对比度】设置为 15，单击【确定】按钮，如图 13-4 所示。

图 13-3　重命名图层

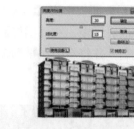

图 13-4　调整亮度 / 对比度

(5) 选择【文件】|【存储】命令，在弹出的【存储】对话框中将其命名为"建筑雪景 .psd"，单击【确定】按钮，如图 13-5 所示。

(6) 按 Ctrl+T 组合键，在工具选项栏中单击【保持长宽比】按钮，然后将 W 设置 75%，如图 13-6 所示。最后按 Enter 键确认。

图 13-5　【另存为】对话框

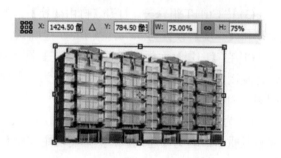

图 13-6　打开自由变换

案例精讲 106　地面的编辑与处理

　案例文件：无

　视频文件：视频教学 | Cha16 | 地面的编辑与处理 .avi

制作概述

地面在效果图的制作中可以直接在 3ds Max 软件中直接创建，也可以在 Photoshop CC 中使用素材来进行表现。相比较而言，在 Photoshop CC 中直接使用素材来进行表现更加的方便和灵活。

学习目标

学会如何使用 Photoshop 制作地面。

操作步骤

(1) 打开随书附带光盘中的"道路 .psd"文件，将道路拖曳到主建筑的场景中，并在【图层】面板中将新图层重新命名为"地面"，如图 13-7 所示。

(2) 在【图层】面板中将【地面】图层拖曳到【主建筑】图层下方，这样搭配更得体一些。下面将设置其他居民楼，在【图层】面板中将【主建筑】图层拖曳到【创建新图层】按钮上，对图层进行复制，并将新图层重新命名为"主建筑左"，然后将该图层调整至【主建筑】图层下方，如图 13-8 所示。

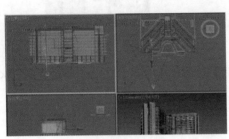

图 13-7　在场景中创建地面　　　　　　　　　图 13-8　复制图层

(3) 按 Ctrl+T 组合键，打开【自由变换】，在工具选项栏中单击【保持长宽比】按钮。将【宽度】和【高度】设置为 55%，按 Enter 键确认，如图 13-9 所示。

(4) 在【图层】面板中将【主建筑左】图层拖曳至【创建新图层】按钮上，对【主建筑左】进行复制，将复制得到的图层重新命名为"主建筑右"。最后将【主建筑右】拖曳至图像右侧，如图 13-10 所示。

(5) 为了方便管理【图层】，在【图层】面板中单击【创建新组】按钮，新建一个图层组，并将其重新命名为【建筑】，然后将【主建筑】、【主建筑左】、【主建筑右】拖曳至【建筑】图层组中，如图 13-11 所示。

图 13-9　调整【主建筑左】的大小　　　图 13-10　复制【主建筑右】并进行调整　　　图 13-11　创建【建筑】组

案例精讲 107　制作天空背景

 案例文件：无

视频文件：视频教学 | Cha16 | 制作天空背景 .avi

制作概述

背景天空在效果图中起着举足轻重的作用，一幅好的背景天空素材可以为效果图增光添彩。

学习目标

学会如何为文档添加天空背景。

操作步骤

(1) 为了添置天空背景，首先在【图层】面板中将【背景】图层删除，得到一个背景是透明的图片，如图 13-12 所示。

(2) 打开随书附带光盘中的"天空.psd"文件，将其拖曳到主建筑场景中，并在【图层】面板中将天空背景的图层重新命名为"天空"，然后将【天空】图层调整至【地面】图层的下方，如图 13-13 所示。

(3) 选择"天空"图层，按 Ctrl+T 组合键，打开【自由变换】，并在工具选项栏中单击【保持长宽比】按钮，设置"宽度"和【高度】为70%，按 Enter 键确认，并将图片调整至合适的位置，如图 13-14 所示。

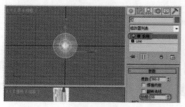
图 13-12　将【背景】图层删除

图 13-13　添加【天空】背景图层

图 13-14　打开【自由变换】

案例精讲 108　雪地的表现

 案例文件：无

 视频文件：视频教学 | Cha16 | 雪地的表现 .avi

制作概述

雪地的制作与表现属于雪景效果图中的重中之重，雪地的表现是与前面所设置的地面相结合才能够逼真的体现。

学习目标

学会如何创建雪地。

操作步骤

(1) 按住 Ctrl 键单击【地面】图层的缩略图，将【地面】图层载入选区，效果如图 13-15 所示。

(2) 在【图层】面板中单击【创建新图层】按钮，新建一个图层，并将其重新命名为"雪地"。将【前景色】设置为白色，按 Alt+Delete 组合键填充前景色，完成后的效果如图 13-16 所示。

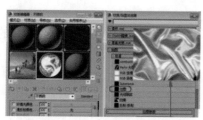
图 13-15　将地面载入选区

图 13-16　创建新图层并填充白色

(3) 打开随书附带光盘中的"围栏.psd"文件。在当前文件中将围栏拖曳到建筑场中，然后在【图层】面板中将新图层重新命名为"小区围栏"，如图 13-17 所示。

(4) 确定【小区围栏】图层处于选择状态，按 Ctrl+T 组合键，打开【自由变换】，在工具属性栏中单击【保持长宽比】按钮，然后将【宽度】和【高度】设置为 65%，最后将围栏调整至图像左侧的位置处，效果如图 13-18 所示。

图 13-17 创建【小区围栏】图层

图 13-18 调整小区围栏的大小

(5) 在【小区围栏】图层选中的情况下，选择【工具箱】中的【矩形选框工具】，选择围栏右侧图像的末端区域，将其选中按 Ctrl+C 组合键，对其进行复制，按 Ctrl+V 组合键，在【图层】面板中将新图层重新命名为"小区围栏 2"，如图 13-19 所示。

(6) 为了使图中的围栏呈近大远小的效果，按 Ctrl+T 组合键，在工具属性栏中单击【保持长宽比】按钮，并将【宽度】和【高度】设置为 88%，并将该图像调整至图右侧，效果如图 13-20 所示。

(7) 在【图层】面板中选择【雪地】图层，选择工具箱中的【多边形套索】工具，在工具属性栏中设置【羽化】值为 20 像素，在【雪地】上选取扫出道面的路径，如图 13-21 所示。

图 13-19 对选区进行复制

图 13-20 调整"小区围栏 2"的大小

图 13-21 创建选区

案例精讲 109 配景建筑的添加与编辑

 案例文件：无

 视频文件：视频教学 | Cha16 | 配景建筑的添加与编辑 .avi

制作概述

在室外建筑效果图的制作中，配景建筑的添加可以起到丰富画面以及调整图像景深的作用，所以收集和处理一些常用的建筑配景是非常有必要的。

学习目标

学会为主体建筑添加配景建筑。

操作步骤

(1) 下面将添加辅助建筑。打开随书附带光盘中的"配景建筑.psd"文件，将辅助建筑拖曳到建筑场景中。并在【图层】面板中将辅助建筑的图层重新命名为"辅助建筑1"，如图 13-22 所示。

(2) 在【图层】面板中将【辅助建筑1】图层拖曳到【建筑】图层组下，并将其放在【主建筑左】图层的下面。按 Ctrl+T 组合键，打开【自由变换】，对【辅助建筑1】进行调整，单击工具属性栏中的【保持长宽比】按钮，将【宽度】和【高度】设置为 65%，最后将其放置在图像文件的左侧，如图 13-23 所示。

(3) 在【图层】面板中选择【辅助建筑1】图层并将其拖曳至【创建新图层】按钮上，复制该图层，将新图层重命名为"辅助建筑2"，最后将其拖曳至【主建筑】和【主建筑右】两个建筑中间，如图 13-24 所示。

图 13-22 创建【辅助建筑1】图层

图 13-23 调整辅助建筑的大小

图 13-24 复制图层并进行调整

案例精讲 110 配景植物的设置

 案例文件：无

 视频文件：视频教学 | Cha16 | 配景植物的设置.avi

制作概述

配景植物在效果图的制作中可以起到烘托环境的作用，同时配景植物在制作中也是最为烦琐的一项工作。因为在效果图场景中配景植物植物比较多，而且随着景深的递增，配景植物也会随之变化。在本例中主要介绍远景低矮植物的处理、远景植物的处理和装饰性植物的处理。

学习目标

学会如何为场景添加配景植物。

操作步骤

(1) 下面为雪地添加植物。打开随书附带光盘中的"低矮树丛2.psd"文件，将其中的植物拖曳到建筑场景中。并在【图层】面板中将低矮树丛图层重新命名为"院内植物"，然后在【图层】面板中将该图层放在顶端，如图 13-25 所示。

(2) 下面设置植物的大小比例。按 Ctrl+T 组合键，打开【自由变换】，在工具属性栏中分别设置【宽度】和【高度】为 67%，最后在【图层】面板中将【院内植物】放在【建筑】图层的上方，如图 13-26 所示。

图 13-25　创建【院内植物】图层

图 13-26　打开【自由变换】

(3) 在【图层】面板中选择【小区围栏】图层和【小区围栏2】图层，将合并的图层重命名为"小区围栏"，按 Ctrl+E 组合键合并图层，在【图层】面板中创建【院内植物】图层组，然后将【院内植物】图层拖曳至【院内植物】图层组中，如图 13-27 所示。

(4) 确定【院内植物】处于选择状态，在【工具箱】中选择【矩形选框工具】，将在半空中的植物进行框选，然后使用【移动工具】将框选的植物向下移动，会出现如图 13-28 所示显示的效果。

图 13-27　调整图层

图 13-28　调整植物

(5) 打开随书附带光盘中的"枯树 2.psd"文件。将该图中的枯树拖曳到建筑场景中，将【图层】面板中枯树图层重新命名为"枯树"，并放在【院内植物】图层组下方，如图 13-29 所示。

(6) 按 Ctrl+T 组合键，对【枯树】进行【自由变换】，单击【保持长宽比】按钮，分别设置【宽度】和【高度】为 62%，如图 13-30 所示。

图 13-29　创建【枯树】图层

图 13-30　打开【自由变换】

(7) 将【图层】面板中的【枯树】图层拖曳到【创建新图层】按钮上对其进行复制，将新图层重新命名为"枯树后侧"，然后将该图层调整至【枯树】图层下方。按 Ctrl+T 组合键，打开【自由变换】，在工具属性栏中将【宽度】和【高度】设置为 65%，如图 13-31 所示。

(8) 下面将添加大量高大的植物。打开随书附带光盘中的"植物 03.psd"文件。将该图中的植物拖曳到建筑场景中,并将【图层】面板中的植物图层重新命名为"植物 01"。最后将其放置在【院内植物】图层的上面,如图 13-32 所示。

图 13-31　打开【自由变换】

图 13-32　创建【植物 01】图层

(9) 按的 Ctrl+T 组合键,打开【自由变换】,并在工具属性栏中单击【保持长宽比】按钮,然后分别设置【宽度】和【高度】为 35%,最后依照图 13-33 所示将其放在围栏内。

(10) 将【植物 01】拖曳到【创建新图层】按钮上,对其进行复制。将复制得到的图层命名为"植物 02",按 Ctrl+T 组合键,打开【自由变换】,并在工具属性栏中单击【保持长宽比】按钮,然后分别设置【宽度】和【高度】为 58%,将图像调整至【植物 01】图像一侧,如图 13-34 所示。

图 13-33　打开【自由变换】

图 13-34　拷贝图层并进行调整

(11) 对【植物 02】图层进行复制,并将复制得到的图层命名为"植物 03",放置的位置如图 13-35 所示。

(12) 在【图层】面板中选择【植物 01】图层,并对其进行复制,然后将复制的新图层重新命名为"植物 04",如图 13-36 所示。

图 13-35　复制图层并进行调整

图 13-36　复制图层并进行调整

(13) 对【植物 04】图层进行复制,并将复制得到的图层命名为"植物 05"。按 Ctrl+T 组合键,对其进行【自由变换】，在工具属性栏中单击【保持长宽比】按钮，然后分别设置【宽度】和【高度】为 80%，最后选择该图像文件并将其放置到如图 13-37 所示的位置处。

（14）使用同样的方法进行复制，然后将复制的植物图像调整至如图 13-38 所示的位置处。

图 13-37　调整图像大小

图 13-38　复制并调整图像

（15）打开随书附带光盘中的"植物 02.psd"文件，将该图中的植物拖曳到建筑场景中，在【图层】面板中将当前图层重新命名为"梅花树"。按 Ctrl+T 组合键，打开【自由变换】，然后在工具属性栏中单击【保持长宽比】按钮，然后分别设置【宽度】和【高度】为 70%，调整其在【图层】面板中的位置，如图 13-39 所示。

（16）打开随书附带光盘中的"低矮树丛 .psd"文件，将其拖曳到建筑场景中，并将新的图层重新命名为"低矮植物 01"，如图 13-40 所示。

图 13-39　创建【梅花树】图层并进行调整

图 13-40　创建【低矮植物 01】图层

（17）按 Ctrl+T 组合键，打开【自由变换】，并在工具属性栏中单击【保持长宽比】按钮，然后分别设置【宽度】和【高度】为 40%，最后将当前图层调整至【梅花树】图层的下方，完成后的效果如图 13-41 所示。

（18）在【图层】面板中复制【低矮植物 01】图层，并将其重新命名为"低矮植物 02"，最后将该图层放置在主建筑的左侧，如图 13-42 所示。

图 13-41　打开【自由变换】

图 13-42　复制图层并重命名

案例精讲 111　人物的添加与处理

制作概述

在雪景效果图中人物的选择与添加与其他类型的效果图不同，因为雪景效果图中的人物必须是冬装、各种滑雪的人物。

学习目标

学会如何为雪景添加人物。

操作步骤

(1) 打开随书附带光盘中的"人物 01.psd"文件，将其中的人物拖曳到建筑场景中，在【图层】面板中将图层重新命名为"人物"，如图 13-43 所示。

(2) 按 Ctrl+T 组合键，打开【自由变换】，并单击工具属性栏中的【保持长宽比】按钮，然后分别设置人物的【宽度】和【高度】为 75%，如图 13-44 所示。

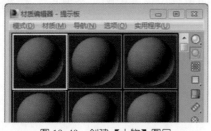

图 13-43　创建【人物】图层

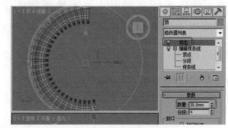

图 13-44　打开【自由变换】

(3) 打开随书附带光盘中的"人物 02.psd"文件，将其中的人物拖曳至建筑场景中，在【图层】面板中将新的图层重新命名为"人物 02"，然后在场景中调整其位置，如图 13-45 所示。

(4) 按 Ctrl+T 组合键对当前图层进行调整，在工具属性栏中单击【保持长宽比】按钮，然后分别设置【宽度】和【高度】为 60%，然后在场景中调整其位置，效果如图 13-46 所示。

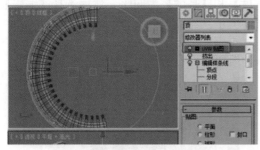

图 13-45　创建【人物 02】图层

图 13-46　打开【自由变换】进行调整

(5) 再向场景中添加"人物 03"、"人物 04"，并将其放置在相应的位置，在【图层】面板中单击【创建新组】按钮，将其命名为"人物"，在【图层】面板中选择【人物】、【人物

02】、【人物 03】、【人物 04】图层，将其拖曳至【人物】图层组中，如图 13-47 所示。

图 13-47　添加其他人物

案例精讲 112　雪地植物阴影的设置

 案例文件：无

 视频文件：视频教学 | Cha16 | 雪地植物阴影的设置 .avi

制作概述

为了使效果图更加真实，雪地植物阴影的设置和使用是应该考虑的一个要点。本例将为大家介绍植物阴影的设置方法。

学习目标

学会如何为雪景添加植物阴影。

操作步骤

(1) 打开随书附带光盘中的"植物 03.psd"文件，选择工具箱中的【矩形选框工具】，然后选取"植物 03"图像的上半部分区域。按 Ctrl+C 组合键对其进行复制。进入"建筑雪景"文件，按 Ctrl+V 组合键，将拷贝的植物上半部分区域粘贴到"建筑雪景"文件中，最后在【图层】面板中将新图层重新命名为"雪地树影"，如图 13-48 所示。

(2) 此时，将对【雪地树影】进行变换，按 Ctrl+T 组合键，打开【自由变换】，并在工具选项栏中单击【保持长宽比】按钮，分别设置【宽度】和【高度】为 60%。然后选择【编辑】 |【变换】 |【扭曲】命令。对其进行调整，直到满意为止，完成后的效果如图 13-49 所示。

图 13-48　复制选区

图 13-49　调整树影

(3) 选择【雪地树影】图层，然后对该图层复制两次，然后在场景中调整树影的位置，完成后的效果如图 13-50 所示。

(4) 在【图层】面板中确定【雪地树影】、【雪地树影拷贝】、【雪地树影拷贝 2】图层处于选择状态，按 Ctrl+E 组合键将其合并，然后将其重命名为"雪地树影"，如图 13-51 所示。

图 13-50　复制树影并进行调整

图 13-51　合并图层

(5) 在【图层】面板中将【雪地树影】图层的【不透明度】调节为 40%，效果如图 13-52 所示。

图 13-52　设置图层的不透明度

案例精讲 113　近景植物的制作

 案例文件：无

 视频文件：视频教学 | Cha16 | 近景植物的制作 .avi

制作概述

通过前面的诸多操作已经完成了雪景效果图的大部分工作，在接下来的操作中我们将对近景植物进行制作与修改。

学习目标

学会如何为雪景添加近景植物。

操作步骤

(1) 打开随书附带光盘中的"植物 04.psd"文件，将"植物 04"拖曳到场景中。并将图层重新命名为"近景树左 1"，在【图层】面板中选择【创建新组】按钮，新建一个图层组，并将其重新命名为"近景树"。将【近景树左 1】图层拖曳至【近景树】图层组中，如图 13-53 所示。

(2) 按 Ctrl+T 组合键，对【近景树左 1】图层进行【自由变换】，在工具选项栏中单击【保持长宽比】按钮，然后分别设置【宽度】和【高度】为70%，并依照图13-54所示进行放置。

图 13-53 创建【近景树左 1】图层

图 13-54 打开【自由变换】

(3) 打开随书附带光盘中的"植物 03.psd"文件。将当前文件拖入场景中，并将图层重新命名为"近景树左 2"，按 Ctrl+T 组合键，打开【自由变换】，在工具属性栏中单击【保持长宽比】按钮，然后分别设置【宽度】和【高度】为 65%，最后在【图层】面板中将该图层拖放至【近景树】图层组中，如图 13-55 所示。

(4) 选择【近景树左 2】图层并拖曳至【创建新图层】按钮上进行复制，将复制得到的图层重新命名为"近景树右 1"。最后将【近景树右 1】拖到图像文件的右侧，在【图层】面板中选择该图层并将其放在【近景树】图层组下，完成后的效果如图 13-56 所示。

图 13-55 添加【近景树左 2】图层

图 13-56 创建【近景树右 1】图层

案例精讲 114 近景栅栏的设置

 案例文件：无

 视频文件：视频教学 | Cha16 | 近景栅栏的设置 .avi

制作概述

在图像近景的中心位置处还略显空旷，为了弥补这一空间，在接下来的操作中将打开并拖入一个木制的栅栏，这样可以使场景中的图像信息更加丰富。

学习目标

学会如何为雪景添加栅栏。

操作步骤

(1) 打开随书附带光盘中的"木架 .psd"文件，并将该图中的木制栅栏拖入到场景中，然后在【图层】面板中将当前图层重新命名为"木栅栏",如图 13-57 所示。

(2) 按 Ctrl+T 组合键,打开【自由变换】,并在工具属性栏中单击【保持长宽比】按钮,然后分别设置【宽度】和【高度】为 65%,最后将【木栅栏】拖曳至合适的位置,如图 13-58 所示。

图 13-57 创建【木栅栏】图层

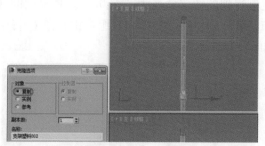

图 13-58 打开【自由变换】

案例精讲 115 雪景的编辑与修改

📝 案例文件:CDROM | Scenes | Cha16 | 建筑雪景 .PSD

🎬 视频文件:视频教学 | Cha16 | 雪景的编辑与修改 .avi

制作概述

在本节中将采用 3ds Max 制作渲染的下雪的场景图像来进行添加,使得当前图像文件更加符合冬天雪景效果要求。

学习目标

学会如何为雪景添加下雪的场景。

操作步骤

(1) 打开随书附带光盘中的"雪花 .tga"文件。选择【选择】|【载入选区】菜单命令,弹出【载入选区】对话框,在该对话框中保持默认设置,单击【确定】按钮,此时雪花被选中,按 Ctrl+C 组合键进行复制,如图 13-59 所示。

(2) 切换到【建筑雪景】场景中,然后按 Ctrl+V 组合键,将雪花粘贴到场景中,并在【图层】面板中将雪花图层重新命名为"雪",并将其放在最上层,如图 13-60 所示。

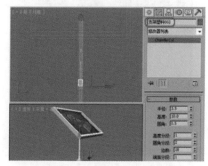

图 13-59 【载入选区】对话框

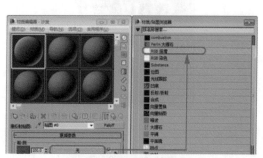

图 13-60 创建【雪】图层

(3) 按 Ctrl+T 组合键，打开【自由变换】，在工具属性栏中单击【保持长宽比】按钮，然后分别设置【宽度】和【高度】为 51%，并将该图像调整至图像文件的左侧，如图 13-61 所示。

(4) 在【图层】面板中选择【雪】图层并将其拖曳至【创建新图层】按钮上进行复制，将复制得到的图层命名为"雪 02"。将复制的【雪 02】图层移动至图像的右侧。这样看雪花分布比较均匀。最后按 Ctrl+E 组合键，将【雪】图层和【雪 02】图层合并，将其重命名为"雪"，如图 13-62 所示。

图 13-61　打开【自由变换】

图 13-62　复制【雪】图层并进行调整

(5) 由于在前面已经保存一次，在这里只需按 Ctrl+S 组合键保存即可，也可以选择【文件】|【存储】菜单命令，激活【图层】面板，按 Ctrl+Shift+Alt+E 组合键盖印图层，将盖印图层命名为"建筑雪景"，效果如图 13-63 所示。

 提示　　　按 Ctrl + Alt + Shift + E 组合键可盖印所有可见图层；按 Ctrl + Alt + E 组合键可盖印所选图层。

知识链接

盖印就是在你处理图片的时候将处理后的效果盖印到新的图层上，功能和合并图层差不多，不过比合并图层更好用！因为盖印是重新生成一个新的图层而一点都不会影响你之前所处理的图层，这样做的好处就是，如果你觉得之前处理的效果不太满意，你可以删除盖印图层，之前所做效果的图层依然还在。这在极大程度上方便我们处理图片，也可以节省时间。

(6) 选择【文件】|【存储为】菜单命令，在弹出的对话框中设置存储路径并将【文件名】命名为"建筑雪景"，将格式设置为 .tif，单击【保存】按钮，如图 13-64 所示。

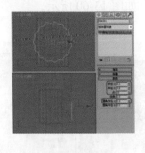

图 13-63　盖印图层

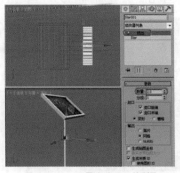

图 13-64　【另存为】对话框